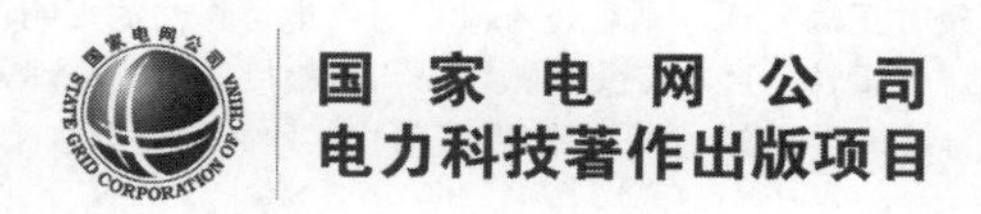


# 配电网单相接地故障处理实践

刘　健　张小庆　张志华　陈洁羽
王毅钊　权　立　陈宜凯　陈一悰　著
韩彦华　赵学风　左宝峰　谈　震

## 内 容 提 要

单相接地故障是配电网中最常见的故障，若及时正确处理，则可显著减少对供电可靠性的影响；若处理不当，则可能引起电缆沟“火烧连营”等恶性事件。目前有关消弧线圈和单相接地检测原理方面的论著很多，但是缺乏针对应用层面实际问题的系统性著作。为了切实提高单相接地故障处理水平，作者结合长期实践经验著写本书。

全书紧密围绕提升单相接地故障处理能力的 36 字“药方”，即：“摸清家底、补齐短板、筑牢站内三道防线、站内站外协调配合、加强系统测试、提升管理水平”。全书共分 9 章，包括绪论、摸清家底、补齐短板、筑牢变电站内三道防线、站内与站外协调配合、现场系统测试、管理提升防患于未然、小电阻接地系统单相接地故障处理、新技术展望。

本书内容依托国家自然科学基金重点支持项目“城市智能配电网保护与自愈控制关键技术”（U1766208）的研究及应用成果，且结合了西安市城区配电网单相接地故障快速处置提升的工程实践。

本书适合作为从事配电系统规划设计、建设改造、运行维护、检验测试和管理的工程技术人员的培训教材，也可作为科研院所、高等院校和制造企业从事相关领域研究和产品开发的专业技术人员的参考用书。

**图书在版编目（CIP）数据**

配电网单相接地故障处理实践/刘健等著．—北京：中国电力出版社，2023.3
（2024.7重印）

ISBN 978-7-5198-7083-6

Ⅰ．①配… Ⅱ．①刘… Ⅲ．①配电系统－接地保护－故障修复 Ⅳ．①TM727

中国版本图书馆 CIP 数据核字（2022）第 207317 号

---

出版发行：中国电力出版社
地　　址：北京市东城区北京站西街 19 号（邮政编码 100005）
网　　址：http://www.cepp.sgcc.com.cn
责任编辑：邓　春　张晓燕　刘　薇（010-63412787）
责任校对：黄　蓓　常燕昆
装帧设计：赵姗姗
责任印制：石　雷

---

印　　刷：三河市万龙印装有限公司
版　　次：2023 年 3 月第一版
印　　次：2024 年 7 月北京第二次印刷
开　　本：710 毫米×1000 毫米　16 开本
印　　张：19
字　　数：348 千字
印　　数：1501—2000 册
定　　价：98.00 元

---

# 序

## 善于发现问题　勤于分析原因　精于找到对策

小电流接地系统的单相接地故障长期困扰着我们，其发生频率较高，原因复杂多样，造成的后果也较为严重，被认为是配电领域最难啃的“硬骨头”。许多专家学者为此付出艰辛努力，提出多种解决方法，在单相接地故障处理方面取得了长足的进展。其中，自动跟踪型消弧线圈已经广泛应用；单相接地故障检测技术日臻成熟；具有单相接地跳闸功能的用户分界开关已经大量部署；具有较高测量精度和就地故障处理功能的一、二次融合智能配电开关已经逐步产品化并越来越受到供电企业的欢迎。这些成果为提升小电流接地系统单相接地故障处理能力，进一步提高配电网供电可靠性做出了积极的贡献。

即使如此，一些供电企业的单相接地故障处理效果仍不理想，因单相接地故障没有及时发现或处置引起电缆沟着火导致长时间大面积停电的恶性事件仍有发生。究其原因，一方面从技术上和管理上分析，配电网单相接地故障具有场景复杂性、种类多样性以及运维重要性；另一方面，一些电力工作者对故障处理的相关知识掌握不够深入，甚至存在一些错误认识。由于认识原因导致资源配置不到位或配置不合适，是造成单相接地故障处理效果不理想的重要原因之一。

刘健教授长期从事配电网故障处理和智能配电技术等方面的研究，带领他的团队走进这个领域的“田间地头”，理论结合实际开展了大量的研究工作。在系统性地分析单相接地故障处理效果不理想主要原因的基础上，他们对提升小电流接地系统单相接地故障处理能力的技术和管理措施进行了全面总结归纳，提出了“摸清家底、补齐短板、筑牢站内三道防线、站内站外协调配合、加强系统测试、提升管理水平”的全方位解决方案（简称36字“药方”），找到了解决问题的对策。他们按照这些方案和对策，在西安市三环以内的配电网全面开展了单相接地故障处理能力提升的应用，并推广应用于全陕西省，实践表明36字“药方”是完全可行和有效的。

为了把在单相接地故障处理上发现的问题、分析的原因、找到的对策和实际的应用等进行归纳提炼，将其好经验和成功实践分享给广大电力同行，刘健教授等著写了《配电网单相接地故障处理实践》一书。全书共有9章，第1章为绪论，第2~7章具体论述了36字“药方”，从“摸清家底、补齐短板”两方面论述了现行单相接地故障处理设备现状和亟待解决的问题，并详细介绍了“筑牢站内三道防线、站内站外协调配合、加强系统测试、提升管理水平”的重要意义和实际内涵。第8章和第9章分别介绍了小电阻接地系统单相接地故障处理的具体方案和单相接地故障处理的新技术展望。

在本书出版之前，刘健教授还著写并出版了《配电网单相接地故障处理》和《配电网故障自动处理》等专著，系统阐述了技术原理，受到了广大读者的广泛好评。这本《配电网单相接地故障处理实践》可以看成是上述系列专著的姐妹篇，作者换了个角度，侧重于阐述在工程实际应用中的实践经验，毕竟再好的技术也需要正确地使用才能真正发挥其作用，富于匠心地运用，即使“小米加步枪”也能打败飞机大炮。我很高兴为刘健教授的专著再次做序，相信本书的内容能够有效指导和提升配电网的单相接地故障快速处理工作，也将对于国内其他采用小电流接地方式的城市配电网单相接地故障处理具有很好的借鉴和参考意义。

全国电力系统管理与信息交换标委会配网工作组原主任　顾问

电力行业输配电技术协作平台（EPTC）智能配电专委会　秘书长

2021年8月

# 自序

## 拨开配电网上空的“乌云”

单相接地故障是配电网中最常见的故障，若及时正确处理，则可显著减少对供电可靠性的影响；若处理不当，则可能引起电缆沟“火烧连营”等恶性事件。

近年来，在配电网单相接地故障处理领域取得了许多研究成果，尤其是在自动跟踪型消弧线圈和基于暂态量原理的单相接地处理自动化装置方面，取得了质的突破，并形成了大量成熟的优秀产品，这朵被称为“笼罩在配电网上空的乌云”正在被有效地扫除，作者向长期致力于这个领域研究的学者和工程师们致敬。

但是，来自一些电力公司的信息反馈说，实际应用中小电流接地系统单相接地故障检测正确率并不高。作者在该领域的实践表明，尽管该领域仍存在一些“深水区”需要进一步深入探索，但是实际效果不好的主要原因在于工程建设质量和运维问题，以及产品质量问题。例如，某电力公司之前单相接地故障检测正确率不足30%，在作者指导下通过对工程建设缺陷进行全面消缺后，单相接地故障检测正确率就超过了90%。作者的工程实践结果表明，即使仅把现有成熟的基本技术手段应用好，小电流接地系统单相接地故障处理的正确率都能超过90%；反之，再先进的技术如果应用不当也会沦为一堆废铁。这就是为什么组织得当的“小米加步枪”也能打败指挥混乱的“飞机加大炮”的原因。

目前有关消弧线圈和单相接地检测原理方面的论著很多，但是缺乏针对应用层面实际问题的系统性著作，这也许是造成单相接地故障检测实际效果与该领域技术进步水平不相称的原因之一。正如徐丙垠先生说过的“好马还要配好骑手”，为了培养“好骑手”，切实提高单相接地故障处理水平，也为了在这个领域付出匠心的学者和工程师们的研究成果能够更好地造福于这个行业，作者结合长期实践经验著写本书。

作者认为书中还是存在一些不满意之处，例如再先进的检测方法也不能确保将全部接地故障都正确地检测出来。对于未检测出的接地故障，除了永久性间歇性弧光接地故障以外，就没有机会再被基于暂态量的方法检测出来了。单相接地故障如果长期存在，有时会导致严重后果，作者处理过的电缆沟起火中有半数以上都是这样造成的。书中采用轮切的手段构成第三道防线来解决这个问题，但是不仅会对用户造成较大影响，而且故障处理时间也较长。作者正在研究基于始终存在的故障特征（如稳态特征或主动扰动量）来作为后备检测手段，以尽量避免轮切，随着互感器技术、智能消弧线圈技术和相干检测技术的进步，这个方向的前景良好。也只有解决了后备检测的问题，小电流接地系统单相接地故障才能真正实现保护化。

由于作者水平有限，书中难免存在错误，不妥之处敬请读者批评指正。

刘健

2021 年 8 月

# 前 言

单相接地故障是配电网中最常见的故障，若及时正确处理，则可显著减少对供电可靠性的影响；若处理不当，则可能引起电缆沟“火烧连营”等恶性事件。

单相接地故障处理是一个系统工程，需要消弧线圈系统、零序电流互感器、零序电压系统、变电站内外自动化装置协调配合才能取得好的结果。在单相接地故障处理实践中，仍普遍存在许多问题，影响单相接地故障处理效果。

本书结合作者实践经验，开出提升单相接地故障处理能力的36字“药方”，即：“摸清家底、补齐短板、筑牢站内三道防线、站内站外协调配合、加强系统测试、提升管理水平”，然后分章节进行详细论述。

全书分为9章，包括绪论、摸清家底、补齐短板、筑牢变电站内三道防线、站内与站外协调配合、现场系统测试、管理提升防患于未然、小电阻接地系统单相接地故障处理、新技术展望。

刘健教授级高级工程师著写第1章、第4.2.2.4节、第5.1节、第5.2节、第6.1.3节、第9.1节和第9.4节；张小庆教授级高级工程师著写第3.3节、第4.2.1节、第6.1.1节、第6.1.2节和第6.2节；张志华高级工程师著写第2.5节、第4.2.3.6节、第5.3～5.5节、第9.2节、第9.3节和第9.5节；陈洁羽高级工程师和谈震高级工程师合作著写第2.1.4节、第2.2节、第3.1节、第4.1.2节、第4.2.2.3节和第8.1节；王毅钊工程师著写第4.1.1节、第4.2.3.1节～第4.2.3.5节、第4.3节和第7.2节；权立高级工程师著写第4.2.2.1节、第4.2.2.2节、第6.4节和第6.5节；陈宜凯高级工程师著写第7.1节；陈一悰工程师著写第2.3节、第2.4节、第3.2节和第8.2节；韩彦华教授级高级工程师著写第8.3节；赵学风高级工程师著写第7.3节；左宝峰高级工程师著写第2.1节其他内容；张小庆教授级高级工程师、陈洁羽高级工程师、王毅钊工程师和权立高级工程师共同著写第6.3节。

本书结合了西安市城区配电网单相接地故障快速处理提升的工程实践。陕西省电力有限公司总经理张薛鸿教授级高级工程师亲自领导了该工作，并对本书的撰写提供了大力的支持和鼓励，在此表示衷心感谢。

在本书著写过程中，徐丙垠教授、董新洲教授、宋国兵教授、侯义明教授、同向前教授、薛永端教授、张冠军教授、李云阁教授级高级工程师、陈艳霞教授级高级工程师、吕利平高级工程师、李瑞桂高级工程师、郭琳云博士等给予了无私的帮助，陕西省电力有限公司窦小军教授级高级工程师、李石教授级高级工程师、罗建勇教授级高级工程师、盛勇教授级高级工程师、吕新良高级工程师、师琛高级工程师、万康鸿高级工程师以及西安市供电公司马龙涛教授级高级工程师、隋喆教授级高级工程师、吕伟教授级高级工程师与陕西电科院电网技术中心和设备状态评价中心的同志们齐心协力，采用本书论述的方法对西安市城区配电电缆网进行提升单相接地故障处理性能的改造，丰富了本书的案例，在此对他们表示衷心感谢。

本书的部分研究成果受到国家自然科学基金重点支持项目“城市智能配电网保护与自愈控制关键技术”（U1766208），以及国家电网有限公司总部科技项目“配电网边界保护、自适应重合闸与高阻接地故障辨识关键技术”（5226SX22001C）的资助，作者表示衷心感谢。

南瑞集团沈兵兵先生为本书作序，中国电力科学研究院赵江河先生为本书题写书名，在此表示衷心感谢。

书中不妥之处敬请读者批评指正。

刘健

2021 年 8 月

# 目录

# 第1章 绪　论

单相接地故障是配电网中最为常见的故障，每年发生次数远远高于相间短路故障。单相接地故障的特征和处理方法与中性点接地方式密切相关，在单相接地故障处理实践中表现出的许多问题，影响了单相接地故障处理效果。

本章讨论小电流接地方式和小电阻接地方式的特点，梳理小电流接地系统单相接地故障处理实践中存在的主要问题，并开出解决这些问题的“药方”。第2章～第7章详细论述了针对小电流接地系统的“药方”，第8章论述了小电阻接地系统单相接地故障处理的技术原则，第9章对新技术进行了展望。

## 1.1 配电网的中性点接地方式

配电网的中性点接地方式主要有：中性点不接地、中性点经消弧线圈接地（又称为谐振接地）、中性点经小电阻接地、中性点直接接地4种，前2种有时又称为小电流接地方式。

美国一般采用中性点直接接地；英国、新加坡和中国香港等一般采用中性点经小电阻接地方式；德国、俄罗斯、日本等主要采用中性点不接地和中性点经消弧线圈接地方式；中国多数城市采用中性点不接地和中性点经消弧线圈接地方式，部分城市电缆网采用中性点经小电阻接地方式。世界各国配电网的中性点接地方式如表1-1所示。

表1-1　世界各国配电网的中性点接地方式

| 国家（地区） | 直接接地 | 经小电阻接地 | 经消弧线圈接地 | 不接地 |
| --- | --- | --- | --- | --- |
| 美国 | √ | | √ | |
| 英国 | | √ | | |
| 瑞典 | | | √ | |
| 挪威 | | | √ | |
| 西班牙 | | √ | | |

续表

| 国家（地区） | 直接接地 | 经小电阻接地 | 经消弧线圈接地 | 不接地 |
| --- | --- | --- | --- | --- |
| 芬兰 | | | √ | √ |
| 俄罗斯 | | | √ | |
| 爱沙尼亚 | | | √ | |
| 阿尔巴尼亚 | | √ | | |
| 拉脱维亚 | | | √ | |
| 立陶宛 | | | √ | |
| 丹麦 | | | √ | |
| 波兰 | | | √ | |
| 希腊 | | √ | | |
| 德国 | | √（约占 29.2%） | √（约占 46.6%） | √（约占 24.2%） |
| 斯洛文尼亚 | | | √ | |
| 爱尔兰 | | | √ | |
| 法国 | | √ | √（残流补偿到 30A 以下） | |
| 瑞士 | | | √ | √ |
| 土耳其 | | √ | | |
| 奥地利 | | | √ | |
| 匈牙利 | | | √ | |
| 罗马尼亚 | | | √ | |
| 波西尼亚 | | √ | | |
| 斯洛伐克 | | | √ | |
| 克罗地亚 | | | √ | |
| 捷克 | | √（电容电流大于 450A） | √（电容电流小于 450A） | √（电容电流小于 20A） |
| 意大利 | | | √ | √ |
| 保加利亚 | | | √ | |
| 韩国 | | √ | | |
| 新加坡 | | √ | | |
| 日本 | | | √ | √ |
| 新西兰 | | √ | | |
| 澳大利亚 | | √ | | |
| 中国 | | √ | √ | √ |

中国对于电容电流较小（小于10A）的情况下采用中性点不接地方式的意见是统一的；但是在电容电流较大时，是采用中性点经小电阻接地方式还是采用中性点经消弧线圈接地方式，目前行业内还没有达成共识。

中性点经消弧线圈接地方式的优点在于：

（1）由于流经单相接地故障点的电流小、电弧的能量也小，大部分情况下可以熄弧而成为瞬时性故障，从而不影响用户正常供电；即使不能熄弧，如果能采取跳闸措施，对接地点的破坏程度也小，重合闸成功率较高。

（2）由于流经单相接地故障点的电流小，引起的故障点附近接触电压和跨步电压小，配电变压器的保护接地和工作接地可共用接地装置，当高压侧绝缘击穿时，引起的地电位升高也小，对低压系统影响较小。

其缺点在于：

（1）单相接地时，健全相电压升高，尤其是当发生间歇性弧光接地时，健全相会形成较高的过电压，对健全相的绝缘造成威胁。

（2）由于流经单相接地故障点的电流小，尤其是高阻接地时故障特征微弱，给单相接地选线和保护带来一定困难。

（3）随着电容电流的逐渐增大，消弧线圈也需随着增容，大容量消弧线圈增容改造有可能遇到安装空间不足的实际困难。

中性点经小电阻接地方式的优点在于：

（1）单相接地时，健全相电压升幅较小，对设备绝缘等级要求较低。

（2）单相接地时，流过故障线路的电流较大，零序过流保护有较好的灵敏度，可以比较容易地检测出接地线路。

（3）对电容电流的适应性强，一般不需要在电气设备上随电容电流增大而扩容。

其缺点在于：

（1）由于接地点的电流较大、破坏力也较大，瞬时性故障比例较低，当零序保护动作不及时或拒动时，将使接地点及附近的绝缘受到更大的危害，导致相间故障发生。无论是永久性的还是瞬时性的故障均导致跳闸，使线路的跳闸次数增加。

（2）由于流经单相接地故障点的电流大，引起的故障点附近接触电压和跨步电压大，配电变压器的保护接地和工作接地应分开，否则高压侧绝缘击穿时，引起的地电位升高较高且会传递到低压系统，对低压系统影响大。

（3）单相接地时，零序保护抗过渡电阻能力相对较低。

基于上述认识，一些电力工作者偏爱小电阻接地方式，认为小电阻接地方式优势突出，甚至主张将已经运行的消弧线圈接地系统一律改为小电阻接地方式，这种想法值得商榷，原因在于：

（1）在保障供电可靠性方面：小电阻接地方式的接地故障电流高，破坏力大，不仅显著降低瞬时性故障率，而且容易扩大事故，例如：当电缆发生单相接地时，强烈的电弧有可能会危及邻相电缆或同一电缆沟里的相邻电缆，酿成火灾，扩大事故。

在中性点经消弧线圈接地系统中，单相接地故障中瞬时性故障的比例高达70%～90%，即使是对于全电缆馈线，也存在一定的瞬时性故障。这是由于此种接地系统流经接地故障处的电流小，消弧线圈能够有效熄灭大部分电弧，即使对于消弧线圈未能熄弧的情形，在配置相应跳闸机制的情况下，电弧在跳闸后熄灭、重合闸时不再复燃的概率仍在15%～25%，比小电阻接地系统在保障供电可靠性方面表现出更好的性能。

作者在工程实践中，曾对电缆化率较高的18座变电站发生的单相接地故障进行了研究，与单相接地现场处理工单相结合进行对照分析，排除了因干扰、谐振、“虚幻接地”等因素造成的单相接地保护装置频繁启动，只计及零序电流明显且能确定单相接地线路的样本共计334次单相接地，其中引起跳闸的共计78次，另外256次因消弧线圈的自熄弧成功而没有跳闸，消弧线圈自熄弧成功率达到了76.65%（详见7.2节）。换言之，如果采用小电阻接地方式，这256次单相接地都会引起跳闸，供电可靠性将大大降低。

在中性点经消弧线圈接地系统显著提高单相接地故障熄弧率方面，意大利电力公司（ENEL）统计结果表明，相比中性点不接地系统，中性点加装固定消弧线圈后，单相接地引起的历时1s内的瞬时停电减少26%，1s～3min的短时停电减少22%，长时间停电减少10%；中性点加装自动跟踪型消弧线圈后，瞬时停电减少51%，短时停电减少38%，长时间停电减少26%。而对于小电阻接地系统，由于其单相接地故障点流经较大电流，其故障熄弧率最多与中性点不接地系统相当。

中国南方沿海某市供电公司在将一座变电站的消弧线圈接地系统改为小电阻接地方式后的3年中，10kV线路共跳闸136次，年均45次；而在改造前的2年中，共跳闸53次，年均26.5次。

英国研究报告指出，中性点经消弧线圈接地方式下故障造成的停电相比小电阻接地方式减少50%以上。英国北方电力公司的统计结果表明，采用该接地方式后，除了减少短时停电以外，永久故障造成的长时间停电次数也减少了10%。

对于湿树枝或小动物触碰10kV线路，有时接地过渡电阻值较小，产生的零序电流能够启动小电阻接地系统的保护动作，而引起线路的频繁跳闸。如某地区尤其在冬季，因老鼠触碰造成的线路跳闸率达 16%；在采用小电阻接地方式的一些南方大城市，夏季雷雨线路跳闸中 50%是因树木碰线引起的。

南方某地区 3 个 10kV 中性点经小电阻接地的变电站 2010 年线路跳闸约 70 次：由于雷雨影响的跳闸有 36 次，老鼠等小动物触碰有 11 次，草木及货车等非施工碰撞有 7 次。每年由瞬时性单相接地故障造成的线路跳闸率大于 70%。

每一次线路跳闸，供电所都要出动人员去查找故障，而许多瞬时性的闪络接地故障难以查找，增加了维护人员的工作量。

（2）在单相接地故障切除方面：高阻接地故障处置问题对于小电阻接地系统而言难度更大。对于三段式零序电流保护和定时限零序电流保护而言，零序电流定值不能设置得太小，要躲过最严重接地故障时正常馈线流向母线的最大零序电流等，一般零序电流定值需要设置在 30～50A 以上，则其抗过渡电阻能力小于 120～200Ω。即使采用反时限零序电流保护，为了满足基本的动作时间间隔，灵敏度也不可能做得太高。若采用零序方向元件，也会遇到较高过渡电阻下零序电压太小不便于可靠检测的问题。而实际中，即使是全电缆馈线，检测到的单相接地过渡电阻也有可能超过上述范围；对于架空线路，单相接地的过渡电阻更高。采用小电阻接地方式下，稍高过渡电阻的单相接地就会导致保护不动作，故障长期存在造成危害。因此，在电缆比例不高的混合配电网中，应慎用小电阻接地方式。某供电公司自采用小电阻接地方式以后，发生过多次因高阻接地引发的事故，例如：10kV 馈线断落掉入池塘，事后分析过渡电阻在 400Ω左右，零序电流未达到定值导致保护未动作，故障长时间存在而使池塘水沸腾。

中性点经消弧线圈接地系统可表现出更高的灵敏度，目前广泛采用自动跟踪补偿消弧线圈，单相接地时将残流补偿到 10A 以下，即使过渡电阻达到数千欧姆以上，仍能使零序电压超过 15%。近些年来，在小电流接地系统单相接地检测技术方面取得了突飞猛进的进展，基于暂态量原理的单相接地检测技术的灵敏度可以达到数千欧姆以上，在确保零序电流互感器精度的情况下，基于稳态量原理也能取得较满意的效果。即使上述单相接地保护失灵，还可以根据零序电压进行自动推拉或人工推拉，从而避免单相接地故障长期存在。

（3）在保障人身安全方面：由于人体电阻高达 1000Ω以上，对于小电阻接地系统而言，难以可靠切除有人触电的馈线。对于断线坠地和人体触电的情况，中性点经消弧线圈接地系统能够可靠切除故障馈线的过渡电阻远高于小电阻接地系统。

小电阻接地方式的接地故障电流高，严重时会达到数百安以上，如此大的接地电流会引起地电位升高达数千伏，大大超过了安全的允许值，对低压设备、通信线路、电子设备和人身安全都有危险。如低压电器要求地电位升高不大于1000V；通信线路要求地电位差不大于 430～650V；电子设备接地装置电位升高不能超过 600V；人身安全要求的跨步电压和接触电压在 0.2s 切断电源条件下不大于 650V，延长切断电源时间会有更大危害。

（4）在改造工作量方面：将原有的中性点经消弧线圈接地系统改造为小电阻接地系统的工作量非常巨大，根据 Q/GDW 10370—2016《配电网技术导则》，应同步实施用户侧和系统侧改造，用户侧零序保护和接地应同步改造。

在变电站内需为每段 10kV 母线配置小电阻，选择小电阻时应将单相接地故障电流控制在 1000A 以下，要考虑过电压、热容量、零序保护灵敏度、单相接地故障电流限制、安装位置等问题，还必须核算接地变压器的容量是否合适。每条 10kV 出线和 10kV 母线进线需配置合适的零序电流互感器，宜采用穿心式零序电流互感器，这对于已有的变电站而言，改造工作量较大，也可以增加 B 相电流互感器与已有的 A 相和 C 相电流互感器合成零序电流，但要保证满足精度要求也存在一定困难。每条 10kV 出线和 10kV 母线进线需配置零序保护，并实现出线零序保护和母线进线零序保护相互配合，当馈线发生单相接地时使相应出线断路器跳闸，当母线接地或接地变压器故障或小电阻故障时，主变压器的同级断路器跳开。要采取措施保证小电阻接地系统只有一个中性点经小电阻接地运行，正常运行时不应失去接地变压器和中性点小电阻。

在变电站外馈线和用户侧，往往也需配置零序电流互感器和零序保护，并与变电站内的零序保护配合，减少变电站内出线断路器的跳闸率。由于用户侧线路较短、电容电流较小，因此配置于用户侧的零序保护可以整定得比变电站内更加灵敏，能够适应更高过渡电阻的单相接地故障判别。

已有小电流接地系统的 10kV 配电变压器保护接地与工作接地是共用一套接地装置的，在改造成小电阻接地方式时需要对不符合要求的接地装置进行降阻处理，或将 10kV 配电变压器的保护接地与工作接地分开，以防止变压器内部出现绝缘缺陷后低压中性线出现过高电压。

欧洲标准 HD637S1:1999 规定：电气设备绝缘击穿时地电位升高幅度应小于 150V。

英国标准 EDS 06-0014 规定：小电阻接地系统在地电位升高小于 430V 时，配电变压器的保护接地与工作接地可共用接地装置，否则应分开设置。

Q/GDW 10370—2016《配电网技术导则》在 5.8.8 中规定：消弧线圈接地系统改小电阻接地方式时，10kV 配电变压器的保护接地应与工作接地分开。在 5.8.7 中规定：中性点采用小电阻接地方式时，架空线路应实现全绝缘化，以降低单相接地故障次数。在 5.8.4 中规定：同一规划区域内宜采用相同的中性点接地方式，以利于负荷转供；在 5.8.8 中规定：消弧线圈接地系统改小电阻接地方式，需结合区域规划成片改造。这意味着如果要将某一段 10kV 母线改为小电阻接地系统，则应将与该母线及该母线的 10kV 出线相联络的、存在负荷转供关系的其他 10kV 母线都改造为小电阻接地方式，如此一环扣一环，改造范围将涉及一片很大的区域，同时考虑到配电网中配电变压器数量非常多，因此改造工作量比较大。

因此，将已经采用消弧线圈接地方式的配电网改造为小电阻接地方式的工作量比较大，应谨慎对待。考虑到架空线高阻接地故障较多且瞬时性故障率高，对于含有非绝缘化的架空线或架空电缆混合馈线的变电站，更应谨慎考虑小电阻接地方式改造问题。

近年来，随着对各种中性点接地方式运行效果的认识逐渐清晰化，随着电缆化率和电容电流的逐渐增大，一些电力公司将消弧线圈接地系统逐渐改造为小电阻接地系统。另一些电力公司从供电可靠性的需要出发，也把一些小电阻接地系统改造为消弧线圈接地系统，例如，20 世纪 90 年代后期，法国电力公司（EDF）将小电阻接地方式又改回消弧线圈接地方式；英国北方电力公司将其架空网由小电阻接地方式改为消弧线圈接地方式；意大利电力公司（ENEL）过去主要采用中性点不接地方式，2004 年开始改造，目前已经改为消弧线圈接地方式。为了快速切除单相接地故障以防止引发山火，2020 年，美国加州太平洋燃气与电力公司将直接接地配电系统改为中性点经消弧线圈接地系统。中国东南某供电公司曾经将小电流接地方式改为小电阻接地方式，一段时间后，由于跳闸率明显增加，又改回小电流接地方式。南方一沿海城市为解决跳闸率过高的问题，也将主要为架空线供电的变电站由小电阻接地方式改为消弧线圈接地方式。

虽然各有利弊，小电阻接地方式和消弧线圈接地方式技术上都是成熟的，在各国都有广泛的应用。鉴于中国绝大多数配电网采用消弧线圈接地方式，本书大部分章节围绕提升消弧线圈接地系统的单相接地故障处理能力改造实践，仅在第 8 章专门论述小电阻接地的建设与改造原则。

## 1.2 小电流接地系统单相接地故障处理及实践中存在的主要问题

中国配电网大多采用小电流接地方式（包括中性点不接地方式和经消弧线圈接地方式），只在电缆化率比较高的区域少量采用了中性点经小电阻接地方式。

单相接地故障一般伴随有电弧，若能及时有效地熄灭电弧，大部分情况下就不至于发展成为永久性故障，随着电弧的熄灭也就“自愈”了。因此，及时有效地熄灭电弧，成为单相接地故障处理最为重要的措施之一。

对于发生在架空线路处的单相接地故障，大部分是由于树枝触碰或雷击闪络造成，在树枝脱离触碰或绝缘子表面污秽“烧清”后，电弧能否维持，与系统的电容电流水平有关，若电容电流水平较高则电弧不易熄灭，需要在中性点加装消弧线圈加以有效补偿，达到熄弧的目的。即使中性点经消弧线圈接地，如果补偿容量不合适造成较大的欠补偿或过补偿，较大的残流也会导致熄弧失败。

对于发生在电缆线路的单相接地故障，大部分是永久性的，但是也有一部分是由于电缆接头沿面闪络引起的，具有瞬时性故障的特点。电缆线路的电容电流水平较高，一般需要采用消弧线圈加以补偿，即使对于永久性故障，有效补偿电容电流后也能降低单相接地故障处残流水平，从而极大地减轻破坏程度，可为后续单相接地故障处理争取宝贵的时间。此外，采用消弧线圈有效降低残流水平，还可以提升高阻接地条件下的零序电压，从而提高单相接地故障处理自动化装置的灵敏性。

如果电弧长期不能熄灭或者长期存在间歇性弧光接地，或者永久性稳定单相接地长期存在，则有可能引发严重的后果。例如：因电弧长期燃烧将原本电弧熄灭即可自愈的瞬时性故障演变成为永久性故障；间歇性弧光接地导致健全相产生高倍过电压，有可能引发破坏力更大的两相短路接地故障；架空线单相接地电弧长期不灭，有可能引燃周围的树木等易燃物质，甚至引发山火；电缆线路单相接地电弧长期不灭，有可能引燃电缆沟，烧毁沟内的电缆，形成“火烧连营”的恶性事件，导致大面积停电。在 2017 年颁布的 Q/GDW 10370—2016《配电网技术导则》中指出：“中性点不接地和消弧线圈接地系统，中压线路发生永久性单相接地故障以后，宜按快速就近隔离故障原则进行处理”。

近些年来，在单相接地故障处理领域取得了长足的进步：消弧线圈已经从传统固定消弧线圈发展为能够跟踪电容电流水平加以有效补偿的自动跟踪型消弧线圈；电流和电压互感器的精度已经得到了很大的提高；单相接地故障检测技术已经取得了令人满意的进步，变电站内和站外馈线上的自动化装置协调配合，不仅能实现单相接地选线，而且还可以实现选段跳闸、故障区域隔离和健全区域自动恢复供电；实验室和现场真型系统测试技术已经成熟，能够有效检验单相接地故障处理的性能并及时发现存在的缺陷。

但是一些供电公司的单相接地故障处理效果仍不理想，因单相接地故障没有及时察觉和处置引起电缆沟“火烧连营”导致长时间大面积停电的恶性事件仍有发生。调查分析结果表明，实际应用中造成单相接地故障处理效果不理想的主要原因有：

（1）认识方面。小电流接地系统单相接地故障是一个比较复杂的问题，对这方面的知识掌握不够深入，甚至存在一些错误认识，例如：没有充分认识到消弧线圈及其控制器的重要性、没有认识到暂态过程对检测和自动化处理的影响、没有认识到单相接地故障处理是一个系统工程等。由于认识方面的原因导致资源配置不到位或配置不合适，是造成单相接地故障处理效果不理想的重要原因之一。

（2）技术方面。一些方法本身就存在局限性，例如：有的基于稳态量的单相接地检测方法不适用于消弧线圈接地系统；一些理论上较好的方法在现场应用中需要解决一些实际问题才能发挥作用，例如：若零序电流互感器存在较大的角差，则会造成基于工频零序功率方向原理的选线装置判别错误；一些装置的可靠性不够，例如：尽管消弧线圈本体正常，但其控制器的故障率较高，严重影响消弧线圈作用的发挥等。这些问题会对单相接地故障处理效果产生较大的不利影响。随着科学技术的不断进步和在实践中反复完善，技术上的问题正在令人振奋地逐步得到解决。

（3）管理方面。疏于管理，即使再先进的技术也会因年久失修成为“昙花一现”，抱有侥幸心理，小错不纠最终酿成重大事故，这样深刻的教训非常多。加强管理，才能充分发挥出所配置资源的作用。对于供电公司而言，加强运维管理是持续提升单相接地故障处理水平的最为重要的手段之一。

## 1.3 提升小电流接地系统单相接地故障处理能力的“药方”

为了便于把握要点，将提升单相接地故障处理能力的“药方”提炼为以下36个字，即：“摸清家底、补齐短板、筑牢站内三道防线、站内站外协调配合、加强系统测试、提升管理水平”。

（1）摸清家底。随着电网建设与改造，各个供电公司已经配置了大量针对单相接地故障处理的资源，例如：消弧线圈、零序互感器、单相接地选线保护装置、具有单相接地故障检测功能的配电终端和故障指示器、一二次融合智能配电开关等。

但是现实中仍存在大量问题，导致单相接地故障处理的实际效果并不理想，主要表现在：

1）资源并没有全部覆盖到位。例如：一些电容电流较高的母线并没有配置消弧线圈、一些安装了小电流接地选线装置的母线没有配置线路零序电流互感器等。

2）设备参数存在问题。例如：消弧线圈容量不足或不合适、零序电流互感器精度不够或带载能力不足等。

3）设备接线错误。例如：零序电流互感器接法错误或极性接错、零序电压互感器接线错误等。

4）设备自身缺陷。例如：消弧线圈控制器电容电流测不准、小电流接地选线装置性能较差、配电终端通信不可靠等。

5）参数设置不合适。例如：自动化装置整定值或精工电压、电流值（在实际工程中，将确保保护装置正常进行检测与判断的最小输入电压、电流，称为精工电压、电流值）不合适等。

6）设备维护不到位。例如：消弧线圈控制器故障未及时察觉与修复、自动化装置缺陷未及时修复、配电终端通信障碍未及时修复等。

7）故障隔离不够精细。例如：未实现分段跳闸或分段太少、跳闸后故障区域不能与下游健全区域隔离等。

8）负荷转供能力不强。例如：故障区域下游健全区域不能及时恢复送电、同沟多条电缆受损后负荷不能大部分转移到正常馈线等。

在制定针对提升单相接地故障处理能力的改造方案之前，需先开展调查研究，摸清上述家底。

（2）补齐短板。通过调查研究摸清上述家底后，主要缺陷就暴露出来了，接下来就需要补齐这些短板。

1）该补的补。例如：该配的消弧线圈和互感器一定要配置到位，容量不足的消弧线圈一定要扩容到位等。

2）该改的改。例如：接线错误一定要改正、参数一定要配置合适等。

3）该修的修。故障的设备一定要修复好。

4）该换的换。原理存在严重问题的设备、老旧的设备、故障率高的设备和无法维修的设备要加以更换。

补齐了短板，就为单相接地故障处理提供了良好的基础环境。

（3）筑牢站内三道防线。在单相接地故障处理方面，筑牢变电站内三道防线最为关键，旨在可靠地切除永久性单相接地故障，避免对系统造成持续伤害和演变成严重事故的风险。

1）第一道防线：消弧线圈系统。消弧线圈系统是最为重要的一道防线，完好的消弧线圈系统不仅能有效熄弧或极大减轻破坏程度，为后续故障处理留出充足的时间，而且能够确保单相接地故障处理自动化装置的灵敏度。

2）第二道防线：单相接地选线保护和线路保护系统。电弧长期不能熄灭或者长期存在间歇性弧光接地，则有可能引发严重的后果。因此，对于永久性单相接地故障“宜按快速就近隔离故障原则进行处理”，通过跳闸隔离故障，保障健全部分安全可靠运行。在这个环节要加强自动化装置的优化选型，结合真型试验测试、仿真模拟测试和电磁兼容测试，优选出高性能设备。

3）第三道防线：调度自动化系统自动推拉或人工推拉选线分闸。鉴于小电流接地系统单相接地故障的复杂性，以及针对单相接地故障处理各个环节有可能出现障碍或故障并且没有及时消除，第二道防线仍存在不能启动或选线错误的可能性，使永久性单相接地故障不能可靠切除，因此有必要设置基于推拉选线控制的第三道防线。

（4）站内站外协调配合。在单相接地故障处理方面，仅仅构筑起变电站内三道防线是不够的，主要原因在于：馈线上任何位置（包括故障率较高的用户线路）发生永久性单相接地都会引起变电站内出线断路器跳闸，造成影响范围较大的全线停电。

因此有必要在变电站外的馈线开关处，配置一定数量的自动化装置，主要包括：具有单相接地检测功能的配电终端、故障指示器和一、二次融合智能配电开关，在10kV开关站也可以配置小电流接地选线保护装置，从而在发生永久性单相接地故障时，形成多级保护协调配合的工作模式。不仅实现选段跳闸，而且可以通过配电自动化系统实现永久性单相接地故障区域隔离和健全区域自动恢复供电。即使对于采用故障指示器或不具备控制功能的“两遥”终端的情形，尽管不能以自动化方式实现选段跳闸、故障区域隔离和健全区域恢复供电，但是却能方便单相接地故障位置的查找，有效缩短人工隔离故障区域和恢复健全区域供电过程的时间。据统计，大部分单相接地故障都发生在用户侧，因此配置具有单相接地跳闸功能的用户分界开关，对于提高单相接地故障处理性能并减少变电站内和主干馈线跳闸率具有重要的意义。

此外，完善网架结构可以增强负荷转供能力，减少永久性单相接地的影响范围，即使发生了同沟多条电缆损坏甚至“火烧连营”，也能将大部分负荷转移到其他供电途径上，有助于避免长时间大范围停电的恶性事件。

因此，站内站外协调配合有助于进一步减少永久性单相接地故障的影响范围，提高供电可靠性。

（5）加强系统测试。单相接地故障处理是一个系统工程，需要站内站外协调配合，只有在消弧线圈系统、零序电流互感器和零序电压互感器、单相接地选线保护装置、馈线上的自动化装置、通信通道、配电自动化主站等各个环节完好的配合条件下才能得出令人满意的效果。

上述各个环节的缺陷以及它们配合上的不足，一般仅仅采取单项检查或测试难以发现，为了及时发现缺陷并有针对性地加以消缺，必须进行现场系统测试，即在现场人工发生各种典型场景的单相接地现象，测试单相接地故障处理的性能，并根据对各个环节的动作信息和录波数据，才能发现和明确存在的缺陷。若发现存在重大缺陷，在整改后还需要再次进行系统测试，直至确认重大缺陷已经消除。

（6）提升管理水平。没有良好的运维管理，再先进的系统也只能是昙花一现，之后就会因维护不够而难以发挥出令人满意的作用。

可以围绕下列方面持续提升管理水平：

1）制定标准和规章制度，将资源配置、设备选型、参数设置、巡视和运维等规范化。

2）建立单相接地信息监管系统，对消弧线圈、小电流接地选线保护和馈线上的自动化装置的运行情况进行监视。

3）单相接地故障处理过程提级管控，为每次单相接地的位置、原因和处理记录建立档案，实现闭环管理。

4）加强考核监督，将消弧线圈和针对单相接地故障处理的自动化装置的在线率、动作正确率、维修及时性等作为指标纳入考核。

5）科学规划和设计新建项目，避免出现新的短板，优选高性能设备，投运前进行系统测试并及时消除建设缺陷。

## 本章参考文献

［1］卖灿波．顺德地区10kV中性点经小电阻接地方式改造为智能型电抗器接地保护方式可行性研究探讨［J］．城市建设理论研究．2012（4）：1-5．

［2］杨卫东，姜霞，林剑．深圳电网10kV系统中性点接地方式分析［J］．广东电力，2002，15（3）：19-22．

［3］SINCLAIR J，GRAY I. Accessing the potential for arc suppression coil to reduce customer interruptions and customer minutes［C］//17th International Conference & Exhibition on Electricity Distribution．2009：521．

［4］NEWBOULD A，CHAPMAN K. Improving UK power quality with arc suppression coils［C］//7th International Conference on Developments in Power Systems Protection．2001．

［5］CERRETTI A，LEMBO G D，VALTORTA G. Improvement in the continuity of supply due to a large introduction of peterson coils in HV/MV substations［C］//18th International Conference on Electricity Distribution．Turin，2005．

［6］刘育权，蔡燕春，邓国豪，等．小电阻接地方式配电系统的运行与保护［J］．供用电，

2015，32（6）：30-35.
[7] 张振旗，黄培专. 10kV 低阻接地系统运行浅析 [J]. 电气工程应用，2001（3）：18-22.
[8] 国家电网公司. 配电网技术导则：Q/GDW 10370—2016 [S]. 北京：中国电力出版社，2016.
[9] CHIHLARD O，CLEMENT M，PERRAULT L，et al. New neutral grounding system at EDF [C] //1st China International Conference on Electricity Distribution. Shanghai. 2000.
[10] 徐丙垠，李天友. 配电网中性点接地方式若干问题的探讨 [J]. 供用电，2015，32（6）：12-16.

# 第2章

# 摸 清 家 底

单相接地故障处理是一个系统工程，需要变电站内和站外协调配合，其中变电站内消弧线圈系统、零序电流互感器、零序电压系统、自动化选线/保护装置等的协调配合最为关键。

一些现场应用单位反映单相接地故障处理效果不理想，经常发生选线错误，把责任归咎为单相接地选线/保护装置和馈线上的自动化终端不可靠，实际上相当比例的问题并非仅仅出在自动化装置上，而与消弧线圈系统、零序电流互感器和零序电压系统等的缺陷和不足关系也很密切。

因此摸清家底，掌握在运设备的现状，对于设备改造和消除缺陷具有重要意义。实际上，摸清家底是治理单相接地故障的第一个环节，在摸清家底阶段主要采取现场勘查的手段，除了电容电流以外，一般不需要进行测试。本章重点论述与单相接地故障处理相关的需要调查的项目及调查方法。

## 2.1 电 容 电 流

随着配电网规模日益增大和电缆化率不断提高，电容电流也相应增大，当电容电流增大到一定水平后，单相接地时接地点的电弧难以自行熄灭，需要采用消弧线圈加以补偿。此外，一个系统的电容电流还与运行方式关系密切。

GB/T 50064—2014《交流电气装置的过电压保护和绝缘配合设计规范》和Q/GDW 10370—2016《配电网技术导则》都建议在电容电流不大于10A时可采用中性点不接地方式；当超过10A时应采用中性点经消弧线圈接地方式。《电力系统设计手册》中规定中性点经消弧线圈接地时，补偿后的残流一般不超过10A。可见，及时准确地掌握电容电流水平，对于科学选择中性点接地方式和确定消弧线圈容量具有重要意义。

但是，实际中对电容电流疏于及时准确测量的现象却比较普遍，一些变电站甚至电容电流高达上百安却没有配置消弧线圈；更有一些电容电流较大的变电站虽然配置了消弧线圈但是容量不足；还有一些变电站仅根据常规运行方式配置消弧线圈的容量，但是在最大运行方式下存在消弧线圈容量不足的问题。因此，及时准确地测量电容电流水平是“摸清家底”的重要内容，也是需要常态化开展的重要工作之一。

### 2.1.1 电容电流估算法

虽然估算出的电容电流没有实测得到的结果准确，但是却可以快速掌握电容电流的大致范围，对于分析问题非常有用，并且可以对未来配电网扩展后的电容电流进行预估。

配电网的电容电流的大小主要取决于线路的类型和长度，单位长度电缆线路的电容电流一般是架空线路的 10 倍以上，单位长度电缆和架空线的电容电流又与其型号、规格和敷设方式有关。

#### 2.1.1.1 架空线路电容电流估算

各种电压等级的架空线路的电容电流可用经验公式（2-1）进行估算。式（2-1）源于水泥杆及金属杆塔的架空线路，对于木杆线路，电容电流计算结果减小 10%～12%。

$$I_c = kU_n l \times 10^{-3} \tag{2-1}$$

式中：$I_c$ 为单位长度架空线路的电容电流，A/km；$U_n$ 为架空线路的额定线电压，kV；$l$ 为线路长度，km；$k$ 为系数（当线路有避雷线时，$k$ 为 3.6；当线路无避雷线时，$k$ 为 3）。

对于双回线路的电容电流，因导线间有相互屏蔽作用，不能简单地计算为单回线路的 2 倍。多次实测表明，当双回线路同时运行时，若导线水平排列，则电容电流为单回线路的 1.8 倍；若导线为顺、逆枞树排列，则电容电流为单回线路的 1.7 倍；若导线垂直排列，则电容电流为单回线路的 1.6～1.65 倍。当断开的回路不接地时，运行回路的电容电流为单回线路的 1.2～1.3 倍。

#### 2.1.1.2 电力电缆电容电流估算

单位长度电力电缆的电容电流，与其截面积、结构、材质及运行电压等有关。制造厂家进行型式试验后，能够提供单位长度电缆的实测电容数据，运行单位只要注意搜集有关数据，即可计算出不同型式电力电缆准确的电容电流值。

如果缺乏有关数据和资料，可利用经验公式（2-2）计算出单位长度下不同截面电缆的电容电流值：

$$I_c = [(95+1.44S)/(2200+0.23S)]U_n \tag{2-2}$$

式中：$I_c$ 为单位长度电缆的电容电流，A/km；$S$ 为电缆芯线截面积，mm$^2$；$U_n$

为电缆的额定线电压，kV。例如，当 10kV 电力电缆芯线的截面积为 300mm$^2$ 时，$I_{c(u)} = 2.32\text{A}/\text{km}$。

#### 2.1.1.3 配电装置电容电流估算

当估算电网的电容电流时，在架空线路和电力电缆线路电容电流的基础上，还应当考虑变电站配电装置对 $I_c$ 的影响。运行电压越低，增大电容电流的作用越明显，具体可参照表 2-1 进行估算。同时，也可利用电气设备预防性试验所得的电容值，更准确地计算配电装置使电容电流增大的数值。

**表 2-1　变电站配电装置运行电压对 $I_c$ 的影响**

| 运行电压（kV） | 6 | 10 | 35 | 110 |
|---|---|---|---|---|
| $I_c$ 的增加值（%） | 18 | 16 | 13 | 10 |

### 2.1.2 电容电流间接测量法

电容电流间接测量法指系统无需人工金属接地，接入某元件或注入特定的测量信号，进行测试计算的测量方法。电容电流的间接测量法包括：中性点外加电容法、中性点外加电压法、偏移电容法、人工星形电容器组中性点法、调谐法、相角法和异频信号注入法等。现场测试通常使用异频信号注入法、中性点外加电容法；自动消弧线圈补偿装置电容电流测试通常采用调谐法。间接测量方法的特点是比较简便，一般也可满足工程实用要求，应用较广。

#### 2.1.2.1 中性点外加电容法

中性点外加电容法适用于有中性点引出的被测量系统，其特点是在接地变压器中性点外接一定电容量的电容器 $C_0$，试验前应估算系统的电容，合理选取外接电容器的电容量及耐受电压，其绝缘水平高于变压器中性点的最大电压。系统中性点接有消弧线圈时应将其断开。中性点外加电容法测量原理如图 2-1 所示。

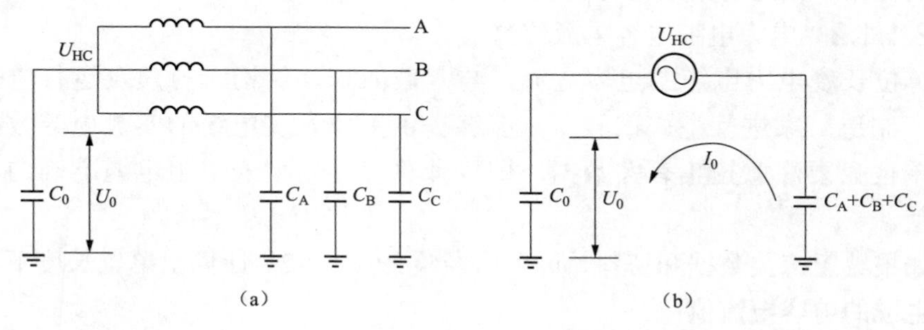


图 2-1　中性点外加电容法测量原理

（a）电路连接示意；（b）简化等效电路

$C_A$、$C_B$、$C_C$ 分别为被测系统的三相对地电容，$C_A \neq C_B \neq C_C$，因此被测系统的中性点存在一个三相对地不对称电压 $U_{HC}$。若将外接电容 $C_0$ 的一端接地，另一端接于接地变压器的中性点，则按等效发电机原理可简化为如图 2-1（b）所示的等效电路。据此可按式（2-3）和式（2-4）计算被测系统的三相对地电容之和以及电容电流：

$$\Sigma C=\frac{C_0 U_0}{U_{HC}-U_0} \tag{2-3}$$

$$I_c=\omega \Sigma C U_\Phi \tag{2-4}$$

式中：$\Sigma C$ 为三相对地电容之和，$\Sigma C = C_A + C_B + C_C$；$C_0$ 为外接电容；$U_0$ 为中性点电压（即 $C_0$ 上的端电压）；$U_{HC}$ 为三相对地不对称电压；$I_c$ 为电容电流；$\omega$ 为角频率，$\omega=2\pi f$，$f$ 为频率；$U_\Phi$ 为电网额定相电压。

2.1.2.2　中性点外加电压法

中性点外加电压法为利用外接电源，在中性点引入一定的电压，测量零序回路的电流并折算至额定电压，从而利用式（2-5）得到被测系统的电容电流 $I_c$，即：

$$I_c=\frac{I_0}{U_0}U_\Phi \tag{2-5}$$

式中：$I_0$ 为零序电流的测量值；$U_0$ 为中性点电压即母线零序电压。

因为中性点外加电压后的 $U_0$ 一般为 $U_\Phi/3$ 左右，因此试验过程中电网相对地电压的升高，明显低于单相金属接地时的情况。而且，测量工作是在外加电源接地端的低压侧进行的，因此比较安全。此外，由于外加电压后的 $U_0$ 远大于中性点不对称电压，所得结果是可以置信的。

2.1.2.3　偏移电容法

偏移电容法适用于没有中性点引出的被测系统，其特点是任一相对地之间施加一外接电容，使得三相对地电压产生较大的偏移。试验中应注意外接电容器的容量选取应大到足以使系统的三相对地电压在接入此偏移电容后发生明显的改变，否则测量的准确度将降低，因此本测量方法更适用于电容电流较小的网络。且由于测量三相对地电压是利用系统中母线的电压互感器，因此测量精度也受制于互感器的测量准确度。

偏移电容法测量原理如图 2-2 所示。$C_f$ 为施加于任一相对地之间的偏移电容，可取值为三相对地电容之和估算值的 10%～15%。通过测量外加此偏移电容前、后相对地电压 $U_p$、$U_p^*$，经式（2-6）和式（2-7）计算得到被测系统的三相对地电容之和 $\Sigma C$ 与电容电流 $I_c$ 分别为：

$$\Sigma C=\frac{C_f U_p^*}{U_p-U_p^*} \tag{2-6}$$

$$I_c=\omega\Sigma C U_\Phi \tag{2-7}$$

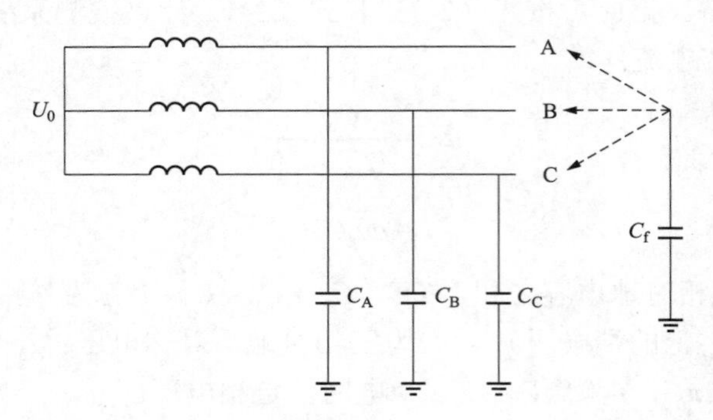


图 2-2　偏移电容法测量原理

### 2.1.2.4　人工星形电容器组中性点法

人工星形电容器组中性点法适用于没有中性点引出的被测系统。与偏移电容法原理相同的是在任一相对地之间施加一外接电容，使得三相对地电压产生偏移。但其特点是接入了一组三相电容量基本一致的星形电容器组，形成一个人造中性点来测量系统的中性点电压，此方法的测量准确度高于偏移电容法。人工星形电容器组中性点法测量原理如图 2-3 所示。

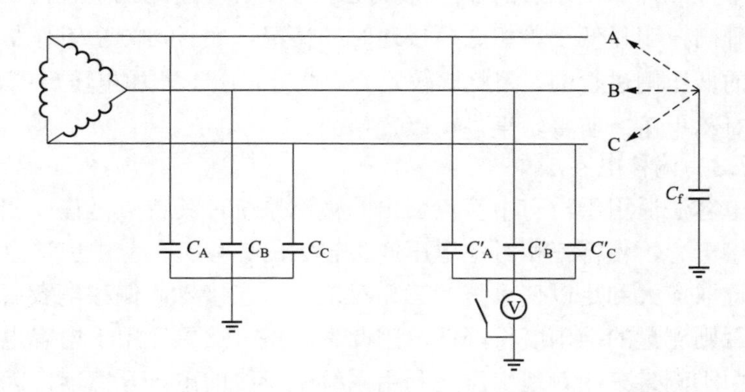


图 2-3　人工星形电容器组中性点法测量原理

图 2-3 中，$C'_A$、$C'_B$、$C'_C$ 分别为人工星形电容器组的电容器，若 $C'_A=C'_B=C'_C$，这时在星形电容器组中性点测得的对地电压就是电网三相对地的不对称电压 $U_{HC}$。将偏移电容 $C_f$ 逐次连接于 A、B、C 相对地之间，并分次测出相应

的人工星形电容器组中性点对地电压，即新的不对称电压$U_{0A}$、$U_{0B}$和$U_{0C}$，按式（2-8）～式（2-11）可求解出电网电容和电容电流。

$$\Sigma C = C_f \left[ \frac{\sqrt{E_a^2 + U_{HC}^2(1+m^2)}}{U'_{op}} - 1 - m^2 \right] \tag{2-8}$$

$$I_c = \omega E_a \sum C \times 10^{-6} \tag{2-9}$$

$$U'_{op} = \sqrt{\frac{U_{0A}^2 + U_{0B}^2 + U_{0C}^2}{3} - U_{HC}^2} \tag{2-10}$$

$$m = \frac{U_{HC}}{U'_{op}} \tag{2-11}$$

式中：$E_a$为测量时电网的相电压；$U_{HC}$为电容中性点未加偏移电容$C_f$前三相对地不对称电压。

#### 2.1.2.5 调谐法

调谐法是指在消弧线圈的调节补偿过程中，通过测量零序电流、中性点电压，利用图解或进行估算获取电容的方法。改变调匝式消弧线圈的分接头，从欠补偿至过补偿状态，测量并记录各点的零序电流$I_0$和中性点电压$U_0$，通过绘制调谐曲线计算得出系统的电容电流。当系统中无消弧线圈时，也可采用在变电站的站用变压器原有的中性点外接一个调匝式消弧线圈来进行测量。调谐法一般利用消弧线圈调谐曲线上两个点的数据计算电容电流，因此也称之为两点法。

在被测系统正常运行情况下，改变消弧线圈的分接头，使中性点电压达到1/3$U_\Phi$～1/2$U_\Phi$时，同时测量零序电流$I_0$和中性点电压$U_0$，然后归算至额定相电压$U_\Phi$即可得电容电流$I_c$。测量时应在谐振点的两侧且尽量接近谐振点进行。

根据消弧线圈调谐试验的结果，分别绘出过补偿和欠补偿状态下的不连续或连续的曲线，然后作渐近线或直接找出$U_0$的最大值（即谐振点），便可求出被测系统的电容电流，此时补偿电流$I_L = I_c$。调谐曲线如图2-4所示，对于自动调谐消弧线圈，利用图解法求电流时，消弧线圈的容量必须较大，分接头的组合数也应较多，得出的结果方能较为准确。

在实测数据绘制的曲线的上升部分（欠补偿）或下降部分（过补偿），取出连续两点，得到相应的$U_{01}$、$I_{L1}$，$U_{02}$、$I_{L2}$后，可按式（2-12）求出被测系统的电容电流$I_c$。

$$I_c = \frac{I_{L2} - I_{L1} U_{01} / U_{02}}{1 - U_{01} / U_{02}} \tag{2-12}$$

式中：$I_{L1}$、$I_{L2}$分别为消弧线圈分接头1、2下的补偿电流；$U_{01}$为与$I_{L1}$对应的中性点电压；$U_{02}$为与$I_{L2}$对应的中性点电压。

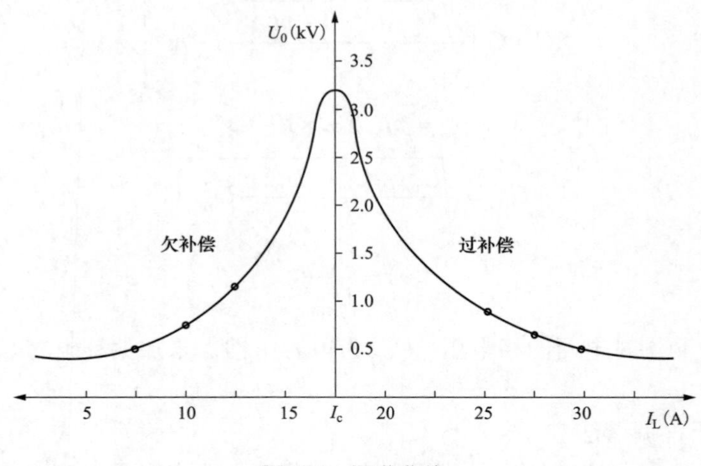


图 2-4　调谐曲线

### 2.1.2.6　相角法

相角法适用于网络中有调匝式消弧线圈的系统。改变消弧线圈的分接头，测量中性点电压与相电压之间的相角，从不同分接头位置补偿电流与测控相角之间的关系，按照式（2-13）来计算被测系统的电容电流$I_c$。

$$I_c = \frac{I_{Lx}}{1 + d / \tan\phi_x} = \frac{I_{Lx}}{1 + \nu} \tag{2-13}$$

式中：$I_{Lx}$为消弧线圈分接头在$x$位置时额定相电压下的电流；$d$为阻尼率，电网的固有阻尼率为3.5%，消弧线圈有功损耗约为其额定容量的1.5%，故$d$值一般取5%；$\phi_x$为消弧线圈分接头在$x$位置时，中性点电压对电网相电压之间的相角；$\nu$为脱谐度，$\nu = d / \tan\phi_x$。

### 2.1.2.7　异频信号注入法

单相金属接地的直接法、外加电容间接测量法等方法都要涉及一次设备，因而操作繁杂，且存在一定的危险性，工作效率低。异频信号注入法通过电磁式电压互感器（TV）注入异频信号来进行电网电容电流的测试，且测试仪无需与一次侧直接相连，因此试验危险性低，不需要做繁杂的安全工作。注入的异频信号微弱，不会对继电保护和TV本身产生影响，又避开了工频干扰，确保测试数据准确。根据异频信号注入方式主要有两种测试方法，即TV开口三角侧异频信号注入法和单相TV异频信号注入法。

在中性点无法引出的系统中可采用TV开口三角侧异频信号注入法，其原理如图 2-5 所示，首先应短接 TV 一次、二次消谐装置，一般对于微电脑控制的二次消谐器，其只有在系统有谐振发生时才动作，该类消谐器一般对测量无影响。其次在测试过程中应退出系统中所有消弧线圈。从 TV 开口三角侧注入非工频的电流信号（目的是为了消除工频信号的干扰），在 TV 高压侧 A、B、C 三相感应出三个方向相同的电流信号，此电流为零序电流，因此它在电源和负荷侧均不能流通，只能通过 TV 和对地电容形成回路。

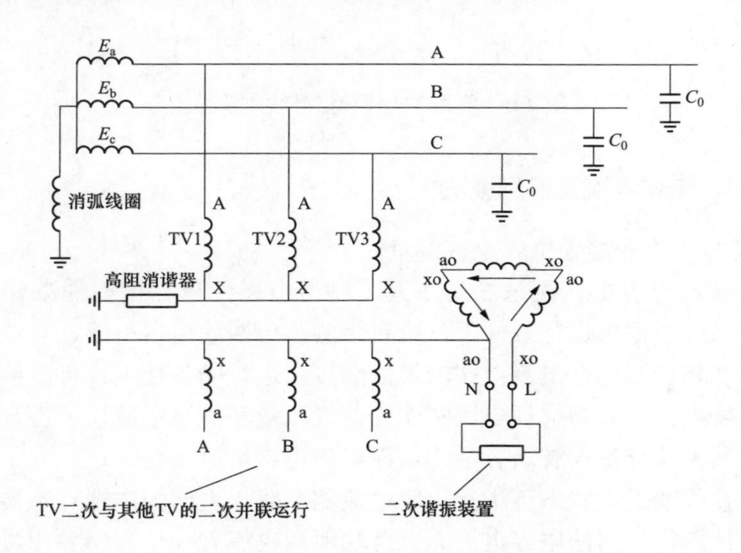


图 2-5 TV 开口三角侧异频信号注入法原理

电容电流常见计算方法见式（2-14）：

$$I_c = \omega \sum CU_\Phi = \frac{I_f \omega U_\Phi \times 3 \times 10^6}{\omega_f K^2 (\omega_f L I_f - \sin\theta_f U_f / 3)} \tag{2-14}$$

式中：$U_f$ 为 TV 开口三角侧测得的异频电压，V；$I_f$ 为注入的异频电流，A；$\omega_f$ 为异频的角频率；$\theta_f$ 为异频电流 $I_f$ 与异频电压 $U_f$ 之间的相角；$L$ 为 TV 的综合电感，H/相；$K$ 为 TV 的变比。

相比 TV 开口三角侧异频信号注入法，单相 TV 异频信号注入法对系统运行方式要求简单，不需要排查二次端子，不需要考虑 TV 一次、二次消谐器的影响，因此在有中性点引出的系统中优先使用单相 TV 异频信号注入法，其原理如图 2-6 所示。测试前退出系统中性点消弧线圈，在系统中性点与地之间外接一单相 TV。异频电流信号通过外接 TV 二次侧注入中性点，测量外接 TV 二次侧 $U_f$、$I_f$、$\theta_f$，根据式（2-14）就可以计算出系统的电容电流。

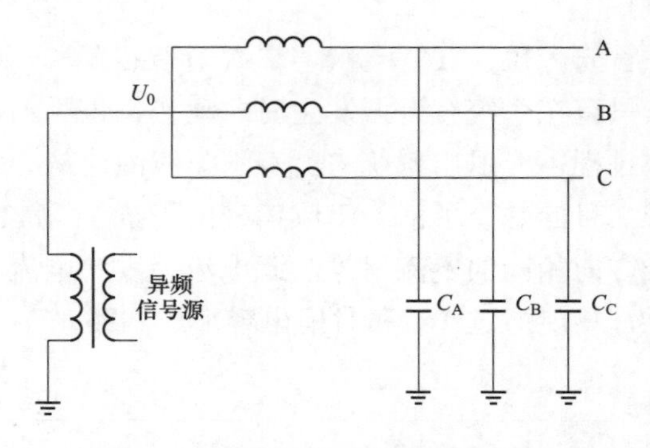


图 2-6　单相 TV 异频信号注入法原理

## 2.1.3　电容电流直接测量法

### 2.1.3.1　直接接地电容电流测量法

直接接地电容电流测量法是在人工制造金属性单相接地的条件下进行测量：在消弧线圈退出运行条件下，可直接测出电网的电容电流、有功泄漏电流和作为两者相量和的全电流；在消弧线圈投入运行的条件下，可直接测出消弧线圈的补偿电流、有功损耗电流和作为两者相量和的全电流，还可直接测出残余电流及其无功分量和有功分量，从而得出电容电流。

在消弧线圈退出状态下进行电容电流测量时，电网的中性点不接地运行，这样可直接测得电网的电容电流 $I_c$、有功泄漏电流 $I_r$ 和作为两者相量和的全电流 $I_{c0}$，具体计算公式见式（2-15）。此时进行测量虽然简单，但可能引发异名相故障，导致停电事故。

$$I_{c0}=\sqrt{I_r^2+I_c^2} \tag{2-15}$$

在消弧线圈投入的状态下进行电容电流测量时，补偿电网构成并联谐振回路，情况与实际中发生单相金属性接地故障时基本相同。该试验同时可以验证消弧线圈自动跟踪补偿装置及小电流选线装置的性能。此方法在试验过程中如果发生异名相接地故障，人工接地开关可以快速跳开，此时消弧线圈仍可进行消弧，有助于降低造成停电事故的风险。测量时先投入人工接地开关，待指针稳定后，读取全部仪表的读数，便可测得电容电流 $I_c$ 和有功泄漏电流 $I_r$，以及作为两者相量和的全电流 $I_{c0}$。而残余电流 $I_\delta$ 可以直接测出：

$$\dot{I}_\delta=(I_r+I_{rL})+\mathrm{j}(I_c-I_L) \tag{2-16}$$

式中：$\dot{I}_\delta$ 为残余电流；$I_r+I_{rL}$ 为残余电流的有功分量；$I_c-I_L$ 为残余电流的无功分量；$I_r$ 为被测电网的有功泄漏电流；$I_c$ 为被测电网的电容电流；$I_{rL}$ 为消弧线圈的有功损耗电流；$I_L$ 为消弧线圈支路电流。

根据以上两种条件下测得的有功分量和无功分量，可分别与测得的全电流进行校验。通过改变电网的运行方式，还可测得电网某一独立部分或单条线路的电容电流。以上测得的有功电流和无功电流基本是工频电流分量，可以用来分析判断失谐度和有功电流对熄弧的影响，还可对录波波形进行分析，确定其中的高次谐波电流分量及其对熄弧的影响。

2.1.3.2 经电阻接地电容电流测量法

鉴于人工单相金属性接地试验易造成相间短路故障，通常采取人工经过渡电阻接地的电容电流测量方法。

经电阻接地电容电流测量法是在人工制造经过渡电阻的单相接地条件下进行测量，对任何接地方式的小电流接地系统（不论有没有安装消弧线圈、消弧线圈投入还是退出），均可进行测量。将接地导线串联接地电阻并经过一个断路器接入电网运行设备任意一相，合上该断路器就可以实现单相接地，也可以采用专门的测试设备实现单相接地，该设备可参见第6章。为保证试验数据有效性，过渡电阻阻值一般在200～1000Ω之间选取。由于人工单相接地试验地点大多在站外不远处，可忽略负荷电流和电网压降，近似认为母线零序电压即为试验地点的零序电压。通过人工单相接地试验可获得中性点电压，即母线零序电压$U_0$、消弧线圈支路电流$I_L$（对消弧线圈投入情况）、某一相对地之间的残余电流$I_\delta$。

在消弧线圈退出状态下，忽略系统对地电导，测量得到的某一相对地之间的残余电流$I_\delta$为当前电压下对应的电容电流，将其归算至额定相电压，即可得到被测电网的电容电流值$I_c$，即：

$$I_c = \frac{I_\delta}{U_0} U_\Phi \tag{2-17}$$

在消弧线圈投入状态下，人工单相接地引起的中性点电压超过消弧线圈启动电压，经过短暂时间，随调式消弧线圈调整到位，或预调式消弧线圈的阻尼电阻被短接，此时测量得到的某一相对地之间的残余电流$I_\delta$为在当前电压下忽略消弧线圈有功损耗与系统对地电导的电容电流经过消弧线圈电流补偿后的全电流。由于感性电流与容性电流相位相差180°，两者之间可以进行代数运算，由此可得到系统电容电流：

$$I_c = \frac{I_L \pm I_\delta}{U_0} U_\Phi \tag{2-18}$$

当消弧线圈过补偿时，式（2-18）取“−”；当消弧线圈欠补偿时，式（2-18）取“+”。

在消弧线圈投入状态下，人工单相接地引起的中性点电压未超过消弧线圈启动电压，预调式消弧线圈阻尼电阻未短接，消弧线圈支路为阻尼电阻与消弧线圈等效电感的串联（或并联）组合，此时消弧线圈支路有功电流值不可忽略，则某一相对地残余电流与消弧线圈电流之间需进行相量运算。以母线零序电压相量为基准，假设母线零序电压测量值为$U_0\angle 0°$，消弧线圈支路电流测量值为$I_L\angle\varphi°$，则某一相对地之间的残余电流为：

$$\dot{I}_\delta=\dot{I}_L\pm jU_0\omega C_{0\Sigma}=I_L\cos\varphi+jI_L\sin\varphi\pm jU_0\omega C_{0\Sigma} \tag{2-19}$$

此时系统电容电流为

$$I_c=\frac{I_L\sin\varphi\pm\sqrt{I_\delta^2-I_L\cos\varphi^2}}{U_0}U_\Phi \tag{2-20}$$

式中：$\varphi$ 为功率因数角。当消弧线圈过补偿时，式（2-20）取“−”；当消弧线圈欠补偿时，式（2-20）取“+”。

### 2.1.4 从消弧线圈控制器中调阅电容电流

从消弧线圈控制器中调阅电容电流数据也是摸清电容电流家底的一种方法，以某厂家消弧线圈控制器为例进行说明。图 2-7 为消弧线圈控制器的显示界面主菜单，从控制器显示信息中可以查询到系统当前的运行信息、曾经发生单相接地的历史记录和当前的参数设置信息等。

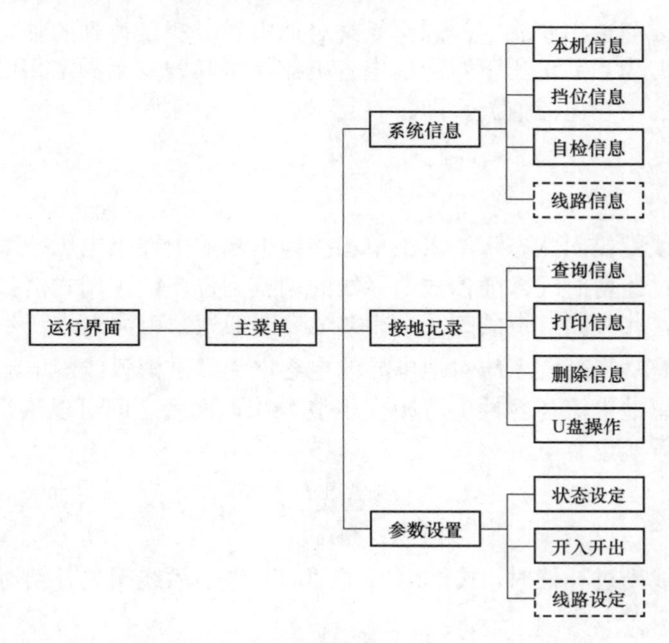


图 2-7　某消弧线圈控制器的显示界面主菜单

正常运行时，某消弧线圈控制器的运行界面如图 2-8 所示。零序电压、零序电流表示消弧线圈两端电压、电流实测数据，一般该处显示为一次值，某些厂家也称之为中性点电压、中性点电流（或回路电流）。电容电流指消弧线圈所在母线段的电容电流测量数据，一般消弧线圈的电容电流测量方法包括调谐法、两点法等，具体参见本章 2.1.2 节，不同算法得到的电容电流数值可能不尽相同，但波动不应过大。对预调式消弧线圈来说，显示界面还包含挡位电流和当前挡位，即根据当前电容电流数值和设定脱谐度（或设定残流上限值）调至的补偿状态。将从正常运行的消弧线圈控制器中调阅的电容电流数据与该段母线电容电流估算值进行对比，可以评估该消弧线圈测量的电容电流是否准确。

某消弧线圈控制器查询界面如图 2-9 所示。可以看到历次接地故障信息，接地故障信息包括接地次数、接地时间、零序电压、补偿电流、电容电流等信息。需要注意的是，各厂家控制器显示的“电容电流”数据含义不尽相同，有的厂家显示的电容电流为当前故障下的实际电容电流值，有的厂家显示的电容电流为额定电压下的系统电容电流，目前没有统一的规范要求。

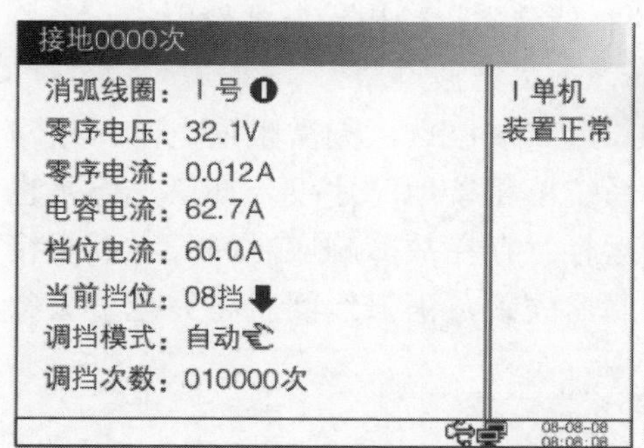


图 2-8　某消弧线圈控制器的运行界面

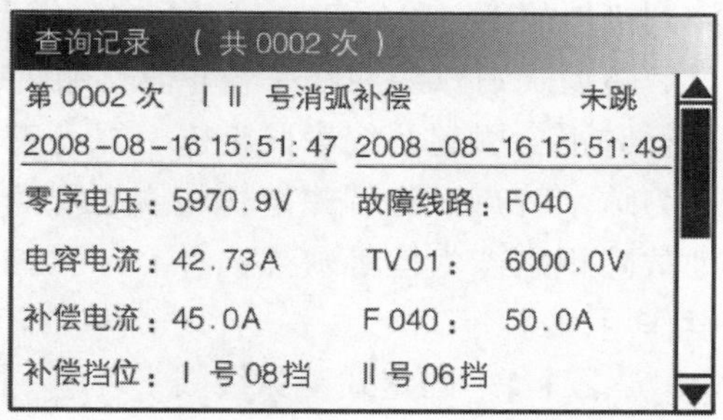


图 2-9　某消弧线圈控制器的查询界面

值得注意的是：只有从正常运行的消弧线圈控制器中调阅的电容电流才有参考价值，并且需与估算值对比印证，必要的话还要与实测值对比印证。

尽管实测电容电流更加准确，但它却只能反映当前状况，而各种典型工况的电容电流估算值和从消弧线圈控制器的历史记录中调阅的电容电流值，却有助于更全面地摸清各种工况下的电容电流的“家底”。

## 2.2 消弧线圈系统

所谓消弧线圈系统，是指消弧线圈本体、控制器、阻尼与消谐装置等构成的系统。

### 2.2.1 消弧线圈的类型

消弧线圈分为固定式消弧线圈和自动跟踪补偿消弧线圈两类，后者又可分为预调式消弧线圈（包括调匝式和调容式）和随调式消弧线圈（一般采用相控式）两类。近年来消弧线圈技术已取得长足进步，原有固定式消弧线圈逐渐被自动跟踪补偿消弧线圈所替代，后者更好地体现了消弧线圈接地方式的优点，故新建站都采用自动跟踪补偿方式。

预调式消弧线圈：装置在系统正常运行时测量系统电容电流，并预先调节电感值到设定的补偿状态。装置在系统正常运行时由专用设施（阻尼电阻等）抑制装置的电感与系统对地电容的串联谐振；当单相接地故障发生后，自动退出此设施以输出设定补偿电流；当检测到接地故障消除后自动投入此设施。

随调式消弧线圈：装置在系统正常运行时测量系统电容电流，并设定补偿参数。在系统正常运行时其电感量远离与系统对地电容发生串联谐振的值；当单相接地故障发生后，自动调节至设定的补偿状态，输出设定补偿电流；当检测到接地故障消除后其电感量又自动调节，远离谐振点。

随调式消弧线圈在系统正常运行时，远离谐振点，无需阻尼电阻，正常运行时不会引起系统串联谐振，只有在系统单相接地时才投入补偿，但是也因为这个特点，随调式消弧线圈在现场运行时存在故障响应时间长、高阻接地故障识别能力差等缺点；并且一旦控制器失效，消弧线圈就将完全失去补偿作用。

#### 2.2.1.1 固定式消弧线圈

目前新建站均采用自动跟踪补偿消弧线圈，但在消弧线圈扩建增容时，可采用固定式消弧线圈与原有自动跟踪补偿消弧线圈相结合的方式。

历史上，固定式消弧线圈有两种型式：第一种是三相五柱变压器消弧型式，第二种采用 Z 型接地变压器消弧型式。

三相五柱变压器消弧由三相五柱变压器与二次电抗器组成，结构原理示意如图 2-10 所示。三相五柱变压器的铁芯有五个截面相同的铁芯柱，其中三个铁芯柱上绕有高压线圈，中间带有间隙的两个铁芯柱上无线圈，为零序磁通通路。三相五柱变压器的二次绕组接线首尾相连，类似于 TV 开口三角，一般接一台或两台低压的电抗器（$X_{L1}$、$X_{L2}$）。

Z 型接地变压器消弧由 Z 型接地变压器 $Z_T$（与通常的接地变压器相同）和固定消弧线圈 $X_L$ 组成，其原理示意如图 2-11 所示。Z 型接地变压器与普通变压器的区别是，它每一相的线圈分别绕在两个磁柱上，这样连接的目的是使零序磁通可沿三相磁柱流通，因此，其零序阻抗很小，一般小于数十欧姆，而普通变压器要大得多。接地变压器除了用于接入消弧线圈外，也可作为站用变压器带二次负载。此时，接地变压器的容量应为消弧线圈容量与二次负载容量之和。

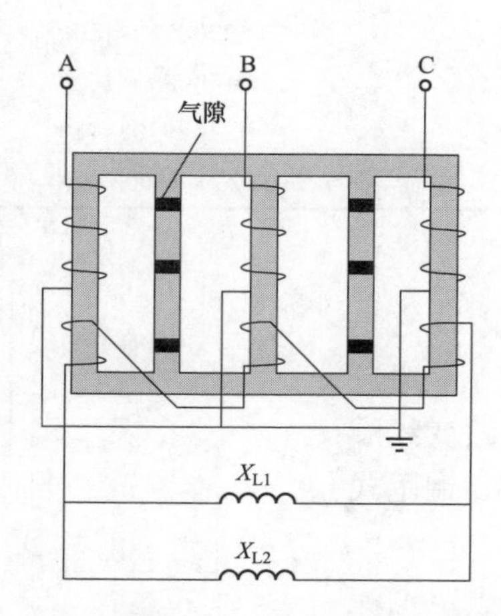


图 2-10　三相五柱变压器消弧结构原理示意

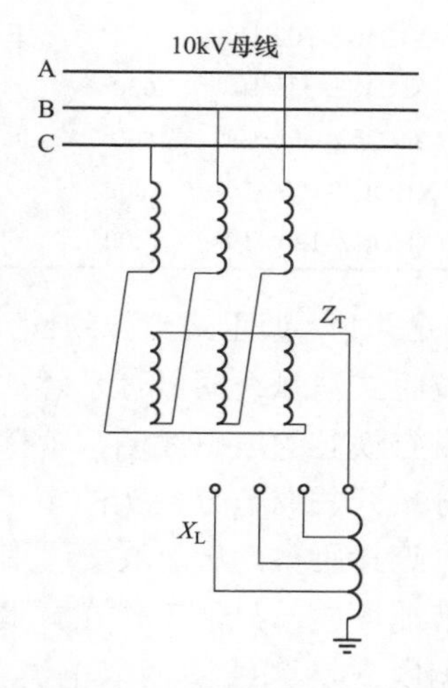


图 2-11　Z 型接地变压器消弧原理示意

随着近些年配电网快速发展，消弧容量急剧增大，三相五柱式消弧线圈二次绕组由多台低压电抗器组成，由于电压低，额定电流大，加工工艺成本大大增加，且损耗大、易损坏。因此，目前固定消弧（分散式消弧）均采用 Z 型接地变压器消弧形式。

Z 型接地变压器消弧具有以下特点：

（1）原理简单，运行可靠。固定消弧基于常规消弧线圈，工艺技术更成熟，运行安全可靠。

（2）容量调节灵活。固定消弧可以提供较多抽头，与三相五柱型式中增加和调整电抗器台数相比，容量调节更灵活，也不需要因此增加成本和体积。

用于固定补偿的消弧线圈以 10kV 为主，树脂浇注干式居多，固定式消弧线圈部分型号的规格参数如表 2-2 所示。

**表 2-2　固定式消弧线圈部分型号的规格参数**

| 序号 | 规格型号 | 容量（kVA） | 额定电压（kV） | 电流范围（A） | 分接数目 | 外形尺寸 长×宽×高（mm×mm×mm） | 型式 |
|---|---|---|---|---|---|---|---|
| 1 | XHDCZ-250/10 | 250 | 6.062 | 10～40 | 4 | 860×600×1540 | 干式 |
| 2 | XHDCZ-315/10 | 315 | 6.062 | 20～52 | 4 | 1070×600×1370 | 干式 |

续表

| 序号 | 规格型号 | 容量（kVA） | 额定电压（kV） | 电流范围（A） | 分接数目 | 外形尺寸 长×宽×高（mm×mm×mm） | 型式 |
|---|---|---|---|---|---|---|---|
| 3 | XHDCZ-400/10 | 400 | 6.062 | 27～66 | 4 | 1150×800×1380 | 干式 |
| 4 | XHDCZ-500/10 | 500 | 6.062 | 33～82 | 4 | 1150×800×1450 | 干式 |
| 5 | XHDCZ-630/10 | 630 | 6.062 | 40～104 | 4 | 1270×750×1500 | 干式 |
| 6 | XHDCZ-800/10 | 800 | 6.062 | 54～135 | 4 | 1180×800×1620 | 干式 |
| 7 | XHDCZ-1000/10 | 1000 | 6.062 | 66～165 | 4 | 1310×750×1710 | 干式 |
| 8 | XHDCZ-1200/10 | 1200 | 6.062 | 80～207 | 4 | 1250×1600×1850 | 干式 |

#### 2.2.1.2 调匝式消弧线圈

调匝式消弧线圈原理示意如图 2-12 所示，它是一个带有铁芯的电感线圈，设有多挡位分接头，通过有载分接开关调节分接头的短接位置，用以改变线圈的串联连接匝数，从而改变线圈电流的大小。调匝式因调节速度慢，只能工作在预调谐方式。

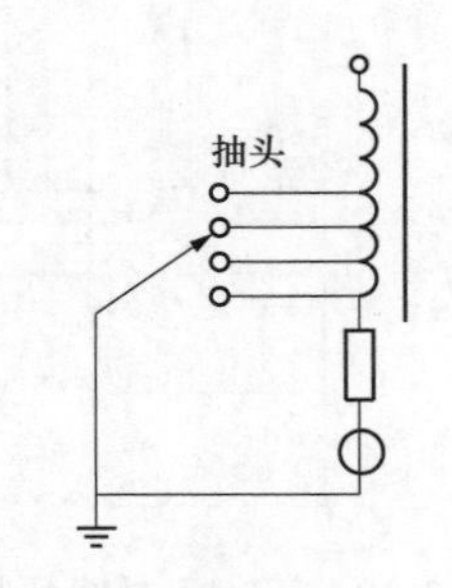


图 2-12 调匝式消弧线圈原理示意

调匝式消弧线圈调节电流范围一般在额定电流的 30%～100%，其残流大小视有载分接开关调节挡位多少和各挡位电流的步长而定。其电感与匝数的平方成正比，即：

$$\frac{L_{max}}{L_{min}}=\frac{N_{max}^2}{N_{min}^2} \tag{2-21}$$

式中：$L_{max}$、$L_{min}$ 分别为电感的最大值、最小值；$N_{max}$、$N_{min}$ 分别为匝数的最大值、最小值。

从发挥消弧线圈的作用上来看，脱谐度的绝对值越小越好，最好是处于全补偿状态，即调谐至谐振点上。但是在电网正常运行时，调谐至全补偿的消弧线圈会产生危险的串联谐振过电压。因此在预调式消弧线圈回路接入阻尼电阻，从而增大电网阻尼率，谐振等效回路如图 2-13 所示。

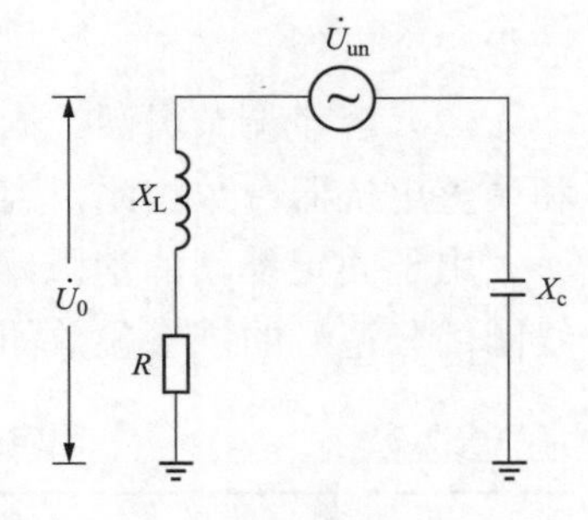


图 2-13 谐振等效回路

图 2-13 中：$\dot{U}_{un}$ 为系统不对称电压；$R$ 为阻尼电阻；$X_L$ 为消弧线圈感抗；$X_c$ 为系统等效容抗；$\dot{U}_0$ 为中性点位移电压：

$$\dot{U}_0=\frac{\dot{U}_{un}(R+jX_L)}{R+j(X_L-X_c)} \tag{2-22}$$

可以看出，当系统发生谐振时（即 $X_L = X_c$），若阻尼电阻取适当值，可以将中性点电压控制在允许值（相电压的15%）范围内。

阻尼电阻可采用一次串阻或二次并阻两种形式，等效回路如图2-14所示。一次串阻一般采用晶闸管SCR投退，二次并阻则采用接触器JC投退，当发生单相接地时，中性点流过较大的电流，这时晶闸管或接触器会将阻尼电阻切除；当单相接地消失后，重新将阻尼电阻投入系统中。晶闸管触发具有自触发时间短、响应速度快、无源自触发（不使用电源和相应二次线）、安全可靠性高的特点，在很多厂家得到了广泛应用。接触器形式主要用于二次并阻的消弧线圈，二次并阻形式可保证消弧线圈阻尼率恒定，同时可避免一次串阻工作条件恶劣、阻尼电阻容易烧毁的缺点。目前市场上两种形式均存在。

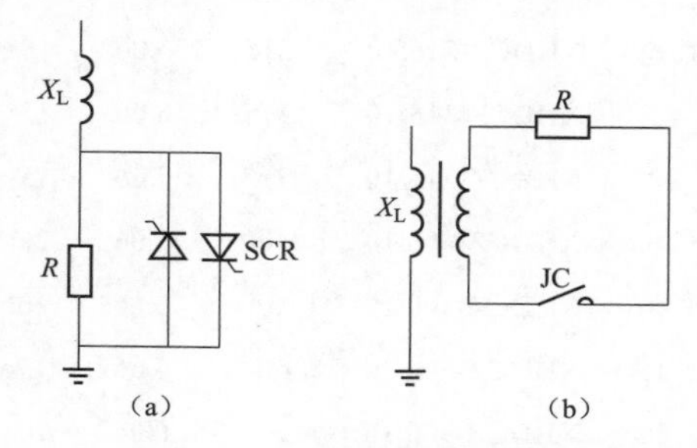


图2-14　阻尼电阻等效回路图

（a）一次串阻；（b）二次并阻

调匝式消弧线圈的特点为：

（1）故障响应速度快。调匝式消弧线圈正常运行时处于调谐状态，单相接地时，消弧线圈的响应速度就是阻尼电阻的退出速度，时间为微秒级，对瞬时接地的补偿效果明显。

（2）可靠性高。调匝式消弧线圈正常运行时处于调谐状态，接地时即使阻尼电阻退出拒动，也可提供一定的补偿电流。

（3）对高阻接地的识别能力强。由于预调式消弧线圈正常处于调谐状态，发生单相接地后，中性点电压偏移明显，识别高阻接地故障的能力强于随调式消弧线圈。

（4）抑制铁磁谐振。调匝式消弧线圈正常运行在工频谐振点附近，不可能发生高频和分频的铁磁谐振，且阻尼电阻吸收能量，可以有效防止铁磁谐振的发生。

（5）谐波含量少。调匝式消弧线圈采用带抽头的可调线圈，与调容式消弧线圈和相控式消弧线圈相比，其谐波含量少。

调匝式消弧线圈按电压等级分为6、10、20、35、66kV五个系列，有油浸式和树脂浇注干式两大类，部分型号的规格参数如表2-3所示。

**表2-3　调匝式消弧线圈部分型号的规格参数**

| 序号 | 规格型号 | 容量（kVA） | 额定电压（kV） | 电流范围（A） | 分接数目 | 调节方式 | 外形尺寸 长×宽×高（mm×mm×mm） | 轨距（mm） | 型式 |
|---|---|---|---|---|---|---|---|---|---|
| 1 | XHDCZ-75/10 | 75 | 6.062 | 4～12 | 9 | 等差 | 860×1350×1320 | 400 | 干式 |
| 2 | XHDCZ-180/10 | 180 | 6.062 | 10～30 | 9 | 等差 | 860×1400×1420 | 480 | 干式 |

续表

| 序号 | 规格型号 | 容量（kVA） | 额定电压（kV） | 电流范围（A） | 分接数目 | 调节方式 | 外形尺寸 长×宽×高（mm×mm×mm） | 轨距（mm） | 型式 |
|---|---|---|---|---|---|---|---|---|---|
| 3 | XHDCZ-200/10 | 200 | 6.062 | 6～33 | 9 | 等差 | 860×1400×1540 | 480 | 干式 |
| 4 | XHDCZ-250/10 | 250 | 6.062 | 10～40 | 9 | 等差 | 860×1400×1540 | 480 | 干式 |
| 5 | XHDCZ-315/10 | 315 | 6.062 | 15～50 | 9 | 等差 | 1070×1400×1370 | 480 | 干式 |
| 6 | XHDCZ-315/10 | 315 | 6.062 | 10～50 | 14 | 等差 | 1070×1500×1430 | 550 | 干式 |
| 7 | XHDCZ-315/10 | 315 | 6.062 | 15～50 | 14 | 等差 | 1070×1500×1370 | 550 | 干式 |
| 8 | XHDCZ-315/10 | 315 | 6.062 | 15～50 | 19 | 等差 | 1070×1500×1370 | 550 | 干式 |
| 9 | XHDCZ-400/10 | 400 | 6.062 | 20～66 | 14 | 等差 | 1150×1600×1380 | 550 | 干式 |
| 10 | XHDCZ-400/10 | 400 | 6.062 | 20～66 | 15 | 等差 | 1150×1600×1380 | 550 | 干式 |
| 11 | XHDCZ-500/10 | 500 | 6.062 | 15～82 | 14 | 等差 | 1150×1600×1470 | 550 | 干式 |
| 12 | XHDCZ-500/10 | 500 | 6.062 | 20～82 | 14 | 等差 | 1150×1600×1450 | 550 | 干式 |
| 13 | XHDCZ-500/10 | 500 | 6.062 | 15～82 | 19 | 等差 | 1150×1600×1470 | 550 | 干式 |
| 14 | XHDCZ-500/10 | 500 | 6.062 | 20～82 | 19 | 等差 | 1150×1600×1420 | 550 | 干式 |
| 15 | XHDCZ-630/10 | 630 | 6.062 | 20～100 | 17 | 等差 | 1180×1582×1520 | 550 | 干式 |
| 16 | XHDCZ-630/10 | 630 | 6.062 | 20～100 | 19 | 等差 | 1270×1582×1520 | 550 | 干式 |
| 17 | XHDCZ-630/10 | 630 | 6.062 | 30～100 | 14 | 等差 | 1270×1552×1500 | 550 | 干式 |
| 18 | XHDCZ-630/10 | 630 | 6.062 | 30～100 | 19 | 等差 | 1270×1582×1500 | 550 | 干式 |
| 19 | XHDCZ-700/10 | 700 | 6.062 | 35～115 | 19 | 等差 | 1180×1600×1580 | 550 | 干式 |
| 20 | XHDCZ-800/10 | 800 | 6.062 | 40～135 | 25 | 等差 | 1180×1600×1620 | 550 | 干式 |
| 21 | XHDCZ-900/10 | 900 | 6.062 | 50～150 | 14 | 等差 | 1220×1660×1790 | 550 | 干式 |
| 22 | XHDCZ-1000/10 | 1000 | 6.062 | 33～165 | 19 | 等差 | 1310×1582×1750 | 550 | 干式 |
| 23 | XHDCZ-1000/10 | 1000 | 6.062 | 50～165 | 19 | 等差 | 1310×1582×1710 | 550 | 干式 |
| 24 | XHDCZ-1300/10 | 1300 | 6.062 | 42～214 | 25 | 等差 | 1250×1600×1850 | 620 | 干式 |
| 25 | XHD-200/10 | 200 | 6.062 | 10～33 | 9 | 等差 | 1500×700×1600 | 440 | 油浸 |
| 26 | XHD-300/10 | 300 | 6.062 | 20～50 | 9 | 等差 | 1850×800×1850 | 550 | 油浸 |
| 27 | XHD-315/10 | 315 | 6.062 | 15～52 | 11 | 等比 | 1850×800×1850 | 550 | 油浸 |
| 28 | XHD-400/10 | 400 | 6.062 | 25～66 | 9 | 等比 | 1850×800×1850 | 630 | 油浸 |
| 29 | XHD-500/10 | 500 | 6.062 | 20～82 | 14 | 等差 | 1900×1100×1900 | 630 | 油浸 |
| 30 | XHD-550/10 | 550 | 6.062 | 25～90 | 14 | 等比 | 1900×1100×1900 | 630 | 油浸 |
| 31 | XHD-600/10 | 600 | 6.062 | 40～100 | 14 | 等差 | 2000×1100×2000 | 630 | 油浸 |
| 32 | XHD-630/10 | 630 | 6.062 | 35～104 | 11 | 等比 | 2000×1100×2000 | 630 | 油浸 |

### 2.2.1.3 调容式消弧线圈

调容式消弧线圈原理如图 2-15 所示，它有两个绕组，一次绕组 $L_1$ 为主绕组，直接与接地变压器中性点相连，二次绕组 $L_2$ 为调节绕组，连接电容控制箱。在电容控制箱内并联有若干组用真空开关或晶闸管通断的电容器，通过接入一定组合的电容器抵消消弧线圈的一部分电感电流，从而调节消弧线圈的补偿容量。通过开关 S1、S2、S3、S4 的通断组合，可得到 16 种不同数值的挡位电流。

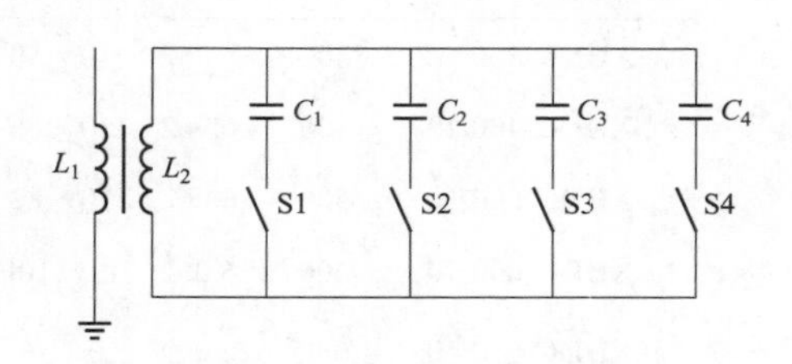

图 2-15 调容式消弧线圈原理图

如果消弧线圈电流调节范围大于 100A，例如调节范围在 10～150A 的消弧线圈，则可以将消弧线圈制作成 10～100A 及 60～150A 两挡。这样，不仅每挡级差电流小，而且可以适应电网发展初期容流较小的特点，适用范围更广，调节更合理。

调容式消弧线圈除具有调匝式消弧线圈的优点外，还具有以下特点：

（1）调谐精度高。调容式消弧线圈通过电容数量的配置实现 $2^n$ 级挡位调节，其挡位数量多于调匝式消弧线圈，从而调谐精度高，其残流一般可做到小于 3A。

（2）调挡时间短。调容式消弧线圈通过真空接触器或晶闸管的开、合投入不同数量的电容器以实现挡位变换，其调挡时间较机械传动式调匝消弧线圈快，一般响应时间可做到小于 40ms。同时采用二次低压调节，安全性好，可靠性高。

（3）使用寿命长。调容式消弧线圈电容箱调节开关为真空接触器或晶闸管，其使用寿命可达一百万次，具有较高的可靠性。

（4）需采取措施防止谐波放大。调容式消弧线圈的一次侧和二次侧之间的漏抗与二次侧的电容之间易形成高次串联谐振回路，因此设计调容式消弧线圈时，应计算消弧线圈一次侧和二次侧之间的漏抗，并进行实测。选择二次侧电容的容量时应避开 3、5 次谐波电流的放大。

调容式消弧线圈按电压等级分为 6、10、20、35、66kV 五个系列，有油浸式和树脂浇注干式两大类，部分型号的规格参数如表 2-4 所示。

表 2-4 调容式消弧线圈部分型号的规格参数

| 序号 | 规格型号 | 容量（kVA） | 额定电压（kV） | 电流范围（A） | 分接数目 | 调节方式 | 外形尺寸 长×宽×高（mm×mm×mm） | 轨距（mm） | 型式 |
|---|---|---|---|---|---|---|---|---|---|
| 1 | XHDC-150/10 | 150 | 6.062 | 5～25 | 8 | 等差 | 1080×1350×1366 | 500 | 干式 |
| 2 | XHDC-180/10 | 180 | 6.062 | 5～30 | 16 | 等差 | 1080×1350×1366 | 500 | 干式 |

续表

| 序号 | 规格型号 | 容量（kVA） | 额定电压（kV） | 电流范围（A） | 分接数目 | 调节方式 | 外形尺寸长×宽×高（mm×mm×mm） | 轨距（mm） | 型式 |
|---|---|---|---|---|---|---|---|---|---|
| 3 | XHDC-300/10 | 300 | 6.062 | 10～50 | 16 | 等差 | 1080×1350×1566 | 500 | 干式 |
| 4 | XHDC-400/10 | 400 | 6.062 | 10～66 | 32 | 等差 | 1080×1350×1691 | 500 | 干式 |
| 5 | XHDC-500/10 | 500 | 6.062 | 10～82 | 32 | 等差 | 1080×1385×1675 | 500 | 干式 |
| 6 | XHDC-600/10 | 600 | 6.062 | 10～100 | 32 | 等差 | 1080×1350×1877 | 500 | 干式 |
| 7 | XHDC-630/10 | 630 | 6.062 | 10～104 | 32 | 等差 | 1080×1350×1877 | 500 | 干式 |
| 8 | XHDC-700/10 | 700 | 6.062 | 10～115 | 32 | 等差 | 1080×1350×1877 | 500 | 干式 |
| 9 | XHDC-1000/10 | 1000 | 6.062 | 10～165 | 2×31 | 等差 | 1240×1460×2115 | 590 | 干式 |
| 10 | XHD-200/10 | 200 | 6.062 | 10～55 | 16 | 等差 | 1200×1650×1440 | 400 | 油浸 |
| 11 | XHD-250/10 | 250 | 6.062 | 10～41 | 16 | 等差 | 1200×1650×1500 | 400 | 油浸 |
| 12 | XHD-300/10 | 300 | 6.062 | 5～50 | 16 | 等差 | 1350×1680×1700 | 400 | 油浸 |
| 13 | XHD-450/10 | 450 | 6.062 | 10～75 | 32 | 等差 | 1450×1720×1750 | 450 | 油浸 |
| 14 | XHD-500/10 | 500 | 6.062 | 10～82 | 32 | 等差 | 1500×1755×1750 | 450 | 油浸 |
| 15 | XHD-630/10 | 630 | 6.062 | 10～104 | 32 | 等差 | 1550×1835×1850 | 500 | 油浸 |
| 16 | XHD-750/10 | 750 | 6.062 | 10～125 | 2×32 | 等差 | 1650×1850×1850 | 500 | 油浸 |

#### 2.2.1.4 相控式消弧线圈

相控式消弧线圈的结构原理和等效电路如图 2-16 所示。采用电力电子技术，通过调节二次侧晶闸管导通角度来调节消弧线圈的感抗，实现了系统电容电流的全补偿。

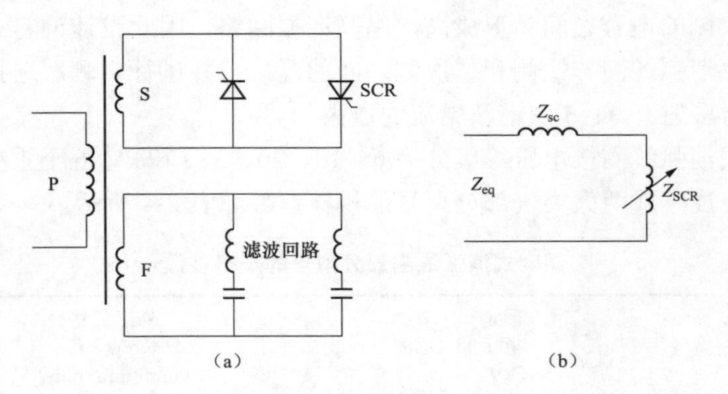


图 2-16　相控式消弧线圈原理

（a）结构原理；（b）等效电路

该消弧线圈的一次绕组 P 作为工作绕组接入配电网中性点，二次绕组 S 作为控制绕组与两个反向并接的晶闸管 SCR 相连。同时，为了减少因电力电子器件的开关作用带来的谐波影响，设置了滤波绕组 F。调节晶闸管的导通角在 0°至 180°变化，使晶闸管的等效阻抗 $Z_{SCR}$ 在∞至零之间变化，则消弧线圈的等效阻抗 $Z_{eq}$ 就在∞至变压器短路阻抗 $Z_{SC}$ 之间变化，其输出端补偿电流就可在零至额定值之间连续无级调节。

相控式消弧线圈具有以下优点：

（1）无机械传动装置和复杂的直流回路，结构简单可靠。

（2）在非接地故障情况下可工作于远离谐振点的区域，因而不必担心串联谐振过电压的问题，不必设置阻尼电阻。

（3）无级连续可调，调节范围可由零到额定值。

（4）伏安特性线性度好。相控式消弧线圈作为补偿用的电感不是励磁阻抗而是变压器的短路阻抗，因而在全电压范围内都具有良好的伏安特性，可保证残流较小。

相控式消弧线圈在系统正常运行时，远离谐振点，无需阻尼电阻，正常运行时不会引起系统串联谐振。但是也因为这个特点，相控式消弧线圈在现场运行时面临几个问题：

（1）接地后输出延时长。故障响应时间在 50～200ms 不等，瞬时性接地故障起不到补偿作用，且受消弧线圈启动时间过长的影响，暂态量选线装置启动时无法捕捉到故障起始时刻，导致暂态法选线原理存在失效的风险。

（2）过渡电阻的识别能力差。由于正常运行时远离谐振点，在发生高阻接地时中性点电压抬升不明显，可能会出现消弧线圈无法启动补偿的问题，单相接地过渡电阻的识别能力远远低于预调式消弧线圈。

（3）电容电流计算精度差。一般相控式消弧线圈与预调式消弧线圈均采用调谐法或两点法计算电容电流，需要触发晶闸管，由于系统正常运行时的不对称电压一般较小，有时不能保证晶闸管可靠导通，造成测量误差增大。

（4）一旦控制器失效，消弧线圈就将完全失去补偿作用。

正是由于相控式消弧线圈在运行中存在以上缺点，国家电网有限公司《国网设备部关于加强大城市配电电缆网单相接地故障快速处置工作的通知》（设备配电〔2019〕64 号文）要求，新装消弧线圈应选择预调式，以保证故障瞬间的补偿效果。

相控式消弧线圈按电压等级分为 6、10、20、35、66kV 五个系列，有油浸式和树脂浇注干式两大类，部分型号的规格参数如表 2-5 所示。

表 2-5　　相控式消弧线圈部分型号的规格参数

| 序号 | 规格型号 | 电流范围（A） | 外形尺寸 长×宽×高（mm×mm×mm） | 轨距（mm） | 型式 | 调节柜尺寸 长×宽×高（mm×mm×mm） |
|---|---|---|---|---|---|---|
| 1 | XHDCL-270/6.3 | 0～74A | 1450×1000×1270 | 780 | 干式 | 1100×750×1510 |
| 2 | XHDCL-315/10.5 | 0～52A | 1450×1000×1420 | 780 | 干式 | 1100×750×1510 |
| 3 | XHDCL-400/10.5 | 0～66A | 1450×1000×1430 | 780 | 干式 | 1100×750×1510 |
| 4 | XHDCL-630/10.5 | 0～100A | 1600×1160×1450 | 860 | 干式 | 1100×750×1510 |
| 5 | XHDCL-1000/10.5 | 0～165A | 1700×1160×1620 | 900 | 干式 | 1400×750×1670 |
| 6 | XHDCL-550/38.5 | 0～25A | 1570×1160×1740 | 860 | 干式 | 1100×750×1510 |
| 7 | XHDCL-1100/38.5 | 0～50A | 1780×1200×2060 | 900 | 干式 | 1400×750×1670 |
| 8 | XHDL-630/10.5 | 0～100A | 1180×1440×1400 | 660 | 油浸 | 1400×750×1890 |
| 9 | XHDL-1000/10.5 | 0～165A | 1290×1550×1500 | 660 | 油浸 | 1760×950×2010 |
| 10 | XHDL-1100/38.5 | 0～50A | 1460×1650×1810 | 820 | 油浸 | 1760×950×2010 |

#### 2.2.1.5　消弧线圈并列运行

随着系统电容电流的增加，许多变电站的电容电流达到了 100A 甚至更高，为有效补偿系统的电容电流，可以配置多台消弧线圈并列运行，例如，可以采取自动调谐式与固定式消弧线圈并列运行的方式。具有单母分段的变电站，一般每段母线都装有消弧线圈，在主变压器并列运行方式下，消弧线圈也呈并列运行方式。

从消弧线圈运行方式来看，存在以下三种并联方式。

（1）主从并列方式。该方式是指选择一台调节范围较大的消弧线圈作为主机，其他作为从机。主、从机各有分工，从机将自己的各种电气量（补偿电流、感抗值）传送到主机，主机进行电容电流的检测，按照各从机的容量和调节范围进行补偿电流的分配。

主从并列方式适用性较强，适用于多台预调式消弧线圈并联、多台随调式消弧线圈并联，以及预调式消弧线圈与随调式消弧线圈之间的并联。但由于主、从机之间需要通信，不同厂家的消弧线圈进行并列时需要解决各种通信接口、通信协议和调谐程序的兼容问题。

（2）自动并列方式。该方式也需设置一台消弧线圈作为主机，其他作为从机，多台消弧线圈之间不需要通信联系，各消弧线圈可以独立地进行调谐。为防止并联后的消弧线圈不停地轮流调谐，各机进入并列方式后只有一台消弧线圈（一般为主机）调谐，其他消弧线圈不进行调谐，当主机容量不足时，才开放从机进行调谐。对预调式来说，每台测得的电容电流为其他消弧线圈补偿后的剩余量，可根据这个数值进行补偿。对于随调式来说，每台消弧线圈测得的均是总的系统电容电流，各机按照预先设定的比例进行分配。由于不受通信的限制，可随时加入新并入的消弧线圈。

自动并列方式适用于多台预调式消弧线圈并联、多台随调式消弧线圈并联，以及预调式消弧线圈与固定式消弧线圈之间的并联。自动并列方式同时也适用于增容时自动调谐与固定式消弧线圈的并列，以及站内多个消弧线圈之间的并联。实际中大多使用自动并列方式。

（3）集中控制并列方式。该方式适用于站间消弧线圈的并列。由于距离较远，接入消弧线圈多，主从并列方式和自动并列方式在实现技术上有难度，可采用集中控制并列方式。该方式是将各台消弧线圈的电气量信息经过通信网络送至集中控制中心，通过一套优化控制程序协调各台消弧线圈的补偿量，将需要补偿的总的电容电流分配给各个消弧线圈加以补偿，并经过通信系统对相应消弧线圈下达调节控制指令。

### 2.2.2 消弧线圈系统的作用和常见缺陷

消弧线圈系统对于单相接地故障处理至关重要，其在单相接地故障发生时的主要作用包括：

（1）有效补偿电容电流，大幅降低电弧能量甚至熄灭电弧。尽管其容量按照工频设计，对阻性和高频电流补偿效果不好，但是流过接地故障点的电流中，工频电容电流占了绝大部分，将工频电容电流有效补偿后，大部分情况下可以达到熄灭电弧的效果。即使电弧不能熄灭，其能量和破坏力也大幅降低，为后续单相接地故障处理争取了宝贵的时间。

（2）增大零序电压，提高针对单相接地故障处理的自动化装置的状态感知灵敏度和抗过渡电阻能力。许多针对单相接地故障处理的自动化装置是根据零序电压启动的，如小电流接地选线装置、调度自动化系统的自动推拉高级应用流程等。如果电容电流不能有效补偿，接地故障点的过渡电阻较高时，这些自动化装置有可能不能可靠启动。

实际运行中，消弧线圈系统的缺陷相当普遍，主要表现为：

（1）消弧线圈或接地变压器容量不足，甚至该装消弧线圈之处却没有配置消弧线圈。

（2）消弧线圈控制器故障。一旦控制器失效，对于调匝式和调容式消弧线圈可能出现严重欠补偿或严重过补偿现象；对于调相式消弧线圈，则会出现完全失去补偿现象。

（3）补偿后残流过大。造成补偿后残流过大的原因主要包括：电容电流测量不准（表现为与实测数据误差大、测量电容电流为零、电容电流测量数值波动大等）、消弧线圈挡位过大或基础挡位过大等。

（4）阻尼与消谐装置缺陷。包括阻尼电阻过热烧毁、就地接触器故障导致接地故障发生后阻尼电阻无法断开等。

（5）动作部件（如分接开关、真空接触器、晶闸管等）发生故障。

（6）故障响应时间过长。预调式消弧线圈因阻尼电阻断开时间过长，导致接地故障发生后的补偿速度不满足要求；随调式消弧线圈在接地故障发生后才投入补偿，补偿速度无法满足标准要求。

（7）其他。包括启动电压设置过高、消弧线圈运行状态与母联状态不符、控制器挡位信息与一次铭牌参数不符或无挡位信息等。

### 2.2.3 针对消弧线圈系统的现场勘查

掌握消弧线圈系统的现状是“摸清家底”的重要内容，也是需要常态化开展的重要工作之一，现场勘查是摸清消弧线圈系统家底的主要工作方式，针对消弧线圈系统的现场勘查主要包括以下几方面：

（1）根据系统实测电容电流水平确定消弧线圈、接地变压器配置及容量。根据 GB/T 50064—2014《交流电气装置的过电压保护和绝缘配合设计规范》要求，当系统电容电流不大于 10A 时可采用中性点不接地方式；当超过 10A 又需要在接地故障条件下运行时，应采用中性点经消弧线圈接地方式。

自动跟踪补偿消弧线圈装置消弧部分的容量应根据系统远景年的发展规划确定，按式（2-23）计算：

$$Q = 1.35 I_{\mathrm{c}} \frac{U_{\mathrm{N}}}{\sqrt{3}} \tag{2-23}$$

式中：$Q$ 为自动跟踪补偿消弧线圈装置消弧部分的容量，kVA；$I_{\mathrm{c}}$ 为系统电容电流，A；$U_{\mathrm{N}}$ 为系统标称电压，kV。对于 10kV 配电网，考虑到消弧线圈部署在变电站内而母线电压略高，一般 $U_{\mathrm{N}}$ 可取 10.5kV。

消弧线圈系统用的接地变压器，不兼做站用变压器时，其容量按消弧线圈的容量选取；兼做站用变压器时，接地变压器容量应为消弧线圈容量和站用变压器容量之和。

现场勘查时，根据系统实测电容电流水平确定消弧线圈、接地变压器配置及容量。对出线条数少或无出线的母线合理投退消弧线圈，电容电流超过 10A 的母线应加装消弧线圈，对于补偿容量不足的消弧线圈应进行扩容。消弧线圈新增和扩容相关内容详见 3.1.1 节。

（2）检查消弧线圈控制器运行状况及设置参数。消弧线圈控制器是消弧线圈系统能否正常工作的关键，也是故障率较高的部件。消弧线圈控制器运行是否良好可调阅其数据加以判断，检查数据刷新是否正常，是否存在控制器板卡故障、黑屏、花屏、时钟异常等。检查消弧线圈控制器启动电压设置是否合适（一般启动电压设置为20%～35%$U_N$）、消弧线圈是否处于自动状态、控制器挡位信息与一次铭牌参数是否相符、后台通信是否正常（收发信号指示灯闪烁是否正常）等。

（3）根据系统实测电容电流检查消弧线圈控制器测量精度。将系统实测电容电流数据与正常运行的消弧线圈控制器中调阅的电容电流数据进行对比，可以评估消弧线圈控制器测量是否准确。

根据DL/T 1057—2007《自动跟踪补偿消弧线圈成套装置技术条件》中关于消弧线圈技术条件的要求，系统电容电流测量误差应满足：当电容电流$I_c \leq$ 30A时，测量误差不应大于1A；当30A＜$I_c \leq$100A时，测量误差应不大于3%$I_c$；当$I_c$＞100A时，测量误差应保证残流不超过10A。

如果发现消弧线圈控制器显示电容电流与实测数据偏差较大、电容电流为零、电容电流测量数值波动大等，则说明消弧线圈控制器测量精度存在问题，有的情况下可通过调整消弧线圈系统的参数设定，如接地变压器不平衡度、阻尼电阻抽头挡位、控制器相关参数等加以改进，也有可能是控制器检测原理的问题，需厂家加以解决。

（4）检查消弧线圈挡位是否合适。对预调式消弧线圈来说，正常运行界面会显示当前挡位及对应挡位电流。现场勘查时应根据控制器测量的电容电流数值，检查挡位是否合适，是否存在挡位过大或基础挡位过大的问题。

挡位过大时会导致单相接地故障残流过大，进而引起熄弧困难。有的情况下挡位过大是由于控制器内部脱谐度或残流设置不合理造成的，可人为调整设置参数加以改进，也有可能是控制器检测原理的问题，需厂家加以解决。变电站投运初期，由于出线条数少、系统电容电流较小，可能出现消弧线圈基础挡位过大的问题，对于空母线或仅有一条运行线路时，建议退出消弧线圈，防止开断线路时产生危险的过电压。

（5）消弧线圈本体检查。将控制器拨至手动模式，上下调挡，检查调挡开关是否正常，再拨回自动状态，检查控制器的电容电流计算与自动调挡是否正常。检查阻尼电阻是否存在局部过热、变形，以及控制器显示界面是否提示阻尼电阻故障、触发故障、滤波故障等本体故障信息。

（6）查询控制器历史接地数据。从控制器显示界面可以查询历史接地记录，历史接地信息包括接地时间、持续时间、接地电流、挡位电流、残流等信息。结合地市公司监控部门的实际接地记录，查询控制器近期接地信息是否完整、消弧线圈是否启动、历史接地数据是否存在异常等。

由于现场勘查手段有限，对于消弧线圈的某些技术指标，如故障响应时间、测量跟踪时间等参数无法通过现场勘查获取，需结合系统测试进一步检查消弧线圈的各项功能是否完好。

为了便于现场勘查，可以设计适当的统计表格，作者在对某供电公司25个变电站中的59个消弧线圈进行现场勘查时使用的统计表如表2-6所示。

**表2-6　　消弧线圈系统现场勘查情况统计表**

| 变电站名称 | 消弧线圈个数 | 存在问题个数 | 问题描述 |
|---|---|---|---|
| DLG变电站 | 2 | 0 | — |
| KJL变电站 | 2 | 2 | Ⅰ、Ⅱ段母线消弧线圈需要增容 |
| YT变电站 | 3 | 1 | Ⅲ段母线消弧线圈接地后测不到电容电流 |
| CYY变电站 | 2 | 1 | Ⅱ段母线消弧线圈无近5年动作记录，且阻尼箱局部发热 |
| JC变电站 | 2 | 2 | Ⅰ、Ⅱ段母线消弧线圈在单相接地后未启动补偿 |
| MTZ变电站 | 3 | 3 | Ⅰ、Ⅱ、Ⅲ段母线消弧线圈无电容电流测量数据 |
| KL变电站 | 2 | 2 | Ⅰ、Ⅱ段母线消弧线圈未对时，当前显示2008年；<br>Ⅰ段母线消弧线圈历史接地数据异常 |
| YZ变电站 | 2 | 2 | Ⅰ、Ⅱ段母线消弧线圈运行年限超过20年，投入时频繁报警，退出运行 |
| HC变电站 | 2 | 1 | Ⅱ段母线显示触发故障，且消弧线圈存在启动电压过低情况 |
| DMG变电站 | 2 | 2 | Ⅰ、Ⅱ段母线最小挡位电流过大，接地记录显示全补偿 |
| YXM变电站 | 2 | 2 | Ⅰ、Ⅱ段母线控制器挡位与消弧线圈容量不符，且电容电流测量数值波动过大 |
| TY变电站 | 2 | 2 | Ⅰ、Ⅱ段母线控制器花屏无法查看 |
| ZQ变电站 | 3 | 3 | Ⅰ、Ⅱ段母线消弧线圈控制器面板黑屏；<br>Ⅲ段母线消弧线圈在单相接地后存在欠补偿情况且面板显示同步故障 |
| DX变电站 | 2 | 2 | Ⅰ、Ⅱ段母线消弧线圈挡位调整故障接地数据异常 |
| OY变电站 | 2 | 1 | Ⅰ段母线消弧线圈测量电容电流与出线长度不匹配，且接地残流超标 |
| GJZ变电站 | 3 | 3 | Ⅰ、Ⅱ、Ⅲ段母线测量电容电流为零；<br>Ⅰ、Ⅱ段母线疑似阻尼箱烧坏 |
| XJW变电站 | 2 | 2 | Ⅰ、Ⅱ段母线显示消弧线圈并列运行但母联断路器分位；<br>Ⅰ段母线调挡失败 |
| FY变电站 | 3 | 3 | Ⅰ、Ⅱ段母线残流过大，Ⅱ段母线本体放电退出运行；<br>Ⅲ段母线空载投入消弧线圈 |

续表

| 变电站名称 | 消弧线圈个数 | 存在问题个数 | 问 题 描 述 |
|---|---|---|---|
| ZY 变电站 | 5 | 3 | Ⅰ、Ⅱ、Ⅲ段母线控制器按键故障无法调取信息 |
| GXB 变电站 | 3 | 3 | Ⅰ、Ⅲ段母线残流过大；<br>Ⅱ段母线 2015 年本体故障退出运行 |
| JYL 变电站 | 2 | 2 | Ⅰ、Ⅲ段母线存在启动电压过低情况 |
| CM 变电站 | 2 | 2 | Ⅰ、Ⅱ段母线控制器显示挡位已达上限，且电容电流测量波动大 |
| SY 变电站 | 2 | 2 | Ⅰ段母线挡位长期为 0，补偿失败；<br>Ⅱ段母线电容电流测量值为零 |
| DJP 变电站 | 2 | 2 | Ⅰ、Ⅱ段母线残流过大，显示器容易黑屏；<br>Ⅲ段母线未配消弧线圈与Ⅱ段母线并列运行，引起Ⅱ段母线容量不足；<br>Ⅰ段母线消弧线圈接线排断裂未投入；<br>Ⅱ段母线阻尼器晶闸管烧毁 |
| BM 变电站 | 2 | 1 | Ⅱ段母线控制器报触发故障、滤波故障；<br>Ⅱ段母线控制器测量电容电流达218A且历史数据中的电容电流多次在200A附近，超出最大调流能力 |
| 合计 | 59 | 49 | |

## 2.3 电 流 互 感 器

电流互感器（TA）是单相接地故障的重要感知元件，如果存在缺陷，将导致故障信息从源头上失真，因此 TA 对单相接地故障处理非常重要，也是“摸清家底”的重要勘查内容。

一些针对单相接地故障的自动化装置需要利用零序电流，如小电流接地选线装置、调度自动化系统单相接地高级应用、一些具有单相接地检测功能的配电终端、消弧线圈控制器等。而另一些针对单相接地故障的自动化装置需要利用相电流，如基于相电流突变原理的单相接地保护装置和终端，以及具有单相接地检测功能的故障指示器等。

### 2.3.1 电流互感器的常见缺陷

TA 常见的缺陷包括：

（1）TA 配置不够或与单相接地故障处理装置不匹配。包括但不限于：出线未配置零序 TA 或只配置了两相 TA；出线电缆分为 2 个分支而只在其中 1 个分支上配置了零序 TA；TA 二次侧额定电流与单相接地故障处理装置的 TA 不匹配，如 TA 二次侧额定电流为 5A，但单相接地故障处理装置内部的采样 TA 一次侧额定电流为 1A 等。

（2）电缆屏蔽层接地线的接线方式错误。在安装零序 TA 时不应纳入流过屏蔽层的电流，否则检测出的是“剩余电流”而不是零序电流，安装时应遵循“上穿下不穿”原则，即根据零序 TA 和电缆屏蔽层接地点的相对位置决定是否将电缆屏蔽层接地线穿过零序 TA。

图 2-17 给出了 2 种正确的接法和 2 种错误接法。当电缆屏蔽层接地点位于零序 TA 上方时，电缆屏蔽层接地线应穿过零序 TA，如图 2-17（a）所示；当电缆屏蔽层接地线位于零序 TA 下方时，电缆屏蔽层接地线不应穿过零序 TA，如图 2-17（b）所示；除此以外皆为错误接法，如图 2-17（c）、（d）所示。

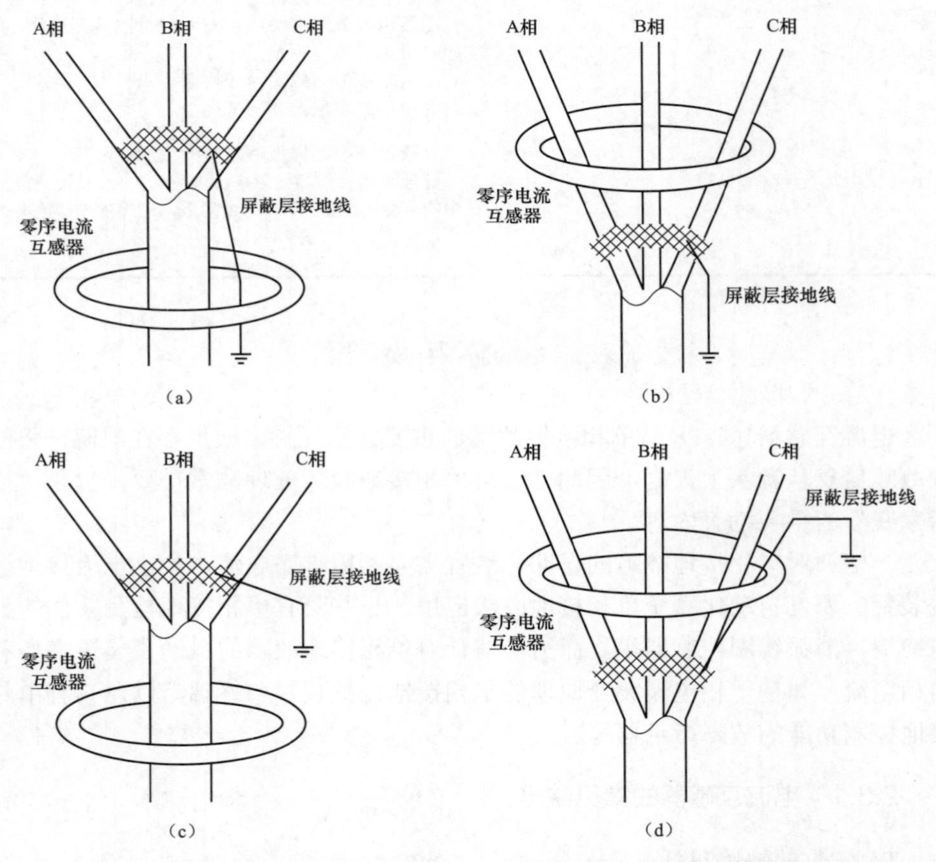


图 2-17　电缆屏蔽层接地线穿过零序电流互感器的正确接法和错误接法

（a）正确接法（电缆屏蔽层接地线从上方穿过零序电流互感器）；（b）正确接法（下方的电缆屏蔽层接地线不穿过零序电流互感器）；（c）错误接法（上方的屏蔽层接地线未穿过零序互感器）；（d）错误接法（下方的屏蔽层接地线错误穿过零序互感器）

由图 2-17 可见，在正确接法中，电缆屏蔽层中的电流或是未流入零序 TA，或是与屏蔽层接地线中的电流相抵消，使得零序 TA 的测量结果未纳入屏蔽层电流。而在错误接法中，则屏蔽层电流也纳入零序 TA 的测量结果中，造成其测量结果不再是单纯的零序电流，给后续单相接地故障处理装置造成困难。

（3）极性错误。常见错误包括：零序 TA 极性接反、相 TA 极性接反、用于合成零序电流的 3 个相 TA 极性不正确等。

（4）带载能力不足。在变电站内二次设备普遍微机化之后，TA 二次侧负载主要由二次电缆构成。当二次电缆过长、截面偏小或 TA 选型不当时，有可能出现 TA 实际二次负载超过设计的额定负载，导致 TA 传递的二次电流比差、角差过大。

（5）准确度不足。准确度不足即互感器比差、角差过大或一条馈线的 3 个相 TA 准确度不足、一致性差等。比差、角差过大问题在零序 TA 中表现得尤为明显。零序电流在线路正常运行时通常较小：对于中性点不接地的系统，系统电容电流一般低于 10A；对于中性点经消弧线圈接地系统，在发生单相接地故障时，若消弧线圈补偿良好，故障线路的稳态残流也较小，应不超过 10A。由于零序 TA 的选型不当，实际中经常出现线路零序电流不足零序 TA 额定一次电流 5%的情况。现场采用的零序 TA 多为保护级 TA，其准确度仅在额定一次电流下标定；即便是采用测量级的零序 TA，其准确度在 5%额定一次电流以下时也未经标定，极容易出现比差和角差过大。TA 的比差过大，会影响单相接地检测的准确性和抗过渡电阻能力；角差过大，是导致包括零序功率方向法在内的一些单相接地检测方法失效的重要原因。对于采用 3 个相 TA 合成零序电流的情形，3 个相 TA 的准确度不足和一致性差，是导致零序电流中出现较大不平衡电流的重要原因之一。

（6）饱和风险。当消弧线圈失效（如补偿容量不足或控制器失效）时，严重的欠补偿或过补偿导致接地点出现较大的稳态残流，对于随调式消弧线圈更是如此（这类消弧线圈在控制器失效时将完全失去补偿功能，形同虚设）。即使对于功能正常的预调式消弧线圈，也有可能由于挡位不合适，导致补偿效果不够理想，而存在较大的残流。因此，如果零序 TA 的抗饱和能力较差，在消弧线圈系统失效时，零序 TA 可能因承担过大的一次电流而饱和，造成选线错误。

以上缺陷将导致单相接地故障处理装置测量到的零序电流存在遗漏、畸变、反向等，严重影响单相接地故障处理的准确性和可靠性。在某市 56 座 110kV 变电站现场排查中发现，零序 TA 配置比例仅 80.9%；电缆屏蔽层接地线穿过零序 TA 方式错误的在可排查的零序 TA 中占 18.8%。可见，零序 TA 缺陷已不容忽视。

### 2.3.2 电流互感器的排查方法

对 TA 现状的调查可采取现场勘查、样品实测与系统测试相结合的方式开展。

（1）现场勘查方法。现场勘查重点查验 TA 的安装及二次回路。正常情况下，当出线开关柜配有监视窗时，在不停电时即可巡视 TA 配置数量是否足够、电缆屏蔽层接地线是否正确。通过调阅历史录波数据可检查是否发生过 TA 饱和，调阅 TA 的设备技术资料可以估算 TA 带载能力是否合适。结合停电检修，还可检查 TA 极性是否正确。

估算 TA 带载能力是否合适的方法如下：首先查阅资料确定 TA 额定二次电流和额定容量；其次检查 TA 二次电缆型号、截面积，并获取二次电缆的长度，根据电缆型号、截面积和长度可求得电缆全长电阻值；最后在 TA 额定二次电流下，计算二次电缆功耗，再结合后端单相接地故障处理装置采样通道功耗，得到 TA 二次回路的总功耗，将之与互感器额定容量对比，判断 TA 带载能力是否足够。

例如：某 TA 二次额定电流 1A，额定容量 1VA，其二次侧采用 $2.5mm^2$、来回长 200m 的电缆接至小电流接地选线装置。$2.5mm^2$ 的铜芯电缆直流电阻最大约为 7.41Ω/km，交流电阻近似取为直流电阻的最大值，因此 200m 长的二次电缆回路电阻约为 1.48Ω，考虑功率因数 1.0，在 1A 额定电流下功耗为 1.48VA。相应的小电流接地选线装置内部也采用额定电流 1A 的 TA，根据小电流接地选线装置说明书可知其功耗约 0.15VA。因此，总二次回路功耗约 1.48+0.15=1.63（VA），再考虑到温度上升引起的电缆电阻率升高等原因，二次回路总功耗按 1.8VA 计算较为合适，可见这已经超过了 1VA 的额定输出，互感器带载能力不足。

总的来说，在额定容量相同的情况下，二次额定电流 1A 的 TA 比 5A 的 TA 带载能力强 25 倍。因此，应尽量选择二次额定电流 1A 的 TA，但是要注意检查是否与自动化装置的 TA 匹配。

为了便于现场勘查，可以设计适当的统计表格，统计每一个变电站、每一段母线的零序电流互感器的安装情况和缺陷排查情况。作者对某市为电缆配电网供电的 25 个变电站中的 765 只零序电流互感器进行现场勘查时使用的统计表如表 2-7 所示。

表 2-7 零序电流互感器现场勘查情况统计表

| 名称 | 已安装数量 | 未安装数量 | 已安装中的缺陷数量 | 需停电排查的数量 | 问题描述 |
|---|---|---|---|---|---|
| DLG 变电站 | 30 | 0 | 12 | 18 | 12 个电缆屏蔽层接地线接法错误；18 个需停电排查 |
| KJL 变电站 | 30 | 0 | 0 | 30 | 30 个需停电排查 |
| YT 变电站 | 30 | 15 | 0 | 0 | 15 个未安装 |
| CYC 变电站 | 14 | 0 | 0 | 0 | 无 |
| JC 变电站 | 0 | 30 | 0 | 0 | 30 个未安装 |
| MTZ 变电站 | 46 | 0 | 0 | 46 | 46 个需停电排查 |
| KL 变电站 | 30 | 0 | 2 | 9 | 2 个电缆屏蔽层接地线接法错误；9 个需停电排查 |
| YZ 变电站 | 12 | 24 | 2 | 0 | Ⅰ、Ⅱ段母线未安装零序 TA；1 个双回出线未全穿过零序 TA；1 个电缆屏蔽层接地线接法错误 |
| HC 变电站 | 0 | 40 | 0 | 0 | 未安装 |
| DMG 变电站 | 11 | 0 | 5 | 0 | 5 个电缆屏蔽层接地线接法错误 |
| YXM 变电站 | 29 | 0 | 22 | 0 | 7 个双回出线未全穿过零序 TA；15 个电缆屏蔽层接地线接法错误 |
| TY 变电站 | 17 | 0 | 13 | 0 | 13 个电缆屏蔽层接地线接法错误 |
| ZQ 变电站 | 35 | 0 | 8 | 0 | 2 个双回出线未全穿过零序 TA；6 个电缆屏蔽层接地线接错 |
| DX 变电站 | 20 | 0 | 0 | 20 | 20 个需停电核查 |
| OY 变电站 | 5 | 0 | 0 | 0 | 无 |
| GJZ 变电站 | 25 | 0 | 3 | 2 | 3 个电缆屏蔽层接地线接法错误；2 个需停电核查 |
| XJW 变电站 | 20 | 8 | 1 | 1 | 1 个电缆屏蔽层接地线接法错误；1 个需停电核查 |
| FY 变电站 | 22 | 1 | 4 | 0 | 4 个电缆屏蔽层接地线接法错误；1 个未安装 |
| ZY 变电站 | 52 | 5 | 12 | 1 | 9 个双回出线未全穿过零序 TA；3 个电缆屏蔽层接地线接法错误 |
| GXB 变电站 | 34 | 20 | 4 | 0 | 4 个电缆屏蔽层接地线接法错误 |
| JYL 变电站 | 26 | 2 | 10 | 6 | 5 个双回出线未全穿过零序 TA；5 个电缆屏蔽层接地线接法错误 |
| CM 变电站 | 29 | 0 | 3 | 0 | 3 个双回出线未全穿过零序 TA |
| SY 变电站 | 25 | 0 | 5 | 0 | 2 个双回出线未全穿过零序 TA；3 个电缆屏蔽层接地线接法错误 |

续表

| 名称 | 已安装数量 | 未安装数量 | 已安装中的缺陷数量 | 需停电排查的数量 | 问题描述 |
|---|---|---|---|---|---|
| DJP 变电站 | 19 | 24 | 4 | 0 | 1 个双回出线未全穿过零序 TA；3 个电缆屏蔽层接地线接法错误 |
| BM 变电站 | 34 | 1 | 13 | 0 | 11 个双回出线未全穿过零序 TA；2 个电缆屏蔽层接地线接法错误 |
| 合计 | 595 | 170 | 123 | 133 | |

（2）样品实测方法。在 TA 安装之前，可对其进行准确度检测及抗饱和能力测试。对于零序 TA，准确度检测应尤其注意在小电流下进行，电流水平应与线路实际电容电流水平及消弧线圈补偿后的残流水平相适应。抗饱和能力测试应逐步增加 TA 的一次电流至因消弧线圈容量、挡位及控制器故障导致的最大残流水平。

（3）系统测试方法。通过在变电站出线开展单相接地故障试验，可以对各条出线 TA 的极性、电缆屏蔽层接地线的接线方式、带载能力、准确度及抗饱和能力进行全面检测。具体的检测方法及案例请参见本书第 6 章。

## 2.4 零序电压系统

零序电压是单相接地故障处理的重要信息，也是消弧线圈、单相接地故障处理装置启动的重要依据，保证站内零序电压的正常，对配电网单相接地故障的快速处置意义重大。

变电站内零序电压系统的常见缺陷包括：

（1）二次回路问题。零序电压二次回路接线错误是一类常见缺陷。例如：经端子排转接零序电压时，在端子排上接错位，导致后端所接装置中零序电压采样值为零。再如将电压互感器开口三角短路成“闭口三角”，则正常时测得的零序电压近似为零，而单相接地或其他暂态过程中，闭口三角中将会流过远超剩余绕组允许值的电流，从而可能引起互感器烧毁。需要注意的是，通常出现互感器烧毁的情况，现场总倾向于认为是发生了铁磁谐振，而较少考虑到开口三角可能短路。

零序电压二次回路断线或接触不良也较常见。例如：零序电压二次回路中性线断线。额定电压下，电压互感器工作于磁化曲线上接近饱和的区域，因此，正弦的磁通将产生非正弦的励磁电流，其中包含工频分量与三次谐波分量，而三次谐波分量以电压中性线作为流通回路。当电压中性线断线时，由于三次谐波分量缺乏通路，则励磁电流中只有工频分量，从而产生的主磁通只能是平顶波，导致二次感应电压不再是工频正弦波，而包含大量的三次谐波。各相的三次谐波电压同相位，因此反映在零序电压中。也就是说，当电压二次回路出现中性线断线时，所测量的零序电压将较高，且其主要频率应为三次谐波频率。

（2）电压互感器熔断器熔断。当电压互感器高压侧熔断器熔断时，熔断相电压降低，开口三角上将产生一个“假零序电压”，该值并不反映实际电网故障或异常运行状态，而仅仅是由于互感器本身引起的；此外，若中性点电压互感器熔断器熔断，则表现为其所测得的零序电压为零。

（3）电压整定错误。单相接地故障处理装置在整定时应充分注意电压互感器的二次绕组额定电压。一般情况下，电压互感器一次侧各绕组分别接入A、B、C三相，二次侧各相绕组及开口三角的额定电压分别为：$\frac{100}{\sqrt{3}}$V、$\frac{100}{\sqrt{3}}$V、$\frac{100}{\sqrt{3}}$V、$\frac{100}{3}$V。然而，出于防铁磁谐振等特殊需求，现场有可能应用特殊的电压互感器，其接线形式及绕组额定电压可能与上述常规值并不相同，因此即使在相同的一次电压下，其相电压二次值、零序电压二次值与常规电压互感器的测量结果可能并不相同。若单相接地故障处理装置在整定时未考虑到互感器二次侧电压的差异，则可能出现拒动或误动。

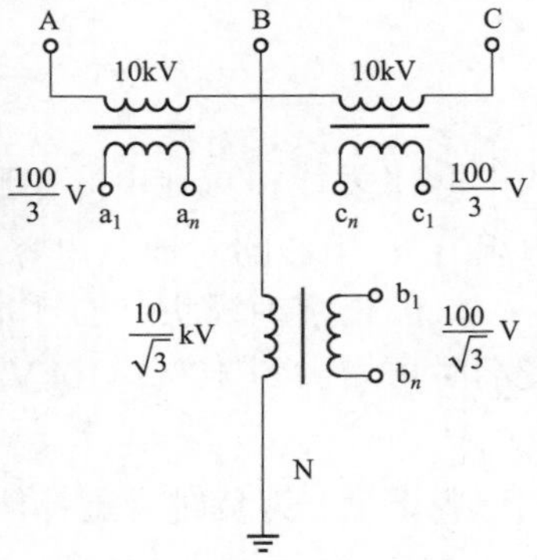

例如，经排查发现某市一些运行时间较长的变电站内采用了一种特殊的电压互感器，其原理如图2-18所示，其一次侧采用“T”型连接，3个一次绕组分别接入AB、BN、CB之间，各相绕组的一次额定电压分别为：10kV、$\frac{10}{\sqrt{3}}$kV、10kV，二次额定电压分别为$\frac{100}{\sqrt{3}}$V、$\frac{100}{\sqrt{3}}$V、$\frac{100}{3}$V，其各相二次绕组接成开口三角。简单分析可知，通过这种特殊的连接形式和变比设置，系统平衡时，开口三角上产生的电压也为0；但一旦发生单相接地，例如发生B相金属性接地故障时，其开口三角电压只有57.7V，而常规电压互感器开口三角电压应为100V，因此这种特殊电压互感器的开口三角电压是常规电压互感器开口三角电压的$1/\sqrt{3}$。单相接地故障处理装置内的零序电压启动值通常整定为系统额定相电压的某一比例，例如15%，那么在接入该特殊电压互感器开口三角电压时，则零序电压启动值应整定为$15\%\times100/\sqrt{3}=8.66\text{V}$。但是，单相接地故障处理装置的零序电压

图2-18　某特殊电压互感器原理

启动值仍按照常规电压互感器的二次额定值整定为15%×100＝15V，则实际发生过渡电阻较高的单相接地故障时，单相接地故障处理装置很有可能因开口三角电压低于启动定值而发生拒动。

（4）消弧线圈系统的参数选择不合理。消弧线圈的脱谐度与阻尼电阻对中性点偏移电压有较大影响。正常情况下中性点偏移电压高是零序电压系统常见的问题之一，由此会引起所谓“虚幻接地”现象。

中性点偏移电压主要取决于电压不对称度 $k$、阻尼率 $d$ 和脱谐度 $\nu$。电压不对称度 $k$ 可以用中性点不对称电压占相电压的百分比反映。中性点不对称电压一般由三相对地电容的不对称形成。10kV 电缆一般采用三相电缆，三相对地电容基本对称，因此电缆 $k$ 值一般小于 1%～2%；架空线三相对地电容不对称性较高，换相不够充分时会产生不对称电压，因此其 $k$ 值大于电缆，但一般也小于 5%，常在 0.5%～3%。

阻尼率 $d$ 的计算公式为：

$$d=\frac{I_{\mathrm{R}}}{I_{\mathrm{c}}} \tag{2-24}$$

式中：$I_{\mathrm{R}}$ 和 $I_{\mathrm{c}}$ 分别为系统阻性电流和容性电流。

阻尼率 $d$ 的构成一般包括线路阻尼率 $d_0$ 和消弧线圈阻尼率 $d_{\mathrm{R}}$，即：

$$d=d_0+d_{\mathrm{R}}=\frac{3Y+Y_{\mathrm{R}}}{\omega C} \tag{2-25}$$

式中：$3Y$ 为线路对地电导；$Y_{\mathrm{R}}$ 为消弧线圈阻尼电导（包括绕组自身与专门阻尼电阻）；$C$ 为线路对地总电容。

一般正常绝缘状况的 10kV 架空线路阻尼率 $d_0$ 约为 5%左右，绝缘积污或受潮时可增大到 10%；10kV 电缆线路 $d_0$ 约为 2%～4%，绝缘老化时可增大到 10%[1]。

脱谐度 $\nu$ 为负时为过补偿，$\nu$ 为正时为欠补偿。脱谐度 $\nu$ 的计算公式为：

$$\nu=\frac{I_{\mathrm{c}}-I_{\mathrm{L}}}{I_{\mathrm{c}}} \tag{2-26}$$

式中：$I_{\mathrm{L}}$ 为消弧线圈支路电流。

中性点偏移电压 $U_0$ 可表示为：

$$U_0=\frac{U_{\mathrm{un}}}{\sqrt{\nu^2+d^2}}=\frac{kU_{\Phi}}{\sqrt{\nu^2+d^2}} \tag{2-27}$$

式中：$U_{\mathrm{un}}$ 为中性点不对称电压；$U_{\Phi}$ 为相电压。

由式（2-27）可见，对于预调式消弧线圈，它不断跟踪容性电流，始终工作在谐振点附近，当阻尼不充分时，不对称电压将得到“放大”，放大程度取决于阻尼率和脱谐度。阻尼率和脱谐度越小，则放大程度越高。考虑到$d_0$的存在以及消弧线圈自身电阻不可能为0，因此，即使在全补偿$\nu=0$时，对不对称电压的放大倍数$1/d$也为有限值，一般为20～40倍。反之，阻尼率和脱谐度越高，则放大程度越小。但是随着阻尼率和脱谐度的增大，消弧线圈检测灵敏度也随之下降。

因此，采用预调式消弧线圈的情况下，应协调消弧线圈的阻尼电阻与脱谐度，将正常运行时中性点偏移电压控制在合理范围内。

变电站内零序电压系统运行情况可结合现场勘查进行，可查看消弧线圈和单相接地故障处理装置中的零序电压采样值，一般即使在正常情况下，中性点仍存在一定的偏移电压，但是一般不应超过零序电压启动阈值，如果正常情况下采集的零序电压为0或较高，则反映零序电压系统存在缺陷。系统不对称电压较高、消弧线圈与系统对地电容发生串联谐振等因素也会导致零序电压较高，产生“虚幻接地”现象，这都是需要加以避免的。

此外，还可以调阅消弧线圈和单相接地选线保护装置的单相接地故障处理记录和录波波形，来查看零序电压波形中是否存在三次谐波，如有较大三次谐波则可能存在电压回路中性线断线或消谐器故障；查看发生单相接地时的零序电压变化情况，消弧线圈投入后，因阻尼电阻被短接，将使零序电压增大；采用中性点经并联中电阻的消弧线圈时，发生单相接地后，投入中电阻时还将使得零序电压有所下降。因此，若观察到发生单相接地时零序电压变化并不明显，除了可能是因为变电站内本身零序电压系统存在缺陷以外，还可能是因为消弧线圈补偿不到位或故障接地过渡电阻过高等，需综合分析判断。

现场勘查时还可以横向对比不同装置内的零序电压采样值。站内的零序电压有两个来源：一是母线电压互感器的开口三角，二是独立的中性点电压互感器，其测量结果均能反映中性点的电压偏移情况。通常情况下，单相接地选线保护装置及主动干预性消弧装置接入的零序电压源自前者，而消弧线圈和消弧线圈并联中电阻选线保护装置接入的零序电压源自后者。因此，可横向对比，查看零序电压不同源的两个装置中的零序电压采样值是否接近。此外，站内主变压器保护中的低压侧零序电压通常为保护自身产生的，也可用于与上述外接零序电压对比。

## 2.5 单相接地故障处理装置

为了摸清单相接地故障处理装置家底，需要调查变电站内和馈线上针对单相接地故障处理的自动化装置的分布、工作原理（关键在于单相接地故障的检测方法）、运行情况、单相接地故障处理记录、负荷转供能力等。

### 2.5.1　单相接地故障检测的常用方法

在小电流接地系统单相接地故障检测和故障处理领域已经取得了大量研究成果，根据所采用信号的不同大致可分为两类方法：利用外加信号的方法和利用故障信号的方法。外加信号法分为强注入法和弱注入法，故障信号法分为故障稳态信号法和故障暂态信号法。

#### 2.5.1.1　外加信号法

（1）S 注入法。S 注入法属于弱注入法，该方法是在配电网发生接地故障后，通过中性点向接地线路注入特定频率（特定频率 $f_x$ 一般取在各次谐波之间，使其区别于工频分量及高次谐波，如 225Hz）的交流电流信号，该注入信号通过故障线路经接地点流经大地与三相电压互感器中性点形成回路，利用信号探测器检测每一条馈线，有注入信号流过的线路即为故障线路[2]。该方法的注入信号强度受电压互感器容量影响，一般注入信号比较微弱，尤其在接地电阻较大或者接地点存在间歇性电弧时，检测效果不佳。

对于接地点存在间歇性电弧的情况，文献［3］提出了一种改进方法，即“直流开路、交流寻踪”的方法。该方法首先通过故障后外加直流高压使接地点保持击穿状态，然后加入交流检测信号，通过寻踪交流信号实现选线和故障定位，但这样对于故障点的绝缘恢复不利。

（2）注入变频信号法。注入变频信号法的原理是根据故障后中性点电压大小不同，而选择向消弧线圈二次侧注入谐振频率恒流信号或是向故障相电压互感器二次侧注入频率为 70Hz 恒流信号，然后监视各出线上注入信号产生的零序电流功角、阻尼率的变化，比较各出线阻尼率的大小，再计及受潮及绝缘老化等因素可得出选线判据[4]。

文献［5］提出了一种基于注入谐波原理的单相接地故障区域定位方法，它通过配电网的电压互感器向一次系统耦合信号来实现配电网单相接地故障的区域定位。文献［6］在配电系统现有的基于注入谐波原理的自动选线装置基础上，开发了单相接地故障的区域定位功能。

（3）残流增量法。残流增量法适用于消弧线圈接地系统，其基本原理为：在电网发生单相接地故障的情况下，如果增大消弧线圈的失谐度（或改变限压电阻的阻值），相应故障点的残余电流（即故障线路零序电流）会随之增大。此方法建立在微机的快速处理及综合分析判断基础上，具体选线过程为：当系统发生单相接地故障后，采集各条出线的零序电流，然后将消弧线圈的补偿度改变一挡，再次采集各条出线的零序电流。对比各条出线在消弧线圈换挡前后零序电流的变化量，选出其中变化量最大者，即为故障线路[7]。

文献［8］在故障发生后通过调节消弧线圈的补偿度（即残流增量法），并利用调节前后线路上多个馈线终端单元测量到的零序电流变化量信息来确定故障区域；同时提出了单相经过渡电阻接地时，将零序电流按零序电压进行折算的方法，从而解决了调节消弧线圈后零序电压发生变化的问题。在文献［8］的基础上，文献［9］针对中性点不接地系统，提出利用零序电流与零序电压的相位差进行单相接地故障区域定位；而对于中性点经消弧线圈接地系统，则仍然采用残流增量原理实现单相接地故障的区域定位。

2.5.1.2　故障信号法

故障信号法是利用小电流接地系统发生单相接地故障时产生的故障信号进行选线的方法。按照利用故障产生信号类型的不同，故障信号法又可进一步分为故障稳态信号法、故障暂态信号法两种。

（1）故障稳态信号法。

1）工频零序电流比幅法。中性点不接地系统在发生单相接地故障时，故障线路的零序电流在数值上等于所有非故障元件对地电容电流之和，其零序电流要大于健全线路零序电流，通过比较各出线零序电流幅值的大小可以选线。

该方法在系统中某条馈线很长时，可能会误判，且对于消弧线圈接地系统，补偿电容电流后，接地线路的零序电流幅值不一定最大，其选线能力将会大大降低。此外，该方法易受电流互感器不平衡、线路长短、系统运行方式及过渡电阻的影响。

文献［10］提出通过零序电流与时限配合实现区域定位，并开发了装置。文献［11-12］提出了一种基于区域零序电流有效值的区域定位方法。文献［13］在分析稳态法、暂态法和注入信号电流法等方法的基础上，提出一种基于零序电流的配电网单相接地故障区域定位与隔离方法。

2）工频零序电流比相法。中性点不接地系统在发生单相接地故障时，故障线路零序电流从线路流到母线，健全线路零序电流从母线流到线路，两者方向相反，据此可以进行故障选线。

该方法在出线较短、零序电流较小时，受“指针效应”影响，相位判断困难。此外，该方法受过渡电阻和不平衡电流的影响较大，也不适用于消弧线圈接地系统，因为消弧线圈一般工作在过补偿方式，接地线路的零序电流呈感性，因此与健全线路零序电流的极性并不相反。

3）谐波分量法。由于故障点过渡电阻的非线性、消弧线圈以及变压器（铁芯的非线性磁化）等电气设备的非线性影响，故障电流中存在着谐波信号（以基波和奇次谐波为主)，其中以5次谐波分量较明显。由于消弧线圈是按照基波整定的，即 $\omega L \approx \frac{1}{\omega C}$，可见对于5次谐波，$5\omega L >> \frac{1}{5\omega C}$，所以消弧线圈对5次谐波的补偿作用仅相当于工频的1/25，可以忽略其影响[14]。

该方法正是利用5次谐波对于消弧线圈的补偿可以忽略这一特点，构成与中性点不接地系统相类似的保护判据，即故障线路的5次谐波零序电流比非故障线路大并且方向相反。为了进一步提高灵敏度，可将各线路的3、5、7次等谐波分量的平方求和后进行幅值比较，幅值最大的线路选为故障线路。也可采用与前述类似方法的5次谐波零序电流群体比幅比相法。

该方法不受消弧线圈影响，但是故障电流中的5次谐波含量较小(＜10%)，检测灵敏度低。采取多次谐波平方和的改进方法虽能在一定程度上克服此问题，但未能从根本上解决该问题。

4）零序有功功率方向法。由于线路的对地电导以及消弧线圈的电阻损耗，使得故障电流中含有有功分量，该方法利用故障线路的零序有功功率方向指向母线，健全线路的零序有功功率方向指向线路的特征构成保护判据[15]。由于故障电流中有功分量非常小且受线路三相参数不平衡（“虚假有功电流分量”）的影响，导致检测灵敏度低，对零序电流互感器的精度要求较高，当发生经较大接地过渡电阻的单相接地故障时，其可靠性得不到保障。为了提高灵敏度，采用瞬时在消弧线圈上并联接地电阻的作法加大故障电流有功分量。

此外，对于消弧线圈接地系统，在发生间歇性弧光接地时，由于熄弧后存在接近工频的功率振荡过程，会对零序有功功率方向法的判断产生一定影响。

文献［16］提出了采用具有测量和远程通信功能的新型配电开关构成分布式馈线测控系统，并通过监测一条馈线上各开关处的各相电流、电压，依据区域零序能量识别单相接地故障区域的故障定位和隔离方法。

5）零序导纳法。该方法利用各条线路零序电压和零序电流计算出的测量导纳构成保护判据。对于非故障线路，零序测量导纳等于线路自身导纳，电导和电纳均为正数，位于复导纳平面的第一象限；对于故障线路，零序测量导纳等于电源零序导纳与非故障线路零序导纳之和的负数，位于复导纳平面的第二、三象限(随着消弧线圈补偿的不同而变化)。两者在复导纳平面中的范围存在明显界限，据此作为保护判据[17-20]。该方法原理上不受过渡电阻的影响，但过渡电阻较大时，电网的零序电压和零序电流均很小，影响测量导纳的测量精度。在发生接地点伴随不稳定间歇电弧时，有可能会影响该方法的性能。文献［21］探讨了根据零序电流的幅值与相位，在通信配合的情况下实现单相接地故障的区域定位。

6）负序电流法。配电网发生单相接地故障时，由于负序电源阻抗比较小，因此产生的负序电流大部分由故障点经故障线路流向电源，非故障线路的负序电流相对很小。利用负序电流分布的这一特点构成保护判据[22]。负序电流法的优点为抗过渡电阻能力强，并且具有较强的抗弧光接地能力；缺点为系统正常运行时也会存在较大的负序电流，并且负序电流的获取远不如零序电流的获取那样方便和准确。

（2）故障暂态信号法。

1）参数辨识法。基于暂态分量的参数辨识法由于利用暂态分量，其具有信号幅度大、便于检测的优点；且由于利用较高频带的信号，其对中性点接地方式不敏感。

在文献［23］论述的单相接地选线应用中，单相接地检测装置安装于变电站内，对于中性点非有效接地的配电网，单相接地时在暂态下存在一个使馈线呈容性的最低频率段，即首容频段（$f_{\min}$，$f_{\max}$）。在该频段内，健全馈线检测到的零序电流和零序电压导数之间为正相关，即辨识出正电容参数；而单相接地所在馈线检测到的零序电流和零序电压导数之间为负相关，即辨识出负电容参数。利用上述差异可以实现单相接地选线。

在单相接地定位应用中，单相接地检测装置安装于变电站内和馈线沿线分段处。安装于健全馈线及单相接地所在馈线的单相接地点下游馈线段的装置均辨识出正电容参数；安装于故障馈线单相接地点上游馈线段的装置均辨识出负电容参数，从而具有两值性和分化性，若单相接地故障检测装置识别出的电容值为负，则可发出单相接地故障发生在其下游的信息；若识别出的电容值为正，则可发出单相接地故障未发生在其下游的信息，从而由配电自动化主站根据此信息进行单相接地区段定位。

2）相电流突变法。相电流突变法既可以利用稳态分量，也可以利用暂态分量，并且不需要检测电压信号，只需要配置电流互感器即可[24]。在单相接地选线应用中，单相接地检测装置安装于变电站内，当发生单相接地后，健全馈线的三相电流突变量为线路对地电容电流，同一点测得的三相突变电流相近，即幅值近似相等、波形一致；而单相接地所在馈线，两健全相的突变电流相近，而与故障相的突变电流不同，在幅值和波形上都有很大差别，因为后者还含有故障点电流。利用上述差异可以实现单相接地选线。

在单相接地定位应用中，单相接地检测装置安装于变电站内和馈线沿线分段处。对于健全线路以及单相接地所在馈线在故障点下游部分测得的三相突变电流相近，即幅值近似相等、波形一致；而单相接地所在馈线在故障点上游部分的两健全相的突变电流相近，而与故障相的突变电流不同，在幅值和波形上都有很大差别。上述特征具有两值性和分化性，若单相接地故障检测装置检测到三相突变电流相近则可发出单相接地故障发生在其上游的信息；若单相接地故障检测装置检测出两相的突变电流相近，而与另外一相的突变电流不同，则可发出单相接地故障发生在其下游的信息。根据上述特征还可确定发生单相接地的相别。

3）首半波法。在发生单相接地时，故障相电容电荷通过故障线路对故障点放电，使得故障线路零序电流的首半波和非故障线路的极性相反，据此进行选线[25]。

在电压过零点附近，首半波电流的暂态分量值很小，易引起误判，但这种情况发生概率很小。此外，首半波上述极性关系的时间非常短（远小于暂态过程）。为了解决上述问题，有学者提出通过比较暂态零序电压导数与各出线暂态零序电流间的极性关系选择故障线路，将零序电压的导数与零序电流极性相反的线路选为故障线路，该方法不再判定判据成立的时间，检测可靠性大为提高。上述方法既适用于连续接地，又适用于间歇性弧光接地。

4）暂态电流群体比较法。该方法基于线路首容特征频带，在该频带内，故障线路零序电流幅值最大，且非故障线路零序电流与故障线路零序电流极性相反，利用该频带内暂态零序电流的这一特征构成选线判据，且该方法不受消弧线圈影响[26-29]。

文献［30］利用故障暂态电压、电流特征频段内分量计算无功功率，根据故障点前后暂态无功功率方向的不同确定故障区域，并指出在故障信息不易获取的检测节点处，可以利用电磁场感应获取故障暂态信息，即通过测量架空线路下方垂直地面方向电场获取小电流接地故障暂态电压信息，测量水平方向磁场获取故障暂态电流信息。

（3）利用数学分析工具的故障暂态信号方法。

1）基于小波分析的选线方法。小波分析是一种信号处理论和方法，它的基本原理是利用时间有限且频带也有限的小波函数代替稳态正弦信号作为基函数对暂态信号进行分解，它可以更好地反映暂态信号包含的频率成分随时间变化的特点，特别是对暂态突变信号和微弱信号的变化较敏感。该方法根据故障线路上暂态零序电流某分量的幅值高于非故障线，两者极性相反的特征，利用合适的小波变化对瞬时电流信号进行变换，提取次分量，选择故障线路[31-34]。

2）基于模型参数识别的选线方法。该方法避开了传统的利用电气量特征进行选线，而是通过建立每条馈线外部故障时的数学模型，利用零序电压、电流数据求解模型参数，根据得到的线路对地电容判断实际发生的故障是否符合所建立的模型，从而进一步识别出故障线路[35]。

3）基于时域下相关性分析的选线方法。该方法通过引入相关性系数实现选线，选取特征频带内的暂态信号，通过比较各条线路零序电流与零序电压导数的相关性系数进行选线[36-37]。

4）其他人工智能方法。文献［38］将模糊理论用于配电网故障的区域定位；文献［39］将 Agent 技术用于配电网故障隔离；文献［40］将人工神经网络和支持向量机用于配电网故障的区域定位；文献［41］在配电网故障诊断中引入了自适应规则；文献［42］将人工智能引入到配电网故障诊断之中，并给出了三种独立的判别机制。

### 2.5.2　摸清自动化装置家底

摸清变电站内针对单相接地故障处理的自动化装置的配置和运行情况，一般采取现场勘查的方法，主要通过现场查看包括但不限于下列内容：自动化装置配置情况、型号、原理、制造厂家、是否投运和投运日期、已接入的采集量有哪些、是否配置了跳闸功能并连接到跳闸回路，对于已投运的装置，可调阅参数配置和历史故障处理记录查看其是否正确动作等。

摸清变电站外馈线上针对单相接地故障处理的自动化装置的配置和运行情况，一般采取调阅台账和现场勘查相结合的方法，主要内容包括开关站和环网柜自动化装置和互感器的配置情况、馈线分段开关和联络开关自动化终端配置情况、用户分界开关配置情况等。

可在配电自动化主站查看馈线上针对单相接地故障处理的自动化装置的安装位置、通信方式、在线率、整定值和历史动作记录，结合单相接地故障处理记录，分析这些自动化装置的运行状况。重点考察在发生单相接地故障时，馈线上针对单相接地故障处理的自动化装置是否采集到相应的故障信息、是否及时可靠地送达配电自动化主站、配电自动化系统是否正确定位单相接地故障、具有动作元件（馈线开关）时是否相互配合实现了选段跳闸、故障区域下游是否隔离、可恢复的健全区域是否都及时恢复了供电等。

可通过查阅设备台账了解这些自动化装置的型号、原理、生产厂家、检测情况和维护情况。

查阅单相接地故障处理记录，了解历史上单相接地故障的分布和频次、单相接地故障的原因，调阅消弧线圈和小电流接地选线装置的单相接地故障处理记录和录波波形，了解与单相接地故障处理相关的资源的运行和配合情况，推算单相接地过渡电阻等。

查阅配电网接线图和自动化装置配置情况，了解是否存在不能分段跳闸或分段太少、跳闸后故障区域不能隔离、故障区域下游健全区域不能及时恢复送电、同沟多条电缆受损后负荷不能大部分转移到正常馈线等问题。

## 本章参考文献

[1] IEC 60255-151-2009．Measuring relays and protection equipment-part 151:functional requirements for over/under current protection [S]．2009.

[2] 王慧，范正林，桑在中．“S注入法”与选线定位[J]．电力自动化设备，1999，19（3）：20-22.

[3] 张慧芬，潘贞存，桑在中．基于注入法的小电流接地系统故障定位新方法[J]．电力系统自动化，2004，28（3）：64-66.

[4] 曾祥君，尹项根，于永源，等．基于注入变频信号法的经消弧线圈接地系统控制与保护新方法[J]．中国电机工程学报，2000，20（1）：29-32.

[5] 张丽萍．配电网单相接地故障区域定位技术研究[D]．大庆：大庆石油学院，2008.

[6] 张丽萍，刘增，李民．配电网单相接地故障区域的定位[J]．油气田地面工程，2009，28（3）：48-50.

[7] 齐郑，杨以涵．中性点非有效接地系统单相接地选线技术分析[J]．电力系统自动化，2004，28（14）：1-5.

[8] 齐郑，郑朝，杨以涵．谐振接地系统单相接地故障区域定位方法[J]．电力系统自动化，2010，34（9）：77-80.

[9] 齐郑，高玉华，杨以涵．配电网单相接地故障区域定位矩阵算法的研究[J]．电力系统保护与控制，2010，38（20）：159-163.

[10] 严凤，陈志业，冯西政．检测与隔离配网单相接地区域的微机装置[J]．华北电力大学学报，1996，23（3）：13-17.

[11] 张国平，杨明皓．配电网10kV线路单相接地故障区域定位的有效值法[J]．继电器，2005，33（8）：34-37.

[12] ZHU J，LUBKEMAN D L，GIRGIs A A．Automated fault location and diagnosis on electric power distribution feeders [J]．IEEE Transactions on Power Delivery，1997，12（2）：801-809.

[13] 刘云．铁路自闭线故障区域定位与隔离的研究[D]．武汉：华中科技大学，2006.

[14] 徐丙垠，薛永端，李天友，等．小电流接地故障选线技术综述[J]．电力设备，2005，6（4）：1-7.

[15] 艾冰，张如恒，李亚军．小电流接地故障选线技术综述[J]．华北电力技术，2009(6)：45-49.

[16] 夏雨，刘全志，王章启．配电网馈线单相接地故障区域定位和隔离新方法研究[J]．高

压电器，2002，38（4）：26-29.

［17］曾祥君，尹项根，张哲，等. 零序导纳法馈线接地保护的研究［J］. 中国电机工程学报，2001，21（4）：396-399.

［18］唐轶，陈奎，陈庆，等. 导纳互差之绝对值和的极大值法小电流接地选线研究［J］. 中国电机工程学报，2005，25（6）：49-54.

［19］唐轶，陈奎，陈庆，等. 馈出线测量导纳互差求和法小电流接地选线研究［J］. 电力系统自动化，2005，29（11）：69-73.

［20］唐轶，陈庆，刘昊. 补偿电网单相接地故障选线［J］. 电力系统自动化，2007，31（16）：83-86.

［21］夏雨，贾俊国，靖晓平，等. 基于新型配电自动化开关的馈线单相接地故障区域定位和隔离方法［J］. 中国电机工程学报，2003，23（1）：102-106.

［22］曾祥君，尹项根，张哲，等. 配电网接地故障负序电流分布及接地保护原理研究［J］. 中国电机工程学报，2001，21（6）：84-89.

［23］宋国兵，李广，于叶云，等. 基于相电流突变量的配电网单相接地故障区段定位［J］. 电力系统自动化，2011，35（21）：84-90.

［24］徐铭铭，高淑萍，常仲学，等. 基于模型识别的消弧线圈接地系统单相接地选线方法［J］. 电力系统保护与控制，2018，46（2）：73-78.

［25］肖白，束洪春，高峰. 小电流接地系统单相接地故障选线方法综述［J］. 继电器，2001，29（4）：16-20.

［26］薛永端，冯祖仁，徐丙垠，等. 基于暂态零序电流比较的小电流接地选线研究［J］. 电力系统自动化，2003，27（9）：48-53.

［27］薛永端，徐丙垠，冯祖仁，等. 小电流接地故障暂态方向保护原理研究［J］. 中国电机工程学报，2003，23（7）：51-56.

［28］张新慧，潘贞存，徐丙垠，等. 基于暂态零序电流的小电流接地故障选线仿真［J］. 继电器，2008，36（3）：5-9.

［29］POURAHMADI-NAKHLI M，SAFAVI A A. Path characteristic frequency-based fault locating in radial distribution systems using wavelets and neural networks［J］. IEEE Transactions on Power Delivery，2011，26（2）：772-781.

［30］孙波，孙同景，薛永端，等. 基于暂态信息的小电流接地故障区域定位［J］. 电力系统自动化，2008，32（3）：52-55.

［31］付连强. 基于小波分析的小电流接地系统单相接地故障选线的研究［D］. 济南：山东大学，2005.

［32］CHAARI O，MEUNIER M，BROUAYE F. Wavelets: a new tool for the resonant grounded power distribution systems relaying［J］. IEEE Transactions on Power Delivery，1996，11

（3）：1301-1308.

［33］BORGHETTI A，BOSETTI M，NUCCI C A，et al. Integrated use of time-frequency wavelet decompositions for fault location in distribution networks: theory and experimental validation［J］. IEEE Transactions on Power Delivery，2010，25（4）：3139-3146.

［34］BORGHETTI A，BOSETTI M，SILVESTRO M D，et al. Continuous-wavelet transform for fault location in distribution power networks: definition of mother wavelets inferred from fault originated transients［J］. IEEE Transactions on Power Systems，2008，23（2）：380-388.

［35］索南加乐，张超，王树刚. 基于模型参数识别法的小电流接地故障选线研究［J］. 电力系统自动化，2004，28（19）：65-70.

［36］李森，宋国兵，康小宁，等. 基于时域下相关分析法的小电流接地故障选线［J］. 电力系统保护与控制，2008，36（13）：15-20.

［37］XU BY，MA S C，XUE Y D，et al. Transient current based earth fault location for distribution automation in non-effectively earthed networks［C］//The 20th International Conference and Exhibition on Electricity Distribution - Part 1. 2009.

［38］JARVENTAUSTA P，VERHO P，PARTANEN J. Using fuzzy sets to model the uncertainty in the fault location process of distribution networks［J］. IEEE Transactions on Power Delivery，1994，9（2）：954-960.

［39］PERERA N，RAJAPAKSE A D，BUCHHOLZER T E. Isolation of faults in distribution networks with distributed generators［J］. IEEE Transactions on Power Delivery，2008，23（4）：2347-2355.

［40］THUKARAM D，KHINCHA H P，VIJAYNARASIMHA H P. Artificial neural network and support vector Machine approach for locating faults in radial distribution systems［J］. IEEE Transactions on Power Delivery，2005，20（2）：710-721.

［41］YPSILANTIS J，YEE H，TEO C Y. Adaptive rule based fault diagnostician for power distribution networks［J］. IEE Proceedings-Generation，Transmission and Distribution，1992，139（6）：461-468.

［42］TEO C Y. A comprehensive fault diagnostic system using artificial intelligence for sub-transmission and urban distribution networks［J］. IEEE Transactions on Power Systems，1997，12（4）：1487-1493.

# 第3章 补齐短板

家底摸清后，主要缺陷就暴露出来，接下来就需要补齐这些短板，该补的补、该改的改、该换的换、该修的修。在单相接地故障处理中，补齐变电站内的短板最为重要，因为变电站内的短板对站内和站外馈线都会产生不利的影响，例如：如果变电站内消弧线圈系统补偿效果不理想甚至失效，则对站内和站外馈线上配置的单相接地故障处理装置的选线和选段性能，以及相互配合都将产生很大的影响。

本章重点论述补齐消弧线圈系统和互感器系统的措施，消除这些环节的缺陷，就构成了单相接地故障处理的良好基础环境，而关于针对单相接地故障处理的自动化装置的配置与提升问题，是需要整体规划的系统性问题，分别在第4章和第5章系统论述。

## 3.1 补齐消弧线圈系统短板

根据 GB/T 50064—2014《交流电气装置的过电压保护和绝缘配合设计规范》的规定，对于最大运行方式下容性电流超过 10A 的母线必须加装消弧线圈，对于补偿容量不足的消弧线圈必须加以增容，对于控制器存在缺陷的必须加以修复和升级、必要时进行改造和更换，对于落后原理的消弧线圈必须加以升级或更换，对于制造厂家已经关闭、停产或转产而缺乏后续支撑的消弧线圈宜加以更换。

### 3.1.1 新增消弧线圈和消弧线圈增容

根据系统实测电容电流水平确定消弧线圈、接地变压器配置及容量，对电容电流超过 10A 的母线应加装消弧线圈，对于补偿容量不足的消弧线圈应进行增容。

由于随调式消弧线圈在系统正常运行时远离谐振点，在现场运行时存在故障响应时间长、高阻接地识别能力差的缺点，并且一旦控制器失效，消弧线圈就将完全失去补偿作用。因此新装消弧线圈应采用预调式，以保证瞬时故障的补偿效果。

根据第2章“摸清家底”的排查工作，确需增容的消弧线圈可以考虑的改造方式有：站内置换增容、站内并接增容和站外分布式补偿方式三种。站内置换增容指将原有消弧线圈成套装置整体更换为更大容量的消弧线圈成套装置；站内并接增容指新增固定补偿的消弧线圈和原自动调谐消弧线圈并联运行；站外分布式补偿指通过在开关站、配电室或架空线路上加装固定容量补偿装置实现增容改造。消弧线圈增容改造方式的选取原则如下：

（1）优先采用固定式与自动跟踪消弧线圈相结合的方式。由于需增容母线的消弧线圈需求容量普遍较大，或已达标准规格消弧线圈容量上限，而定制大容量消弧线圈具有级差电流大、起调点高、散热差等缺点，优先考虑采用固定式消弧线圈与自动跟踪消弧线圈相结合的增容方式。

（2）当变电站内具备增容空间时，可采用站内并接增容方式，新增的固定补偿消弧线圈可以安装在变电站户内或者户外。

（3）当站外开关站具备增容空间时，可选择站外分布式补偿方式。选取出线电容电流较大的开关站分散配置固定容量补偿装置，单个分布式补偿装置的容量与其所安装的开关站电容电流相匹配，分布式补偿装置的总容量为母线实际消弧线圈容量需求与现有消弧线圈容量之差。

（4）对于站内及站外均无固定补偿消弧线圈安装空间的情形，考虑站内置换增容方式。将原有消弧线圈成套装置整体更换为更大容量的消弧线圈成套装置，同时考虑接地变压器的增容改造。

例如，某变电站10kV Ⅰ母电容电流实测值为240A，根据第2.23节公式(2-23)，该段10kV系统的补偿容量应为1964kVA（324A），目前该段母线配置一台自动补偿消弧线圈，其容量为1000kVA（165A）。

（1）若考虑置换增容，则新换消弧线圈容量应选为2000kVA，两种规格如下：①按照2000kVA/10.5kV、25挡、30%起调核算，调节范围为99～330A，挡位级差为9.625A。②按照2000kVA/10.5kV、25挡、50%起调核算，调节范围为165～330A，挡位级差为6.875A。

从以上两种规格的参数可以看出，两种规格的起调点电流都较大，运行方式调节的适应能力不好；同时，级差电流较大，控制残流的性能受到一定影响；另外，大容量消弧线圈的散热问题也较为突出。因此不建议采用这种超大容量改造方案。

（2）若选择固定消弧与自动跟踪消弧线圈并接的形式，补偿总容量为2000kVA（330A）。其中1000kVA自动跟踪消弧线圈利用原有设备，配置方案为：①固定补偿：1000kVA（165A），暂定四组抽头：40%、60%、80%、100%；②自动补偿：1000kVA（165A），50A起调，19挡，级差6.4A。

由于母线所带开关站不具备固定容量补偿装置安装空间，无法采用站外分布式补偿方式，因此考虑采用站内并接增容的方式。站内并接增容有两种实施方案：方案一采用自动跟踪消弧线圈与固定消弧线圈共用一台接地变压器，如图3-1所示，这种方式占地面积最小，但接地变压器也需增容改造；方案二采用固定消弧线圈独立配置接地变压器，如图3-2所示，原有接地变压器消弧均不作调整，设备成本最优。最终方案选取可根据现场场地空间、出线预留间隔、预算成本等因素综合考虑。

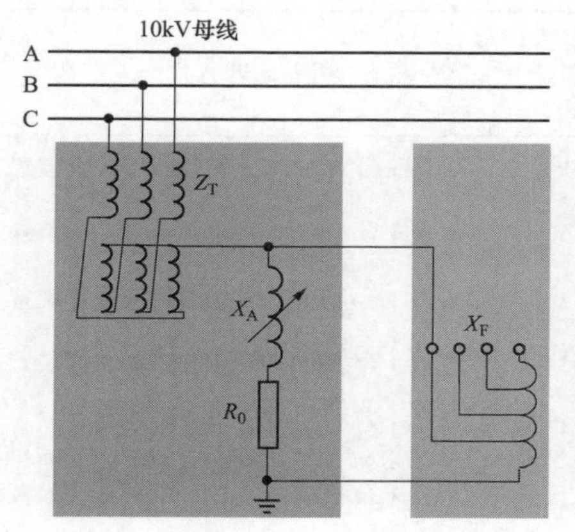


图3-1　固定消弧线圈与自动跟踪消弧线圈共用接地变压器

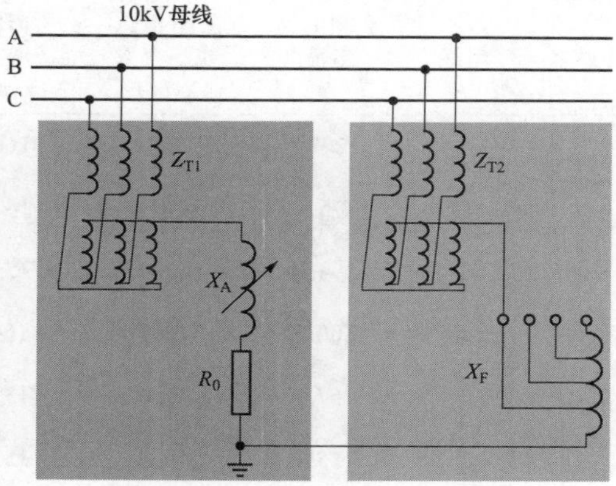

图3-2　固定消弧线圈独立配置接地变压器

根据DL/T 1057—2007《自动跟踪补偿消弧线圈成套装置技术条件》的规定，新增消弧线圈的选型需遵循以下原则：

（1）户外安装的消弧线圈装置，可选用油浸式铜绕组接地变压器及油浸式铜绕组消弧线圈，也可选用带户外箱壳的干式铜绕组接地变压器及消弧线圈。

（2）户内（包括预装式结构变电站内）安装的消弧线圈装置，可选用干式接地变压器及干式消弧线圈。

（3）选用消弧线圈装置时其控制器应具有以下功能：

1）良好的抗干扰性能。符合电力行业电磁兼容技术要求。

2）事件记录功能。包括接地故障发生和消失时间、接地故障期间最大零序电压及时刻、与最大零序电压对应的补偿电流值、挡位变化信息等内容，记录内容可掉电保持。

3）自检功能。当控制器发生接地故障或出现异常时，控制器能给出信号并报警。

4）与变电站自动化系统通信的功能。控制器应配置数据通信软件和端口，实现数据远传功能。

5）故障录波功能。录波文件应记录接地故障前、接地故障初时、接地故障消失前及消失后时段的零序电压及补偿电流波形。

表 3-1 所示为作者对某市变电站中的消弧线圈的增容改造方案，其中站内/站外空间均无。

**表 3-1　　消弧线圈增容改造方案**

| 站名 | 母线 | 实测电容电流（A） | 现有消弧线圈容量（kvar） | 所需消弧线圈容量（kvar） | 推荐增容方式 |
|---|---|---|---|---|---|
| CLC变电站 | I | 203 | 1100 | 1661 | 置换 1 台 1800kVA 消弧线圈成套装置 |
| | II | 175.5 | 1100 | 1436 | 置换 1 台 1800kVA 消弧线圈成套装置 |
| KJL变电站 | I | 194.5 | 1000 | 1592 | 置换 1 台 1800kVA 消弧线圈成套装置 |
| | II | 200.7 | 1000 | 1643 | 置换 1 台 1800kVA 消弧线圈成套装置 |
| WHT变电站 | I | 167.9 | 1000 | 1374 | 置换 1 台 1600kVA 消弧线圈成套装置 |
| | II | 185.8 | 1000 | 1521 | 置换 1 台 1600kVA 消弧线圈成套装置 |
| SMK变电站 | III | 184.2 | 1100 | 1507 | 置换 1 台 1600kVA 消弧线圈成套装置 |
| YJ变电站 | I | 237.1 | 630 | 1940 | 置换 1 台 2000kVA 消弧线圈成套装置 |
| | II | 242 | 无 | 1981 | 新增 1 台 2000kVA 消弧线圈成套装置 |
| QJ变电站 | I | 182.2 | 1000 | 1491 | 置换 1 台 1600kVA 消弧线圈成套装置 |
| YT变电站 | IV | 230 | 1000 | 1882 | 置换 1 台 2000kVA 消弧线圈成套装置 |
| DJP变电站 | III | 130.1 | 无 | 1065 | 新增 1 台 1200kVA 消弧线圈成套装置 |
| SJC变电站 | I | 157 | 900 | 1285 | 置换 1 台 2000kVA 消弧线圈成套装置 |
| | II | 238 | 900 | 1948 | 置换 1 台 2000kVA 消弧线圈成套装置 |
| KML变电站 | I | 210 | 1000 | 1719 | 置换 1 台 1800kVA 消弧线圈成套装置 |
| | II | 163 | 1000 | 1334 | 置换 1 台 1800kVA 消弧线圈成套装置 |

### 3.1.2 消弧线圈改造和升级

对于消弧线圈存在缺陷的必须加以修复和升级，必要时进行改造和更换。依据第2章“摸清家底”的排查工作，消弧线圈电容电流测量不准确的需进行消缺，随调式消弧线圈在运行中存在较多问题的需进行升级或改造。

对于预调式消弧线圈，如果发现消弧控制器显示电容电流与实测数据偏差较大、测量电容电流为零、电容电流测量数值波动大等，说明控制器的电容电流测量精度不满足要求。此时应及时调整消弧线圈系统的参数设定，如接地变压器不平衡度、阻尼电阻抽头挡位、控制器相关参数等。

对于10kV电网一般架空线路不换位，电网的不平衡度较大，通常在0.5%～1.5%之间，个别可达2.5%。而电缆线路的不平衡度小，对于电缆化率较高的电网，系统不平衡度一般较小。而消弧线圈测量电容电流时，需要有一定的中性点位移电压以保证测量精度。这时可采用调整接地变压器三相的挡位开关，人工将三相挡位开关调成不同挡位，以增加一定的系统不平衡度，从而保证消弧控制器的测量精度。

对于随调式消弧线圈，由于系统正常运行时远离谐振点，在现场运行时存在接地后输出延时长、过渡电阻的识别能力差、电容电流计算精度差的问题。针对随调式消弧线圈在运行中存在的问题，需要进行升级或改造，即对原控制器进行升级或对随调式消弧线圈进行整体改造、更换。随调式消弧线圈的升级改造可以采取下列方案：

（1）升级控制器方案一。对消弧线圈控制器程序进行升级。将之前实时测量中性点电压作为启动判据的方法改造为智能动态调节启动电压的设计，控制器根据现场实测电容电流的数值及设定的识别过渡电阻数值，自动调节启动电压的门槛，以提高高阻接地时消弧线圈的启动灵敏度。

这样做可以改善高阻接地故障的识别问题，但随调式消弧线圈故障响应时间长的问题依然存在。在与站内单相接地选线装置配合时，由于随调式消弧线圈启动时间过长，存在选线装置启动时暂态过程已经结束，进而导致暂态法选线原理失效的问题。在对改造后的某变电站进行系统测试时，如果发生1200Ω接地故障，由于消弧线圈启动时间过长，会导致选线装置误判为母线故障。

（2）升级控制器方案二。升级控制器程序，将相控式消弧线圈正常运行状态由远离谐振点（高阻抗状态）调整到一定的过补偿状态，具体补偿度根据系统不平衡度、系统电容电流大小及过渡电阻识别需求，在控制器面板上进行设定，以保证高阻接地时消弧线圈动作灵敏度。但是这种改造方式同样无法解决随调式消弧线圈故障响应时间长的问题。

（3）改造为相控预调式消弧线圈方案。针对不具备控制器升级改造技术能力的厂家，可以采用改造为4.1.1节论述的相控随调式消弧线圈的方法。考虑到整体更换为预调式的改造方式费用高、周期长，可采用保留一次设备本体的预调式改造方案，具体方法如下：

1）采用改进分压法计算电容电流。传统随调式消弧线圈计算电容电流时采用两点法或调谐法，即通过改变晶闸管触发角得到两组不同感抗下的回路电流、中性点电压，通过计算得到系统电容。而晶闸管的可靠触发需要满足擎住电流、维持电流、通态压降等参数的要求，两端电压必须大于一定限值。根据实测数据，晶闸管电压（即随调式消弧线圈二次绕组输出电压）必须大于10V。经过折算，系统一次不平衡电压至少需60V才能维持调节触发角度。这种测量容流的方法受晶闸管触发条件所限，在电网不对称度较小情况下，不能保证电容电流计算精度。

可以采用改进分压法计算电容电流。利用随调式消弧线圈的三次（滤波）绕组，在常规随调式消弧线圈的滤波绕组增加一只真空接触器，用来投切滤波电容，利用滤波电容器与系统对地电容构成的串联分压电路，进行电容电流的测量计算，计算电容电流时需短时闭锁晶闸管触发输出，避免消弧线圈二次绕组影响电容电流计算精度。该方法可以适用于电网各种不平衡度的情况，硬件成本低、易于实现，算法简单、计算精度高，解决了系统不平衡度较小时位移法在相控式消弧系统中容流计算误差大的问题，详见4.1.1节。

2）控制器控制逻辑修改。将随调式消弧线圈单相接地后输出晶闸管触发信号，改为根据电感电流补偿量持续输出晶闸管触发信号的预调节方案，避免了接地启动延迟问题。

3）增加阻尼模块。在消弧线圈尾端串联阻尼电阻模块，避免了系统正常运行时消弧线圈输出可能造成的位移电压升高过多的问题。阻尼电阻模块具备自触发特性，采用独立工作的纯硬件电路，可靠性很高。

经过改造后的相控预调式消弧线圈，具有以下三个优点：

1）抗过渡电阻能力提高。正常运行时系统处于谐振或接近谐振的状态，对单相接地信号具有明显的放大作用，可以实现与预调式消弧系统同等的过渡电阻识别能力。

2）故障响应速度提高。因控制系统持续输出晶闸管的触发信号，对于单相接地后的补偿输出不存延迟问题，显著改善补偿效果，特别是瞬时性接地故障和间歇性弧光接地过电压的抑制效果得到明显提高。

3）电容电流测量精度提高。测量电容电流时采用改进的分压法进行测量，避免了系统不平衡度较小时电容电流计算精度无法保证的缺点。

（4）整体更换为预调式的方案。对于采用直流偏磁原理的随调式消弧线圈，该技术已被淘汰，建议采用整体更换为预调式的方案，以保证瞬时故障以及高阻接地故障的补偿效果。

表3-2所示为作者对某市变电站中的随调式消弧线圈的增容改造方案。

**表3-2　随调式消弧线圈增容改造方案**

| 变电站名称 | 电压等级（kV） | 消弧线圈个数 | 消弧类型 | 改造方案 |
|---|---|---|---|---|
| SLP变电站 | 35 | 2 | 随调式 | 升级控制器方案一 |
| | 10 | 2 | 随调式 | 升级控制器方案一 |
| HC变电站 | 10 | 2 | 随调式 | 升级控制器方案一 |
| MQZ变电站 | 10 | 2 | 随调式 | 升级控制器方案一 |
| | | 1 | 随调式 | 升级控制器方案二 |
| KJL变电站 | 10 | 2 | 随调式 | 升级控制器方案一 |
| SJC变电站 | 10 | 2 | 随调式 | 升级控制器方案一 |
| YT变电站 | 10 | 3 | 随调式 | 升级控制器方案一 |
| WHT变电站 | 10 | 2 | 随调式 | 升级控制器方案一 |
| QJ变电站 | 10 | 3 | 随调式 | 升级控制器方案一 |
| DBY变电站 | 10 | 2 | 随调式 | 升级控制器方案一 |
| KML变电站 | 10 | 2 | 随调式 | 升级控制器方案一 |
| ZQ变电站 | 10 | 1 | 随调式 | 升级控制器方案一 |
| BM变电站 | 10 | 2 | 随调式 | 升级控制器方案一 |
| XA变电站 | 10 | 2 | 随调式 | 升级控制器方案二 |
| MTZ变电站 | 10 | 3 | 随调式 | 预调式改造方案 |
| JC变电站 | 10 | 2 | 随调式 | 预调式改造方案 |
| FY变电站 | 10 | 2 | 随调式 | 预调式改造方案 |
| GXB变电站 | 10 | 3 | 随调式 | 预调式改造方案 |

续表

| 变电站名称 | 电压等级（kV） | 消弧线圈个数 | 消弧类型 | 改造方案 |
|---|---|---|---|---|
| YJ 变电站 | 10 | 1 | 随调式 | 预调式改造方案 |
| LJC 变电站 | 10 | 1 | 随调式 | 预调式改造方案 |
| ADM 变电站 | 10 | 1 | 随调式 | 预调式改造方案 |
| TY 变电站 | 10 | 2 | 随调式 | 整体更换 |
| 总　计 | | 45 个 | | |

### 3.1.3 消弧线圈更换

对于落后原理的消弧线圈，如已经淘汰的直流偏磁式消弧线圈必须加以升级或更换；对于制造厂家已经关闭、停产或转产而缺乏后续支撑的消弧线圈宜加以更换。当消弧线圈成套装置或部分组件出现下述情况，从技术经济性角度分析继续运行不再合理时，也宜进行更换：

（1）消弧线圈、接地变压器等一次设备在长期使用后，绝缘严重劣化、渗漏严重不易修复。

（2）消弧线圈、接地变压器等一次设备，使用年限超过 30 年，且设备缺陷较多。

（3）消弧线圈、接地变压器电气试验不合格，经过检修，各项技术性能指标仍达不到技术标准要求的。

（4）消弧线圈或接地变压器由于各种原因造成严重损坏，无法修复或无修复价值。

（5）对于消弧线圈成套装置控制器，使用年限超过 10 年（参考 DL/T 587—2016《继电保护和安全自动装置运行管理规程》的规定，保护装置使用年限不应小于 15 年，考虑到消弧线圈控制器的质量水平与系统中二次控制设备相比普遍存在较大差距，将其使用年限适当缩短），故障率较高，运行性能不满足要求。

（6）控制器故障，由于制造厂家已经关闭、停产或转产而缺乏后续支撑，或因故障更换板件三次以上时，应考虑控制设备的更新换代。

对于新更换的消弧线圈成套装置或部分组件，应及时完成设备台账等技术资料的更新工作。

## 3.2 补齐电流互感器和零序电压系统短板

根据电流互感器状况调查结果，电流互感器的缺陷主要是两大方面的原因造成的：一是现场安装问题，例如互感器配置数量不足、电缆屏蔽层接地线接线方式错误、互感器极性接反；二是互感器自身问题，包括由选型不当或设计缺陷造成的种种问题，如准确度不足、带载能力不足、存在饱和风险。

### 3.2.1 补齐电流互感器短板

本节针对 2.3 节中所述的电流互感器可能存在的问题提出解决建议。变电站现场应严格管控安装质量，对安装存在缺漏或错误的电流互感器，应结合停电进行加装或改造；对本身存在问题，严重影响单相接地故障处理的电流互感器，应首先根据现场实际对电流互感器进行正确选型，随后对原有电流互感器进行更换或改造。

在电流互感器安装方面，应注意以下三点：

（1）针对电流互感器配置不够或与单相接地故障处理装置不匹配的问题，未配置零序电流互感器或只配置了两相电流互感器的，应根据所采用的单相接地故障处理装置的原理（利用零序电流或相电流），相应加装零序电流互感器或第三相电流互感器。同一开关柜内的多馈线出线可为各馈线分别配置一个独立的零序电流互感器，将其二次侧并联接入单相接地故障处理装置，但要注意各馈线的零序电流互感器型号、极性应一致；也可配置一个零序电流互感器同时穿过多个馈线；但无论如何此时若任一馈线出现接地故障，都只能跳开变电站内该线路的出线断路器。在订货阶段需注意要求单相接地故障处理装置内部的采样电流互感器一次额定电流与电流互感器的二次侧额定电流相匹配。

（2）针对电缆屏蔽层接地线的接线方式错误问题，需结合停电计划，按照 2.3 节中所述的屏蔽层电流不纳入零序互感器的“上穿下不穿”原则，更改电缆屏蔽层接地线的接线方式。

（3）针对极性错误问题，电流互感器的同极性端子可用减极性原则进行标注：设一次绕组端子为 P1、P2，二次绕组端子为 S1、S2。P1、S1 与 P2、S2 为两对同极性端子，即当一次绕组电流由 P1 流入，由 P2 流出时，二次绕组电流由 S1 流出，由 S2 返回。因此，安装该电流互感器时，其一次绕组串联入一次电路中，按照指定的电流正方向，P1 接源侧，P2 接荷侧；二次绕组串联入后端保护回路中，电流由 S1 流出至保护回路的“头”，并由保护回路的“尾”流回 S2。

对于零序电流互感器的选型，在业界尚无统一的认识。现行电力互感器标准体系中没有零序电流互感器的专用标准规范。零序电流互感器的规范性描述在现有 GB 20840.2—2014《互感器　第 2 部分：电流互感器的补充技术要求》中，参照 P 级保护用电流互感器的部分定义。但在电力系统实际使用中，该部分定义是不完整的，主要表现在：零序电流互感器相较P级保护用电流互感器有更大测量动态范围的要求，P级保护用电流互感器的测量范围从额定电流至标准准确限值系数倍数，其动态范围一般不大于40倍。零序电流互感器的测量范围从1A至标准准确限值系数倍数，其动态范围一般大于数百倍，也即零序电流互感器的测量动态范围涵盖了测量级电流互感器和保护级电流互感器二者的测量范围之和。零序电流互感器的设计、试验、选型应充分考虑该特殊要求。此外，单相接地故障检测的新原理、新方法不断涌现，有的原理也对零序电流互感器传变信号的幅域、频域、时域性能以及同步性有特殊的要求。

对小电流接地系统中零序电流互感器的选型，可参考下列建议：

（1）针对电流互感器带载能力不足的问题，可减小互感器二次回路负载，同时增强电流互感器本身的带载能力。可从三方面入手：

1）采用大截面二次电缆，并缩短二次电缆长度。考虑到电流互感器的负载主要由二次电缆构成，因此对于互感器和单相故障处理装置距离较远的，应采用$4mm^2$电缆连接。

2）零序电流互感器二次额定电流宜选用1A。对于相同容量的电流互感器，额定二次电流越小，带载能力就越强。因此，相比额定二次电流为5A的电流互感器，额定二次电流为1A的电流互感器的带载能力更强。

3）零序电流互感器额定容量宜取2.5VA及以上。由本书2.3节中的分析可知，零序电流互感器二次回路负载功耗可能达到1.8VA，考虑经济性和电流互感器额定容量的标准值，在额定二次电流为1A时，选取零序电流互感器额定容量为2.5VA或5VA较为合适；若额定二次电流为5A，则额定容量宜选择为10VA或15VA。

（2）针对准确度不足的问题，不仅仅是要对互感器准确级提出要求，更要恰当地选择互感器一次额定电流及结构。

1）零序电流互感器一次额定电流宜选择50A或75A。在消弧线圈补偿到位的情况下，流过零序电流互感器的电流一般在10A以内，但是在消弧线圈故障或其控制器故障等情况下，流过零序电流互感器的电流可能达到200A甚至300A。因此，一方面应尽量使较小的零序电流能够达到零序电流互感器一次额定电流的5%以上，另一方面也要兼顾较大的零序电流的情况。综合以上因素，在二次额定电流选为1A的情况下，零序电流互感器一次额定电流选为50A或75A，并应能在4倍额定电流下连续工作至少2h。

2）零序电流互感器准确度宜按照S级电流互感器进行技术规范，且在4倍额定电流下复合误差不超过10%。一方面，按S级电流互感器进行技术规范，主要是因小电流接地系统正常时流过零序电流互感器的电流有可能仅有1～

2A，不到互感器额定一次电流的5%，而S级电流互感器在1%额定一次电流下也有准确度要求。因此，所谓按S级电流互感器进行技术规范，主要是要对零序电流互感器在1%额定一次电流等小电流下的准确度提出要求。另一方面，要求零序电流互感器在4倍额定电流下复合误差不超过10%，主要是考虑到消弧线圈补偿失败时流过零序电流互感器的是全系统电容电流，可能达到互感器4倍额定一次电流值。为了保证此时一些基于稳态量的选线原理（如零序有功功率法、零序无功功率法等）不受影响，互感器复合误差也不应超过10%。

值得一提的是，上述要求在一二次融合开关中容易满足，如可以采用坡莫合金的低密度电流互感器，这也是即使仅仅采用稳态量法，一二次融合开关也能得到较好的单相接地故障检测效果的原因。

3）新安装零序电流互感器宜选用闭合式结构，这是因为开口式电流互感器由于开口带来的漏磁将导致准确度降低，且随运行时间的增长，其开口处锈蚀、开口松紧等因素都将影响电流互感器的测量准确度。考虑到开口式电流互感器安装方便，为现场更换电流互感器能节省较大的人力、物力，因此现场改造时也可选择开口式电流互感器，但是必须做好互感器开口处的紧固与防潮，选用有螺栓固定的方形开口式电流互感器，开口处应紧密固定，开口铁芯结合面应涂凡士林，电流互感器树脂外壳应涂防水涂料，并用胶带密封。

（3）针对饱和风险，通过对零序电流互感器二次电缆、一次额定电流、额定容量和准确级的选择，就能避免电流互感器饱和现象的发生。

### 3.2.2 补齐零序电压系统短板

在本书第2.4节述及的由于二次回路或熔断器等造成的零序电压系统缺陷，通过纠正接线错误、保障零序电压传递环节的连通性等措施，就能够较好地消除。

当采用特殊电压互感器时，为了避免单相接地处理装置中电压整定错误，需要根据实际使用的电压互感器的电压额定值来进行整定。如有电压互感器更换，站内运维、检修人员应及时检查所更换互感器的电压额定值是否发生了变化，若有变化应及时告知定值整定人员。

对于系统中性点偏移电压较高的情况，可以检查消弧线圈的运行参数设置是否恰当。由式（2-27）可知，影响中性点偏移电压的参数有电压不对称度$k$、阻尼率$d$以及消弧线圈脱谐度$\nu$。在系统电压不对称度一定的情况下，阻尼率和脱谐度越大，中性点偏移电压就越小。因此，从控制中性点偏移电压的角度来讲，阻尼率和脱谐度可适当设置稍大些。

随调式消弧线圈一般无需配置阻尼，因此阻尼率较小，但其平时运行在远离谐振点处，因此正常时脱谐度很大，引起的中性点偏移电压较小。预调式消弧线圈自动跟踪电容电流，始终运行在靠近谐振点的挡位，脱谐度较小，因此阻尼率的选择对中性点偏移电压的影响较大。若电网本身不对称度较大，可考虑适当增加阻尼率，避免因阻尼率过小而引起中性点电压的偏移。

当消弧线圈采用串联阻尼电阻接入中性点时，由阻尼电阻引入的系统阻尼率的增加可表示为：

$$d_{\mathrm{R}} \approx \frac{R}{\omega(C_{\mathrm{A}}+C_{\mathrm{B}}+C_{\mathrm{C}})(\omega L)^{2}} \approx \frac{R}{\omega L} \tag{3-1}$$

当消弧线圈采用二次侧并联阻尼电阻时，由此带来的系统阻尼率的增加可表示为：

$$d_{\mathrm{R}} = \frac{1}{\omega(C_{\mathrm{A}}+C_{\mathrm{B}}+C_{\mathrm{C}})R} \tag{3-2}$$

因此，当消弧线圈一次侧串联电阻时，所串联电阻越大，阻尼率越大；当消弧线圈二次侧并联电阻时，所并联电阻越小，阻尼率越大。

值得注意的是，即便消弧线圈阻尼率较大，其脱谐度也不宜设置得过小。这是因为，系统单相接地后，消弧线圈阻尼电阻将退出；而单相接地消失后（如熄弧成功或接地线路跳闸），阻尼电阻尚未投入，此时影响中性点电压出现偏移的主要因素就是消弧线圈的脱谐度。若消弧线圈脱谐度过小，则单相接地消失后，系统的中性点偏移电压将有可能仍然大于消弧线圈的启动值，导致消弧线圈无法返回。

但是，随着阻尼率和脱谐度的增大，消弧线圈对零序电压检测的灵敏度也随之下降。并且，单相接地故障下，电弧熄灭后，决定电弧能否重燃的是弧道上电压的恢复是否超过介质绝缘强度的恢复。脱谐度与阻尼率越大，故障点残流有效值就越大，故障相弧道恢复电压的幅值也越大，越有可能导致电弧重燃。因此，从有利于故障点熄弧的角度来讲，阻尼率和脱谐度的设置又不宜太大。

综上所述，控制中性点偏移电压和故障点熄弧对消弧线圈参数的要求存在一定矛盾。因此，应综合考虑中性点电压偏移与自熄弧的要求，调整阻尼率以及消弧线圈脱谐度，使得正常运行时中性点偏移电压不超过 15%，同时在单相接地时能将接地点残流补偿至 10A 以内。

除此以外，为了减少中性点不对称电压，可采用线路整体换位或变换线路相序排列的方法，平衡不对称电容电流，降低电网的不对称度。

## 3.3 常见缺陷及其处理方法

作者在工程实践中遇到与单相接地故障处理相关的缺陷中，消弧线圈系统缺陷占 29.8%、单相接地保护缺陷占 21.8%、零序电压系统缺陷占 16.1%、零序电流系统缺陷占 32.2%。本节列举一些常见缺陷及其处理方法。

本节所描述的缺陷，都是经过核对、调整和一般性改进可以消除的一般性缺陷，对于需要更换装置的比较严重的原理或性能上的缺陷，不在本节论述范围内。

（1）消弧线圈常见缺陷及其处理方法，如表 3-3 所示。

表 3-3　　消弧线圈常见缺陷及其处理方法

| 缺　陷 | 危　害 | 对　策 |
| --- | --- | --- |
| 消弧线圈容量不足 | 导致接地时故障点残流较大，增大电弧破坏力；接地时零序电压较低，单相接地保护装置可能无法启动 | 应定期进行电容电流测试，对于电容电流已超过消弧线圈最大补偿电流的，或电容电流接近消弧线圈最大补偿电流且出线规模仍在增长的，应及时增容 |
| 随调式消弧线圈控制器缺陷 | 发生高阻接地时消弧线圈无法启动，母线零序电压无法抬升，导致选线装置也无法启动 | 修复随调式消弧线圈控制器、升级落后原理控制策略 |
| 消弧线圈阻尼电阻接地时无法切除 | 高阻接地时影响选线装置启动 | 修复消弧线圈缺陷，条件允许时可对消弧线圈性能进行测试 |
| 接地时残流超标 | 导致接地时故障点残流较大，增大电弧破坏力；接地时零序电压较低，影响选线装置启动灵敏度 | 提高消弧线圈电容电流测量精度，对于随调式消弧线圈还要提高消弧线圈输出补偿电流精度，条件允许时可对消弧线圈进行现场测试。对于因容量不足造成的残流超标，还应及时增容 |
| 消弧线圈接近全补偿引发串联谐振 | 接地发生后消弧线圈启动，若接近全补偿，则瞬时性故障消失后母线仍有较大零序电压，消弧线圈无法返回，选线装置也有可能误动 | 适当提高脱谐度、增大阻尼，提高消弧线圈测量电容电流精度，对于随调式消弧线圈还要提高消弧线圈输出电流精度 |
| 消弧线圈补偿速度超标 | 导致故障点电弧起始能量较大，增大电弧破坏力。母线零序电压上升缓慢，影响选线装置启动及选线 | 升级消弧线圈控制器，条件允许时可对消弧线圈性能进行测试 |
| 消弧线圈测量电容电流过于频繁 | 若在测量电容电流时发生接地，则无法进行补偿，测量电容电流过于频繁则会降低装置可靠性 | 一般系统运行方式变化不会过于频繁，测量电容电流时间间隔可适当调长 |

其他问题还有：消弧线圈通信中断、无接地记录、调挡失败等，皆为消弧线圈控制器质量问题，需修复消弧线圈缺陷，条件允许时可对消弧线圈性能进行测试。

（2）单相接地保护装置常见缺陷及其处理方法，如表 3-4 所示。

表 3-4　　单相接地保护装置常见缺陷及其处理方法

| 缺　陷 | 危　害 | 对　策 |
| --- | --- | --- |
| 启动电压设置过高 | 可能会导致高阻接地时装置无法启动，或启动后选线错误 | 在躲过系统不平衡电压的基础上，启动电压宜尽量降低，一般可取 10～15V |
| 选线装置内线路电流互感器变比设置错误 | 可能会导致选线错误 | 应仔细核对定制单及装置内部定值 |
| 选线装置内未对线路配置母线 | 选线时未配置母线的线路不参与计算，若恰好为故障线路，则会选线错误 | 选线装置安装完后应仔细检查配置 |
| 母线并列运行压板与实际运行方式不符 | 有可能导致选线失败 | 核对压板与实际运行方式是否一致 |

（3）零序电压回路常见缺陷及其处理方法，如表 3-5 所示。

表 3-5　　零序电压回路常见缺陷及其处理方法

| 缺　陷 | 危　害 | 对　策 |
| --- | --- | --- |
| 电压互感器柜端子排至单相接地保护装置的零序电压回路不通，常见的有手车辅助节点故障、并列柜内电压切换辅助节点故障等 | 发生接地时选线装置无法启动 | 仔细查找电压互感器柜至选线装置零序电压回路的各个环节的通断，发现断点并修复 |
| 零序电压回路接错，I 母选线装置接入了 II 母零序电压 | 发生接地时选线装置无法启动 | 仔细检查更正 |
| 零序电压回路极性接反 | 某些原理的单相接地保护装置（如零序功率方向类）可能会判断错误 | 仔细检查更正，或利用三相电压合成零序电压提升容错能力 |
| 防谐振电压互感器导致的开口三角电压低 | 影响选线装置启动及高阻接地时的选线 | 选线装置同时接入三相电压和开口三角电压，采用“或”逻辑进行启动 |
| 零序电压中出现三次谐波 | 有可能造成单相接地保护装置误判 | 仔细检查随调式消弧线圈的滤波器是否故障，仔细检查零序电压互感器的二次回路中性线是否牢靠 |
| 电压互感器一次侧单相熔断造成电压异常 | 电压互感器一次侧某相保险熔断时，该相电压降低但不为 0，其他两相电压正常或略低，电压回路断线信号动作，母线接地告警；零序电压大于 15%，相关线电压也会降低至略高于额定相电压 | 修复相应熔断器 |

续表

| 缺　陷 | 危　害 | 对　策 |
| --- | --- | --- |
| 电压互感器二次侧单相熔断造成电压异常 | 电压互感器二次侧某相保险熔断时，该相电压降低接近为 0，其他两相电压正常或略低，零序电压开口三角绕组不受二次绕组影响 | 修复相应熔断器 |
| 谐振 | 某相电压降低但不为 0，其他两相电压升高；或某两相电压降低但不为 0，另一相电压升高；并且电压和电流呈往复性摆动 | 适当增大阻尼率和脱谐度 |

（4）零序电流回路相关缺陷及其处理方法，如表 3-6 所示。

**表 3-6　　零序电流回路常见缺陷及其处理方法**

| 缺　陷 | 危　害 | 对　策 |
| --- | --- | --- |
| 零序电流互感器屏蔽层接地线接法错误 | 将导致无法采集到正确的线路零序电流，使单相接地保护装置判定发生错误 | 安装时屏蔽层接地线应在零序电流互感器下方直接接地，若屏蔽层接地线从零序电流互感器下方穿过，应再次穿回后，在零序电流互感器下方接地。新安装的零序电流互感器应仔细核对，对于已错误安装的应停电整改 |
| 未安装零序电流互感器 | 将导致无法采集到线路零序电流，使单相接地保护装置判定发生错误 | 对于配置了基于零序电流原理的单相接地保护装置的线路均应安装零序电流互感器 |
| 多回出线并间隔的情况下，有的出线未安装零序电流互感器 | 若该间隔线路发生接地，单相接地保护装置判定发生错误 | 通过一个开关引出两条及以上的电缆时，各条电缆单独安装的零序电流互感器必须一致，二次侧并联使用；或采用大口径的零序电流互感器（如轨道式）将所有出线囊括在内 |
| 零序电流互感器极性接反 | 可能导致单相接地保护判定发生错误 | 仔细核对极性，并通过电流互感器极性测试进行验证 |
| 零序电流互感器二次回路端子被错误短接 | 将导致无法采集到线路零序电流，导致单相接地保护判定错误 | 仔细检查更正 |
| 零序电流互感器本体连片未压接 | 将导致无法采集到线路零序电流，导致单相接地保护判定错误 | 仔细检查更正 |
| 开关柜二次端子排电流回路连片断开 | 将导致无法采集到线路零序电流，导致单相接地保护判定错误 | 仔细检查更正 |
| 开关柜二次端子排处电流回路短接 | 将导致无法采集到线路零序电流，导致单相接地保护判定错误 | 仔细检查更正 |

# 本章参考文献

[1] 平绍勋，周玉芳．电力系统中性点接地方式及运行分析［M］．北京：中国电力出版社，2010：203-214．

[2] 要焕年，曹梅月．电力系统谐振接地［M］．2版．北京：中国电力出版社，2009：268-273．

[3] 郭晓斌，雷金勇，于力，等．基于分压测量法的相控消弧线圈［J］．南方电网技术，2016，10（1）：44-46．

[4] 国家电网公司．10kV～66kV消弧线圈管理规范［M］．北京：中国电力出版社，2006．

# 第4章

# 筑牢变电站内三道防线

变电站内三道防线在单相接地故障处理方面处于最为关键的地位。即使在变电站外馈线上不配置任何资源，守住变电站内三道防线后，在发生永久性单相接地故障时最多只损失一条馈线的负荷。如果变电站内三道防线没有守住，即使在变电站外馈线上配置了资源，也可能效果不佳（例如因消弧线圈补偿不到位，导致馈线上配置的终端在单相接地时无法灵敏启动），并存在单相接地引起大范围严重事故（例如因单相接地未能及时发现和处理而导致电弧长期燃烧，引起电缆沟起火，造成“火烧连营”）的风险。

在变电站内构筑了三道防线以后，能够有效地应对单相接地故障。当配电线路上发生单相接地故障以后，变电站内三道防线各司其职，发挥作用，构成完整的安全保障防护体系。

（1）第一道防线为消弧线圈系统。当检测到配电线路上发生单相接地故障以后，消弧线圈首先发挥作用，在容量配置合理且动作可靠的前提下，消弧线圈可将接地故障点的残流补偿在10A以下，一部分故障电弧能够自行熄灭且不再重燃，则单相接地保护装置不需要动作跳闸，配电系统即恢复正常运行；即使对于永久性单相接地故障，在消弧线圈将接地故障点残流补偿到10A以下的条件下，也能够极大降低故障电弧的能量，从而降低风险，提高安全性。

在本书提及的西安城区配电网单相接地故障治理工程实践中，分析结果表明，80.16%的单相接地故障被消弧线圈系统成功熄弧而成为瞬时性单相接地，没有引起跳闸。

（2）第二道防线为单相接地选线。当消弧线圈进行补偿后，若单相接地特征仍然持续存在，则单相接地保护装置在设定的延时到达（或者满足间歇性弧光接地跳闸判据）以后动作于跳闸，将故障线路切除，并可延时一定时间（1～3s）后进行一次重合，仍有一部分故障在跳闸切除并延时一段时间后能够自行恢复，也即仍有一定的概率重合闸能够成功，系统恢复正常运行；若重合后，单相接地故障仍然存在，则引起相应开关再次跳闸，将故障切除。

在作者开展的西安城区配电网单相接地故障治理工程实践中，分析结果表明，单相接地保护动作的正确率超过93%。

（3）第三道防线为调度自动化系统自动推拉选线。若经过一定的延时（通常为1～2min）后零序电压仍然存在，表明单相接地保护装置未能有效切除单相接地故障，调度自动化系统自动推拉流程将介入，作为故障处理过程最后的保障手段，按照事先制定的推拉次序进行推拉操作，或根据所采集的零序电压、电流的稳态信号计算出各馈线发生故障的可能性依次推拉，直至接地故障特征消失，避免了单相接地故障长期存在有可能导致的严重后果。

## 4.1 第一道防线：消弧线圈系统

消弧线圈系统是最为重要的一道防线，发生单相接地故障时，它不仅有助于熄弧和减轻破坏程度，为后续故障处理留出充足的时间，而且能提升自动化装置的零序电压启动灵敏度。如果消弧线圈系统这道防线失守，导致电容电流不能有效补偿，在接地故障点的过渡电阻较高时，第二、第三道防线也可能守不住。

构筑消弧线圈系统这道防线的原则是：该装消弧线圈的必须加装，该增容的消弧线圈必须增容，该改造的消弧线圈必须改造，该升级的消弧线圈必须升级，这些内容在第3章3.1节“补齐消弧线圈系统短板”已经详细论述，本节不再赘述。

本节介绍相控预调式消弧线圈的基本原理。相控预调式消弧线圈是一种新型消弧线圈，能够有效综合预调式消弧线圈和随调式消弧线圈的优点，并能避免其缺点。此外，本节还将论述消弧线圈系统测试方法，可用于检验消弧线圈这道防线的坚强性并发现存在的隐患。

### 4.1.1 相控预调式消弧线圈

自动跟踪型消弧线圈定期测量电容电流，可适应系统运行方式的变化，按其工作原理可分为预调式和随调式两类。

最常用的预调式消弧线圈是调匝式，在正常运行时能始终跟踪电容电流并调节补偿电感挡位，在发生单相接地时阻尼电阻能够快速退出并进入有效补偿状态。但是由于挡位是离散的，因此难以实现对电容电流的精确补偿。

随调式消弧线圈多采用相控式，能够连续调节补偿容量，因此能够精确补偿电容电流，实现更低的脱谐度，从而更易于熄灭电弧。但是在正常情况下，随调式消弧线圈由于没有阻尼电阻抑制谐振，需运行于远离谐振点的状态，接地故障发生初始时刻接地点残流过大，会导致零序电压启动判据抗接地过渡电阻能力下降，有时甚至在几百欧姆接地过渡电阻条件下都难以启动，使系统彻底失去补偿；即使能够启动，也需要延时几百毫秒才能调节到预设补偿状态。

综上所述，预调式消弧线圈和随调式消弧线圈各有利弊。本节论述一种新型的相控预调式消弧线圈，既有随调式消弧线圈补偿精确的优点，又具有预调式消弧线圈正常时可以跟踪电容电流且故障时投入迅速的优点，同时还能提高单相接地故障处理的灵敏度。

4.1.1.1 基本原理

相控预调式消弧线圈基本结构如图4-1所示。图4-1中：$\dot{U}_0$为消弧线圈电压；$\dot{I}_0$为回路电流；$R_L$为阻尼电阻；$SCR_1$为控制补偿电流的晶闸管；$SCR_2$为投退阻尼电阻的晶闸管；$L_1$和$C_1$分别为3次滤波电抗及电容；$L_2$、$C_2$分别为5次滤波电抗及电容；S为投切滤波支路的开关；CP为测控装置，采集三相电压、消弧线圈电压和回路电流，控制$SCR_1$的导通角$\varphi$。

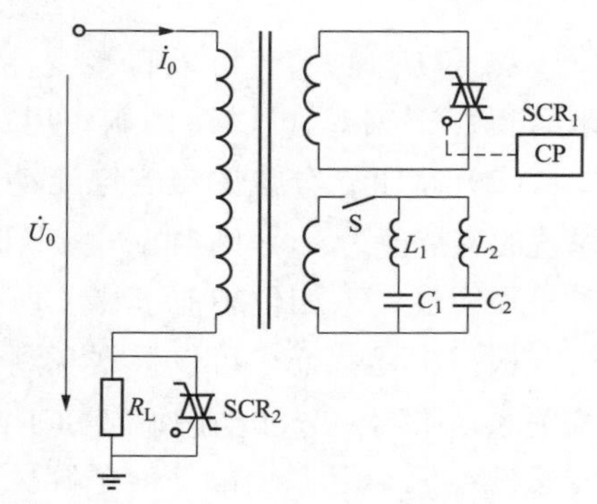

图4-1 相控预调式消弧线圈基本结构

在系统正常工作状况时，周期性测量系统电容电流，并动态调节晶闸管$SCR_1$导通角，使其等效电感与系统电容相匹配，功能上等同于预调式消弧线圈，但可实现更低的脱谐度和残流水平，使补偿精度远高于传统调匝或调容式消弧线圈。采用阻尼电阻$R_L$来抑制串联谐振。

发生单相接地故障时，在消弧线圈电压（即母线零序电压）的驱动下$SCR_2$迅速导通并短接阻尼电阻$R_L$，其响应速度远高于传统随调式消弧线圈。

4.1.1.2 关键技术

高精度电容电流测量和补偿是确保自动跟踪补偿消弧线圈性能的基础，相控预调式消弧线圈采用改进分压法测量电容电流，并基于二分法实现电容电流动态跟踪。

（1）改进分压法测量电容电流。令$SCR_1$不导通，则正常工作状况下的零序等效电路如图4-2所示。其中，$C_{xh}$为滤波支路在一次侧的等效电容；$C_\Sigma$为系统电容；$\dot{U}_{un}$为系统不平衡电压。

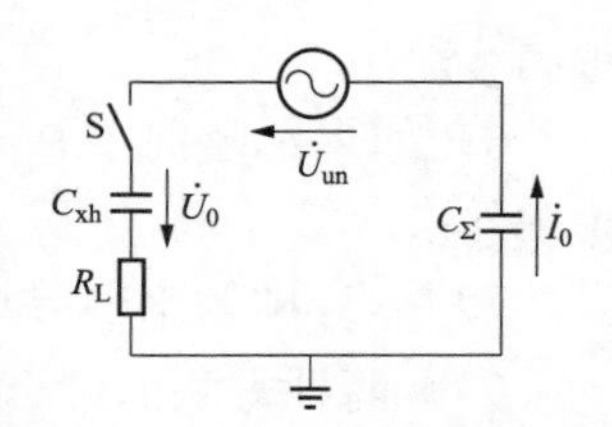

图4-2 正常工作状况下的零序等效电路

在开关S断开时，测控装置CP观测到的消弧线圈电压$\dot{U}_0$即为$\dot{U}_{un}$；在开关S导通时，CP观测到的消弧线圈电压$\dot{U}_0$为$\dot{U}_{un}$在消弧线圈支路的分压，即：

$$\dot{U}_0=\frac{R_L-j\frac{1}{\omega C_{xh}}}{R_L-j\frac{1}{\omega C_{xh}}-j\frac{1}{\omega C_{\Sigma}}}\dot{U}_{un} \tag{4-1}$$

于是，可以得到系统电容 $C_{\Sigma}$ 为：

$$C_{\Sigma}=\frac{C_{xh}}{\sqrt{(\omega C_{xh}R_L)^2+1}}\frac{|\dot{U}_0|}{|\dot{U}_{un}-\dot{U}_0|} \tag{4-2}$$

$\dot{U}_0$ 和 $\dot{U}_{un}$ 的幅值可以直接观测到，$\dot{U}_0$ 和 $\dot{U}_{un}$ 的相角差则以线电压为基准来获得。根据 $C_{\Sigma}$ 可以得到额定电压下的电容电流。

（2）基于二分法的电容电流动态跟踪。设消弧线圈的等效电抗值为 $X_L$，系统的容抗值为 $X_C$，则当 $X_L>X_C$ 时呈现感性，$\dot{I}_0$ 相位滞后于 $\dot{U}_{un}$；当 $X_L<X_C$ 时呈现容性，$\dot{I}_0$ 相位超前于 $\dot{U}_{un}$。

根据上述特征，可以根据观测到的回路电流 $\dot{I}_0$ 与系统不平衡电压 $\dot{U}_{un}$ 的相位关系，采用二分法动态调节 $SCR_1$ 的导通角，直至 $\dot{I}_0$ 与 $\dot{U}_{un}$ 的相位差最小，此时感性电流即近似全部补偿了容性电流，$SCR_1$ 的导通角 $\varphi$ 所对应的等效电感电流与系统电容电流大小基本相同，也即可将此时的等效电感电流作为系统电容电流的测量结果。因此，得到了 $\varphi$ 就实现了对电容电流的动态跟踪，通过控制 $SCR_1$ 以导通角 $\varphi$ 导通，就能得到最佳的补偿效果。

上述过程的具体步骤为：

1）选取 $\dot{U}_{AB}$ 作为参考相位，令 $SCR_1$ 截止，测量系统不平衡电压 $\dot{U}_{un}$ 的相位 $\theta_{un}$。

2）根据改进分压测量法测出的电容值，计算得到消弧线圈需要的补偿电感所对应的 $SCR_1$ 导通角 $\varphi_0$ 作为初始值，即令 $\varphi(1)=\varphi_0$；令 $\varphi(D)=0$，$\varphi(U)=\varphi_e$，其中 $\varphi_e$ 为 $SCR_1$ 的最大有效导通角范围。

3）控制 $SCR_1$ 导通角 $\varphi(1)$ 导通，测量 $\dot{I}_0$ 的相位 $\theta_I$。

4）若 $|\theta_I-\theta_{un}|<b$ 则转步骤 7），$b$ 一般可取 1°～2°。

5）如果 $\theta_I$ 滞后于 $\theta_{un}$，则令 $\varphi(D)=\varphi(1)$，$\varphi(1)=[\varphi(1)+\varphi(U)]/2$；返回步骤 3）。

6）如果 $\theta_I$ 超前于 $\theta_{un}$，则令 $\varphi(U)=\varphi(1)$，$\varphi(1)=[\varphi(D)+\varphi(1)]/2$；返回步骤 3）。

7）$\varphi(1)$ 即为最佳导通角。

（3）两种方法的综合应用。改进分压法不受系统电压不平衡度的影响，测量精度更高，但需要开关 S 机械投切，不能频繁动作。基于二分法的电容电流测量方法不需要机械动作，但计算过程中系统参数波动会引起较大误差，且在系统不平衡较小时误差较大。因此需要将两种方式结合起来，为了避免开关 S 频繁投切，以固定时间间隔 $T_1$（一般不小于 1h）启动一次改进分压法实现对系统电容电流的精确测量；在时间间隔 $T_1$ 以内的其余时间内以更小的间隔时间 $T_2$（一般设置为 5～15min）启动基于二分法以实现电容电流的的动态跟踪，由此得到相控预调式消弧线圈的工作流程如图 4-3 所示。

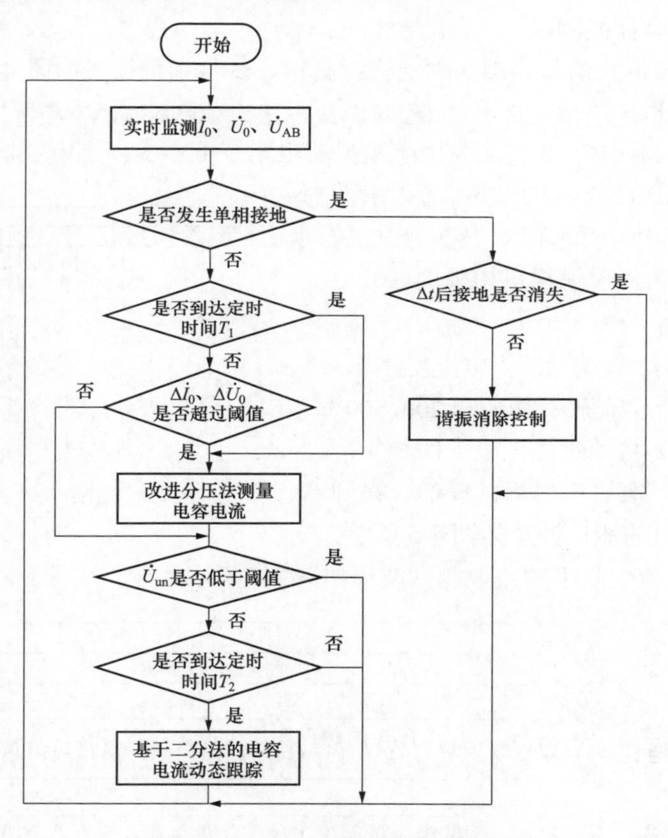


图 4-3　相控预调式消弧线圈的工作流程

由图 4-3 可知，相控预调式消弧线圈实时监测 $\dot{U}_0$ 和 $\dot{I}_0$，并判断是否发生了单相接地故障。若判断没有发生单相接地故障，则每隔一段时间 $T_1$（一般设置为 1～5h）或实时监测到 $\dot{U}_0$ 和 $\dot{I}_0$ 的相对变化量超过阈值时，启动一次改进分压法测量电容电流；在两次改进分压法测量间隔中，每隔一段时间 $T_2$（一般设置为 5～15min）启动一轮基于二分法的电容电流动态跟踪，通过调整 $SCR_1$ 导通角 $\varphi$ 实现最佳补偿。

在系统不平衡电流较小时，会影响基于二分法电容电流测量的精度，此时可仅采用改进分压法，并适当缩短测量间隔时间 $T_1$。

若判断发生了单相接地故障，则闭锁改进分压法测量电容电流和闭锁调整 $SCR_1$ 导通角，$SCR_1$ 维持以最近一次得到的导通角触发。在 $\dot{U}_0$ 的驱动下使 $SCR_2$ 迅速导通旁路阻尼电阻 $R_L$。

单相接地线路被跳闸切除或熄弧成功后，随着 $\dot{U}_0$ 恢复正常，$SCR_2$ 截止而重新投入阻尼电阻 $R_L$。

#### 4.1.1.3 性能测试

对相控预调式消弧线圈的性能进行测试，试验系统接线如图 4-4 所示。其中，$L$ 为被测相控预调式消弧线圈，其额定电压为 $10.5/\sqrt{3}$ kV、容量为 1000kVA；T 为接地变压器；$C_1$ 和 $C_2$ 均为用于模拟配电系统电容的高压电容器，参数分别为 12kV/7.5μF、12kV/2.35μF；$R_0$ 为用于模拟系统阻尼电阻的电阻器，参数为 10kV/2000Ω；$R_g$ 为用于模拟单相接地过渡电阻的电阻器，参数为 10kV/0～2000Ω 可调；S 为接地开关；TA 为故障点电流互感器。

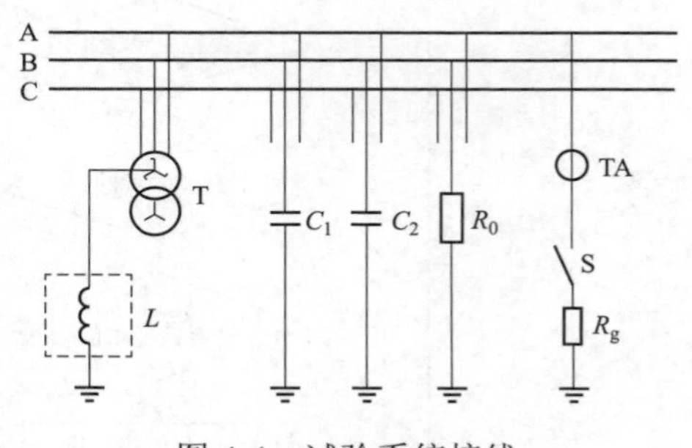

图 4-4 试验系统接线

分别进行了金属性接地和 200、500、1250、2000Ω 接地过渡电阻下的单相接地试验测试，选取典型测试波形，得到金属性接地时的测试波形如图 4-5 所示，500Ω 接地过渡电阻下的接地测试波形如图 4-6 所示。

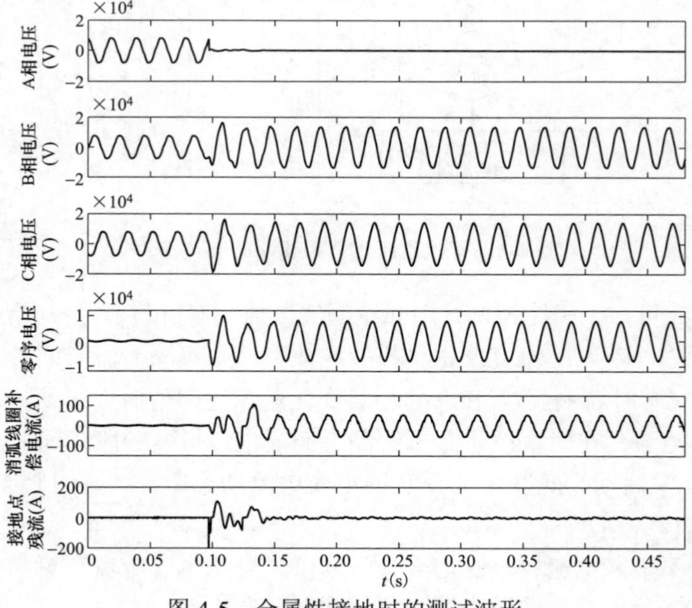

图 4-5 金属性接地时的测试波形

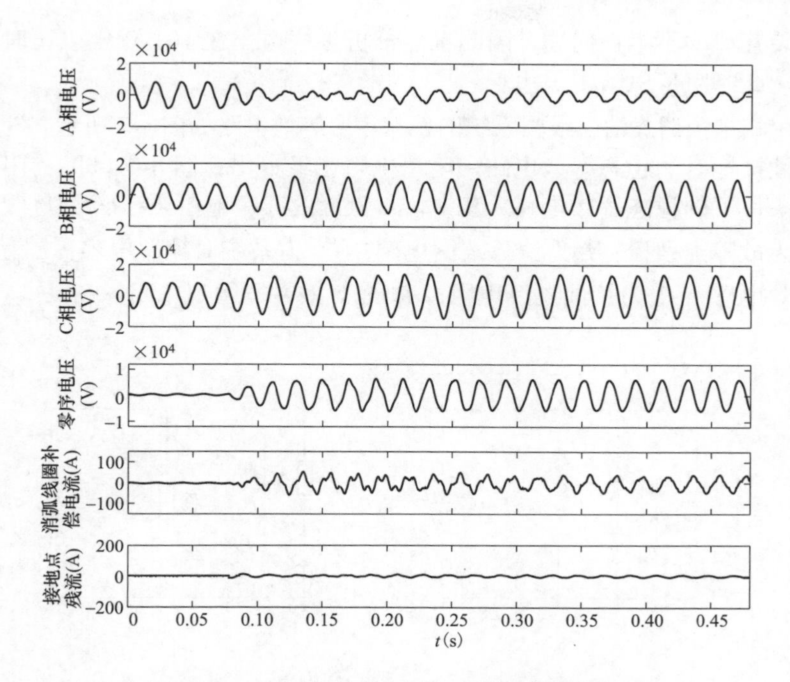


图 4-6　500Ω 接地过渡电阻下的接地测试波形

不同接地过渡电阻下的补偿效果测试结果如表 4-1 所示。可见，相控预调式消弧线圈的残流稳定时间可以做到 50ms 以内，远快于随调式消弧线圈的几百毫秒。故障点残流可补偿到 2.1～2.4A。

**表 4-1　　不同接地过渡电阻下的补偿效果测试结果**

| 接地过渡电阻（Ω） | 残流稳定时间（ms） | 故障相电压（V） | 零序电压（V） | 电容电流（A） | 电感电流（A） | 接地残流（A） |
|---|---|---|---|---|---|---|
| 金属 | 50 | 40 | 5528 | 18.0 | 20.1 | 2.1 |
| 200 | 50 | 640 | 5169 | 17.4 | 19.7 | 2.3 |
| 500 | 45 | 1048 | 4681 | 15.1 | 17.5 | 2.4 |
| 1250 | 50 | 3267 | 3302 | 12.1 | 14.5 | 2.4 |
| 2000 | 50 | 3267 | 3302 | 5.1 | 7.5 | 2.4 |

### 4.1.1.4　对单相接地故障处理性能的提升

相控预调式消弧线圈能够有效提升单相接地检测装置的启动灵敏度。目前小电流接地系统单相接地检测装置的零序电压启动条件一般最低设为 10%额定电压。根据 DL/T 1057—2007《自动跟踪补偿消弧线圈成套装置技术条件》，消弧线圈启动电压为 20%～35%额定电压，而现场一般设置为 25%。

零序电压在 25%额定电压以上时，对应的是较低过渡电阻的情况，单相接地检测装置启动不存在问题，因此重点分析零序电压在 10%额定电压时的启动灵敏性，此时阻尼电阻不退出。

采用相控预调式消弧线圈系统的稳态零序等效电路如图 4-7 所示。图 4-7（a）为金属性接地时的稳态等效电路，阻尼电阻已经退出；图 4-7（b）为阻尼电阻未退出条件下的稳态等效电路。其中，$\dot{E}$ 为等效零序电压源；$\dot{U}_0$ 为母线零序电压；$\dot{I}_f$ 为故障点残流；$L$ 为消弧线圈电感；$C_\Sigma$ 为系统对地总电容；$L'$为虚线框内的等效电感；$R_f$ 为接地过渡电阻；$R'_L$ 为等效并联阻尼电阻。

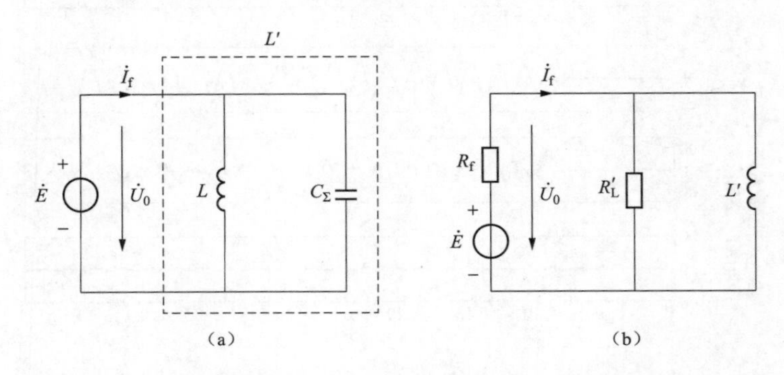


图 4-7　采用相控预调式消弧线圈系统的零序稳态等效电路

（a）金属性接地；（b）阻尼电阻未退出

在发生金属性接地时，设消弧线圈能够将残流补偿到不大于过补偿度 $k$，于是最不利情况下有：

$$\omega L' = \frac{|\dot{E}|}{kI_{C\Sigma}} \tag{4-3}$$

式中：$I_{C\Sigma}$ 为系统电容电流幅值。

设系统阻尼率为 $d$，则阻尼电阻 $R'_L$ 为：

$$R'_L = \frac{|\dot{E}|}{dI_{C\Sigma}} \tag{4-4}$$

阻尼电阻未退出条件下的母线零序电压为：

$$|\dot{U}_0| = \frac{|\dot{E}|^2}{\sqrt{(|\dot{E}| + dI_{C\Sigma}R_f)^2 + (kI_{C\Sigma}R_f)^2}} \tag{4-5}$$

在采用相控预调式消弧线圈时，工频残流 $kI_{C\Sigma}$ 理论上可降至接近 0，实际测得不超过 3A。

在采用传统调匝式消弧线圈时，挡位最多为 25 挡，按照起调容量 30%计算，则 1600kVA 的大容量消弧线圈每挡补偿电流级差约为 7.7A，即最不利条件下发生金属性单相接地时接地点残流 $I_f$ 最大可达 7.7A。

在采用传统随调式消弧线圈时，系统正常运行时晶闸管不触发，近似于中性点不接地系统，且无阻尼电阻，在发生接地故障后，其未进入补偿状态以前，系统零序稳态等效电路如图 4-8 所示。

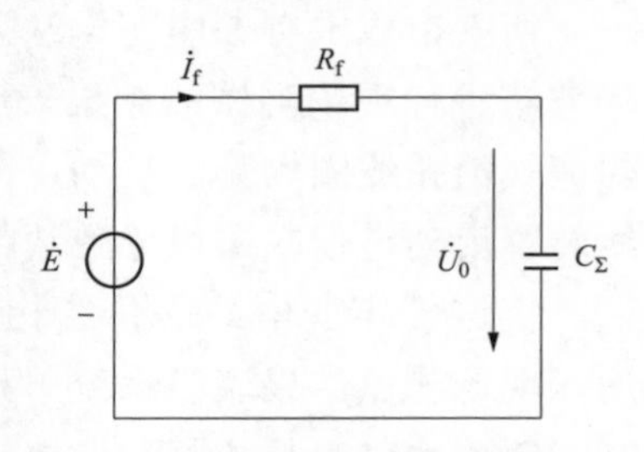


图 4-8　系统零序稳态等效电路

在发生单相接地时母线零序电压为：

$$\left|\dot{U}_0\right| = \frac{\left|\dot{E}\right|^2}{\sqrt{\left|\dot{E}\right|^2 + (I_{C\Sigma}R_f)^2}} \tag{4-6}$$

根据式（4-5）可以得出在零序电压启动条件为 10%和 15%额定电压时所对应的过渡电阻 $R_f$。设消弧线圈的阻尼率 $d$ 为 5%，代入式（4-5）可以得出配置相控预调式消弧线圈和调匝式消弧线圈情况下，单相接地检测装置能够启动的最大过渡电阻 $R_f$ 与系统电容电流幅值 $I_{C\Sigma}$ 的关系曲线；根据式（4-6），可以得出配置随调式消弧线圈情况下，单相接地检测装置能够启动的最大过渡电阻与系统电容电流 $I_{C\Sigma}$ 的关系曲线。在不同零序电压启动条件下，这 3 种曲线如图 4-9 所示。可见，相控预调式消弧线圈可以有效提高单相接地检测装置的启动灵敏度。

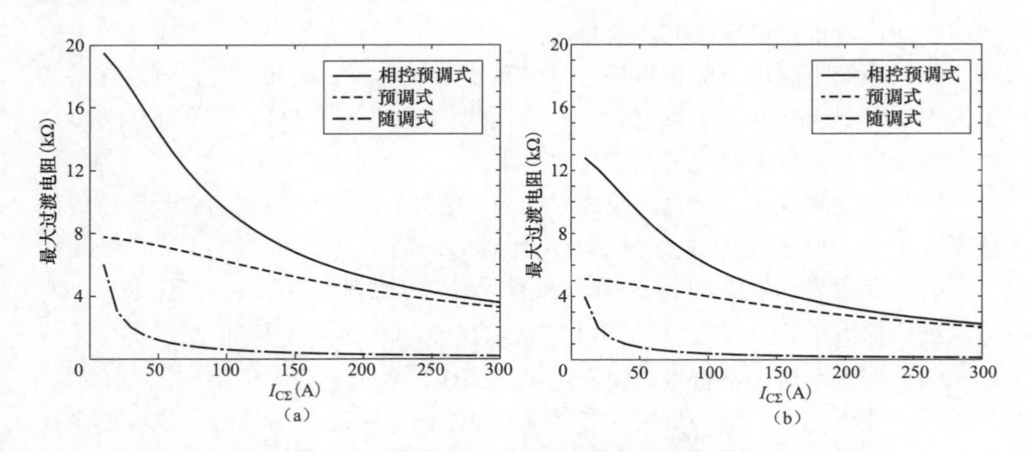


图 4-9　能够启动的最大过渡电阻与 $I_{C\Sigma}$ 的关系曲线

（a）零序电压启动条件为 10%额定电压；（b）零序电压启动条件为 15%额定电压

#### 4.1.1.5 应用情况

西安市原本有5座变电站采用传统相控随调式消弧线圈，应用第6章中所提方法进行现场测试的结果表明，在单相接地过渡电阻大于200Ω时现场相控随调式消弧线圈均无法启动，因为母线零序电压持续较低，无法达到小电流选线装置启动定值，最终导致故障处理失败。

将这5座变电站的传统相控随调式消弧线圈升级为相控预调式消弧线圈后，现场测试结果表明系统单相接地保护耐过渡电阻能力得到了显著增强，在2000Ω接地时消弧线圈及选线装置均可启动，选线装置能正确选出接地线路。

### 4.1.2 消弧线圈系统的测试方法

自动跟踪补偿消弧线圈的基本功能主要包括：

（1）在系统正常运行状况时实时自动测量系统电容电流，及时跟踪电容电流变化。

（2）在系统发生单相接地时自动进入补偿状态，补偿单相接地电容电流的工频分量并降低故障点熄弧后恢复电压上升的速度，以限制接地电流及消除接地电弧。对于预调式消弧线圈，单相接地时自动切除阻尼电阻；对于随调式消弧线圈，单相接地时自动达到给定脱谐度要求的补偿状态。

（3）接地故障消除后自动退出补偿状态。对于预调式消弧线圈，接地故障消除后自动投入阻尼电阻；对于随调式消弧线圈，接地故障消除后将消弧线圈调至远离全补偿状态。

参考DL/T 1057—2007《自动跟踪补偿消弧线圈成套装置技术条件》，消弧线圈功能检测重点考察以下技术参数：

（1）系统电容电流测量误差。①当系统电容电流$I_c \leqslant 30A$时，测量误差应不大于1A；②当$30A < I_c \leqslant 100A$时，测量误差应不大于$3\% I_c$；③当$I_c > 100A$时，测量误差应保证残流不大于规定要求。

（2）自动跟踪时间。自动跟踪时间应尽量短，预调式装置的自动跟踪时间应不大于3min/挡，随调式装置的自动跟踪时间应不大于3s。

（3）装置启动电压。可根据系统要求设定，一般宜为$20\% U_n \sim 35\% U_n$（$U_n$为系统标称电压除以$\sqrt{3}$，对于10kV系统$U_n$为6.062kV，下同）。

（4）残流。对于不直接连接发电机的系统，残流不应大于10A。

（5）残流稳定时间（即补偿速度）。残流稳定时间应尽量短，规程要求：①1级消弧线圈残流稳定时间不大于100ms；②2级消弧线圈残流稳定时间不大于200ms。

（6）中性点位移电压。在正常运行情况下，装置不应导致系统中性点长时间位移电压超过 15%$U_n$。

（7）谐波电流。在额定工频正弦电压作用下消弧线圈输出的电流中，最大谐波电流不宜大于 5A。

（8）补偿状态退出。接地故障解除后，装置应退出补偿装置并不应产生危险的中性点位移电压。

（9）识别系统单相接地状态。装置应能正确识别系统单相接地状态。

（10）消弧线圈挡位电流偏差。消弧线圈各个挡位电流的容许偏差为设计值的±5%，且消弧线圈各挡位输出电流与设计值的偏差不应大于残流允许值。

针对消弧线圈系统的测试，主要有系统测试及单体测试两种方法：系统测试指消弧线圈接入系统时基于现场人工单相接地试验的测试方法；单体测试指消弧线圈退出系统时针对消弧线圈成套装置相应功能的测试。

消弧线圈系统测试和单体测试的实现方法不同，单体测试基于系统正常运行和单相接地故障等效电路，搭建相应的试验回路进行测试。相较于系统测试，单体测试对消弧线圈电容电流测量精度的测试更加全面、准确，但无法验证消弧线圈在接地故障消失时的性能。系统测试通过人工单相接地试验，不仅可以检测消弧线圈的基本功能，并且对单相接地检测装置功能和相关二次回路也可进行检验。

基于现场人工单相接地试验的系统级测试时，可将接地导线串联接地电阻并经过一个断路器接入电网运行设备任意一相，合上接地线断路器就可以实现单相接地，对变电站内的单相接地选线装置、消弧线圈控制器及变电站外的人工接地点进行录波，录波信号如表 4-2 所示。人工单相接地也可以采用专门的测试设备实现，该设备可参见第 4.2.2 节。

**表 4-2　　　　录 波 信 号**

| 序号 | 录 波 点 | 信　　号 | 数量 |
|---|---|---|---|
| 1 | 变电站内单相接地选线装置 | 母线三相电压 | 3 |
| | | 母线零序电压 | 1 |
| | | 故障线路零序电流 | 1 |
| | | 非故障线路零序电流 | 若干 |
| | 变电站内消弧线圈控制器 | 消弧线圈支路电压 | 1 |
| | | 消弧线圈支路电流 | 1 |
| 2 | 变电站外人工接地点 | 接地相电压 | 1 |
| | | 接地点电流（即残流） | 1 |

在试验中记录消弧线圈的动作结果和录波信息，以核实消弧线圈相关技术参数是否符合相关标准要求，具体如下：

（1）电容电流测量精度。根据接地点电流（即残流）、母线零序电压、消弧线圈支路电流这三者录波数据，可以计算系统电容电流（具体方法及公式详见第 2.1 节），与消弧线圈控制器显示的电容电流进行比对，核实控制器的测量精度是否满足标准要求。

（2）故障补偿时的技术参数精度测量。通过接地过程中站内消弧线圈支路电压、消弧线圈支路电流及站外接地点电流的录波数据，确定在接地发生期间消弧线圈启动电压、残流、残流稳定时间是否符合标准要求。通过消弧线圈电流数据的频谱分析，可以评价消弧线圈谐波含量是否超标。

（3）故障消除时性能分析。通过母线零序电压、消弧线圈支路电流等录波数据，可以判定消弧线圈在接地故障消除时是否自动退出补偿状态、未发生串联谐振现象。

消弧线圈单体测试时，将待测消弧线圈成套装置从系统中短时退出，针对消弧线圈电容电流测量功能和接地故障时补偿功能分别搭建试验回路。可搭建三相试验回路或单相试验回路，为现场检测简便考虑，推荐采用单相试验回路。

（1）电容电流测量性能测试。将单相调压源、单相电容器组和消弧线圈成套装置组成串联谐振回路，调压源模拟中性点不平衡电压，电容器模拟对地电容。电容电流测量试验回路示意如图 4-10 所示。

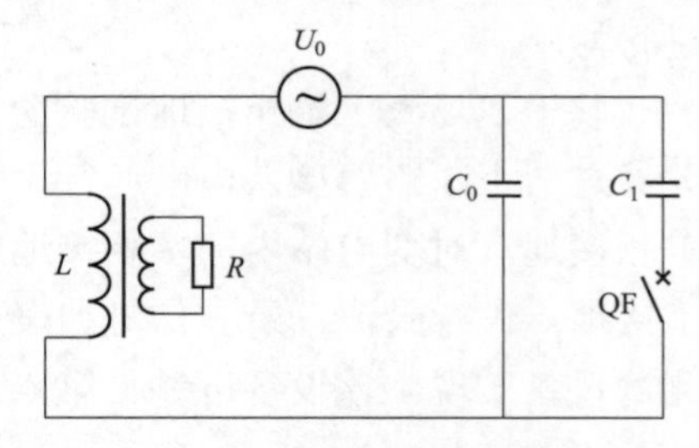


图 4-10　电容电流测量试验回路示意

图 4-10 中：$U_0$ 为单相调压源；$L$ 为消弧线圈成套装置（连同其控制器及中性点单相电压互感器和电流互感器，预调式消弧线圈还包括阻尼电阻）；$R$ 为二次并联阻尼电阻（根据阻尼电阻接线形式，也可采用一次串联阻尼电阻）；$C_0$、$C_1$ 为单相电容器组；QF 为单相断路器。

试验时，先断开 QF，调整 $U_0$ 以模拟系统中性点位移电压的变化，调整过程中应使消弧线圈两端电压不超过 15%$U_n$。调整 $C_0$，使模拟系统电容电流分别等于 10%$I_r$（$I_r$ 为消弧线圈额定电流，下同）、50%$I_r$、100%$I_r$，由消弧线圈成套装置测量回路电容电流，消弧线圈控制器显示的测量值与单相电容 $C_0$ 折算的回路理论电容电流值的偏差应符合标准要求。

当消弧线圈控制器测量出系统电容电流后，闭合 QF 以投入电容器 $C_1$，用于模拟电容电流的变化，消弧线圈控制器应重新测量系统电容电流值，记录消弧线圈控制器测出该电容电流变化的时间（即自动跟踪时间），该值应满足标准要求。在消弧线圈控制器测量系统电容电流值和自动跟踪电容电流变化的过程中，记录消弧线圈两端电压的大小，其值应始终不超过 15%$U_n$。

（2）单相接地时的补偿性能试验。消弧线圈单相接地补偿性能试验回路可根据单相接地等效电路图搭建，如图 4-11 所示。单相调压源 $U_0$ 施加于消弧线圈两端，用于模拟单相接地时中性点电压。考虑到现场试验场地受限和试验设备便携的要求，将单相电容器组和消弧线圈成套装置组成并联谐振回路，此时流经可调电压源的电流为补偿后的电流，调压源的容量和体积可大幅减小，也能满足现场试验需要。

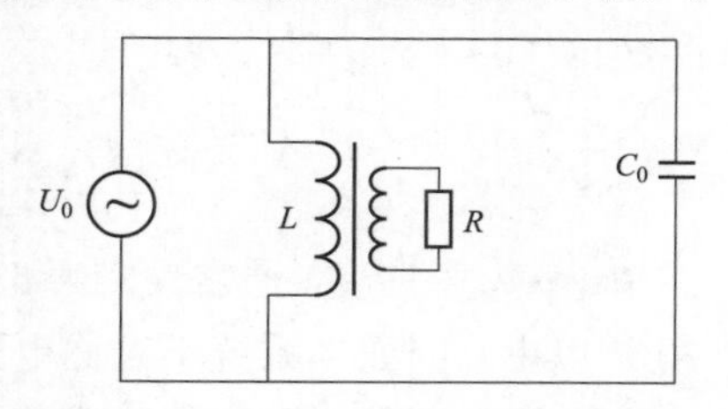


图 4-11　消弧线圈单相接地补偿性能试验回路示意

试验时，调节单相调压源输出电压使消弧线圈启动。用录波装置记录整个过程中消弧线圈支路电流、消弧线圈两端电压等波形参数。由记录数据确定消弧线圈启动电压、消弧线圈挡位电流、消弧线圈补偿速度（对于预调式，为阻尼电阻短接时间；对于随调式，为晶闸管调节时间）是否符合标准要求。通过消弧线圈电流数据的频谱分析，可以评价消弧线圈谐波含量是否超标。

下面介绍消弧线圈检测中遇到的几个典型案例。

案例 1：消弧线圈在接地消失后无法退出补偿状态。

当单相接地消失后，消弧线圈无法退出补偿状态，消弧线圈电感与系统对地电容构成串联谐振回路，产生虚假接地现象，各电压与电流曲线如图 4-12 所示。

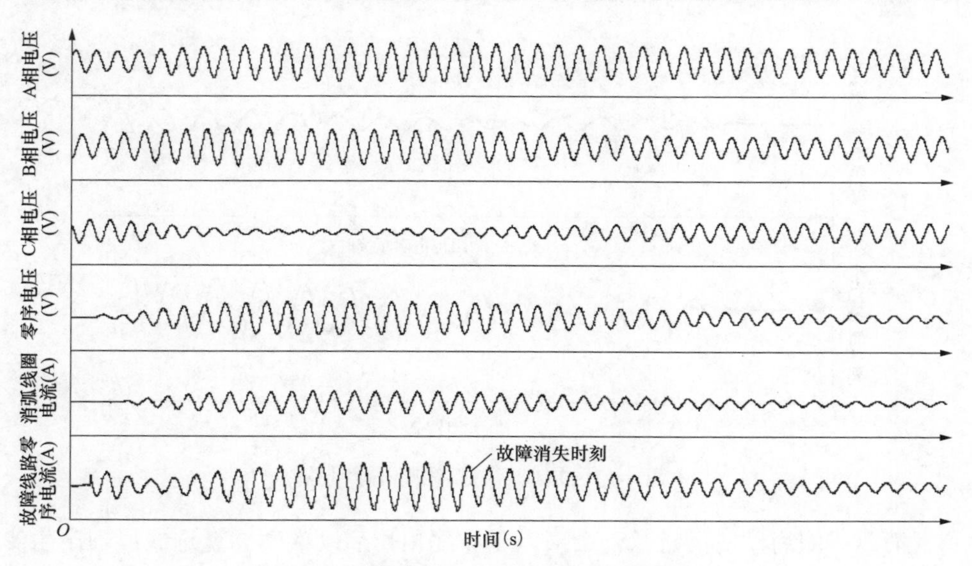


图 4-12　虚假接地现象时的电压与电流曲线

当单相接地故障消失瞬间，对于预调式消弧线圈，阻尼电阻无法立刻投入运行，仍被短接；对于随调式消弧线圈，晶闸管导通角仍维持不变，消弧线圈仍等效为一定阻抗的电感。此时，消弧线圈等效电感与系统对地电容构成串联回路，中性点电压$U_N$为：

$$U_N = \left| \dot{U}_0 \frac{jX_L}{j(X_L - X_c)} \right| = \frac{U_0}{\nu} \tag{4-7}$$

式中：$\nu$为脱谐度，通常设定为5%～8%。可见，此时中性点电压被放大了12.5～20倍以上。例如当系统不对称电压为50V时，此时中性点电压最高可达1000V，这么高的电压足以使阻尼电阻短接不返回或消弧线圈启动不返回，造成接地消失后中性点电压依然较高，出现虚假接地现象。

对于这种情况可以采用以下改进措施：

1）调整消弧线圈运行参数。将脱谐度适度调大或将消弧线圈挡位调高，可以有效抑制这种现象的发生。

2）降低系统不对称电压。采用调整接地变压器偏置开关来人为降低系统不对称度等方法，可降低系统的不对称电压，从而抑制接地消失后的串联谐振现象。

案例2：消弧线圈补偿速度（即残流稳定时间）不满足要求。

依据标准DL/T 1057—2007，消弧线圈的残流稳定时间应在200ms以内。接地后消弧线圈补偿速度如图4-13所示，展示了某预调式消弧线圈因阻尼电阻被短接时间过长，导致其补偿速度（即残流稳定时间）无法满足标准要求。

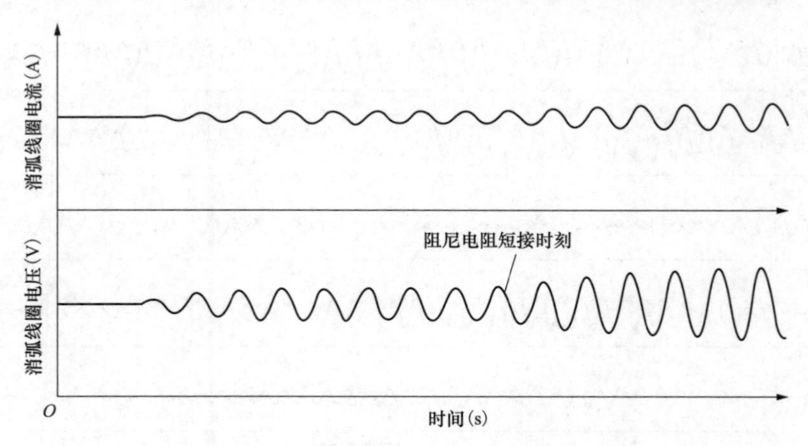


图4-13　接地后消弧线圈补偿速度

消弧线圈启动时间过长，会对基于零序电压启动的暂态量选线原理产生影响。若单相接地选线装置启动定值高于消弧线圈启动定值，由于接地发生后消弧线圈启动时间过长，导致选线装置启动时暂态过程已结束，有可能对单相接地检测产生影响。

## 4.2 第二道防线：单相接地选线

变电站内的单相接地选线是第二道防线，其主要作用在于：单相接地选线、跳闸和自动重合闸，一般采取级差配合方式与站外具有单相接地检测功能的自动化装置协调配合。

变电站内的单相接地选线装置可分为两类，分别为集中式单相接地选线装置和分布式线路单相接地选线装置，两者各有特点。

集中式单相接地选线装置每段母线配置一套，通过采集母线零序电压以及各条出线的零序电流进行分析实现单相接地故障选线，其优点是所需装置数量少，选线建立在“全局”信息基础上，所以容错性更高；缺点在于二次连线多，一旦装置失效将导致整条母线的所有出线失去选线保护，一般以零序电压为启动条件，受消弧线圈系统缺陷影响较大。

分布式线路单相接地选线装置每条出线配置一套，采集母线零序电压（或三相电压）、本线路三相电流（或零序电流），并基于特定判据实现单相接地选线功能，其优点是即使装置失效也仅影响所在馈线的单相接地判别，且可以与常规 10kV 线路保护采用同一套硬件实现，二次连线少，站内改造容易；缺点在于所需装置数量多，缺乏“全局”信息而完全靠自身采集信息，容错性一般。

在构筑变电站内第二道防线时，可以分别采用上述两种类型装置的一种，也可以两种都采用以进一步提升第二道防线的坚强性。

筑牢变电站内第二道防线的关键在于：

（1）确保变电站内电流互感器和零序电压互感器的完好，这是第二道防线的基础保障，已经在第 3 章“补齐短板”的 3.2 节详细论述，不再赘述。

（2）优选高性能的自动化装置，主要通过真型测试和仿真测试进行，在本章 4.2.2 节详细论述。

（3）解决关键技术问题，主要包括：定值整定和参数设置问题、间断性弧光接地应对问题、自动重合闸问题、系统暂态过程应对问题等，在本章 4.2.3 节论述。

### 4.2.1　对变电站内自动化装置的要求

无论采用集中式单相接地选线装置还是分布式线路单相接地选线装置，都应具有下列功能：

（1）单相接地选线功能：单相接地发生时启动，延时驱动接地线路跳闸或返回，启动条件、延时等参数可整定，跳闸压板可投退。常见的启动条件包括：稳态量检测启动和暂态量检测启动两类，稳态量检测启动包括零序电压启动、零序电流启动、零序功率启动等；暂态量检测启动包括零序电压突变量启动、相电流突变启动等。

在到达事先整定的延时后，如果判定单相接地仍然存在，则可驱动接地线路开关跳闸，否则返回正常状态。由于暂态量逐渐衰减，所以无论采用稳态量检测还是暂态量检测启动的单相接地选线装置，在延时到达后都必须采用稳态特征量（如零序电压、零序电流、零序功率等）的方式进行故障检测。

无论采用集中式单相接地选线装置还是分布式线路单相接地选线装置，都必须具备选择性，也即能判断出单相接地是发生在母线上、馈线上还是谐振现象，并能正确检测出发生了单相接地的线路和接地相别。

（2）自动重合闸功能：单相接地跳闸后，应具有一次延时自动重合闸功能，若重合成功则返回，若重合失败则闭锁在分闸状态。自动重合闸的延时和重合到永久性单相接地后的跳闸延时等参数可整定，自动重合闸压板可投退。

在重合闸瞬间，由于三相合闸的非同期性和励磁涌流等原因，对单相接地判别造成一定影响，自动化装置需能可靠应对这些影响。

考虑到系统的暂态过程，即使在重合到永久性单相接地时，零序电压也是逐渐上升的，因此不能要求单相接地选线装置在重合到永久性单相接地后能够立即做出正确判断并跳闸，而是必须留有一段延时（一般为100～200ms）作为检测时间。

（3）频繁间断性弧光接地保护功能。间断性接地故障是单相接地故障中危害最大的一类故障，它会造成健全相高倍数过电压，对电缆及绝缘设施伤害较大。

间断性弧光接地故障是指某条线路在间隔比较短的时间内连续发生多次弧光接地故障，每次弧光接地故障持续时间可在半个到数十个周波之间，各次弧光接地故障的间隔时间可达秒级。

一些单纯基于延时跳闸机制的单相接地选线装置有可能频繁启动，却由于单次故障持续时间不能达到装置跳闸延时时间而返回，从而无法完成跳闸功能，导致故障长期不被切除。

例如，某电缆线路曾在4时17分21秒开始至4时17分44秒结束的23s时间内，先后发生了11次弧光接地故障，单次持续时间最长的为210ms，间隔时间最短的为1s、最长的为5s以上，因被误判为瞬时性故障而未出口跳闸，最终引起电缆沟起火。

（4）相继接地故障处理功能。一处单相接地故障发生后，健全相对地电压升高，单相接地选线装置启动并检测，但有可能在其延时动作时间内又发生其他位置同名相或异名相接地，称为相继故障。相继故障可能发生在本条线路上，也可能发生在其他线路上。

即使发生异名相接地构成两相短路接地，由于两相均经过过渡电阻接地，有可能导致短路电流水平较低而无法达到Ⅲ段过流保护定值，从而无法引起过电流保护动作跳闸。

（5）对于集中式单相接地选线装置，还可要求其具有选线跳闸失败后的自动轮切跳闸功能，各条线路的压板可分别投退。

### 4.2.2　变电站内单相接地选线装置选型测试

为了做好变电站内单相接地选线装置选型，需要开展10kV真型测试和基于数字仿真的逻辑测试。鉴于单相接地现象的复杂性，自动化装置的性能必须采用10kV真型测试，而其逻辑功能可采用数字仿真测试。

此外，也可以采用将实际运行中发生的真实的典型单相接地故障的录波波形注入被测试单相接地选线装置二次回路的方法对其进行测试。因工作量较小，这种二次注入测试法通常可以用于对被测试单相接地选线装置的首轮遴选，只有通过了二次注入测试的被测试单相接地选线装置才进入10kV真型测试。

#### 4.2.2.1　单相接地现场测试成套装备和10kV真型试验场

为了开展10kV真型测试，必须构建10kV真型试验环境，其主要关键技术如下：

（1）构建若干条10kV线路。10kV电压可以从0.4kV升压获得，但是要确保升压变压器容量满足实验要求，并配置针对相间短路故障的快速继电保护切除措施，一旦测试中发生相间短路接地，则迅速切除试验线路的电源。试验线路总电容电流宜在100A以上，必要时采取电感补偿措施以降低对升压变压器容量的要求。

可分别构建若干条真型电缆线路和架空线路，线路参数可采用足够长度的真型电缆构成，也可采用集总参数电抗器、电容器和电阻器构成；线路的负载可采用集总参数元件构成，也可采用电力电子负载构成。

每条试验线路可以分成若干段，每段分别配置电压互感器和电流互感器；每段分别配置单相接地故障施加点，可接入移动式单相接地现场测试成套装备产生各种单相接地故障场景用于测试；各段线路参数也应可以灵活调整。

（2）中性点采用多种方式。中性点可灵活配置成不接地、经消弧线圈接地、经小电阻接地等多种形式，中性点消弧线圈应配置有预调式消弧线圈和随调式消弧线圈两种。

（3）移动式单相接地现场测试成套装备。单相接地现场测试成套装备用于发生各种场景的单相接地故障。图 4-14 所示为作者团队研制的移动式单相接地现场测试成套装备，它包含熔断器、隔离刀闸、电流互感器、电压互感器、10kV断路器、大容量接地电阻器组、可控弧光放电装置、接地极以及控制保护设备等关键部件。

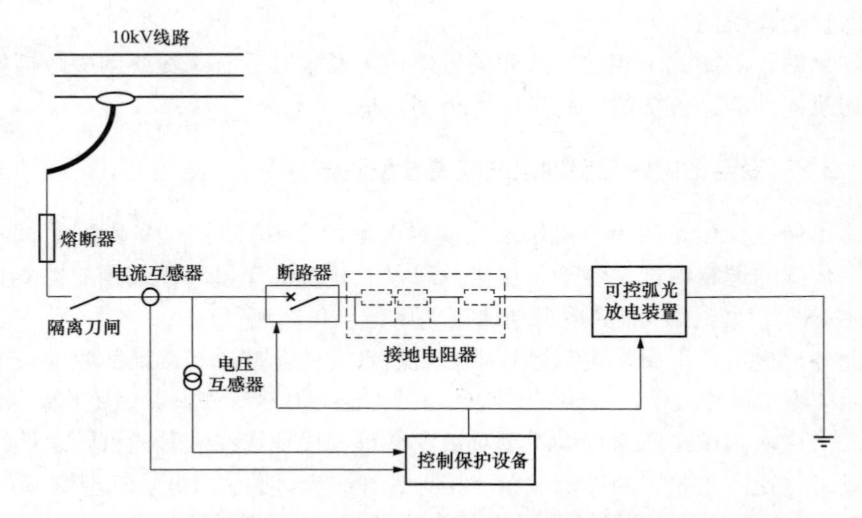


图 4-14　移动式单相接地现场测试成套装备

试验过程中，控制保护设备控制断路器闭合时间，实现单相接地持续时间的调节，通过调节接地持续时间模拟永久性故障和瞬时性故障。通过调整可控电弧放电装置的工作参数，可以实现对间歇性电弧接地放电相位、放电频率和放电时间的调节控制。采用具有旁路功能的大容量接地电阻器实现对单相接地过渡电阻的分挡调节。移动式单相接地现场测试成套装备可以实现对单相接地过渡电阻、单相接地持续时间、间歇性电弧接地放电相位、放电频率和放电时间的控制，可发生各种典型场景的单相接地现象，测试单相接地选线装置的性能。控制保护设备的另一个作用是，一旦试验中发生相间短路接地，则驱动移动式单相接地现场测试成套装备的断路器跳闸。

可控弧光放电装置用于电弧放电的模拟，需能控制发生放电的相位、电弧熄灭的快慢、发生放电的频率等特征。可控弧光放电装置可以采用多种方法实现，如旋转电极法、电力电子开关控制法、电子引弧法等。

（1）旋转电极法。基于旋转电极法的可控电弧放电装置结构示意如图 4-15 所示，其由高压电极、接地电极、电极盘、步进电机、控制器和绝缘支架组成。

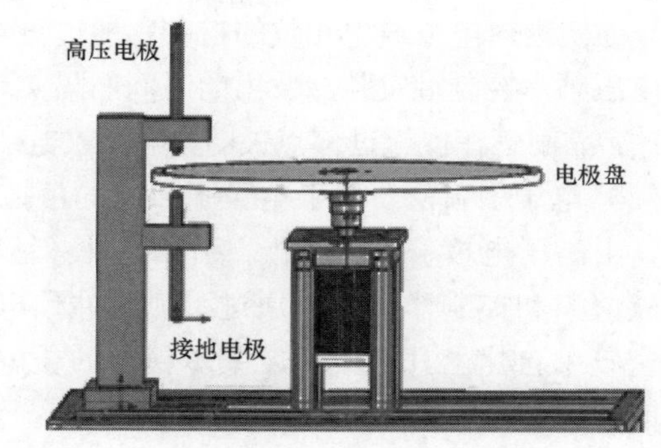

图 4-15　基于旋转电极法的可控电弧放电装置结构示意

绝缘支架由上下两个水平板和连接两个水平板的支柱组成，高压电极固定在绝缘支架的上水平板上，试验中接相线；接地电极固定在绝缘支架的下水平板上，试验中接地。电极盘一周均匀分布 10 个导电柱。

试验中，由电机带动电极盘转动，通过控制导电柱在相电压正负半周峰值附近转入高压－接地电极之间，引发电弧放电来模拟电弧放电的相位特性，通过控制电极盘的转速来决定导电柱转入高压－接地电极之间的时间间隔来实现对电弧放电频率的控制，同时通过对电极盘转速的控制还可以改变电弧被拉升的速度以改变电弧熄灭的快慢。

基于旋转电极法的可控电弧放电装置可通过改变电机旋转的速度及导电柱的形状等，实现多种不同类型的放电。以波峰、波谷发生放电为例，设被测线路的电压频率为 $f$，通过脉冲信号调节步进电机转速为每分钟 $6f$ 转，控制电极盘上的任一导电柱在电压相位为 90°时通过高压－接地电极之间，从而在每周波波峰发生一次放电；或者，调节步进电机的转速为 $12f$，则在每周波波峰、波谷各放电一次。

（2）电力电子开关控制法。基于电力电子开关的可控电弧放电装置结构示意如图 4-16 所示，由晶闸管组件、放电球隙、同步触发控制器等组成。

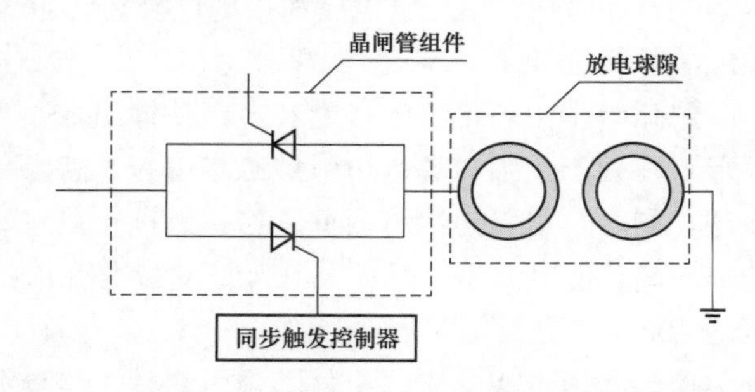

图 4-16　基于电力电子开关的可控电弧放电装置结构示意

当晶闸管导通时，放电球隙两个电极之间为 10kV 线路对地相电压，放电球隙被击穿，发生电弧放电；晶闸管关断时放电球隙上电压下降，电弧熄灭。晶闸管的导通时间可达微秒级，且在导通、关断过程中不产生电弧，还可任意调整导通角，满足单相接地试验对燃弧时间精确控制的要求。

同步触发控制器通过触发晶闸管导通/关断，实现放电相位、放电频率和放电时长的控制。同步触发控制器由电压互感器获取线路二次电压信号，进行滤波、整形得到正负过零点，以此为基准进行移相，在设定相位发出触发脉冲，控制晶闸管导通实现对电弧放电相位的控制；通过正负过零点实时计算线路电压频率，根据电压频率控制触发脉冲发出的时间间隔实现对放电频次的控制；停止输出触发脉冲，晶闸管在电流过零点关断，电弧放电结束，实现对电弧放电时长的控制。

（3）电子引弧法。基于电子引弧法的可控电弧放电装置结构示意如图 4-17 所示，由高压电极、接地电极、引弧组件（辅助电极）、熄弧组件（环形磁吹线圈、狭缝）和控制器组成。通过引弧组件预电离来引发较长初始电弧，之后电弧在空气中自然上升形成长度基本稳定的长电弧，电弧通过熄弧组件产生的强磁场时，被拉长、冷却后熄灭。

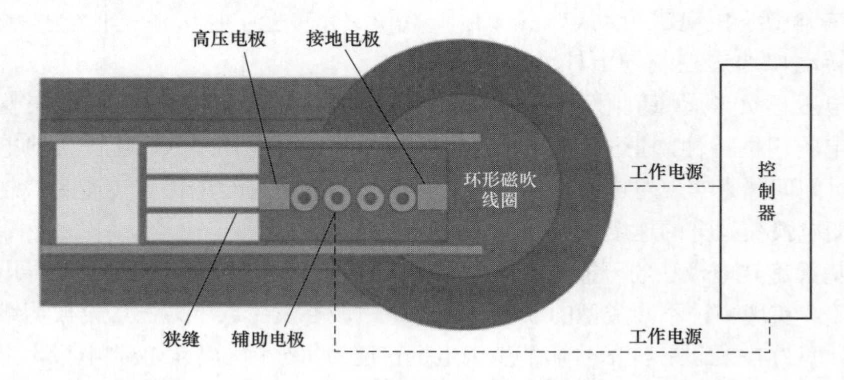


图 4-17　基于电子引弧法的可控电弧放电装置结构示意

引弧组件包括多对辅助电极，位于高压电极和接地电极之间。在高压脉冲作用下辅助电极发生火花放电，空气间隙被预电离。当预电离比较充分、相电压为某一相位时，在高压电极和接地电极之间施加相电压，其空气间隙被击穿，实现单相接地。

熄弧组件由环形磁吹线圈和多组狭缝组成。当线圈中通过大电流时，在其环形缺口处产生强磁场。电弧被磁场力拉入狭缝中，长度迅速增加，电弧得到冷却。同时，电弧与狭缝内壁紧密接触，得到进一步冷却。双重冷却产生强烈的去游离，使电弧迅速熄灭。电弧长度与电流、空气间隙长度、环境条件有关，可达 40cm 或更长。

控制器通过控制引弧组件和熄弧组件工作电源回路的通断完成引弧、熄弧控制功能，实现引弧、熄弧的时序和周期可控。在控制器作用下，发生上述多个燃弧—熄弧循环，形成了间歇性电弧。基于预电离引弧和磁吹熄弧的可控电弧单元，实现了预电离和长度基本稳定的间隙性长电弧放电，可模拟山火下的单相接地故障。

图 4-18 所示为作者团队构建的 10kV 真型试验场的一次接线图。

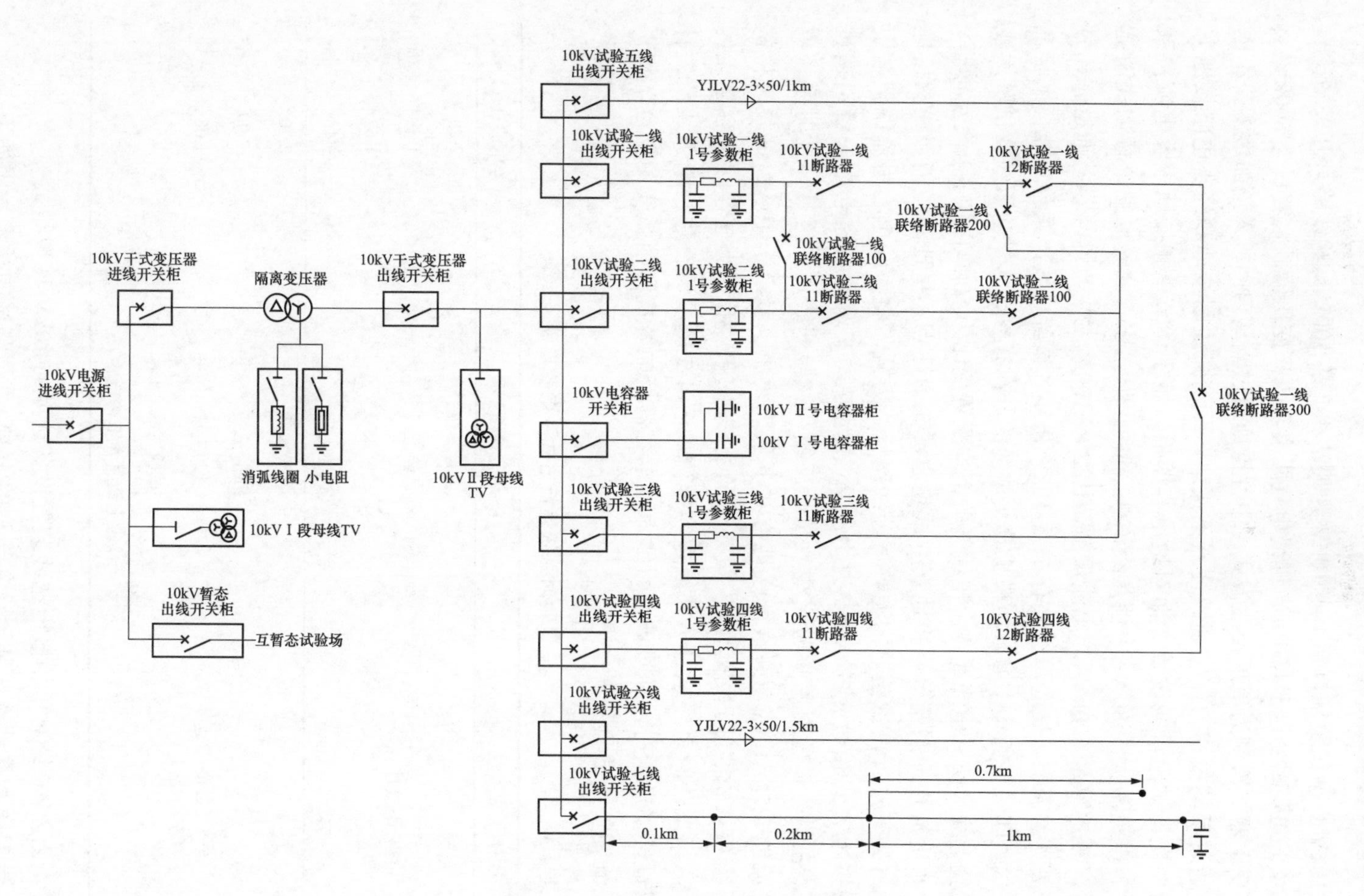


图 4-18　10kV 真型试验场的一次接线图

10kV 真型试验场包括 1 座 10kV 开关站和 7 条 10kV 试验线路，开关站试验母线经干式隔离变压器与 10kV 进线电气隔离，隔离变压器额定容量为 800kVA，隔离变压器二次侧为星形接线方式，中性点处通过隔离刀闸接入消弧线圈、小电阻，通过手动投切刀闸实现中性点不接地、经消弧线圈接地和经小电阻接地方式的切换。试验母线设置 2 面对地电容器柜，用于调节单相接地电容电流，系统电容电流最大约 80A（中性点经消弧线圈接地方式）。试验场配置预调式消弧线圈，额定容量 600kVA，电流调节范围 20～100A，共分为 14 挡，通过有载分接开关等差调节。试验母线共有 7 条 10kV 出线，试验一线、试验二线、试验三线、试验四线采用集中参数柜模拟真实电缆的分布式参数，试验五线、试验六线和试验七线为实际电缆线路。出线开关柜均配置变比为 50:5 的零序电流互感器。

小电流接地系统单相接地真型试验通常在中性点不接地和经消弧线圈接地两种方式下进行，试验前需调整试验线路运行方式，将系统电容电流调至与中性点接地方式相适应的水平。中性点不接地方式下系统电容电流一般不超过 10A，在进行试验时将试验一线、试验三线和试验四线退出运行，此时系统电容电流约 7.56A；经消弧线圈接地方式下系统残流一般小于 10A，试验时将试验一线和试验四线退出运行，投入试验七线末端三相对地电容，电容电流约 24.96A。试验时系统运行方式及电容电流如表 4-3 所示。在进行消弧线圈欠补偿或过补偿试验时，通过调节母线对地电容器柜的容抗和消弧线圈挡位，将系统残流调整至试验所需水平。

**表 4-3　　试验时系统运行方式及电容电流**

| 中性点接地方式 | 运行线路 | 电容电流（A） |
|---|---|---|
| 不接地 | 试验二线 | 2.70 |
| | 试验五线 | 1.08 |
| | 试验六线 | 1.62 |
| | 试验七线 | 2.16 |
| 经消弧线圈接地 | 试验二线 | 2.70 |
| | 试验三线 | 12.00 |
| | 试验五线 | 1.08 |
| | 试验六线 | 1.62 |
| | 试验七线（含末端电容） | 8.16 |

#### 4.2.2.2　针对单相接地选线装置设备选型的 10kV 真型测试

针对单相接地选线装置设备选型的 10kV 真型测试的技术考虑如下：

（1）单相接地故障设置的位置。为了不失一般性，单相接地的位置可分别设置在母线上、线路母线附近（故障下游配置较大集总参数电容）和线路中间位置（故障点两侧配置较大集总参数电容）。单相接地线路可分别设置在架空线、电缆和架空电缆混合线路上。设置单相接地故障的线路上，在故障设置点下游应配置一定容量的配电变压器和负荷。

（2）单相接地保护的抗过渡电阻能力测试。分别将残流调整到欠补偿30、20、10、5A和过补偿30、20、10、5A等挡位，每挡条件下分别设置过渡电阻为100、200、500、1000、2000、3000、4000、5000Ω的单相接地故障，分别控制接地电弧为连续电弧和无电弧稳定接地。在上述条件下，分别检查被测试的单相接地选线装置的动作性能。

（3）自动重合闸性能测试。在如（2）所述的各种条件下测试，瞬时性故障和永久性故障可以采用下列两种方法产生：

1）通过调节移动式单相接地现场测试装备中断路器合闸时间参数产生瞬时性故障和永久性故障。进行瞬时性故障测试时断路器合闸时间大于被测装置瞬时性故障处理时间且小于重合闸时间，进行永久性故障测试时断路器合闸时间大于被测装置永久性故障处理时间。

2）将被测试的单相接地选线装置输出跳闸信号接到一个与移动式单相接地现场测试成套装备串联的断路器的操动回路中，则被测试的单相接地选线装置可切除移动式单相接地现场测试成套装备发生的单相接地故障，随后通过移动式单相接地现场测试成套装备的控制器断开其自身的断路器以模拟瞬时性单相接地故障，或不断开其自身的断路器以模拟永久性单相接地故障，观察被测试的单相接地选线装置在自动重合闸后是否能针对瞬时性单相接地故障和永久性单相接地故障做出正确的处理。在测试中，在单相接地故障设置点下游应配置一定容量的配电变压器和负荷，并调节负荷分别模拟载荷较大和轻（空）载的工况。

（4）间断性弧光接地处理性能测试。在如（2）所述的各种条件下，分别控制间断性电弧发生次数为3次、5次、10次，每次燃弧时长15个周波、50个周波，熄弧时长15个周波、50个周波的间歇性电弧，分别检查被测试的单相接地选线装置的动作性能。

（5）相继接地故障处理性能测试。采用两台移动式单相接地现场测试成套装备，分别接在两条实验线路的不同相别，测试时首先令一台移动式单相接地现场测试成套装备发生单相接地，延时一段时间后（小于被测试的单相接地选线装置的跳闸延时），令另一台移动式单相接地现场测试成套装备发生单相接地，从而构成相继接地故障的场景，检查被测试的单相接地选线装置的动作性能。在测试中，前后两次单相接地的过渡电阻可以采取各种组合分别测试，如前大后小、前小后大、前小后小、前大后大等。

在完成全部测试后，对测试结果进行分析，可根据需要设置一些评价标准，将被测试单相接地选线装置存在的缺陷分为严重缺陷、中等缺陷和一般缺陷。例如：将接地过渡电阻1000Ω以下的馈线故障保护出口错误（拒动、误动）或误判为母线故障，以及接地过渡电阻1000Ω以下的母线故障误判为线路故障的情形认定为严重缺陷；将接地过渡电阻1000～2000Ω以下的馈线故障保护出口错误（拒动、误动）或误判为母线故障，以及母线故障误判为线路故障的情形认定为中等缺陷；将接地过渡电阻 2000Ω以上的馈线故障保护出口错误（拒动、误动）或误判为母线故障，以及母线故障误判为线路故障的情形认定为一般缺陷。

对于存在严重缺陷的装置不得入选，根据存在中等缺陷和一般缺陷的数量，遴选一些产品具备入围资格，并要求生产厂家进行消缺处理，完成消缺后经针对性复测方可最终入选。

4.2.2.3　基于数字仿真的逻辑测试

基于数字仿真的逻辑测试针对基本故障场景及特殊故障场景，测试项目包括装置的单相接地故障处理逻辑、轮切处理逻辑、间断性故障处理逻辑、异常处理逻辑等测试内容。

逻辑测试所使用到的测试设备包括继电保护测试仪、模拟断路器及若干二次导线。通过继电保护测试仪给待测设备交流采样插件施加三相电压 $U_a/U_b/U_c$、零序电压 $U_0$、馈线零序电流 $I_{01}/I_{02}/I_{03}$ 等模拟量信号，以模拟单相接地故障场景；使用模拟断路器代替真实开关，以模拟真实断路器的三相跳合闸动作，同时设有开关位置信号输出辅助节点，可与待测小电流接地选线装置进行配合。将待测装置跳闸出口 TZ、合闸出口 HZ 分别接入模拟断路器跳闸输入端子 TQ、合闸输入端子 HQ，将模拟断路器开关跳闸位置信号 TW、合闸位置信号 HW 返回待测装置相应开关量输入端子 TW、HW。逻辑测试试验接线如图 4-19 所示。

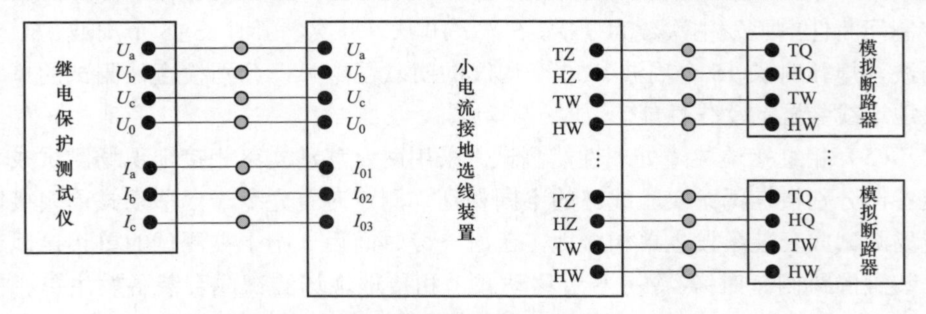


图 4-19　逻辑测试试验接线

逻辑测试项目包括：①线路瞬时性单相接地故障处理逻辑测试；②线路永久性单相接地故障处理逻辑测试；③母线单相接地故障处理逻辑测试；④异常状态下故障处理逻辑测试；⑤间断性单相接地故障处理逻辑测试。

具体测试场景及要求如下：

（1）线路单相接地故障处理逻辑测试。设置继电保护测试仪参数，分别模拟系统各馈线发生单相接地故障场景，通过设置继电保护测试仪故障状态持续时间分别模拟瞬时性故障和永久性故障，被测小电流接地选线装置应能正确执行选线跳闸逻辑，即应满足以下要求：

1）当选跳某条线路后零序电压未消失，应重合该线路，启动轮切功能来跳闸切除故障线路。

2）当选跳或轮切某条线路后零序电压消失，应重合该故障线路（不包含间断性故障）。

3）当重合于永久性故障时，装置应加速跳闸切除该故障线路。

（2）母线单相接地故障处理逻辑测试。设置继电保护测试仪参数，模拟系统母线发生单相接地故障场景，被测小电流接地选线装置应能正确执行选线逻辑。

（3）间断性单相接地故障处理逻辑测试。设置继电保护测试仪状态序列，按照图 4-20 所示的间断性单相接地时序模拟间断性单相接地故障场景，其中 $t_1$ 为燃弧持续时间，$t_2$ 为熄弧时间，$t_1+t_2$ 为一个燃弧—熄弧循环时长。在一次间断性电弧放电试验中共进行 $n$ 个接地—无接地循环。

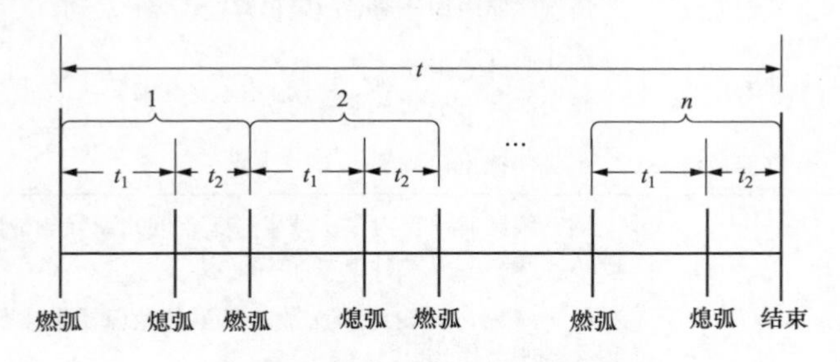


图 4-20　间断性单相接地时序

本项测试中共进行短延时故障处理逻辑测试和长延时故障处理逻辑测试，在每一个故障处理逻辑测试中，应满足以下要求：

1）同一线路时间窗内多次故障（包含同相或异相故障）且故障次数超过定值，装置应无延时跳闸。

2）同一线路时间窗内多次故障（包含同相或异相故障）且累计故障次数未超过定值，装置告警但不跳闸。

3）不同线路时间窗内多次故障（包含同相或异相故障）且同一线路累计故障次数超过定值，装置应无延时跳闸。

4）不同线路时间窗内多次故障（包含同相或异相故障）且同一线路累计故障次数未超过定值，装置告警但不跳闸。

（4）异常状态下故障处理逻辑测试。在进行上述单相接地故障处理逻辑测试时，模拟轮切失败场景（所有线路轮切一遍后零序电压仍未消失）、开关拒动场景（断开故障支路模拟断路器的跳闸回路二次接线）、合位信号消失场景（断开故障支路模拟断路器的合闸位置信号），分别检测小电流接地选线装置在异常状态下的故障处理逻辑。

对各个故障场景下设备应有的正确动作逻辑要求如表4-4所示。

表4-4　　正确动作逻辑要求

| 故障场景 | | 相应逻辑 |
|---|---|---|
| 线路瞬时故障 | 选线正确 | 线路1跳闸→选线正确→重合→停止 |
| | 选线错误 | 线路1跳闸→选线错误→重合→进入轮切→线路 $n$ 跳闸→选线正确→重合→停止 |
| 线路永久故障 | 选线正确 | 线路1跳闸→选线正确→重合→后加速跳闸→停止 |
| | 选线错误 | 线路1跳闸→选线错误→重合→进入轮切→线路 $n$ 跳闸→选线正确→重合→后加速跳闸→停止 |
| 母线单相接地故障 | | 报母线故障，不跳闸 |
| 异常状态 | 轮切失败 | 所有线路轮切一遍后故障仍存在，停止轮切 |
| | 开关拒动 | 选线时开关拒动→停止选线<br>轮切时开关拒动→继续轮切 |
| | 合位信号消失 | 不应闭锁出口跳闸 |
| 间断性故障 | | 同一线路时间窗内多次故障（包含同相或异相故障，下同）且故障次数超过定值→跳闸→停止 |
| | | 同一线路时间窗内多次故障且累计故障次数未超过定值→告警但不跳闸→停止 |
| | | 不同线路时间窗内多次故障且同一线路累计故障次数超过定值→跳闸→停止 |
| | | 不同线路时间窗内多次故障且同一线路累计故障次数未超过定值→告警但不跳闸→停止 |

根据上述逻辑对待测设备进行测试，对于不符合表4-4逻辑的，应视为缺陷，并按缺陷影响程度分为严重缺陷和一般缺陷。例如：对于轮切失败时不停止轮切直至故障消失的、出口跳闸依赖合位信号的、选线时开关拒动进入轮切

等情况，视为严重缺陷；其余缺陷为一般缺陷。

对于存在严重缺陷的装置不得入选，对于存在一般缺陷的装置要求生产厂家进行消缺处理，完成消缺后经针对性复测方可入选。

#### 4.2.2.4　选型测试案例分析

（1）案例 1：集中式单相接地选线装置的基本性能真型试验测试。

表 4-5 为对某型号集中式单相接地选线装置的基本性能进行真型试验测试时的记录。

**表 4-5　某型号集中式单相接地选线装置的基本性能真型试验测试记录**

| 序号 | 中性点接地方式 | 补偿情况 | 故障位置 | 故障类型 | 过渡电阻 | 启动情况 | 出口情况 | 选线情况 | 备注 |
|---|---|---|---|---|---|---|---|---|---|
| 1 | 经消弧线圈接地 | 自动补偿 | 003 馈线 | 球隙放电 | 0 | 启动 | 出口 | 正确 | |
| 2 | | | | 球隙放电 | 250 | 启动 | 出口 | 正确 | |
| 3 | | | | 球隙放电 | 500 | 启动 | 出口 | 正确 | |
| 4 | | | | 球隙放电 | 1000 | 启动 | 出口 | 正确 | |
| 5 | | | | 球隙放电 | 2000 | 启动 | 出口 | 正确 | |
| 6 | | | | 球隙放电 | 3000 | 启动 | 出口 | 正确 | |
| 7 | | | | 球隙放电 | 4000 | 启动 | 出口 | 错误 | 误选 002 馈线 |
| 8 | | | | 间断性电弧 | 0 | 启动 | 出口 | 正确 | |
| 9 | | | | 间断性电弧 | 250 | 启动 | 未出口 | 正确 | |
| 10 | | | | 间断性电弧 | 500 | 启动 | 未出口 | 正确 | |
| 11 | | | | 间断性电弧 | 1000 | 启动 | 未出口 | 正确 | |
| 12 | | | | 间断性电弧 | 2000 | 启动 | 出口 | 正确 | |
| 13 | | | | 间断性电弧 | 3000 | 启动 | 出口 | 正确 | |
| 14 | | | | 间断性电弧 | 4000 | 启动 | 出口 | 错误 | 误选 002 馈线 |
| 15 | 经消弧线圈接地 | 欠补偿 10A | 003 馈线 | 间断性电弧 | 4000 | 未启动 | 未出口 | 未选 | |
| 16 | | | | 间断性电弧 | 3000 | 启动 | 未出口 | 错误 | 误选母线 |
| 17 | | | | 间断性电弧 | 2000 | 启动 | 未出口 | 错误 | 误选母线 |
| 18 | | | | 间断性电弧 | 1000 | 启动 | 出口 | 错误 | 误选母线 |
| 19 | | | | 间断性电弧 | 500 | 启动 | 未出口 | 正确 | |
| 20 | | | | 间断性电弧 | 250 | 启动 | 出口 | 正确 | |
| 21 | | | | 间断性电弧 | 0 | 启动 | 出口 | 正确 | |
| 22 | | | | 球隙放电 | 0 | 启动 | 出口 | 正确 | |
| 23 | | | | 球隙放电 | 250 | 启动 | 出口 | 正确 | |

续表

| 序号 | 中性点接地方式 | 补偿情况 | 故障位置 | 故障类型 | 过渡电阻 | 启动情况 | 出口情况 | 选线情况 | 备注 |
|---|---|---|---|---|---|---|---|---|---|
| 24 | 经消弧线圈接地 | 欠补偿 10A | 003 馈线 | 球隙放电 | 500 | 启动 | 出口 | 正确 | |
| 25 | | | | 球隙放电 | 1000 | 启动 | 出口 | 正确 | |
| 26 | | | | 球隙放电 | 2000 | 启动 | 出口 | 正确 | |
| 27 | | | | 球隙放电 | 3000 | 启动 | 出口 | 错误 | 误选 002 馈线 |
| 28 | | | | 球隙放电 | 4000 | 未启动 | 未出口 | 未选 | |
| 29 | 经消弧线圈接地 | 过补偿 10A | 003 馈线 | 间断性电弧 | 0 | 启动 | 未出口 | 正确 | |
| 30 | | | | 间断性电弧 | 250 | 启动 | 出口 | 正确 | |
| 31 | | | | 间断性电弧 | 500 | 启动 | 出口 | 错误 | 误选母线 |
| 32 | | | | 间断性电弧 | 1000 | 启动 | 未出口 | 正确 | |
| 33 | | | | 间断性电弧 | 2000 | 启动 | 未出口 | 正确 | |
| 34 | | | | 间断性电弧 | 3000 | 启动 | 出口 | 错误 | 误选母线 |
| 35 | | | | 间断性电弧 | 4000 | 未启动 | 未出口 | 未选 | |
| 36 | | | | 球隙放电 | 4000 | 未启动 | 未出口 | 未选 | |
| 37 | | | | 球隙放电 | 3000 | 启动 | 出口 | 正确 | |
| 38 | | | | 球隙放电 | 2000 | 启动 | 出口 | 正确 | |
| 39 | | | | 球隙放电 | 1000 | 启动 | 出口 | 正确 | |
| 40 | | | | 球隙放电 | 500 | 启动 | 出口 | 正确 | |
| 41 | | | | 球隙放电 | 250 | 启动 | 出口 | 正确 | |
| 42 | | | | 球隙放电 | 0 | 启动 | 出口 | 正确 | |
| 43 | 不接地 | — | 003 馈线 | 球隙放电 | 0 | 启动 | 出口 | 正确 | |
| 44 | | | | 球隙放电 | 250 | 启动 | 出口 | 正确 | |
| 45 | | | | 球隙放电 | 500 | 启动 | 出口 | 错误 | 误选 002 馈线 |
| 46 | | | | 球隙放电 | 1000 | 启动 | 出口 | 错误 | 误选 002 馈线 |
| 47 | | | | 球隙放电 | 2000 | 未启动 | 未出口 | 未选 | |
| 48 | | | | 球隙放电 | 3000 | 未启动 | 未出口 | 未选 | |
| 49 | | | | 球隙放电 | 4000 | 未启动 | 未出口 | 未选 | |
| 50 | | | | 间断性电弧 | 0 | 启动 | 未出口 | 正确 | |
| 51 | | | | 间断性电弧 | 250 | 启动 | 未出口 | 正确 | |
| 52 | | | | 间断性电弧 | 500 | 启动 | 未出口 | 正确 | |
| 53 | | | | 间断性电弧 | 1000 | 启动 | 未出口 | 错误 | 误选 002 馈线 |

续表

| 序号 | 中性点接地方式 | 补偿情况 | 故障位置 | 故障类型 | 过渡电阻 | 启动情况 | 出口情况 | 选线情况 | 备注 |
|---|---|---|---|---|---|---|---|---|---|
| 54 | 不接地 | — | 003馈线 | 间断性电弧 | 2000 | 未启动 | 未出口 | 未选 | |
| 55 | | | | 间断性电弧 | 3000 | 未启动 | 未出口 | 未选 | |
| 56 | | | | 间断性电弧 | 4000 | 未启动 | 未出口 | 未选 | |
| 57 | 经消弧线圈接地 | 自动补偿 | 母线 | 球隙放电 | 0 | 启动 | 出口 | 正确 | |
| 58 | | | | 球隙放电 | 250 | 启动 | 出口 | 正确 | |
| 59 | | | | 球隙放电 | 500 | 启动 | 出口 | 正确 | |
| 60 | | | | 球隙放电 | 1000 | 启动 | 出口 | 正确 | |
| 61 | | | | 球隙放电 | 2000 | 启动 | 出口 | 正确 | |
| 62 | | | | 球隙放电 | 3000 | 启动 | 出口 | 正确 | |
| 63 | | | | 球隙放电 | 4000 | 启动 | 出口 | 错误 | 误选001馈线 |
| 64 | | | | 间断性电弧 | 0 | 启动 | 出口 | 正确 | |
| 65 | | | | 间断性电弧 | 250 | 启动 | 未出口 | 正确 | |
| 66 | | | | 间断性电弧 | 500 | 启动 | 未出口 | 正确 | |
| 67 | | | | 间断性电弧 | 1000 | 启动 | 出口 | 正确 | |
| 68 | | | | 间断性电弧 | 2000 | 启动 | 出口 | 正确 | |
| 69 | | | | 间断性电弧 | 3000 | 启动 | 出口 | 错误 | 误选001馈线 |
| 70 | | | | 间断性电弧 | 4000 | 启动 | 出口 | 错误 | 误选001馈线 |
| 71 | 经消弧线圈接地 | 欠补偿10A | 母线 | 间断性电弧 | 4000 | 未启动 | 未出口 | 未选 | |
| 72 | | | | 间断性电弧 | 3000 | 启动 | 出口 | 错误 | 误选001馈线 |
| 73 | | | | 间断性电弧 | 2000 | 启动 | 未出口 | 错误 | 误选001馈线 |
| 74 | | | | 间断性电弧 | 1000 | 启动 | 未出口 | 正确 | |
| 75 | | | | 间断性电弧 | 500 | 启动 | 未出口 | 正确 | |
| 76 | | | | 间断性电弧 | 250 | 启动 | 出口 | 正确 | |
| 77 | | | | 间断性电弧 | 0 | 启动 | 未出口 | 正确 | |
| 78 | | | | 球隙放电 | 0 | 启动 | 出口 | 正确 | |
| 79 | | | | 球隙放电 | 250 | 启动 | 出口 | 正确 | |
| 80 | | | | 球隙放电 | 500 | 启动 | 出口 | 正确 | |
| 81 | | | | 球隙放电 | 1000 | 启动 | 出口 | 错误 | 误选001馈线 |
| 82 | | | | 球隙放电 | 2000 | 启动 | 出口 | 错误 | 误选001馈线 |
| 83 | | | | 球隙放电 | 3000 | 启动 | 出口 | 错误 | 误选002馈线 |
| 84 | | | | 球隙放电 | 4000 | 未启动 | 未出口 | 未选 | |

续表

| 序号 | 中性点接地方式 | 补偿情况 | 故障位置 | 故障类型 | 过渡电阻 | 启动情况 | 出口情况 | 选线情况 | 备注 |
|---|---|---|---|---|---|---|---|---|---|
| 85 | 经消弧线圈接地 | 过补偿 10A | 母线 | 间断性电弧 | 0 | 启动 | 出口 | 正确 | |
| 86 | | | | 间断性电弧 | 250 | 启动 | 未出口 | 正确 | |
| 87 | | | | 间断性电弧 | 500 | 启动 | 出口 | 正确 | |
| 88 | | | | 间断性电弧 | 1000 | 启动 | 出口 | 错误 | 误选 001 馈线 |
| 89 | | | | 间断性电弧 | 2000 | 启动 | 未出口 | 正确 | |
| 90 | | | | 间断性电弧 | 3000 | 启动 | 未出口 | 错误 | 误选 001 馈线 |
| 91 | | | | 间断性电弧 | 4000 | 未启动 | 未出口 | 未选 | |
| 92 | | | | 球隙放电 | 4000 | 未启动 | 未出口 | 未选 | |
| 93 | | | | 球隙放电 | 3000 | 启动 | 出口 | 错误 | 误选 001 馈线 |
| 94 | | | | 球隙放电 | 2000 | 启动 | 出口 | 正确 | |
| 95 | | | | 球隙放电 | 1000 | 启动 | 出口 | 正确 | |
| 96 | | | | 球隙放电 | 500 | 启动 | 出口 | 正确 | |
| 97 | | | | 球隙放电 | 250 | 启动 | 出口 | 正确 | |
| 98 | | | | 球隙放电 | 0 | 启动 | 出口 | 正确 | |
| 99 | 不接地 | — | 母线 | 球隙放电 | 0 | 启动 | 出口 | 正确 | |
| 100 | | | | 球隙放电 | 250 | 启动 | 出口 | 正确 | |
| 101 | | | | 球隙放电 | 500 | 启动 | 出口 | 错误 | 误选 001 馈线 |
| 102 | | | | 球隙放电 | 1000 | 启动 | 出口 | 错误 | 误选 001 馈线 |
| 103 | | | | 球隙放电 | 2000 | 未启动 | 未出口 | 未选 | |
| 104 | | | | 球隙放电 | 3000 | 未启动 | 未出口 | 未选 | |
| 105 | | | | 球隙放电 | 4000 | 未启动 | 未出口 | 未选 | |
| 106 | | | | 间断性电弧 | 0 | 启动 | 未出口 | 正确 | |
| 107 | | | | 间断性电弧 | 250 | 启动 | 未出口 | 正确 | |
| 108 | | | | 间断性电弧 | 500 | 启动 | 未出口 | 错误 | 误选 001 馈线 |
| 109 | | | | 间断性电弧 | 1000 | 启动 | 未出口 | 错误 | 误选 001 馈线 |
| 110 | | | | 间断性电弧 | 2000 | 未启动 | 未出口 | 未选 | |
| 111 | | | | 间断性电弧 | 3000 | 未启动 | 未出口 | 未选 | |
| 112 | | | | 间断性电弧 | 4000 | 未启动 | 未出口 | 未选 | |

从表 4-5 可以看出，该被测试装置存在大量缺陷。

测试中，系统电容电流为 24.96A，中性点分别设置为消弧线圈自动补偿、欠补偿 10A、过补偿 10A 和不接地 4 种方式；接地电弧分为间断性电弧（燃弧时长 15 周波、熄弧时长 15 周波、间断性电弧 5 次）和稳定电弧（球隙放电）两种；接地过渡电阻设置为 0、250、500、1000、2000、3000、4000Ω 7 种；接地位置分别设置为母线和馈线上 2 种。这样，总测试场景为 112 次。

1）全场景分析。在 56 组间断性弧光接地测试中，46 次启动、10 次未启动，启动率为 82.1%、未启动率为 17.9%；31 次选线正确、15 次选线错误、10 次未选（包括 1 次启动而未选），选线正确率为 55.4%、选线错误率为 26.8%、未选率为 17.8%；36 次未出口动作，未出口率为 64.3%。

在 56 组稳定电弧（球隙放电）接地测试中，46 次启动、10 次未启动，启动率为 82.1%、未启动率为 17.9%；35 次选线正确、11 次选线错误、10 次未选，选线正确率为 62.5%、选线错误率为 19.6%、未选率为 17.9%。

由上可见，在全部测试场景中。该装置的各项性能非常不好。为了明确该装置的可用范围，可以进一步进行下列分析。

2）接地过渡电阻不大于 2000Ω时装置的性能分析。在测试中，接地过渡电阻不大于 2000Ω的测试共计 80 组。

在 40 组间断性弧光接地测试中，38 次启动、2 次未启动，启动率为 95%、未启动率为 5%；30 次选线正确、8 次选线错误、2 次未选，选线正确率为 75%、选线错误率为 20%、未选率为 5%；26 次未出口动作，未出口率为 65%。

在 40 组稳定电弧（球隙放电）接地测试中，38 次启动、2 次未启动，启动率为 95%、未启动率为 5%；32 次选线正确、6 次选线错误、2 次未选，选线正确率为 80%、选线错误率为 15%、未选率为 5%；2 次未出口动作，未出口率为 5%。

由上可见，在接地过渡电阻不大于 2000Ω的测试场景中，该装置的各项性能有所提高，稳定电弧（球隙放电）接地时选线正确率达到 80%且未出口率很低。但是，尽管间断性弧光接地下选线正确率较高，但是未出口率高达 65%，说明有大量间断性弧光接地被认为是瞬时性故障，而没有引起跳闸。

3）接地过渡电阻不大于 2000Ω、不考虑中性点不接地的残流较大场景时装置的性能分析。在测试中，接地过渡电阻不大于 2000Ω且排除中性点不接地的残流较大场景的测试共计 60 组。

在 30 组间断性弧光接地测试中，30 次启动、0 次未启动，启动率为 100%、未启动率为 0%；25 次选线正确、5 次选线错误、0 次未选，选线正确率为 83.3%、选线错误率为 16.7%、未选率为 0%；16 次未出口动作，未出口率为 53.3%。

在 30 组稳定电弧（球隙放电）接地测试中，30 次启动、0 次未启动，启动率为 100%、未启动率为 0%；28 次选线正确（线路接地 15 次均正确）、2 次选线错误（母线接地正确 13 次、错误 2 次）、0 次未选，选线正确率为 93.3%（线路接地选线正确率 100%）、选线错误率为 6.6%（母线接地选线正确率 86.7%、错误率 13.3%）、未选率为 0%；0 次未出口动作，未出口率为 0%。

由上可见，在接地过渡电阻不大于 2000Ω且排除中性点不接地的测试场景中，在稳定电弧（球隙放电）接地时，该装置的各项性能好，线路单相接地稳定电弧（球隙）接地时选线正确率达到 93.3%，其中线路接地选线正确率达到 100%，母线接地选线正确率 86.7%、错误率 13.3%。在此范围内不存在未出口现象。

在间断性弧光接地下选线正确率较高，但是未出口率也较高，说明有大量间断性弧光接地被认为是瞬时性故障，而没有引起跳闸。

综合上面 3 组分析可以得出：该装置在消弧线圈补偿良好，在系统残流不大的条件下，对于接地过渡电阻不大于 2000Ω的稳定接地的处理性能较好，但对于间断性弧光接地的处理性能很差，将大量间断性弧光接地误判为瞬时性接地而没有出口。

（2）案例 2：单相接地选线装置重合闸性能的真型试验测试。

分别对 A、B、C、D 4 种型号的分布式单相接地选线装置的重合闸性能进行真型试验测试，测试结果如表 4-6 所示。其中 A 型号仅检测相电流，B、C、D 3 种型号除了检测相电流外，还检测零序电压。试验中，中性点不接地时系统电容电流为 7.56A，经消弧线圈接地时系统电容电流为 30.6A，分别设置了以下 4 种故障场景，每种场景分别设置为永久性接地和瞬时性接地。

场景 1：中性点不接地，500Ω 过渡电阻接地，故障线路空载；

场景 2：中性点不接地，500Ω 过渡电阻接地，故障线路负载为 120kW；

场景 3：中性点经消弧线圈接地，500Ω 过渡电阻接地，故障线路空载；

场景 4：中性点经消弧线圈接地，500Ω 过渡电阻接地，故障线路负载为 120kW。

**表 4-6　4 种分布式单相接地选线装置的重合闸性能进行真型试验测试结果**

| 型号 | A | B | C | D |
|---|---|---|---|---|
| 场景 1 永久性接地 | 错误 | 正确 | 正确 | 正确 |
| 场景 1 瞬时性接地 | 正确 | 正确 | 正确 | 正确 |
| 场景 2 永久性接地 | 正确 | 正确 | 正确 | 正确 |
| 场景 2 瞬时性接地 | 正确 | 正确 | 正确 | 正确 |
| 场景 3 永久性接地 | 错误 | 正确 | 错误 | 正确 |

续表

| 型号 | A | B | C | D |
|---|---|---|---|---|
| 场景 3 瞬时性接地 | 正确 | 正确 | 正确 | 正确 |
| 场景 4 永久性接地 | 正确 | 正确 | 正确 | 正确 |
| 场景 4 瞬时性接地 | 正确 | 正确 | 正确 | 正确 |

由表 4-6 可见，型号 B 和 D 的重合闸性能很好，型号 A 和 C 的重合闸性能不佳。分析原因大致为：型号 C 始终采用相电流突变法进行单相接地检测，而重合闸瞬间因三相合闸的非同时性和涌流，无论瞬时性接地还是永久性接地故障，各相电流均会发生突变且妨碍到单相接地检测。型号 A 虽然在重合闸时采取基于稳态量的单相接地检测，但是在重合闸瞬间因变压器涌流和三相合闸的非同时性等的影响，基于稳态量的单相接地检测方法很难找到一个具有良好适应性的整定值。型号 B 和 D 在重合闸瞬间，采取了根据零序电压判断故障性质的方法，测试结果表明其具有良好的适应性。

### 4.2.3　关键技术问题

#### 4.2.3.1　相继接地故障处理

（1）相继接地故障处理的意义。

在单相接地故障中，有时会发生相继接地故障的现象，即在一次单相接地故障被检测出来后，在系统零序电压未恢复正常前，又发生另一起或几起其他单相接地故障。相继接地故障少见但并不罕见，在作者连续跟踪记录的 427 起单相接地故障中，相继接地故障有 12 起，约占 2.81%。

在相继接地故障中，既有异名相相继接地故障，也有同名相相继接地故障。前者的生成机理是当某相接地后引起其他两相对地电压升高又会在绝缘薄弱处击穿；后者的生成机理是某相多处绝缘受损导致同时、相继接地或多处相继间断性弧光接地。

小电流接地选线装置常用的检测方法包括暂态量原理（如首半波法或暂态方向法）和稳态量原理（如零序功率方向法）。鉴于单相接地后暂态过程存在时间较短，采用暂态量原理时一般只对第一次接地故障瞬间 2～5ms 内的暂态过程进行一次检测，因此会漏检后续接地故障；而稳态量原理在检测间断性弧光接地时的性能不佳。

即使发生了异名相相继接地故障形成相间短路接地，由于存在接地过渡电阻，短路电流往往低于过流保护定值而无法引起保护动作跳闸。作者曾在一个月内处理了两次因继发性接地故障引起的电缆沟起火事件，虽然均正确切除了第一次接地线路，但后续接地故障未切除而长期存在，从而引起了电缆沟起火。

为了及时切除后续接地故障，目前的做法是对剩余的线路进行轮切，或采取人工/程序自动推拉，直到系统零序电压恢复正常为止。故障处理时间较长，会对供电可靠性造成很大的影响，最不利情况下会造成全母线上所有馈线的用户都经历一次短时停电。可见，在小电流接地选线装置中实现相继接地故障选线，并将所有接地线路都自动切除，具有重要意义。

为了实现相继接地故障处理，必须研究清楚下列问题：

1）后续接地的暂态故障特征是否足够明显以保证暂态量法的可靠性；现有选线装置能否满足多次调用暂态量法对计算量增大的需求。

2）先发接地会对后续接地的稳态故障特征带来什么影响；稳态量法的检测准确度如何保障。

3）在故障检测过程中，应如何设计暂态量法和稳态量法配合的逻辑，以实现协同互补，确保继发性故障处理效果。

（2）跨线相继接地故障的特征及检测方法的适用性。

1）暂态故障特征及暂态量法的适用性。

暂态量法利用接地后零序电压和零序电流的暂态特征进行选线，对于间断性弧光接地仍然适用。实践结果表明，暂态量法（如首半波法、暂态方向法和暂态零序电流群体比较法等）在单次接地故障检测中表现出良好的性能，正确率超过 90%。将后续接地故障发生时与单次接地故障发生时的暂态故障特征显著程度进行比较，能反映暂态量法在检测后续接地故障时相对于单次接地故障检测的难易程度。

考虑到单相接地故障发生的随机性，为了比较客观地进行上述对比分析，在相同故障相角和相同接地过渡电阻的同等条件下，将后续接地故障时的暂态故障特征与单次接地故障时进行对比。

（a）跨线两处同名相相继接地时的暂态故障特征。单相接地时暂态电流的幅值与故障相在故障时刻的相电压瞬时值大小相关。

对于跨线两处同名相相继接地而言，第一次单相接地时故障相电压有效值是额定相电压。而第二次同名相接地前，故障相电压有效值已经降低，因此在同样故障相角和同样过渡电阻的情况下，第二次接地引起的暂态电流幅值要比该过渡电阻单独单相接地引起的暂态电流幅值低一些，并且第一次单相接地的过渡电阻越低，这个差别就越明显。

由于第二次为同名相接地，母线零序电压会比第一次单相接地后的母线零序电压进一步升高，在暂态量法所利用的高频信号特征频段内，包括故障线路的所有线路都呈现出容性，暂态零序电流与母线暂态零序电压之间的关系可用电容充放电规律解释，即故障线路暂态零序电压导数与暂态零序电流极性相反，非故障线路暂态零序电压导数与暂态零序电流极性相同。因此在同样故障相角和同样过渡电阻的情况下，第二次接地时引起的暂态电压变化量也要比同样故障相角和同样过渡电阻单独单相接地时引起的暂态零序电压变化量小一些，并且第一次单相接地过渡电阻越低，这个差别就越明显。

可见，第二次同名相单相接地时仍可以采用暂态量法检测，但在第一次接地的基础上，第二次接地引起的暂态零序电压、电流幅值要比其单独接地引起的暂态零序电压、电流幅值低。当第一次接地过渡电阻较低、第二次接地过渡电阻较高时，单纯应用暂态量法可能漏检第二次接地线路，需结合稳态量法进行增补处理。

两次同名相接地的暂态故障特征仿真结果如图 4-21 所示，过渡电阻均为 100Ω，且接地时的相角相同。可见，第二次接地时的零序电压和零序电流暂态量幅值明显低于第一次，且第二次接地线路的暂态零序电压导数与暂态零序电流极性相反，符合故障线路特征；而第一次已经发生接地的线路以及非故障线路的暂态零序电压导数与暂态零序电流极性相同。理想情况下，在先发接地故障存在的条件下，暂态量法可以将后续接地线路依次选出。

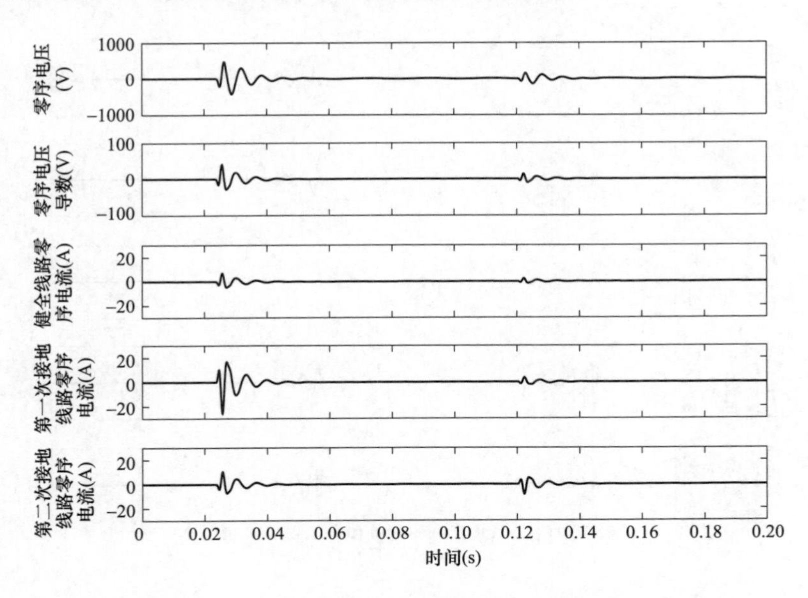


图 4-21　两次同名相接地的暂态故障特征仿真结果

（b）跨线两处异名相相继接地时的暂态故障特征。对于跨线两处异名相相继接地而言，第一次单相接地时故障相电压有效值是额定相电压。

若第一次为低阻接地，则导致两个健全相电压均升高，因此无论第二次接地发生在哪一个健全相，在同样故障相角和同样过渡电阻的情况下，第二次接地时引起的暂态电流幅值要比同样故障相角和同样过渡电阻单独单相接地时引起的暂态电流幅值高一些，并且第一次单相接地的过渡电阻越低，这个差别就越明显。即在第一次为低阻接地时，第二次接地时采用暂态量法检测难度有所降低。

若第一次为高阻接地，健全相电压可能是一相升高、一相降低，因此，第二次接地时的暂态电流幅值有可能增大，也可能减小，取决于第二次接地发生在哪一个相别。也即在第一次为高阻接地时，第二次接地时采用暂态量法检测难度可能减小，也有可能增大而漏检第二次接地线路。

两次异名相接地的暂态故障特征仿真结果如图 4-22 所示，过渡电阻均为 100Ω，且接地时的相角相同。由于两次均不属于高阻接地，因此第二次接地时的零序电压和零序电流暂态量幅值明显高于第一次，且第二次接地线路的暂态零序电压导数与暂态零序电流极性相反，而第一次已经发生接地的线路以及非故障线路的暂态零序电压导数与暂态零序电流极性相同。理想情况下，在先发接地故障存在的条件下，暂态量法可以将后续接地线路依次选出。

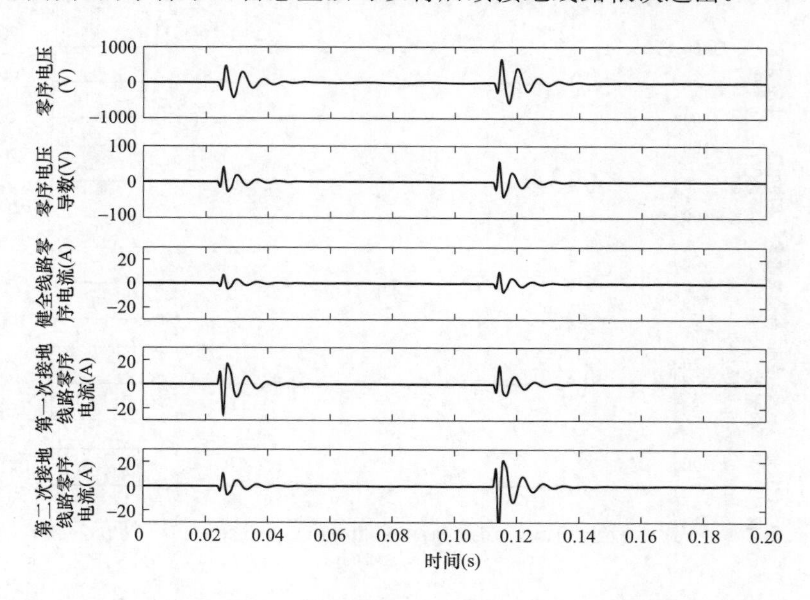


图 4-22 两次异名相接地的暂态故障特征仿真结果

2）稳态故障特征及稳态量法的适用性。

零序有功功率方向法是选线装置中常用的稳态量选线方法，适用于连续接地故障，但是对于消弧线圈接地系统的间断性弧光接地，由于熄弧后存在功率振荡过程，期间零序功率方向振荡变化，零序有功功率方向法有可能失效。

对于单一线路单相接地的故障情形，故障线路的零序有功功率方向指向母线，健全线路的零序有功功率方向指向线路。但对于跨线相继接地故障情形，各线路零序有功功率方向需进一步分析。

忽略线路自身阻抗后，单处接地故障稳态等效零序电路如图 4-23 所示。其中，$\dot{E}_0$ 为接地点的等效零序电压源（等于未发生单相接地故障以前的正常运行电压）；$\dot{I}_{0f}$ 为接地线路的零序电流（$3I_0$）；$\dot{U}_0$ 为母线零序电压；$R_f$ 为接地过渡电阻；$C_{0f}$ 为接地线路的自身对地电容；$L$ 为消弧线圈电感；$R_L$ 为消弧线圈支路电阻；$C_{0h\Sigma}$ 为健全线路三相对地电容之和。

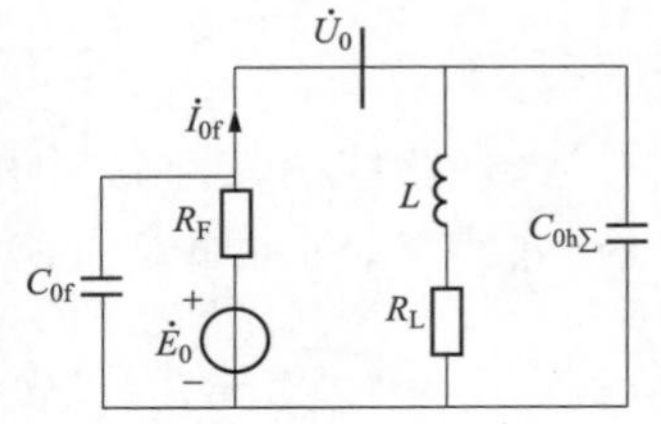


图 4-23　单处接地故障稳态等效零序电路

进一步，可得到忽略线路自身阻抗后跨线两处相继接地故障稳态等效零序电路如图 4-24 所示。其中，$\dot{E}_{01}$ 和 $\dot{E}_{02}$ 分别为两个接地点的等效零序电压源；$\dot{I}_{01}$ 和 $\dot{I}_{02}$ 分别为两条接地线路的零序电流（$3I_0$）；$\dot{I}_{0\Sigma}$ 为除两条故障线路以外零序回路总电流($3I_0$)；$R_{f1}$ 和 $R_{f2}$ 分别为第 1 次和第 2 次故障对应的接地过渡电阻；$C_{01}$、$C_{02}$ 分别为第 1 次和第 2 次接地线路的自身对地电容；$C^*_{0h\Sigma}$ 为除两条故障线路以外的所有健全线路三相对地电容之和。

图 4-24 中，流过故障线路自身对地电容的电流相位超前零序电压 90°，并不产生有功功率，因此在两条故障线路零序有功功率方向的分析中，可以忽略故障线路自身对地电容。对图 4-24 进一步进行简化，并且将消弧线圈支路和系统对地电容支路合并等效为 $R$+j$X$ 的形式，得到跨线两处相继接地故障简化等效电路如图 4-25 所示。

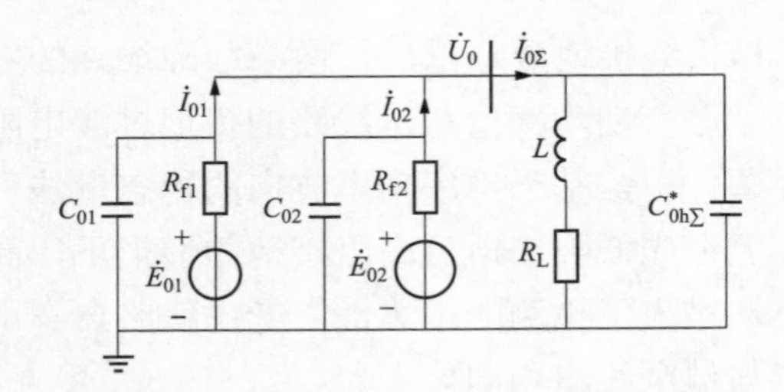


图 4-24　跨线两处相继接地故障稳态等效零序电路

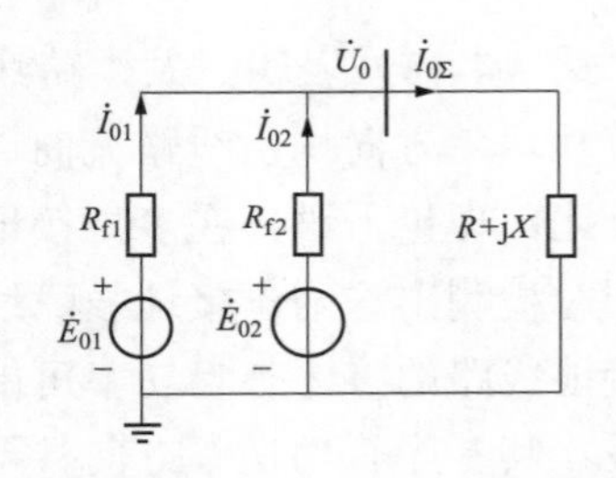


图 4-25　跨线两处相继接地故障简化等效电路

由叠加定理，可得出：

$$\dot{U}_0=\frac{\dot{E}_{01}[R_{f2}//(R+jX)]}{R_{f1}+R_{f2}//(R+jX)}+\frac{\dot{E}_{02}[R_{f1}//(R+jX)]}{R_{f2}+R_{f1}//(R+jX)} \tag{4-8}$$

$$\dot{I}_{01}=\frac{\dot{E}_{01}-\dot{U}_0}{R_{f1}} \tag{4-9}$$

$$\dot{I}_{02}=\frac{\dot{E}_{02}-\dot{U}_0}{R_{f2}} \tag{4-10}$$

（a）跨线两处同名相相继接地时的稳态故障特征。

$\dot{I}_{01}$和$\dot{I}_{02}$满足如式（4-11）所示的关系：

$$\begin{cases}\dot{E}_{01}-\dot{I}_{01}R_{f1}=\dot{E}_{02}-\dot{I}_{02}R_{f2}\\ \dot{I}_{01}+\dot{I}_{02}=\dot{I}_{0\Sigma}\end{cases} \tag{4-11}$$

对于跨线同名相相继接地故障，可以近似认为$\dot{E}_{01}$和$\dot{E}_{02}$相等，由式（4-9）、式（4-10）可得：

$$\begin{cases}\dot{I}_{01}=\dfrac{R_{f2}}{R_{f1}+R_{f2}}\dot{I}_{0\Sigma}\\ \dot{I}_{02}=\dfrac{R_{f1}}{R_{f1}+R_{f2}}\dot{I}_{0\Sigma}\end{cases} \tag{4-12}$$

定义除两条故障线路以外所有健全线路的零序有功功率之和$P_{0\Sigma}$（参考方向从母线流向线路），两条故障线路的零序有功功率分别为$P_{01}$和$P_{02}$（参考方向从线路流向母线）。根据式（4-12）可以进一步得到，两条故障线路的零序有功功率$P_{01}$和$P_{02}$满足：

$$\begin{cases}P_{01}=P_{0\Sigma}\dfrac{R_{f2}}{R_{f1}+R_{f2}}\\ P_{02}=P_{0\Sigma}\dfrac{R_{f1}}{R_{f1}+R_{f2}}\end{cases} \tag{4-13}$$

式（4-13）表明，发生跨线同名相相继接地故障以后，两条故障线路的零序有功功率方向均由线路流向母线，零序有功功率值与本线路的接地过渡电阻成反比。理论上讲，在多处接地并存条件下，基于零序功率方向的稳态量法可以同时检测出这两条接地故障线路，但在先低阻接地后高阻接地的情形下，高阻接地线路的零序有功功率可能很小，增大了检测的困难性。考虑线路自身电导后，其零序有功功率方向甚至可能与健全线路相同。

（b）跨线两处异名相相继接地时的稳态故障特征。

跨线两处异名相相继接地时，$\dot{E}_{01}$与$\dot{E}_{02}$幅值相同，相位与两次接地相别有关。设$\dot{E}_{02}$为$E\angle 0°$，$\dot{E}_{01}$超前$\dot{E}_{02}$ 120°。

此时母线零序电压如式（4-14）所示：

$$\dot{U}_0 = \frac{E\left[R_{f1}R - \frac{1}{2}R_{f2}R - \frac{\sqrt{3}}{2}R_{f2}X + j\left(R_{f1}X - \frac{1}{2}R_{f2}X + \frac{\sqrt{3}}{2}R_{f2}R\right)\right]}{R_{f1}R_{f2} + R_{f1}R + R_{f2}R + jX(R_{f1} + R_{f2})} \tag{4-14}$$

$\dot{I}_{01}$ 和 $\dot{I}_{02}$ 分别如式（4-15）、式（4-16）所示：

$$\dot{I}_{01} = \frac{\left(-\frac{1}{2}+j\frac{\sqrt{3}}{2}\right)E - \dot{U}_0}{R_{f1}} \tag{4-15}$$

$$\dot{I}_{02} = \frac{E - \dot{U}_0}{R_{f1}} \tag{4-16}$$

a）两次均为低阻接地时的情形。按 $R_{f1} < 0.1|R+jX|$ 且 $R_{f2} < 0.1|R+jX|$ 考虑，此时系统近似等效为将图 4-25 中 $R+jX$ 支路断开，此时有：

$$\dot{U}_0 \approx \dot{E}_{02} - \frac{\dot{E}_{02} - \dot{E}_{01}}{R_{f1} + R_{f2}}R_{f2} = \frac{E\left(R_{f1} - \frac{1}{2}R_{f2} + j\frac{\sqrt{3}}{2}R_{f2}\right)}{R_{f1} + R_{f2}} \tag{4-17}$$

$$\dot{I}_{01} \approx \left(-\frac{3}{2} + j\frac{\sqrt{3}}{2}\right)\frac{E}{R_{f1} + R_{f2}} \tag{4-18}$$

$$\dot{I}_{02} \approx \left(\frac{3}{2} - j\frac{\sqrt{3}}{2}\right)\frac{E}{R_{f1} + R_{f2}} \tag{4-19}$$

根据式（4-17）～式（4-19），母线零序电压 $\dot{U}_0$ 超前 $\dot{I}_{01}$、$\dot{I}_{02}$ 的相角 $\varphi_1$、$\varphi_2$ 分别为：

$$\varphi_1 \approx \arg\left(R_{f1} - \frac{1}{2}R_{f2} + j\frac{\sqrt{3}}{2}R_{f2}\right) - 150° \tag{4-20}$$

$$\varphi_2 \approx \arg\left(R_{f1} - \frac{1}{2}R_{f2} + j\frac{\sqrt{3}}{2}R_{f2}\right) + 30° \tag{4-21}$$

当 $R_{f1} > R_{f2}$ 时，有 $-150° < \varphi_1 < -90°$，$30 < \varphi_2 < 90°$；当 $R_{f1} < R_{f2}$ 时，有 $-90° < \varphi_1 < -30°$，$90 < \varphi_2 < 150°$。即无论 $R_{f1} > R_{f2}$ 还是 $R_{f2} > R_{f1}$，两条线路零序有功功率方向始终相反，且从接地过渡电阻较低线路经母线流向接地过渡电阻较高线路。因此，在多处较低阻接地并存条件下，基于零序功率方向的稳态量法只能检测出过渡电阻小的那一条接地故障线路。

b）一次低阻接地、一次高阻接地的情形。对图 4-25 中的两条故障电压源支路进行戴维南等效，得到跨线异名相相继接地故障电路如图 4-26 所示。

图 4-26 中，等效电压源 $\dot{E}_*$ 为：

$$\dot{E}_* = \frac{\dot{E}_{01}R_{f2} + \dot{E}_{02}R_{f1}}{R_{f1} + R_{f2}} \quad (4\text{-}22)$$

等效电阻 $R_*$ 为：

$$R_* = \frac{R_{f1}R_{f2}}{R_{f1} + R_{f2}} \quad (4\text{-}23)$$

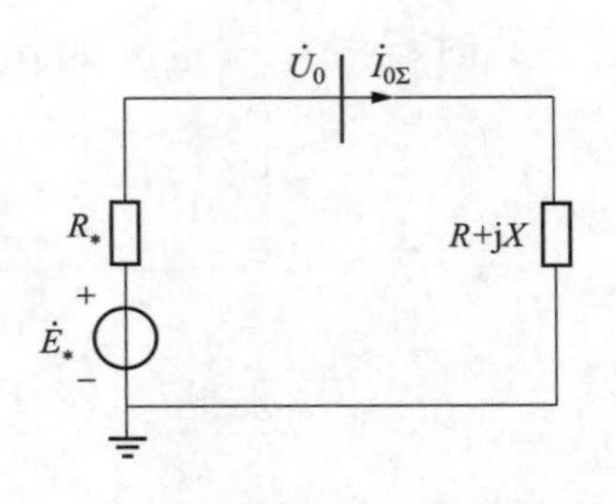

图 4-26　戴维南等效后的跨线异名相相继接地故障电路

按 $R_{f1}<0.1R_{f2}$ 考虑，有 $\dot{E}_* \approx \dot{E}_{01}$，$R_* \approx R_{f1}$，该情形下，实际上是相当于图 4-25 中的故障线路 2 处于近似断开状态，相当于只有故障线路 1 存在的情况，此时故障线路 1 有功功率由线路流向母线，故障线路 2 流过的有功功率很小。当 $R_{f2}<0.1R_{f1}$ 时，则刚好相反。因此，在此种条件下，基于零序功率方向的稳态量法只能检测出过渡电阻小的那一条接地故障线路。

c）两次均为高阻接地时的情形。按 $|R+jX|<0.1R_{f1}$ 且 $|R+jX|<0.1R_{f2}$ 考虑，此时系统近似等效为将 $R$+j$X$ 支路短路，则有：

$$\dot{I}_{01} \approx \frac{\dot{E}_{01}}{R_{f1}} \quad (4\text{-}24)$$

$$\dot{I}_{02} \approx \frac{\dot{E}_{01}}{R_{f2}} \quad (4\text{-}25)$$

即近似等效于两个等效电压源分别向 $R$+j$X$ 支路供以较小电流，彼此之间功率交换较少，零序功率方向均指向母线。理论上讲，在多处接地并存条件下，基于零序功率方向的稳态量法可以同时检测出这两条接地故障线路，但是因零序有功功率较小，检测难度较大。

（3）跨线相继接地故障处理策略。

1）基本原理。现有单相接地选线装置在投入跳闸功能时，一般采用零序电压启动，启动后即进行一次单相接地检测，检测出接地线路后进入延时等待并监测零序电压；若零序电压降至返回值以下则返回，否则当延时时间到达后，出口跳闸切除所选接地线路。

由于在延时等待过程中不再进行单相接地检测，选线装置无法选出相继接地故障线路，只能切除已选出的第一次接地线路，此时由于相继接地故障的存在，零序电压依然较高，导致选线装置无法返回并再次启动进行单相接地检测，使相继接地故障进一步失去检测机会。

为了解决上述问题，需要采取下列措施：①连续检测处理。在启动后对单相接地进行连续检测，当预先设置的延时时间到达后，若零序电压不符合返回条件，则将选出的接地线路全部切除。②增补处理。鉴于多处接地故障检测的复杂性，任何检测原理都不能做到 100%的正确率，但是当部分接地线路被切除后，检测复杂性明显降低。为此，需在一轮跳闸完成并经适当延时（待零序电压稳定）后，若监测到零序电压仍不符合返回条件时，再次启动单相接地检测，并将检测出的接地线路全部切除，如此反复直至零序电压符合返回条件，这个过程称为增补处理。

相继接地故障处理流程如图 4-27 所示。

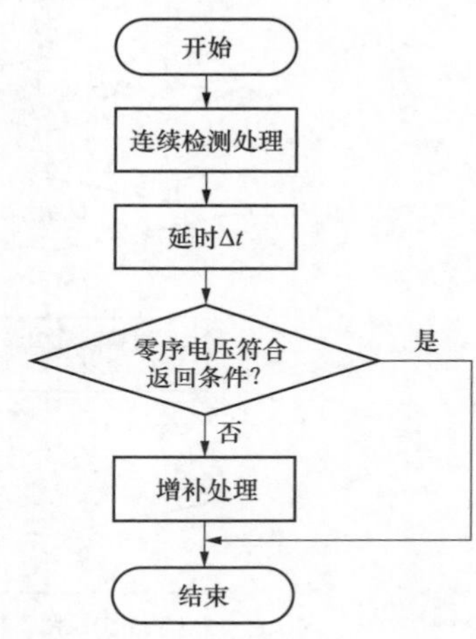


图 4-27　相继接地故障处理流程

2）接地故障检测方法。暂态量法（如首半波法、暂态方向法和暂态零序电流群体比较法等）表现出良好的性能，且电流互感器在小信号下误差较大的问题对其影响不大，因此暂态量法目前已被广泛应用于工程实践中，在消弧线圈补偿良好的情况下，单相接地故障的检测准确度可达 90%以上。

基于零序有功功率方向的稳态量法的物理意义清晰，但在工程应用中表现不佳，主要原因是实际配置的电流互感器精度不满足要求，而这个问题可以通过合理选择零序电流互感器加以克服。对于间断性弧光接地，在熄弧后的振荡过程中，零序功率方向不确定，也容易造成基于零序功率方向的稳态量法选线错误。

间断性弧光接地蕴含着丰富的暂态量信息，适合于采用暂态量方法进行检测。对于永久性间断性弧光接地，其暂态故障特征持续存在，始终可以采用暂态量法检测。

但是，对于连续接地的情形，暂态故障特征仅存在于发生单相接地后的短暂时间内，而检测出单相接地线路后一般需延时 1～10s 跳闸，以便充分发挥消弧线圈的熄弧作用或与配置于馈线的单相接地保护形成级差配合。如果延时跳闸后，零序电压依然持续未降低至符合返回条件，则表明选线错误或仍有接地线路未被切除。由于此时已无暂态特征，需要结合稳态故障特征才能再次进行选线判断。因此，需要采用暂态量法和稳态量法结合进行相继单相接地故障处理。

3）连续检测接地故障处理流程。在多处接地并存的条件下，由于暂态量法理论上可以将全部接地线路选出，而稳态量法有时仅能检测出接地过渡电阻小的线路，因此在连续检测过程中采用暂态量优先的原则，在暂态量检测不出任何接地线路时，再采用稳态量法进行检测。小电流接地选线装置的连续检测接地故障处理流程如图 4-28 所示。

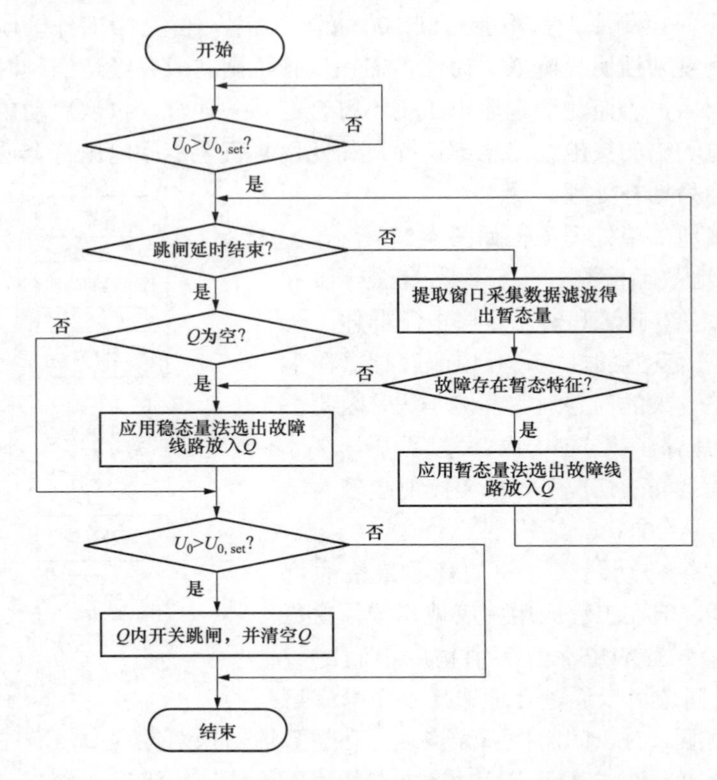


图 4-28　小电流接地选线装置的连续检测接地故障处理流程

由图 4-28 可见，连续检测过程在零序电压 $U_0$ 超过阈值 $U_{0,set}$ 时启动，在跳闸延时结束前，不断根据窗口动态采集数据采用暂态量法进行检测，并将检测出的故障线路存入队列 $Q$ 中。

在跳闸延时结束时，若 $Q$ 为空，则根据录波窗口动态采集数据，在 $I_0$ 大于 $I_{0,set}$（确保互感器精度的电流阈值）的线路中采用稳态量法进行检测，并将检测出的故障线路存入队列 $Q$ 中；如果 $Q$ 不为空，则表明暂态量法已经检测出故障线路，则跳过本轮稳态量法检测，这体现了暂态量法优先原则。

跳闸延时到达后若零序电压仍未降至符合返回条件，则跳开 $Q$ 中线路后结束，否则表明为瞬时性故障或故障已被馈线上安装的自动化装置切除，直接结束流程。

4）增补处理流程。采用连续检测处理过程虽然可以用来进行相继接地故障检测，但是由于故障现象的复杂性，难免仍会有漏检的可能性。

对于未被成功切除的间断性弧光接地故障，仍可以采取暂态量法进行检测以实现增补处理；而对于未被成功切除的连续性接地故障，由于暂态过程已经结束，必须采用稳态量法实现增补处理。

对于一些相继故障（如第 2 次接地过渡电阻大于第 1 次的异名相相继接地故障），虽然稳态量法仅能正确选出第 1 次接地，但是当第 1 次接地被切除后，稳态量法就可以正确选出第 2 次接地线路。

增补处理流程如图 4-29 所示，对于暂态故障特征明显的情形（如永久性间断性弧光接地），采用暂态量法检测；对于暂态故障特征不明显的情形，采用稳态量法检测。反复调用检测过程并将检测出的接地线路全部切除，直至零序电压符合返回条件后返回。

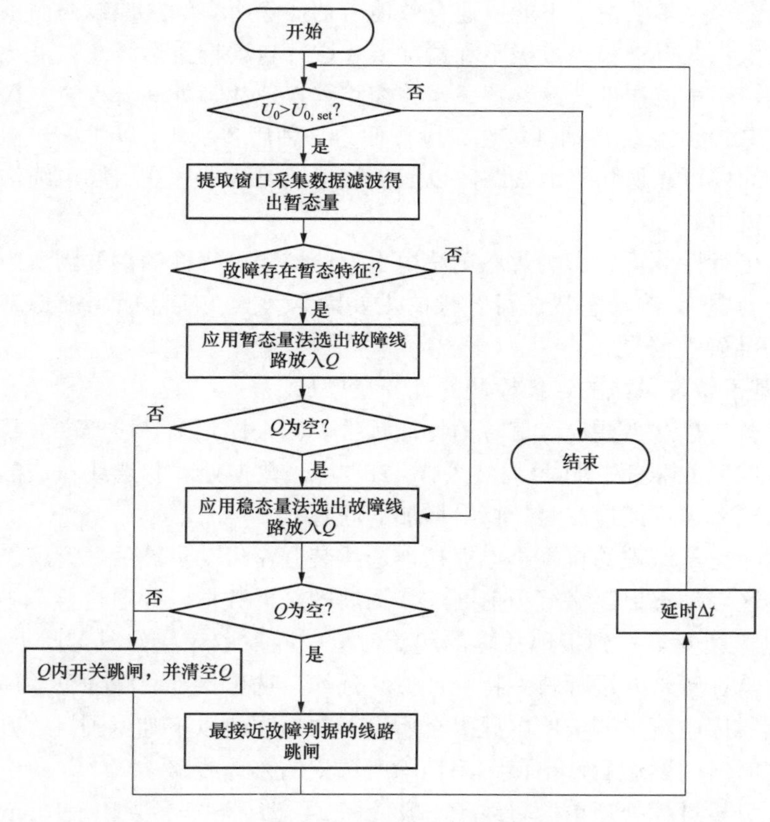


图 4-29　增补处理流程

如前所述，间断性弧光接地需采用暂态量法检测，连续接地可采用稳态量法检测。在采用稳态量法进行功率方向检测时，其准确性依赖于零序电流互感器的精度，但变电站实际安装的零序电流互感器有时不能满足要求，全面更换不仅工作量较大，而且由于往往需要利用停电检修的机会进行，更换持续时间很长。在零序电流互感器尚未全面更换的情况下，会对稳态量法的准确性产生一定影响。

为此，可采取“接近故障判据的线路跳闸”的策略（见图 4-29），是为了每次都能选出一条线路跳闸，以避免存在接地线路长期未被切除而引起电缆沟起火。在最不利情况下，这个策略相当于进行了一次按判断出的接地可能性从大到小排序的自动推拉选线操作。

如果不采取此策略，在小电流选线装置未能将接地故障线路全部切除干净的情况下，现有的策略是延时一段时间后一律采用调度 D5000 系统等进行自动推拉选线操作，直至全部接地线路清除为止。采取上述策略的跨线相继接地故障处理，在绝大多数情况下能快速有效地自动切除所有的接地线路而不造成健全线路停电，只有在极少数极不利情况下才进行自动推拉选线。

当然，小电流接地选线装置采用跨线相继接地故障处理流程时，仍可以将采用调度 D5000 系统自动推拉选线操作作为一种后备手段，以进一步保障能够在较短时间内可靠切除接地线路，以避免接地线路长期存在引起电缆沟起火等恶性事件发生。

（4）可行性分析。影响暂态量法用于连续检测可行性的主要因素为其计算量增加的问题，影响稳态量法可行性的主要因素为其在实际应用中稳态零序电流检测的准确性问题。

1）基于暂态量法的连续检测的计算量增加。

由于暂态量法需要提取信号的特征频带，其采样频率一般较高（目前主流的设计一般为 6.4kHz，即每周波采样 128 点），数据处理和选线算法的计算量较大，需要考虑连续检测时计算量增加的问题。

采用暂态量原理的传统小电流接地选线装置在启动录波后，开辟一个数据采集缓冲区，动态保存截至当前 8～20 周波的采样数据，并通过检测零序电压或零序电流突变量找到接地故障的起始时刻，随后取该起始时刻附近 2～5ms 数据提取特征频带并进行暂态特征计算和选线，选出接地故障线路后即延时等待并监测零序电压；若零序电压降至所设置的返回值以下则返回，否则当预先设置的延时时间到达后，出口跳闸切除所选中的接地线路。

上述分析过程处理单段母线（一般最多 24 条线路）需要 60～100ms。由于传统小电流接地选线装置启动后只进行 1 次分析过程就进入延时等待，计算量并不大，但是连续检测法却要多次调用该过程，需要对计算量加以分析。

由于数据缓冲区采取动态存储方式，且暂态量法必须基于零序电压或零序电流突变时刻的信息才能进行选线，如果相继故障密集发生，当完成几次分析后，后续故障信息已经被清出缓冲区，则无法完成对后续接地故障的分析而发生漏检。

设缓冲区存储数据总时长为 $T$，相继接地故障以间隔时间 $\Delta t_1$ 密集发生，每次分析过程所需时间为 $\Delta t_2$，若要完成 $N$ 次分析过程而不发生漏检，需满足：

$$N\Delta t_2 < T + N\Delta t_1 \tag{4-26}$$

则当 $\Delta t_2 < \Delta t_1$ 时，式（4-26）始终成立，也即无论进行多少次分析都不会发生漏检。

当 $\Delta t_2 > \Delta t_1$ 时，最多可以完成而不发生漏检的分析过程次数 $N$ 满足：

$$N < \frac{T}{\Delta t_2 - \Delta t_1} \tag{4-27}$$

严格起见，取一次分析过程所需的时间 $\Delta t_2$ 为 100ms，以此处理能力进行分析。

（a）连续接地。对于 1 处连续接地，只在其发生的时刻会引起零序电压或零序电流突变，从而引发 1 次分析过程，如果相邻两次接地故障的时间间隔 $\Delta t_1$ 大于 100ms，则理论上无论在等待延时期间发生多少处相继连续接地都能检测出来。

对于 20 周波缓冲区（也即 $T$=400ms）的情形，在相继连续接地故障以间隔半个周波（即 $\Delta t_1$=10ms）密集发生时，根据式（4-27），理论上最多可以检测 4 次这样密集的连续相继故障而不会漏检，此时中央处理器的处理能力尚留有足够的裕量。

根据对实际中发生的跨线相继接地故障的调查和分析可知，绝大部分为 3 处以下跨线接地故障。因此，如果相继故障都为连续接地故障，即使在密集发生的情况下，连续检测流程也都能应对，况且大多数相继故障并非如此密集发生。国内外变电站内小电流接地选线装置的跳闸延时一般设置在 3～25s，以 3s 为例，理论上可以进行 30 次接地分析过程，可以满足实际需要。

极端情况下，如果发生在同一次分析过程中的相继接地故障的时间间隔较短（如 2～5ms），则两次接地故障的暂态过程会交织在一起。因为两次接地故障的暂态特征相互削弱，会增加暂态量法的检测难度，可能会发生漏检，因此需要采取稳态量法进行增补处理。

（b）间断性弧光接地。如果相继接地故障中至少其中 1 处故障为间断性弧光接地，则虽然相继接地故障处较少，但是每次电弧熄灭和复燃都会引起零序电压或零序电流突变，从而启动 1 次分析过程，会大幅增大计算量。

对于 1 处间断性弧光接地，极端情况下有可能每半个周波（$\Delta t_1$=10ms）就有一次电弧过程产生突变量，如果还有其他异名相的间断性弧光接地同时存在，半个周波内可能有不止1次电弧过程都能产生突变量启动分析过程。以当前小电流接地选线装置的处理能力，尚不能有效应对这样大的计算量。

（c）应对策略。综合考虑上述因素，在连续检测流程中，可以采用在20周波（400ms）内限制分析过程启动次数的策略，将每次分析过程的启动次数限制在4次，此时中央处理器的处理能力尚留有足够的裕量。考虑到相继接地故障具有一定的时间分散性，这个应对策略能满足大多数相继接地故障检测的要求，但是极端情况下有一定的漏检风险。

因此，考虑到计算量的因素及接地故障的复杂性，实际上暂态量优先的连续检测流程并不能完全确保检测出所有的相继接地故障，剩余未检出的接地故障必须通过增补处理流程来检出和切除。

2）稳态量法的准确性。以零序功率方向为代表的稳态量法在增补处理流程中扮演了重要角色。稳态量法在现场应用不佳的主要原因有两点：①系统零序有功功率含量较小；②零序电流互感器配置不当导致角差较大。

目前小电流接地选线装置的零序电压启动条件一般最低设为10%$U_N$（$U_N$为标称相电压）。根据DL/T 1057—2007《自动跟踪补偿消弧线圈成套装置技术条件》，消弧线圈启动电压为（20%～35%）$U_N$，而现场一般设置为25% $U_N$，即预调式消弧线圈阻尼电阻的退出电压可按 25%$U_N$考虑。因此零序电压在10%$U_N$～25%$U_N$所对应的较高过渡电阻（一般较低零序电流）情况下阻尼电阻不退出，而零序电压在25%$U_N$以上，所对应的较低过渡电阻（一般较低零序电流）情况下阻尼电阻才退出。上述因素对稳态量法有利。

电缆线路的阻性电流（有功功率损耗）与系统电容电流的占比$\beta$一般为2%～4%，绝缘老化时可增至10%；架空线路$\beta$一般为3%～5%，绝缘积污受潮时也可增至10%。考虑到中性点经消弧线圈接地系统的电缆化率较高，并且严格起见，$\beta$取3%。消弧线圈阻尼电阻的阻尼率 $\gamma$一般为5%；而消弧线圈过补偿度$\rho$一般为5%～10%，严格起见$\rho$取10%。电缆线路在额定电压下的电容电流一般不低于5A，严格起见取5A。对于接地故障所在线路，尽管要求过补偿不超过全系统电容电流的10%，但是由于接地位置下游的电容电流并不流过接地线路首端，因此实际残流水平也都在几安培以上，也即健全线路（而不是故障线路）的零序电流大小是影响稳态量法检测准确度的关键。一般情况下，故障线路自身电容电流占全系统电容电流比值$k$不超过10%。

根据上述参数，对于健全线路零序电流超前零序电压的相角$\varphi_{h,0}$为：

$$\varphi_{h,0}=90^\circ-\arctan\beta=88.3^\circ \tag{4-28}$$

在小电流接地选线装置启动且消弧线圈阻尼电阻未退出时的最不利情形

（对应零序电压为 10%$U_N$）下，健全线路电容电流 $I_{h,0}$=5A×10%=0.5A，消弧线圈过补偿 10%时接地故障线路零序电流超前零序电压的相角 $\varphi_{f,1}$ 为：

$$\varphi_{f,1} = 90° + \arctan\left(\frac{\beta+\gamma}{\rho+k}\right) = 111.8° \tag{4-29}$$

在小电流接地选线装置启动且消弧线圈阻尼电阻未退出的其他情形下，健全线路电容电流都大于 0.5A，接地故障线路零序电流超前零序电压的相角都大于 111.8°。

在小电流接地选线装置启动且消弧线圈阻尼电阻退出时的最不利情形（对应零序电压为 25%$U_N$）下，健全线路电容电流 $I_{h,0}$=5A×25%=1.25A，$\varphi_{h,0}$ 仍如式（4-28）所示。消弧线圈过补偿 10%时，接地故障线路零序电流超前零序电压的相角 $\varphi_{f,2}$ 为：

$$\varphi_{f,2} = 90° + \arctan\left(\frac{\beta}{\rho+k}\right) = 98.5° \tag{4-30}$$

在小电流接地选线装置启动且阻尼电阻退出的其他情形下，健全线路电容电流都大于 1.25A，接地故障线路零序电流超前零序电压的相角都大于 98.5°。

线路稳态零序电流与零序电压相位关系示意如图 4-30 所示。图中，零序电流的参考方向为从母线指向线路，零序电压的参考方向为从母线对地。

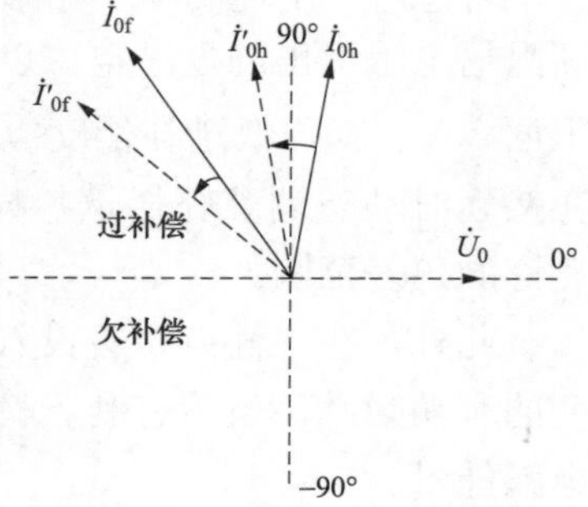

由图 4-30 可见，以零序电压 $\dot{U}_0$ 为参考方向，非故障线路稳态零序电流 $\dot{I}_{0h}$ 处于第一象限，过补偿时故障线路零序电流 $\dot{I}_{0f}$ 处于第二象限。考虑到零序电流互感器励磁支路基本为感性，二次负载基本为阻性，由于励磁支路的分流，二次电流在相位上超前一次电流，因此可能会导致非故障线路零序电流偏移至第二象限，即由 $\dot{I}_{0h}$ 变为 $\dot{I}'_{0h}$。

图 4-30　线路稳态零序电流与零序电压相位关系示意

因此，可将接地故障的相角判定阈值 $\varphi_{set}$ 尽量靠近故障线路的边界（但是留有 5°左右裕量以应对检测数据处理误差），而为健全线路留出较大的容错空间。若根据 $U_0$ 自适应定值，可当 $U_0$≤25%时，取 $\varphi_{set,1}$=106.8°，当 $U_0$＞25%时，取 $\varphi_{set,2}$=93.5°。若不能根据 $U_0$ 区分阻尼电阻是否退出，则可采用 $\varphi_{set}$=93.5°。

可见，若根据 $U_0$ 自适应定值，则在零序电流 0.5～1.25A 之间和零序电流大于 1.25A 时，零序电流互感器允许的角差分别为（106.8°−88.3°=18.5°）和

（93.5°–88.3°=5.2°）；若不根据$U_0$自适应定值，则在零序电流 0.5A 及以上时，零序电流互感器允许的角差为（93.5°–88.3°=5.2°）。若零序电流互感器能满足上述要求，则就能保证在小电流接地选线装置启动范围内基于零序功率方向法的可靠性。

例如，如果采用 50/1 0.5S 级零序电流互感器，根据 DL/T 866—2015《电流互感器和电压互感器选择及计算规程》，其在 1%～120%额定电流（即 0.5A～60A）范围内比差小于 1.5%、角差小于 90′（即 1.5°），则即使不根据$U_0$区分阻尼电阻的状态并自动调整定值（即一律取$\varphi_{set,2}$=93.5°的严格定值）也能够很好地确保在小电流接地选线装置可启动的范围内基于零序有功功率方向稳态量法的准确度。

而 P 级互感器仅有额定电流下误差及最大限值电流下误差要求，对于小电流时误差无相关规定。通过对一批 100/5 10P10 级零序电流互感器的测试，在一次电流为 1A 和 0.5A 时角差最大值分别为 4.6°和 11.4°，若在变电站配置这批互感器，则必须根据$U_0$区分阻尼电阻的状态并自动调整定值才能确保稳态量法的检测准确度，否则就只能在接地过渡电阻较小（对应零序电流和零序电压较大）时才能正确选出故障线路，在接地过渡电阻较大（对应零序电流和零序电压较小）时有可能将健全线路误选为故障线路。

若想进一步提高零序电流互感器允许的角差范围，可以采取下列措施：①提高阻尼电阻退出的零序电压以使更宽的过渡电阻范围内都可采用$\varphi_{set,1}$。②加大阻尼率$\gamma$。③降低过补偿度$\rho$。采用第 4.1.1 节论述的相控预调式消弧线圈可以在接地时动态调节补偿量，将过补偿度$\rho$大幅降低，从而提高零序电流互感器允许的角差范围。

此外，在中性点短暂投入并联中电阻，短时人为增大由故障线路流向系统侧的有功功率，虽然有利于稳态量法选线，但是需要增加额外设备，且增大了电弧能量。

（5）应用情况。已经部署相继故障处理功能的选线装置已经成功检测出 3 次相继故障，包括：①某日 15:23:05，110kV WT 变Ⅲ段母线 114 线和 188 线 B 相相继接地故障；②某日 16:03:10，110kV ZB 变Ⅰ段母线 171 线和 167 线 A 相相继接地故障；③某日 15:01:40，110kV ZB 变Ⅱ段母线 146 线 C 相和 145 线 A 相相继接地故障。相继故障的成功检测，表明暂态量和稳态量相结合的小电流接地系统跨线相继接地故障选线与处理方法的可行性。

#### 4.2.3.2 定值整定和参数设置

单相接地保护装置定值和参数的合理整定设置是确保单相接地故障处理过程正确合理的基础。

考虑到各个厂家小电流接地选线装置和单相接地保护监测装置所采用的方法原理不同，要求在工程应用中对具体装置进行涉及判据原理层面的定值整定并不现实，会给应用单位带来很大的困扰，因而更合理的处理方式是将涉及判据原理层面的定值看作装置的内在固化参数，通过真型实验场测试验证的方式，确保装置的判据定值设定能够适应现场各种典型场景。而在工程实际中，对于单相接地保护装置的参数和定值整定设置则主要针对与应用单位的电网特点和运行管理要求以及用户情况直接相关的一些外在功能选项进行，通常包括：零序电压启动定值、跳闸延时、重合闸功能设置及延时等方面。

（1）零序电压启动定值 $U_{0,set}$ 整定。小电流接地选线装置和绝大多数单相接地保护监测装置是以检测到超过整定值的零序电压作为其启动判据的。

对于小电流接地选线装置和单相接地保护监测装置零序电压启动定值的整定，需躲过配电系统正常运行时的中性点位移电压，根据 GB/T 50064—2014《交流电气装置的过电压保护和绝缘配合设计规范》，消弧线圈接地系统在正常运行情况下，中性点的长时间电压位移不应超过系统标称相电压 $U_N$ 的 15%。因此，通常情况下对于消弧线圈接地系统，零序电压启动定值通常可按不低于 15%额定相电压整定，可以整定为 15～20V（二次值），在正常运行时的中性点偏移电压较低时，也可将启动定值适当下调，但应远高于正常时的中性点偏移电压；而对于不接地系统，其正常运行时的中性点电压位移较小，通常情况下零序电压启动定值可以按不低于 10%额定相电压整定，为 10～15V（二次值）。

按照上述原则整定的零序电压启动判据耐过渡电阻（$R_f$）能力与接地残流（$I_f$）的关系如图 4-31 所示。可见，对于不接地系统或补偿良好的消弧线圈接地系统，以残流 10A 为例，按 15%$U_N$ 整定的零序电压启动判据耐过渡电阻能力

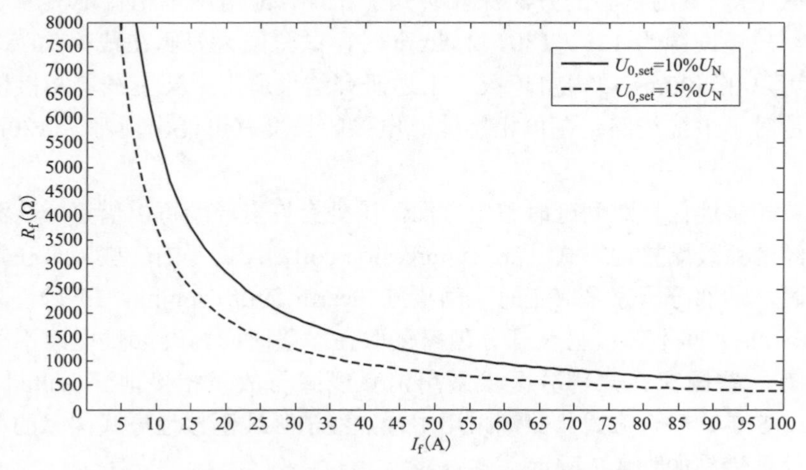


图 4-31　零序电压启动判据耐过渡电阻能力与残流的关系

约可达到 4000Ω，按 10%$U_N$整定的零序电压启动判据耐过渡电阻能力约可达到 5500Ω，但是对于残流比较大的系统，零序电压启动判据的耐过渡电阻能力则显著下降。当残流大于 40A 以后时，按 15%$U_N$整定的零序电压启动判据的耐过渡电阻能力将小于 1000Ω；当残流大于 55A 以后时，按 10%$U_N$整定的零序电压启动判据耐过渡电阻能力将小于 1000Ω。

实际上对于绝大多数电缆配电系统而言，由于其三相对地电容参数的不对称程度较低，正常运行时的中性点位移电压一般不会超过 5V，零序电压启动定值仍存在进一步优化的可能。对于一些管理更为精细的应用单位，也可以在对配电系统正常运行时中性点位移电压（也即母线零序电压）持续监测的基础上，按照实际监测得到的配电系统中性点最大位移电压，对零序电压启动定值进行整定，如式（4-31）所示：

$$U_{0,\mathrm{set}} = K_{\mathrm{rel}} U_{\mathrm{bph,max}} \tag{4-31}$$

式中：$U_{0,\mathrm{set}}$ 为零序电压启动定值；$K_{\mathrm{rel}}$ 为可靠系数，一般可取 1.1～1.2；$U_{\mathrm{bph,max}}$ 为正常运行时中性点最大位移电压。

必要时，还可以采取零序电压和零序电流联合启动方式，在消弧线圈补偿容量不足时，也可依靠零序电流启动。

（2）单相接地保护跳闸延时整定。对于单相接地保护装置，如果投入跳闸功能，则需整定跳闸延时。

单相接地保护跳闸延时整定需要考虑以下因素：①充分发挥消弧线圈的熄弧作用，若单相接地持续存在才进行跳闸；②避免电弧持续燃烧造成严重后果，如电缆沟火烧连营等；③与馈线单相接地保护形成级差配合。

文献［1］采用试验的方法深入研究了 10kV 配电网单相接地故障电弧自熄特性，放电间隙为 125、180、215mm 时，试验结果表明在残流 10A 以下，电弧都可以在 500ms 以内自熄灭。上述研究结果适用于架空线单相接地的情形，但是对于电缆线路，在单相接地时电弧的长度有可能出现小于 120mm 的情况。

在单相接地保护跳闸延时整定方面，国外有许多经验可以借鉴。欧洲采用中性点经消弧线圈接地方式（arc suppression coil，ASC）的一些国家在发生单相接地时，一部分国家采取延时跳闸措施（earth fault tripping，EFT），跳闸延时在 3s～2h 之间不等；另一部分国家采取在一段时间内继续供电而不跳闸方式，还有一些国家在一部分区域采用消弧线圈与故障相接地（faulted phase earthing，FPE）联合方式。欧洲采用中性点经消弧线圈接地方式国家的单相接地故障处理措施如表 4-7 所示。

表 4-7　欧洲采用中性点经消弧线圈接地方式国家的单相接地故障处理措施

| 国家 | ASC+EFT 跳闸延时 | 不跳闸 | 备　注 |
|---|---|---|---|
| 瑞典 | 5s | — | |
| 挪威 | 20min | — | |
| 俄罗斯 | 3s | — | |
| 德国 | — | √ | |
| 斯洛文尼亚 | — | √ | |
| 爱尔兰 | — | √ | 部分采用消弧线圈+故障相接地（ASC+FPE） |
| 丹麦 | — | √ | |
| 波兰 | 3s | — | |
| 法国 | 30s | — | |
| 瑞士 | 2h | — | |
| 奥地利 | — | √ | |
| 匈牙利 | — | √ | |
| 克罗地亚 | 2h | — | |
| 捷克 | — | √ | 大于 450A 时小电阻接地+跳闸 |
| 意大利 | 5s | — | |

鉴于中国的实际情况，为了避免扩大单相接地的影响，宜采取延时跳闸方式，这样做有以下好处：

1）保护高风险馈线，避免电缆沟“火烧连营”和引发山火等。

2）保障接地点安全，避免较高的接触电压和跨步电压持续存在。

3）减少因间断性弧光接地引发的高倍数过电压长时间持续存在对健全相绝缘造成的伤害。

作者在工程实践中，将变电站出线的单相接地保护跳闸延时整定为 5s，为了了解消弧线圈的熄弧作用情况，曾对电缆化率较高的 18 座变电站发生的单相接地保护装置启动的 334 次单相接地故障进行了研究，发现有 256 次单相接地因消弧线圈的自熄弧成功而没有跳闸，消弧线圈自熄弧成功率达到了 76.65%。进一步统计分析表明，在消弧线圈自熄弧成功的 229 个样本中，熄弧时间小于 1s 的占 80.92%，熄弧时间在 1～2s 的占 9.19%，熄弧时间在 2～3s 的占 4.59%，熄弧时间在 3～4s 的占 1.77%，熄弧时间大于 4s 的占 3.53%。表明为了充分发挥消弧线圈的熄弧作用，跳闸延时不应短于 1s。另外，还发现因干扰、谐振、“虚幻接地”等因素造成的单相接地保护装置启动非常频繁，共计526次，这也从另一个侧面表明，设置延时跳闸机制能有效避免单相接地保护装置误动。

在电弧引燃风险方面，文献［2］采用FDS仿真的方法研究了10kV电缆单相电弧接地故障引燃隧道的动态过程，动态仿真结果表明：电弧故障发生14.4s后电缆被引燃，与故障电缆同侧向上50cm范围内的电缆处于高火灾风险区，故障电缆同侧向上50～75cm范围内敷设的电缆处于中等火灾风险区，隧道内的其他电缆处于低火灾风险区。在作者的工程实践中，单相接地保护跳闸的成功率尽管很高但是并非100%，仍有一部分单相接地时依靠第三道防线调度自动化系统自动推拉跳闸切除的。作者统计了电缆化率较高的59座变电站共计269次依靠第三道防线跳闸切除的单相接地故障，电缆沟内均没有易燃物质（如光纤等），自动推拉切除时间平均2.9min，最长75min，均未引燃相邻电缆。表明在电弧引燃风险方面，设置10s以下的单相接地跳闸延时不会造成严重影响。

在架空线路单相接地引燃树木和草丛等造成山火的风险方面，目前研究成果较少，可根据实际需要适当缩短跳闸延时，但也不宜太短，否则有可能熄弧不够充分，导致大量瞬时性故障跳闸。

（3）重合闸功能设置及延时整定。考虑到瞬时性故障熄弧时间以及接地故障消失后零序电压下降过程通常需要一定时间，单相接地保护装置的重合闸延时通常可整定为1～3s。对于线路上有分布式电源接入的情形，为了与分布式电源反孤岛动作时间配合，单相接地保护装置的重合闸延时则需设定在2s以上。

#### 4.2.3.3 自动重合闸问题

配电网中绝大多数接地故障是由于雷电、树枝碰线、鸟或其他动物触碰以及污秽闪络等原因引起，这些故障一般都是瞬时性的。由于消弧线圈的熄弧作用，小电流接地配电网中，单相接地故障中瞬时性故障的比例高达70%～90%，东南沿海某供电公司对一座小电流接地方式的变电站的单相接地故障统计显示，99%以上的故障是瞬时性的[3]。

对于电缆线路，长期以来一直认为其绝缘击穿是不可恢复的，一旦发生接地就是永久性的。但实际上，电缆线路中的电气设备裸露部分、电缆头沿面闪络等是瞬时性单相接地的高发处[3]，即使对于电缆本体，也存在瞬时性接地现象，如根据某石化企业记录，在某次电缆本体发生永久性接地故障前的7天内，共发生了8次瞬时性接地故障，其中6次的持续时间约为一个工频周波，另2次的持续时间也小于1s[4-5]。

此外，许多供电公司在用户侧安装了分界开关（俗称“看门狗”），主要有两种：一种是“电流型”，与变电站出线断路器或馈线上的保护装置采用延时级差配合；另一种是“电压型”，在上级断路器保护跳闸后，分界开关失压分闸。分界开关能够有效隔离用户侧的相间短路故障和单相接地故障，对于配置了“电压型”分界开关的馈线，上级断路器重合闸后就可快速恢复健全区域供电。

鉴于瞬时性单相接地故障比例很高，应该配置单相接地跳闸重合闸功能，且对于小电流接地系统而言，因补偿后残流较小，若重合到永久性单相接地故障，即使对于电缆线路也伤害不大，因此无论架空线路、架空电缆混合线路还是全电缆线路，在单相接地跳闸后应该进行重合闸。

南方沿海一些电力公司在其电缆网中投入了自动重合闸，运行结果表明，实际重合成功率达到20%左右。徐丙垠教授研究了引起跳闸的单相接地故障（消弧线圈未能成功熄灭电弧）在自动重合闸后的情况，结果发现仍有 30%左右的情形能够恢复供电，表明跳闸也是一种有效的熄弧手段，对于单相接地故障进行自动重合闸非常有必要。

研究表明，全电缆线路在重合闸过程中的操作过电压水平较低，含电缆线路重合闸过程中的操作过电压水平与电缆—架空占比有关，但是操作过电压最大一般不超过 2.6p.u.，说明重合闸过程中的操作过电压不会带来很大困扰。

在动稳定方面，分析表明：即使在三相相间短路电流为 20kA 的情况下，其中一相导体受到的电磁力约为 4528N。考虑最薄的钢带，即厚度为 0.2mm、长度为 1m 的钢带。则其钢带截面积为 $200mm^2$，考虑其抗拉强度 $295N/mm^2$，则长度 1m 的钢带抗拉力为 59000N，远远大于 20kA 短路情况下单根线芯所受到的电磁力。因此，电缆短路所导致的电磁力不会导致电缆外护套受损，电缆本体即使在配电线路短路故障及重合闸时也不存在动稳特性的问题。

对于小电流接地系统，重合到永久性单相接地故障时，其容性电流水平也在负荷电流范围，短时间内产生的温升对电缆故障点的破坏作用不大，对于电缆非故障部分的影响更小。但是当重合到永久性单相接地故障时伴随的电弧，如果长期不熄灭则有可能对敷设的间距较小的相邻电缆产生伤害，当电缆沟道中存在易燃介质时，还会造成“火烧连营”的恶劣后果。因此，在重合到永久性单相接地故障后应快速跳闸。

一些单相接地保护装置的检测方法（如相电流突变法等），在进行重合闸时，即使在单相接地已经消除的情况下，三相电流也发生了突变，有可能对这类检测方法带来困扰。

为了解决上述问题，在重合闸时可结合稳态量（如零序电压）判断故障性质，但需短暂延时（一般 100～200ms）躲开励磁涌流和三相非同期合闸过程，检测零序电压是否仍在阈值以上，若是则为永久性单相接地，再次跳开该线路的开关；否则为瞬时性单相接地，此次单相接地故障处理过程结束。

4.2.3.4 暂态过程

为抑制系统正常运行时消弧线圈带来的串联谐振问题，预调式消弧线圈通过附加阻尼电阻来实现，随调式消弧线圈通过正常运行时远离谐振点来实现。在发生单相接地故障时，自动跟踪型消弧线圈存在一个动态状态切换过程，可能会对单相接地选线和保护产生一定的影响。

自动跟踪型消弧线圈一般存在下列 3 种状态：①含阻尼，即预调式消弧线圈在阻尼电阻未切除时。②无阻尼，即预调式消弧线圈阻尼电阻已切除时或随调式消弧线圈已启动时。③无补偿，即随调式消弧线圈未启动时。

故障发生时，预调式消弧线圈需要经历含阻尼状态到无阻尼状态的切换过程，随调式消弧线圈需要经历无补偿状态到补偿状态的切换过程。

预调式消弧线圈阻尼电阻的切除是由晶闸管或接触器自触发的，阻尼电阻切除时间大约为微秒级；随调式消弧线圈启动是由电力电子元件调节补偿电流的过程，进入补偿状态的时间大约为毫秒级，在无补偿状态可持续几个周波。因此对于采用随调式消弧线圈的系统，故障后一段时间以内等同于中性点不接地系统。

单相接地选线装置一般采用零序电压启动。对于较低过渡电阻的单相接地故障，往往会迅速引起较高的零序电压，单相接地选线装置一般能够在故障发生时刻启动。但是对于较高过渡电阻的单相接地故障，零序电压的上升过程时间较长，会使单相接地选线装置的启动时间滞后于故障发生时刻。

对于较高过渡电阻的单相接地故障，由于单相接地选线装置的启动时间滞后于故障发生时刻，有可能对一些单相接地检测方法和措施产生不利影响。

根据文献［6］，高阻接地时暂态谐振频率较低，此时可忽略故障点到母线的电感，整个系统在自动跟踪补偿消弧线圈完成动态切换后的等效电路如图 4-32 所示。其中：$u_f$ 为故障点虚拟电源；$R_f$ 为接地过渡电阻；$L$ 为消弧线圈电感；$C_{0\Sigma}$ 为整个系统对地分布电容之和。

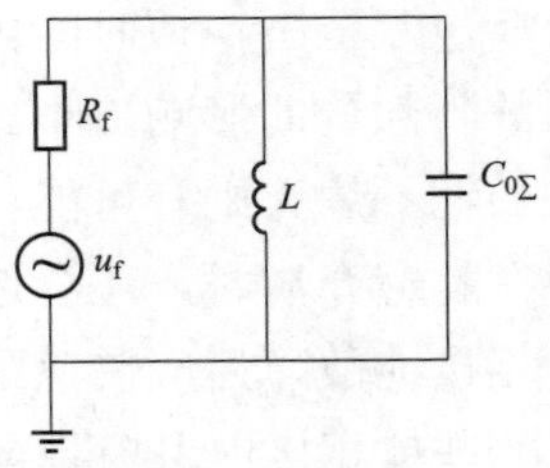


图 4-32 高阻接地时系统等效电路

根据图 4-32 所示等效电路，可以列写二阶微分方程为：

$$R_{\rm f}LC_{0\Sigma}\frac{{\rm d}^2 i_L}{{\rm d}t^2}+L\frac{{\rm d}i_{\rm L}}{{\rm d}t}+R_{\rm f}i_{\rm L}=u_{\rm f}(t) \tag{4-32}$$

根据式（4-32）特征根 $p_1$、$p_2$ 的性质，该方程的解存在欠阻尼和过阻尼两种形式：

$$p_1,p_2=-\frac{1}{2R_{\rm f}C_{0\Sigma}}\pm\sqrt{\left(\frac{1}{2R_{\rm f}C_{0\Sigma}}\right)^2-\frac{1}{LC_{0\Sigma}}} \tag{4-33}$$

当 $R_{\rm f}$ 满足式（4-34）时，系统为过阻尼状态，单相接地后消弧线圈完成动态切换后的母线零序电压 $u_0$ 可表示为式（4-35）：

$$R_{\rm f}<\frac{1}{2}\sqrt{\frac{L}{C_{0\Sigma}}} \tag{4-34}$$

$$u_0=Lp_1A_1{\rm e}^{p_1t}+Lp_2A_2{\rm e}^{p_2t}+\omega_0LB\cos(\omega_0t+\varphi) \tag{4-35}$$

式中：$\omega_0$ 为工频角频率；$A_1$、$A_2$、$B$、$\varphi$ 均为与故障时刻、系统参数有关的常数。

由式（4-35）可见，过阻尼状态时母线零序电压不会呈现振荡增大的形态。

当接地过渡电阻 $R_{\rm f}$ 满足式（4-36）时，系统为欠阻尼状态，单相接地后消弧线圈完成动态切换后的母线零序电压 $u_0$ 可表示为式（4-37）：

$$R_{\rm f}>\frac{1}{2}\sqrt{\frac{L}{C_{0\Sigma}}} \tag{4-36}$$

$$\begin{aligned}u_0=&L(A_4\omega_{\rm f}-\delta A_3){\rm e}^{-\delta t}\cos(\omega_{\rm f}t)+L(-A_3\omega_{\rm f}-\delta A_4){\rm e}^{-\delta t}\sin(\omega_{\rm f}t)+\\&\omega_0LB\cos(\omega_0t+\varphi)\end{aligned} \tag{4-37}$$

式中：$A_3$、$A_4$ 均为与故障时刻、系统参数有关的常数；$\delta$ 和 $\omega_{\rm f}$ 分别为衰减因子和谐振角频率，其计算公式为：

$$\delta=\frac{1}{2R_{\rm f}C_{0\Sigma}} \tag{4-38}$$

$$\omega_{\rm f}=\sqrt{\frac{1}{LC_{0\Sigma}}-\left(\frac{1}{2R_{\rm f}C_{0\Sigma}}\right)^2}=\sqrt{\omega_0^2(1-\nu)-\delta^2} \tag{4-39}$$

式中：$\nu$ 为消弧线圈失谐度。

由式（4-39）可见，系统电容电流越大、过渡电阻越大，则谐振角频率 $\omega_{\rm f}$ 越大；$\omega_{\rm f}$ 取上限时对应的频率为 $50\sqrt{(1-\nu)}$ Hz，即消弧线圈越接近全补偿，谐振频率的上限就越接近工频。

可见，欠阻尼时零序电压为工频分量与衰减的正弦分量的叠加，因此高阻故障后系统零序电压是缓慢上升的正弦曲线，且系统电容电流及过渡电阻越大，零序电压上升速率越慢。

采用蒙特卡洛法，在 10～300A 范围内随机设置系统电容电流，在–0.1～0.1

范围内随机设置系统补偿度，在给定范围内随机设置过渡电阻，按照式（4-37）计算系统零序电压，记录自故障发生起母线零序电压有效值上升至启动电压（设定为有效值 15V）的时间 $t_f$，得到表 4-8 所示的零序电压上升至启动电压时间 $t_f$ 的统计规律。

**表 4-8　零序电压上升至启动电压时间 $t_f$ 的统计规律**

| 过渡电阻上限（Ω） | $t_f$最大值（ms） | $t_f$>20ms 概率（%） | $t_f$>40ms 概率（%） | $t_f$>60ms 概率（%） | $t_f$>80ms 概率（%） |
|---|---|---|---|---|---|
| 0～500 | 14.6 | 0 | 0 | 0 | 0 |
| 500～1000 | 42.3 | 18.68 | 0.03 | 0 | 0 |
| 1000～2000 | 109.2 | 59.12 | 31.49 | 11.03 | 1.68 |
| 2000～3000 | 279.6 | 76.58 | 60.38 | 44.55 | 29.13 |
| 3000～4000 | 279.8 | 82.14 | 69.80 | 57.94 | 46.53 |
| 4000～5000 | 279.8 | 83.07 | 72.05 | 61.98 | 52.28 |

由表 4-8 可见，在高阻接地时，采用零序电压有效值启动的单相接地保护装置的启动时刻有较大概率相对单相接地故障时刻延迟几个周波以上。

如果录波窗口只录启动时刻前 4 个周波的波形，则在高阻接地故障时，可能在启动时就已失去了故障发生时的暂态特征，从而影响暂态量法性能。

从理论上讲，零序有功功率方向法是稳态量算法，并不受该因素影响。但如果将启动时刻前的零序电流误认为不平衡电流，并据此对启动后的零序电流进行修正，则就会影响稳态量法的性能，有可能导致算法失效。

为了克服上述影响，需要加大录波窗口，在单相接地保护装置启动后，向前追溯录波波形，去找到发生单相接地时的特征波形进行选线检测。

另外，单相接地故障消失（如电弧熄灭或故障线路跳闸）后，母线零序电压 $U_0$ 随时间的变化是以$\delta$为衰减常数、以$\omega_0$为角频率的振荡衰减过程，由文献［7］推导出为：

$$\delta = 0.5R_L/L = P_R\%\omega_0/2 \tag{4-40}$$

式中：$R_L$ 和 $L$ 分别为消弧线圈绕组电阻和电感量；$P_R\%$为消弧线圈的有功损耗功率占补偿容量的百分比；$\omega_0$ 为工频角频率。

一般情况下，$P_R\%$的取值范围为 1.5%～2.0%[8]，则衰减常数$\delta$的取值范围为 2.36～3.14。

文献［7］将故障切除后零序电压包络下降到故障时零序电压的比例定义为衰减系数，并给出了不同衰减常数下衰减系数随时间的关系曲线，如图 4-33 所示；以及不同的衰减系数所对应的衰减时间，如表 4-9 所示。

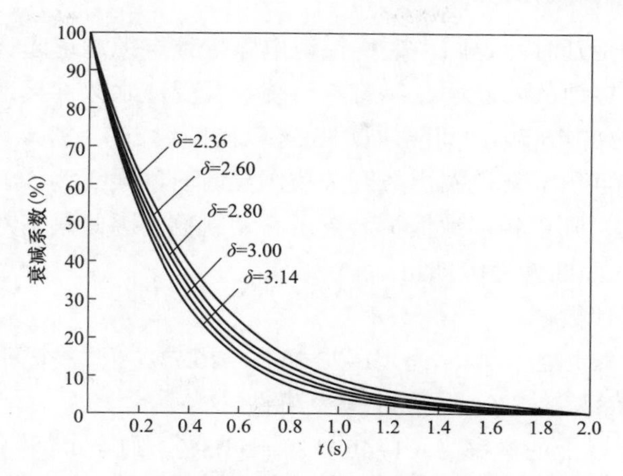


图 4-33　不同衰减常数下衰减系数随时间的关系曲线

**表 4-9　　不同的衰减系数所对应的衰减时间**

| 衰减系数（%） | 30 | 27 | 20 | 18 | 15 |
|---|---|---|---|---|---|
| 衰减时间（ms） | 383.4～510.2 | 417.0～554.8 | 512.6～682.0 | 546.1～726.6 | 604.2～803.9 |

单相接地故障消失（如电弧熄灭或故障线路跳闸）后，由于零序电压也并非迅速下降到很低，而是存在一个逐渐下降的暂态过程，预调式消弧线圈可能不会立即重新投入阻尼电阻，随调式消弧线圈也可能不会立即将消弧线圈调节到远离谐振点的状态。在这个期间，有可能会因为接近串联谐振点而放大三相不平衡电压，导致零序电压始终降不下来。解决途径是：适当提高脱谐度下限，使系统始终与串联谐振点适当偏离。

当选线跳闸后若仍检测到零序电压，则认为选线错误而启动轮切操作。在轮切中即使跳闸正确，由于零序电压并不会在跳闸后立即下降，有可能会被误认为未正确切除接地线路，而继续进行轮切流程，导致将更多健全线路错误地切除。解决这个问题的途径是适当加大跳闸后检测零序电压的延时，躲过其逐渐下降的暂态过程。

#### 4.2.3.5　间断性接地故障处理

与间歇性弧光接地不同，间断性接地故障的间断时间更长，通常接地现象消失的间断时间间隔可达若干秒，然后接地现象又会出现，也即间断性接地故障是指短时间内多次发生、且每次故障均在接地保护装置出口前消失的接地故障。对于此类故障，现有接地保护装置将误认是瞬时性故障而不跳闸。

例如，某电缆线路曾在 4 时 17 分 21 秒开始至 4 时 17 分 44 秒结束的 23s 时间内，先后发生了 11 次弧光接地故障，单次持续时间最大 210ms，间隔时间最小 1s、最大 5s 以上，选线装置在每次接地时均启动并正确选线，但都由于未达到出口跳闸延时而返回，最终接地电弧导致电缆沟道起火。

通过对实际接地故障连续 3 年监测与统计发现，永久性接地故障中间隔时间在 3s 以内的约占 46.7%，间隔时间在 5s 以内的约占 73.3%。

由 4.2.3.2 节可知，变电站出线开关跳闸延时时间设置为 5s，如果每次故障持续时间超过 5s，则单相接地保护装置可正常跳闸。因此只需考虑每次故障持续时间小于 5s 的间断性故障即可。

根据上述统计数据：

1 个间隔在 5s 以上的概率为（1–73.3%）=26.7%，则 2 个间隔都在 5s 以上的概率为（1–73.3%）$^2$=7%，属于小概率事件。

1 个间隔 3s 以上的概率为（1–46.7%）=53.3%，则 4 个间隔都在 3s 以上的概率为（1–46.7%）$^4$=8%，属于小概率事件。

考虑到每一次故障都是对电缆的一次伤害，因此故障的间隔时间呈现越来越短的特点。

若发生 5 次故障共有 4 个间隔，则在最不利情况下，此 4 个间隔的排序为：大于 5、5、5、3s。

若发生 6 次故障共有 5 个间隔，则在最不利情况下，此 5 个间隔的排序为：大于 5、5、5、3、3s。

若发生 7 次故障共有 6 个间隔，则在最不利情况下，此 5 个间隔的排序为：大于 5、5、5、3、3、3s。依此类推。

假设设置一个判据，在 $T$ 时间段内检测到 $N$ 次间断性接地故障则跳闸，前 $N$–1 次都以判断为瞬时性接地故障的时刻为准，第 $N$ 次以检测到的时刻为准。则可以得出长延时判据，即在 30s 内监测到同一线路 5 次瞬时性接地故障，则直接跳闸。下面分析其性能。

检测到 5 次故障对应 4 个间隔，每次故障持续时间取极端时间 5s（若超过 5s 则直接跳闸而不会被判为瞬时性故障），从第 1 次故障被判为瞬时性故障开始计时，中间 3 次故障总共持续 15s，在发生 7 次故障后，最后 4 个间隔的时间之和为 5+3+3+3=14s，加上故障持续时间共为 29s，刚好满足 30s 的检测时间段。也即若采用长延时判据，一般可以在发生了 7 次间断性接地故障的时间之内将其检测出来并跳闸切除。

为了避免长延时判据的漏判，利用故障间隔时间随着时间的推移越来越短的规律，可同时设置短延时判据，即在 10s 内监测同一线路 3 次瞬时性接地故障，则直接跳闸。一些电弧能量较大的间断性接地故障，其间隔时间往往较短，采用短延时判据可以更快地切除这类间断性接地故障。在实际应用中，长延时判据和短延时判据一般设置为“或”的关系，满足任一判据即出口跳闸。

#### 4.2.3.6　断线故障保护

断线故障是配电线路上除单相接地故障和相间短路故障以外的另一大类故障，实际配电系统中的断线故障形态比较复杂多变，可能呈现断线不接地、断线电源侧接地、断线负荷侧接地、断线两侧接地等多种形态。

对于断线两侧接地或断线电源侧接地的情形，若断线接地过渡电阻较低，则会同时伴随有明显的接地故障特征，变电站内配置的小电流接地选线装置和单相接地保护监测装置可有效处理这类断线故障。

对于断线两侧不接地或者断线接地过渡电阻较高的情形，则有可能会由于没有接地故障特征或者接地故障特征微弱，而导致变电站内配置的小电流接地选线装置和单相接地保护监测装置无法发现这类断线故障，而需采用基于断线故障特征的故障处理方法。

通常变电站内断线故障选线和保护技术主要基于负序电流和相电流特征，由于集中式单相接地选线保护装置仅采集母线零序电压和出线零序电流信息，因而在理论上不具备扩展基于负序电流和相电流特征的断线故障选线和保护功能的能力；分布式单相接地保护装置由于采集的是出线三相电流和电压信息，因而具备扩展基于相电流和负序电流特征的断线故障选线和保护功能的能力。

（1）基于相电流特征的断线故障保护。就相电流特征而言，以 A 相断线为例，断线线路的等效分析模型如图 4-34 所示，图中 $\dot{E}_A$ 、 $\dot{E}_B$ 、 $\dot{E}_C$ 为系统各相电源电动势； $\dot{I}_A$ 、 $\dot{I}_B$ 、 $\dot{I}_C$ 为断线点上游各相电流； $Z_{fA1}$ 、 $Z_{fB1}$ 、 $Z_{fC1}$ 为断线点上游各相负荷等效阻抗； $Z_{fA2}$ 、 $Z_{fB2}$ 、 $Z_{fC2}$ 为断线点下游各相负荷等效阻抗。

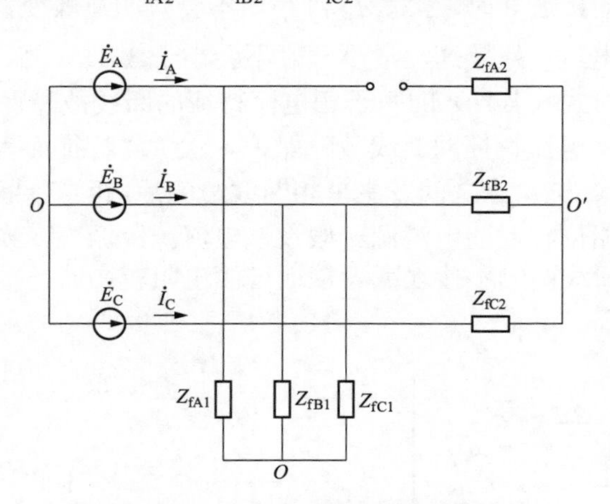


图 4-34　断线线路等效分析模型

理想情况下，忽略对地电容以及断线点上游负荷，有： $\dot{I}_A=0$ 、 $\dot{I}_B=-\dot{I}_C$ ，也即断线相电流变为 0，两个非断线相电流大小相等、方向相反。实际配电系统中，考虑到系统对地电容的存在以及断线伴随接地的可能，断线相电流$\dot{I}_A$不会严格为0，非故障相电流$\dot{I}_B$和$\dot{I}_C$也不会严格满足大小相等、方向相反的关系。更为不利的情形是，若断线点和保护安装点之间存在负荷分支，该部分负荷分支的电流在断线以后并不会发生变化，则保护安装点检测到的相电流特征，有可能更不明显，极端情形是线路末梢断线的情形，此时断线点和保护安装点之间负荷电流较大而断线点下游负荷很小，则$\dot{I}_A$、$\dot{I}_B$和$\dot{I}_C$均不会有明显改变。

以A相断线为例，基于相电流特征的断线故障保护通常可采用如式（4-41）所示的判据：

$$\begin{cases} \Delta I_A < 0 \\ \dfrac{|\Delta I_A|}{I_{A,Z}} > \lambda_{set} \\ 180° - \varphi_{set} < \left|\arg\dfrac{\dot{I}_B}{\dot{I}_C}\right| < 180° + \varphi_{set} \end{cases} \tag{4-41}$$

式中：$\Delta I_A$为A相电流有效值的变化量；$I_{A,Z}$为A相电流突变前的有效值；$\lambda_{set}$为电流有效值变化率门槛，通常可整定为20%～30%；$\varphi_{set}$为非故障相电流相角差的整定裕度，通常可整定为30°～45°。

针对断线同时伴随一侧或者两侧接地的情形，当断线接地过渡电阻较小时，有可能会对断线相的电流特征造成一定程度的不利影响，极端情况是当断线两侧接地过渡电阻均接近0时，$\dot{I}_A$、$\dot{I}_B$和$\dot{I}_C$均不会有明显改变，但实际配电系统中断线接地过渡电阻一般较高，最小一般不会小于30Ω，大多数情形一般均在数千欧姆，因而对式（4-41）的基于相电流特征的断线故障保护影响有限。

（2）基于负序电流特征的断线故障保护。就负序特征而言，当配电网第$n$条线路某支路$M$点与$N$点之间发生单相断线故障后，相当于断口之间叠加了与故障前负荷电流相位相反的电流源。假设该电流源经派克变换后所得的负序电流为$i_n$，则单相断线两侧不接地或者接地过渡电阻较高时的故障负序网络如图4-35所示。

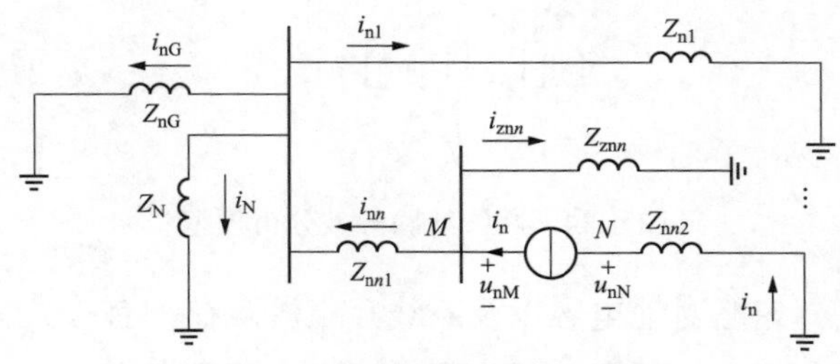


图4-35　单相断线故障负序网络

图 4-35 中：$Z_{ni}(i=1,2,\cdots,n-1)$ 为健全线路 $i$ 的等效负序阻抗，包括线路阻抗和负荷阻抗；$Z_{nn1}$ 和 $Z_{nn2}$ 分别为故障线路 $n$ 断口上游和下游的等效负序阻抗；$Z_{znn}$ 为与故障支路并联支路的等效阻抗；$u_{nM}$ 和 $u_{nN}$ 分别为断口两侧的负序电压；$i_{ni}(i=1,2,\cdots,n)$ 为线路 $i$ 的负序电流；$i_{znn}$ 为与故障支路并联支路的负序电流；$Z_N$ 为中性点对地阻抗（当中性点为电阻或消弧线圈接地时分别对应电阻或消弧线圈阻抗，当中性点不接地时为∞）；$i_N$ 为流过中性点的电流；$Z_{nG}$ 为高压系统的等效负序阻抗；$i_{nG}$ 为流过系统侧的负序电流；$i_n$ 为流经故障支路的负序电流。

从图 4-35 可以看出当发生断线故障后负序电流的分布为：

1）从故障支路经故障点上游区段及母线流向高压系统、中性点以及健全线路，最终经大地从故障点下游线路流回到等效电流源；

2）从故障支路流向与之并联的健全支路，最终经大地从故障点下游线路流回到等效电流源。

对于故障线路，不管是故障点上游和下游，负序电流都是从线路流向母线，对于健全线路和故障线路中的健全支路，负序电流都是从母线流向线路。

根据图 4-35，以母线指向线路为电流正方向，可以得到，对于健全线路，负序电压就是负序电流流过相应阻抗后的电压降，满足：

$$\dot{U}_n = Z_n \dot{I}_n \tag{4-42}$$

式中：$\dot{U}_n$、$\dot{I}_n$ 分别为变电站内单相接地保护装置检测到的负序电压和负序电流；$Z_n$ 为线路等效负序阻抗。

对于故障线路，满足：

$$\dot{U}_n = -Z_{eq} \dot{I}_n \tag{4-43}$$

式中：$Z_{eq}$ 为从变电站内单相接地保护装置安装点看向系统侧的负序等效阻抗，由于高压系统等效负序阻抗远小于负荷阻抗，$Z_{eq}$ 主要体现为高压系统等效负序阻抗。

针对断线同时伴随接地的情形，负序网络中除了断口处施加的负序电流源 $\dot{I}_n$ 以外，相当于在相应接地侧再施加负序电压源 $\dot{U}_n$。单相断线电源侧和负荷侧接地故障负序网络以及基于叠加定理的求解电路分别如图 4-36 和 4-37 所示。图 4-36 和 4-37 中负序等效电压源的电压向量 $\dot{U}_n$ 以及等效电流源的电流向量 $\dot{I}_n$ 可以根据复合序网法求解得到。当得到等效电源向量后，可以根据叠加定理进行求解，分解成图 4-36 和 4-37 中所示的等效电流源单独作用和等效电压源单独作用的两个电路，将两个电路单独求解，然后各测点的向量相加就是实际测量得到的量。综合图 4-36 和 4-37 负序网络，可以看出断线同时伴随有接地故障下健全线路、故障点下游以及与故障线路中健全支路的各区段同样满足式（4-42），而故障线路故障点上游各区段的负序电压和电流同样满足式（4-43）。

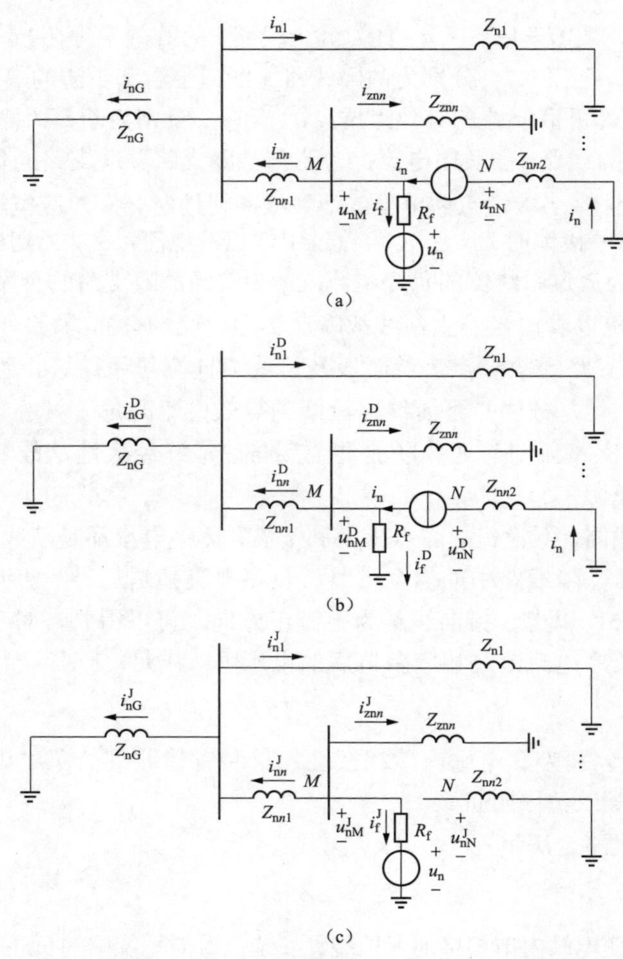


图 4-36　单相断线电源侧接地故障负序网络以及基于叠加定理的求解电路

（a）负序网络；（b）等效电流源单独作用；（c）等效电压源单独作用

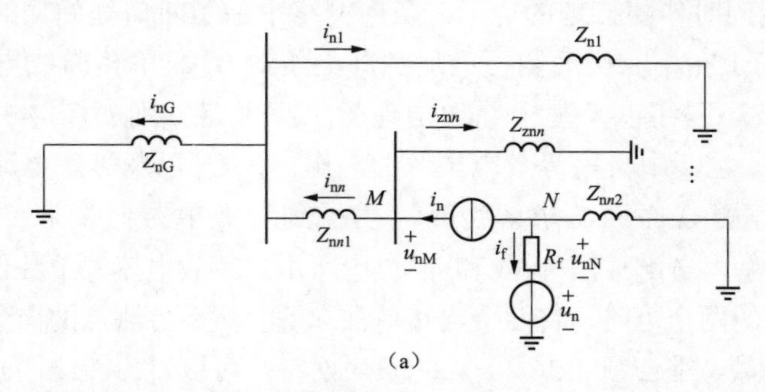


图 4-37　单相断线负荷侧接地故障负序网络以及基于叠加定理的求解电路（一）

（a）负序网络

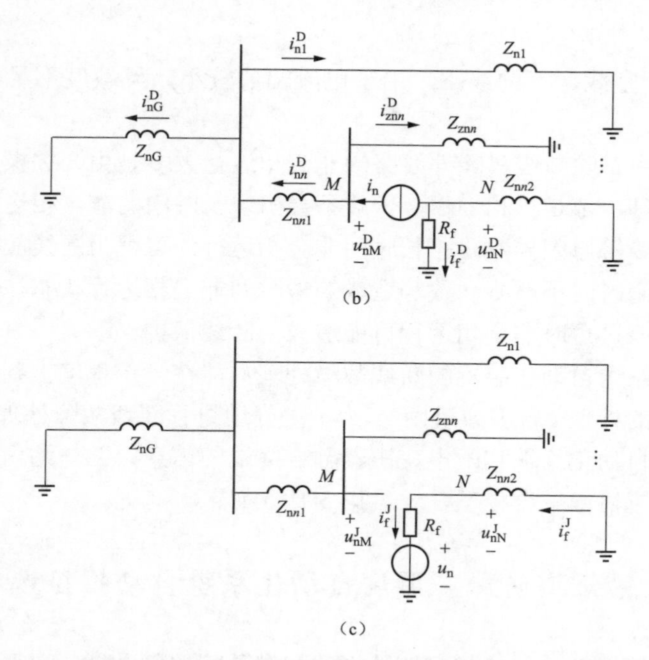


图 4-37　单相断线负荷侧接地故障负序网络以及基于叠加定理的求解电路（二）

（b）等效电流源单独作用；（c）等效电压源单独作用

根据以上分析可以得出健全线路负序电压、电流相位差满足：

$$-90° < \arg\left(\frac{\dot{U}_n}{\dot{I}_n}\right) < 90° \tag{4-44}$$

断线故障线路负序电压、电流相位差满足：

$$-180° < \arg\left(\frac{\dot{U}_n}{\dot{I}_n}\right) < -90° \bigcup 90° < \arg\left(\frac{\dot{U}_n}{\dot{I}_n}\right) < 0° \tag{4-45}$$

根据式（4-44）和式（4-45）所描述的负序特征，变电站内单相接地保护监测装置就可以实现断线故障的选线和保护功能。

由于在原理上均反映的是发生断线故障以后的线路电流变化规律，所以无论是基于相电流特征还是负序电流特征的断线故障保护判据，在一些特殊情况下都会存在误判或灵敏度不足的问题，包括：

1）当切除单相负荷使得三相负荷不对称达到一定程度时，三相电流会出现与断线故障相似的电流特征，有可能会导致误判，但我国配电变压器大都采用三相 D/yn11 型接线方式，低压单相负荷容量通常较小，且较为分散，正常运行情况下一般不会出现单相负荷电流大幅度的波动。

2）断线点下游负荷相对于断线点上游负荷较小的情形下，存在灵敏度不足的问题。

3）对于轻空载运行的线路，由于电流幅值较小，灵敏度不足和误判的可能均存在。

在配电网中，除断线故障外线路的非全相运行大多是由开关操作导致的。配电网的开关基本都是三相操作，一般不会出现长时间的非全相运行状态。如果由于开关故障等原因导致线路长时间非全相运行，可视为断线故障。对于诸如由于三相合闸时间不严格一致等造成的短时间非全相运行状态，可设置适当的动作延时以躲过短时非全相运行可能造成的断线保护误动。

基于变电站内自动化装置的断线故障处理只能在一定程度上判断出断线线路并作出相应的处理（告警或跳闸）。为了更好地进行断线故障处理，可以利用馈线上配置的自动化终端和配电变压器融合终端的信息，并与站内针对单相接地的自动化装置协同配合处理，详见第 5 章 5.4 节。

## 4.3 第三道防线：调度自动化系统自动推拉选线

鉴于小电流接地系统单相接地故障和相继故障的复杂性，以及针对单相接地故障处理各个环节有可能存在的缺陷，第二道防线单相接地保护仍存在不能启动或选线错误的可能性，使单相接地故障不能可靠切除，因此有必要设置第三道防线，即调度自动化系统自动推拉选线。

调度自动化系统自动推拉选线高级应用一般根据以下几种判据延时启动或由人工启动：①收到接地信号；②零序电压越限；③三相电压越限（一相电压越上限、一相电压越下限）。启动后自动执行推拉流程，根据以上判据是否仍成立判断推拉效果。

推拉中可以采用以下多种策略：

（1）“随拉随合”，优点是对用户影响小，缺点是应对多处接地故障能力差。例如两条线路同时发生接地，此时切除单一线路无法使系统恢复正常，该策略将会陷入死循环。因此在该策略下无法确定故障线路时应及时切换到“全拉试合”策略。

（2）“全拉试合”，能够很好地应对多处故障和相继故障，但是会造成非故障线路短暂停电，对用户影响较大。

（3）“排序推拉”，参考单相接地时的稳态特征和经验对各条线路排序后进行推拉，能达到降低推拉次数的效果。推拉的顺序可以采用以下方法确定：①按照各线路历史故障率排序后由高到低进行推拉；②按照各线路重要程度排序后由低到高进行推拉；③按照单相接地时的稳态特征排序后由大到小进行推拉；④利用试拉某一线路开关后其他线路零序电流变化量计算接地概率，对剩余线路排序后由高到低进行推拉。

以上方法也可结合起来，例如按照故障率进行推拉，当进行到保电用户/重要用户/特殊用户时跳过或由人工确定是否对该线路执行推拉。为躲开小电流接地选线装置及沿线开关跳闸时间，推拉程序一般启动延时在 30s 以上。

以下是某供电公司 D5000 单相接地自动推拉程序的运行情况：

2020-07-17 18:33 HQ 变电站 10kV Ⅰ母 A 相完全接地，A 相电压 1.04kV、B 相电压 9.56kV、C 相电压 9.99kV，$3U_0$二次侧为 100V，系统自动弹出推拉接地程序。汇报调控后，18:36 监控员操作程序自动拉开 135、195 线后，接地现象消失，18:37 监控员操作程序恢复 135 线。

2020-07-18 13:53 GS 变电站 10kV Ⅱ母 A 相完全接地，A 相电压 0.51kV、B 相电压 9.92kV、C 相电压 9.97kV，未采集 $3U_0$，系统自动弹出推拉接地程序。汇报调控后，13:55 监控员操作程序自动拉开 162、123 线后，接地现象消失，13:56 监控员操作程序恢复 162 线。

2020-07-18 15:36 DW 变电站 10kV Ⅱ母 B 相不完全接地，A 相电压 7.28kV、B 相电压 3.5kV、C 相电压 8.01kV，$3U_0$二次侧为 75.12V，系统自动弹出推拉接地程序。汇报调控后，只许可拉推 124 线。15:40 监控员操作程序拉开 124 线后，接地现象未消失。15:41 监控员操作程序恢复 124 线。之后按调控逐条许可手动拉推其他线路，切除了接地线路。

2020-07-19 09:02 BM 变电站 10kV Ⅲ母 C 相完全接地，A 相电压 10.04kV、B 相电压 10.31kV、C 相电压 0.43kV，$3U_0$二次侧为 102.53V，系统自动弹出推拉接地程序。汇报调控后，09:05 监控员操作程序自动拉开 180 线后，接地现象消失。

2020-07-19 09:41 SMK 变电站 10kV Ⅱ母 A 相完全接地，A 相电压 0.62kV、B 相电压 10.28kV、C 相电压 9.94kV，$3U_0$二次侧为 102.8V，系统自动弹出推拉接地程序。汇报调控后，09:46 监控员操作程序自动拉开 181 线，此时 145 线过流Ⅱ段保护动作，开关跳闸，接地现象消失，说明已引发相间短路接地。

2020-07-19 15:27 SMK 变电站 10kV Ⅱ母 A 相完全接地，A 相电压 0.25kV、B 相电压 10.26kV、C 相电压 10.22kV，$3U_0$二次侧为 103.11V，系统自动弹出推拉接地程序。汇报调控后，15:33 监控员操作程序自动拉开非保电线路 135、143、181、136、163、165、157、159、149、153 线后，接地现象未消失。15:39 监控员操作程序恢复所有出线。之后按配调逐条许可手动拉推保电线路，切除了接地线路。

2020-07-19 17:56 DJC 变电站 10kV Ⅱ母 A 相完全接地，A 相电压 0.66kV、

B相电压9.77kV、C相电压9.59kV，$3U_0$二次侧为92.06V，系统自动弹出推拉接地程序。汇报调控后，17:58监控员操作程序自动拉开非保电线路116、165、179、181、147、161、144、146、148、150、156、158线后，接地未消失。18:05监控员操作程序恢复所有出线。之后按配调逐条许可手动拉推保电线路，最终切除了接地线路。

2020-07-20 04:18 DJP变电站10kV Ⅰ母C相完全接地，A相电压10.55kV、B相电压10.64kV、C相电压0.04kV，$3U_0$二次侧为105.28V，系统自动弹出推拉接地程序。汇报调控后，04:25 监控员操作程序自动拉开 152、156、142、163、176、177、170、172、174、162、180、179线后，接地现象消失。04:33监控员操作程序自动恢复未接地出线。

## 本章参考文献


[1] 颜湘莲，陈维江，贺子鸣，等. 10kV配电网单相接地故障电弧自熄特性的试验研究[J]. 电网技术，2008，32（8）：25-38.

[2] 刘素蓉，胡钰骁，郑建康，等. 10kV电缆单相电弧接地故障引燃隧道的火灾动态仿真[J]. 高电压技术，2021，47（12）：43141-4348.

[3] 徐丙垠，李天友. 配电网中性点接地方式若干问题的探讨[J]. 供用电，2015，32（6）：12-16.

[4] 李锐. 监测电缆绝缘击穿的新方法[J]. 电力系统自动化，2002，26（23）：58-59，75.

[5] 李有铖，廖建平. 10kV小电阻接地系统运行分析与评估[J]. 中国电力，2003，36（5）：77-78.

[6] 薛永端，李娟，陈筱薷，等. 谐振接地系统高阻接地故障暂态选线与过渡电阻辨识[J]. 中国电机工程学报，2017，37（17）：5037-5048.

[7] 陈栋，胡兵，彭勃，等. 电压恢复缓慢导致的接地保护误重合分析及算法优化[J]. 供用电，2021，38（1）：67-73.

[8] 要焕年，曹梅月. 电力系统谐振接地[M]. 2版. 北京：中国电力出版社，2009：34-43.

# 第5章 站内与站外协调配合

筑牢了变电站内三道防线，就稳住了单相接地故障处理的基本面，能够有效避免因单相接地持续存在而导致的电缆沟“火烧连营”大范围停电的恶性事件。为了进一步缩小发生永久性单相接地时的影响范围，还需要在变电站外馈线上配置一些资源，并与站内协调配合，减少变电站内出线断路器跳闸，避免造成影响范围较大的全线停电事件。

对于单相接地故障隔离而言，由于配电网在发生单相接地时，流过接地故障点的电流较小、破坏力弱，一般采用级差配合就能实现选段跳闸。

单相接地选段跳闸只能切断单相接地点上游的供电路径，要想将永久性单相接地区域彻底隔离，还需分断该区域下游开关，在将永久性单相接地区域隔离后，合上相应的联络开关，恢复该区域下游可恢复的健全区域供电。对于采用具有控制功能的自动化终端和可操动开关的情形，可以采用配电自动化系统中的馈线自动化技术达到单相接地故障定位、隔离和健全区域恢复供电的目的。

馈线自动化技术可以分为集中智能馈线自动化和分布智能馈线自动化两种方式。集中智能馈线自动化依靠配电自动化系统主站进行单相接地区域定位、隔离和健全区域恢复供电，分布智能馈线自动化无须配电自动化系统主站参与，通过自动化开关的相互配合就能达到同样的目的。无论采用哪一种方式，都应将单相接地故障处理信息上传至配电自动化系统主站。

对于采用故障指示器或不具备控制功能的“两遥”终端的情形，也需要基于配电自动化系统主站的集中智能实现单相接地故障定位。

## 5.1 集中智能单相接地故障处理

集中智能单相接地故障处理基于配电自动化系统主站完成单相接地故障处理过程。

发生单相接地故障时，变电站内单相接地选线装置、馈线上具有单相接地检测功能的配电终端（包括 FTU、DTU 以及一二次融合智能配电开关），以及馈线上具有单相接地检测功能的故障指示器等，将采集的故障信息经通信网络上报给配电自动化系统主站，配电自动化系统主站进行单相接地定位，在此基础上遥控相应的开关分闸以隔离单相接地故障区域，并遥控相应的联络开关合闸以恢复下游可恢复的健全区域供电[1-3]。

### 5.1.1 节点和区域

将安装有单相接地故障信息采集装置（包括变电站内单相接地选线装置，具有单相接地检测功能的配电终端和智能开关和故障指示器等）的节点称为单相接地故障信息采集节点。将配电网上由单相接地故障信息采集节点和末梢节点围成的，其中不再包含单相接地故障信息采集节点或末梢节点的区域，称为最小单相接地故障定位区域，将围成该区域的节点称为端点。单相接地故障定位的最小区域是集中智能单相接地故障定位的最小单元。将具有遥控功能的开关（是指配置了“三遥”功能自动化终端的开关，无论该自动化终端是否具有单相接地检测功能）称为动作节点。将配电网上由动作节点和末梢节点围成的，其中不再包含动作节点或末梢节点的区域，称为最小动作区域，将围成该区域的节点称为端点。最小动作区域是集中智能配电自动化系统可以隔离的最小范围，也是可以遥控转移的最小负荷单元。

电缆架空混合配电系统中的节点与区域如图 5-1 所示，S 为变电站出线断路器，A、B、C、D、E、F、G、H、I 为馈线开关，J、K、L、M、N 为故障指示器安装位置，*a*、*b*、*c*、*d*、*e*、*f*、*g* 为馈线末梢节点。包括 S 在内的所有开关都配置了单相接地故障检测终端，所有故障指示器均具备单相接地故障检测功能，因此它们都是单相接地故障信息采集节点，由它们围成的最小单相接地故障定位区域如图 5-1（a）中虚线框所示。包括 S 在内的所有开关都配置了遥

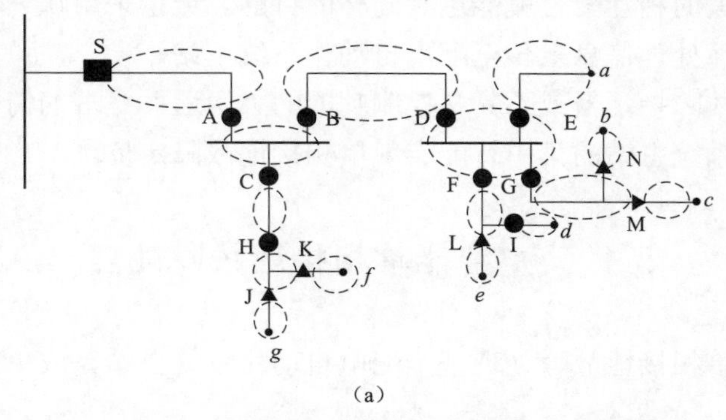


（a）

图 5-1 电缆架空混合配电系统中的节点与区域（一）

（a）最小单相接地故障定位区域划分

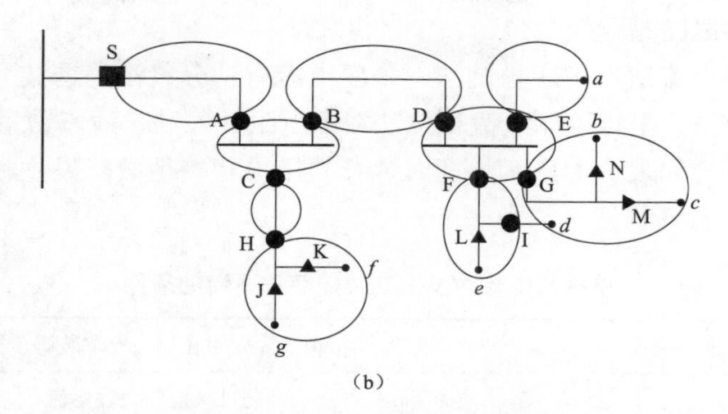


(b)

图 5-1 电缆架空混合配电系统中的节点与区域（二）
（b）最小单相接地故障动作区域划分

控功能，因此它们都是动作节点，由它们围成的最小动作区域如图 5-1（b）中实线框所示。可见，最小单相接地故障定位区域与最小动作区域并不一定相同，一般最小动作区域的范围大于最小单相接地故障定位区域。

## 5.1.2 单相接地故障信息的就地两值化处理

单相接地故障信息的就地两值化处理是指[4]：在发生单相接地故障时，单相接地故障信息采集装置根据采集到的信息，采用边缘计算判断出其下游是否存在单相接地故障，若是则向配电自动化系统主站上报；若判断出下游不存在单相接地（即下游线路是健全的），则不向配电自动化系统主站上报。单相接地故障信息采集装置无需上传录波波形而只需传送其下游发生单相接地与否的信息即可，这样大大减少了单相接地故障处理过程中的信息交互量，也可方便配电自动化系统主站进行单相接地定位。

所有单相接地检测方法都可以根据安装处采集到的信息判断出其下游是否存在单相接地。

对于暂态分量的参数辨识法，若单相接地检测装置识别出的电容值为负（或损耗角正切较大），则反映出单相接地故障发生在其安装处的下游；若电容值为正（或损耗角正切较小），则下游线路是健全的。

对于相电流突变法，若单相接地检测装置检测出两相的突变电流相近，而与另外一相的突变电流不同，则反映出单相接地故障发生在其下游；若检测到三相突变电流相近则反映出下游线路是健全的。

对于首半波法，以零序电压首半波为参考，若单相接地检测装置检测到零序电流首半波与零序电压首半波极性相反，则反映出单相接地故障发生在其下游；若单相接地检测装置检测到零序电流首半波与零序电压首半波极性相同，则反映出下游线路是健全的。

对于负序电流法、零序导纳法、零序电流有功分量法、谐波分量法、工频零序电流幅值法、工频零序电流相位法、中电阻并入法、残流增量法、“S注入法”等，在符合如表5-1所示特征时，反映出单相接地故障发生在相应的单相接地检测装置的下游。

表5-1　单相接地故障发生在监控装置下游的条件

| 单相接地检测原理 | 单相接地故障发生在相应检测装置下游的条件 |
| --- | --- |
| 负序电流法 | 超过阈值的负序电流 |
| 零序导纳法 | 测量零序导纳为负 |
| 零序电流有功分量法 | 零序电流有功分量超过阈值 |
| 谐波分量法 | 5次谐波较大且极性指向母线 |
| 工频零序电流相位法 | 工频容性零序电流方向指向母线 |
| 工频零序电流幅值法 | 工频零序电流幅值超过阈值 |
| 中电阻并入法 | 工频零序电流幅值超过阈值 |
| 残流增量法 | 工频零序电流幅值变化量超过阈值 |
| “S注入法” | 特殊频率的奇异信号幅值超过阈值 |
| 故障相接地型 | 故障相接地断开后零序电流幅值增大 |

### 5.1.3　集中智能单相接地故障区域定位的判据

在收齐单相接地故障信息采集装置上报的信息后，配电自动化系统主站就可以进行集中智能单相接地故障区段的定位。

若一个最小单相接地定位区域的一个端点上报了“单相接地故障在其下游”的信息，并且其他所有端点均未上报该信息，则反映该区域内发生了单相接地故障；若一个最小单相接地定位区域的所有端点均没有上报“单相接地故障在其下游”的信息，或至少有两个端点同时上报了“单相接地故障在其下游”的信息，则反映单相接地故障不在该区域内。

例如，对于图5-2所示的配电网，矩形框代表变电站出线开关，圆圈代表线路分段开关，当在分段开关C下游发生单相接地故障时，配电自动化主站收到的各个单相接地检测装置上报的故障信息如图5-2所示，图中“+”表示主站收到该装置上报信息“单相接地发生在检测装置下游”，“−”表示主站未收到该装置上报信息“单相接地发生在检测装置下游”。

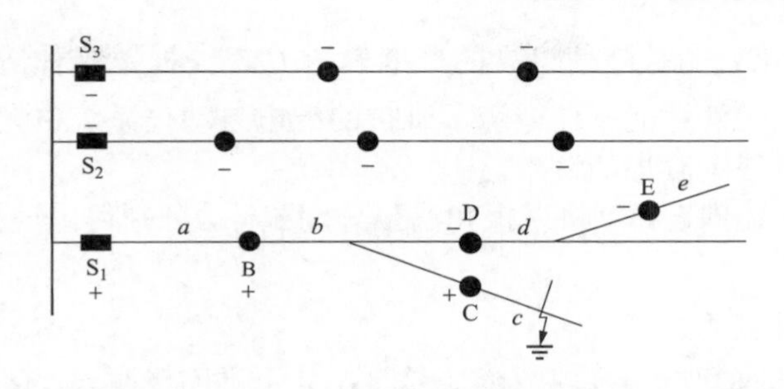


图 5-2 配电自动化主站单相接地定位判据示例

对于 $S_2$、$S_3$ 所供馈线，由于主站未收到沿线单相接地检测装置上报“单相接地发生在检测装置下游”信息，因此 $S_2$、$S_3$ 所供馈线上的各个区域均满足所有端点均没有上报“单相接地故障在其下游”的信息，主站判断单相接地故障不是发生在上述区域内。

对于 $S_1$ 所供馈线，区域 $a$ 和 $b$ 满足至少有两个端点同时上报了“单相接地故障在其下游”的信息，因此主站判断单相接地故障不是发生在区域 $a$ 和 $b$ 内；区域 $d$ 和 $e$ 满足所有端点均没有上报“单相接地故障在其下游”的信息，主站判断单相接地故障不是发生在区域 $d$ 和 $e$ 内；只有区域 $c$ 满足一个端点上报了“单相接地故障在其下游”的信息，并且其他所有端点均未上报“单相接地故障在其下游”的信息，因此主站最终正确判断出单相接地故障发生在区域 $c$ 内部。

### 5.1.4 集中智能单相接地故障区域定位的容错方法

对于小电流接地系统，反映单相接地的信号检测存在一定的难度，难免存在一定的差错；加之通信和电源障碍在所难免，有时还会发生单相接地定位信息漏报（或配电自动化主站未收到）的情况。配电自动化主站在进行单相接地定位时面临的故障信息不健全问题比相间短路定位更加突出，如果配电自动化主站建立了容错定位机制，将有助于改善单相接地定位性能。

除了来自各个位置的单相接地定位信息之间存在相互关联之外，一些高性能的单相接地检测装置还可以同时具有多种定位原理，可以上报基于多种原理的定位信息。充分利用定位信息的上述冗余性，运用极大似然估计或贝叶斯估计可以实现容错区段定位。

设单相接地故障信息正确的概率为 $P_C$，则单相接地故障信息错误（包括漏报、误报与错报）的概率为 $1-P_C$。在实际中，首先需要通过恰当的设计和资源配置尽量保证单相接地故障信息的及时性和准确性，因此可以认为单相接地故障信息正确的概率 $P_C$ 是一个较大的值（0.7～0.9）。

实际中，误报（主站收到不该有的单相接地故障信息）的概率 $P_M$ 和漏报

（主站没有收到该有的故障信息）的概率 $P_O$ 往往不一样，这种情况在通信质量不好、后备储能元件性能不佳或疏于维护的配电自动化系统中尤为常见，一般误报的概率明显低于漏报的概率。

为了解决上述问题，可将误报和漏报分别统计，分别得出误报的概率 $P_M$ 和漏报的概率 $P_O$。

实际应用时应注意：

（1）当主站收到单相接地故障信息时，其正确的概率 $P_C$ 为：$P_C = 1 - P_M$。

（2）当主站没有收到单相接地故障信息时，其正确的概率 $P_C$ 为：$P_C = 1 - P_O$。

将各种可能的单相接地故障位置都当作故障位置假设，对于第 $i$ 个故障位置假设，根据单相接地故障信息可以得到该故障位置假设正确的条件概率 $p_h(i)$ 为：

$$p_h(i) = \prod_{j \in \Lambda} P_{C,j} \prod_{k \in \Omega} (1 - P_{C,k}) \tag{5-1}$$

式中：$\Lambda$ 为与故障位置假设相符的单相接地故障信息的集合；$\Omega$ 为与故障位置假设不相符的单相接地故障信息的集合；$P_{C,j}$ 为 $\Lambda$ 内第 $j$ 个监控装置上报单相接地故障信息正确的概率；$P_{C,k}$ 为 $\Omega$ 内第 $k$ 个监控装置上报单相接地故障信息正确的概率。

综合各种故障位置假设，第 $i$ 个故障位置假设正确的可能性 $P_h(i)$ 为：

$$P_h(i) = \frac{p_h(i)}{\sum_{i=1}^{N} p_h(i)} \tag{5-2}$$

式中：$N$ 为故障位置假设的总数。

将可能性最大的故障假设作为故障定位结果，这就是极大似然估计。

在实际中，还可以将各个最小单相接地故障定位区域实际发生单相接地故障的概率作为先验概率，对于第 $i$ 个故障位置假设，设其先验概率为 $p_B(i)$，则考虑先验概率后，该故障位置假设正确的条件概率 $p_{h,B}(i)$ 为：

$$p_{h,B}(i) = p_B(i) \prod_{j \in \Lambda} P_{C,j} \prod_{k \in \Omega} (1 - P_{C,k}) \tag{5-3}$$

考虑先验概率后，第 $i$ 个故障位置假设正确的可能性 $p_{h,B}(i)$ 为：

$$P_{h,B}(i) = \frac{p_{h,B}(i)}{\sum_{i=1}^{N} p_{h,B}(i)} \tag{5-4}$$

将考虑先验概率后可能性最大的故障假设作为故障定位结果，这就是贝叶斯估计。

值得一提的是，由于单相接地故障发生比相间短路故障更加频繁，因此更加有条件获得先验概率，因此更容易运用贝叶斯估计实现容错区段定位。

例如，图 5-3（a）所示的架空配电线路，矩形框代表开关。在各个开关处，安装了同时具备基于参数辨识原理和相电流突变原理的单相接地检测装置，并能向配电自动化主站上报单相接地是否发生在其下游的定位信息。其中，“+”表示主站收到该检测装置上报信息“单相接地发生在检测装置下游”，“−”表示主站未收到该检测装置上报信息“单相接地发生在检测装置下游”。假设在有开关 B、C 和 F 围成的区域内发生了单相接地，主站收到的基于暂态量参数识别原理上报的定位信息如图 5-3（b）所示，基于相电流突变原理上报的定位信息如图 5-3（c）所示，假设信息正确的概率为 0.9。采用极大似然估计的容错方法，基于参数识别原理上报的定位信息得到的各个区段单相接地的可能性如图 5-3（d）所示，开关 B、C 和 F 围成的区域故障概率最高，为 66.94%。采用极大似然估计的容错方法，基于相电流突变原理上报的定位信息得到的各个区段单相接地的可能性如图 5-3（e）所示，开关 $S_1$、A 围成的区域和开关 B、C 和 F 围成的区域故障概率最高，均为 42.16%。可见，采用极大似然估计方法进行单相接地故障定位能够具有一定的容错能力。综合两种原理上报信息后采用极大似然估计方法得到的各个区段单相接地的可能性如图 5-3（f）所示，开关 B、C 和 F 围成的区域故障概率最高，为 95.24%，综合两种原理上报信息后容错性显著提升。

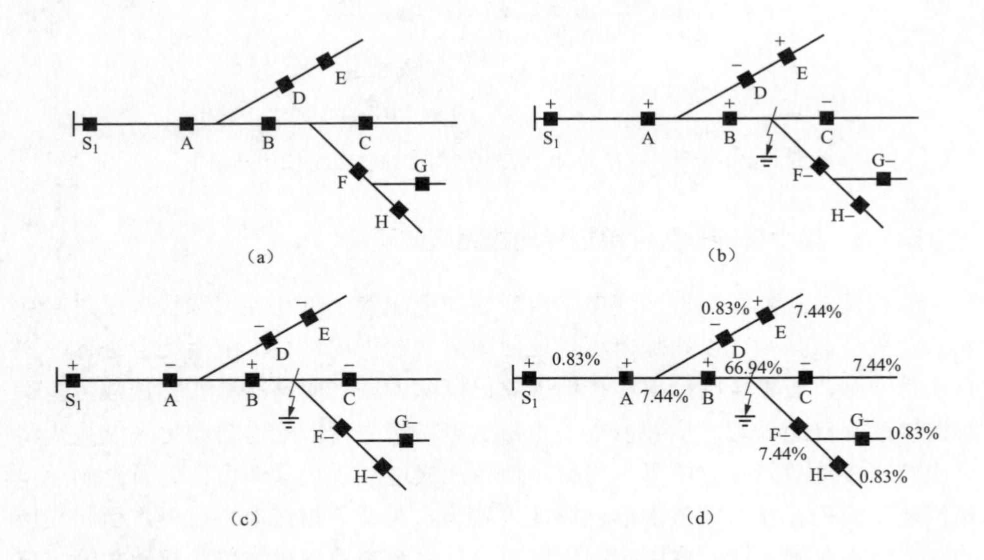


图 5-3　基于极大似然估计方法的单相接地容错定位示例（一）

（a）一条典型的架空配电线路；（b）基于参数识别原理上报的定位信息示意；（c）基于相电流突变原理上报的定位信息示意；（d）基于参数识别原理上报的定位信息计算得到的各区段单相接地概率

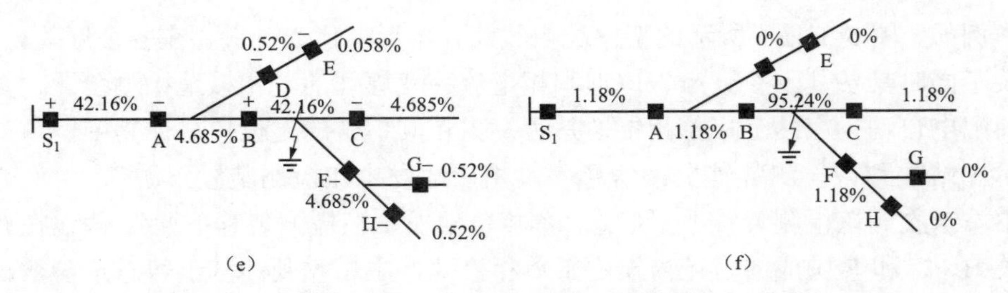


图 5-3 基于极大似然估计方法的单相接地容错定位示例（二）

（e）基于相电流突变原理上报的定位信息计算得到的各区域单相接地概率；（f）融合参数识别原理和相电流突变原理上报定位信息得到的各区域单相接地概率

假设根据该馈线历史上发生故障的统计信息，在开关 B、C 和 F 围成的区域发生单相接地故障的比例较高，达到 20%，其余区域发生单相接地故障的比例比较平均，均为 10%，则可以进一步采用贝叶斯估计方法，可以得出各个区段单相接地的概率如图 5-4 所示，开关 B、C 和 F 围成的区域故障概率最高，为 97.6%，可见采用贝叶斯方法计算得到的单相接地故障区段的概率更高，准确性进一步提升。

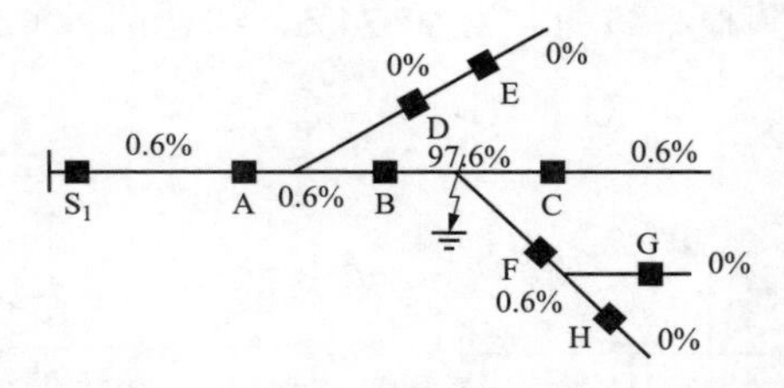


图 5-4 基于贝叶斯估计方法的单相接地容错定位计算结果

### 5.1.5 集中智能永久性单相接地故障区域隔离

单相接地故障发生后，变电站内或馈线上配置了单相接地选线选段跳闸功能的开关节点分闸，以切除单相接地故障区域的供电途径，随后还会进行一次自动重合闸，若重合闸后单相接地现象已消除，则表明该次单相接地故障为瞬时性接地，已经处理完毕并恢复了正常供电，集中智能配电自动化系统只需将该次单相接地故障定位结果作为瞬时性单相接地加以记录即可；若重合闸后单相接地现象仍存在，则该次单相接地故障为永久性单相接地，会再次引起相应的开关节点跳闸，此时集中智能配电自动化系统需根据该次单相接地故障定位结果，通过遥控实现永久性单相接地故障区域隔离和健全区域恢复供电。

因此，集中智能配电自动化系统的单相接地故障区域隔离和健全区域恢复供电流程应在单相接地故障定位后延时一段时间（如 5～10s），待重合闸过程完成后再进行。

值得注意的是：如果变电站内和馈线上都没有配置单相接地选线选段跳闸功能，则需要配电自动化系统根据单相接地故障定位结果，先遥控该单相接地故障区域上游与之最近的动作节点分闸以切除单相接地故障区域的供电途径，延时一段时间后，遥控该开关合闸实现重合闸功能，若重合闸后该单相接地故障区域仍被定位为单相接地位置，则表明为永久性故障，配电自动化系统需再次遥控该开关分闸，并进入单相接地故障区域隔离和健全区域恢复供电流程。由于动作节点的数量一般少于单相接地故障信息采集节点的数量，集中智能单相接地故障定位后得出的最小单相接地故障定位区域往往小于由动作节点围成的动作区域。因此，需要分闸的开关就是包含故障所在的最小单相接地故障定位区域的最小动作区域的端点。

实际中，变电站内单相接地选线装置、馈线上具有单相接地检测功能的配电终端和分布智能馈线自动化一般都是先于集中智能完成开关动作的，但是往往单相接地故障隔离得不够彻底，也可能存在差错，集中智能需要进行修正性控制，将单相接地故障自动隔离在最小范围内。此外，还会出现遥控失败的情况。遇到遥控失败时，可以重复进行多次（如 3 次）遥控；若多次遥控均失败，则可将该节点的属性由“动作节点”修改为一般单相接地故障信息采集节点，然后重新进行最小动作区域划分，再重新执行单相接地故障隔离过程。

例如，对于图 5-5（a）所示的配电网，变电站出线断路器 S1、S2、馈线分段开关 A、B、D、G 和联络开关 C 都是动作节点，实心符号代表开关处于合闸状态，空心符号代表开关处于分闸状态；在分支线 E 和 F 上仅配置了故障指示器，它们都是单向接地故障信息采集节点而不是动作节点。假设在 E 的下游发生了永久性单相接地故障，虽然配电自动化系统主站成功地将单相接地故障位置定位到 E 的下游，但是却只能遥控动作节点 D 分闸以隔离永久性单相接地故障，如图 5-5（b）所示。若对开关 D 多次遥控分闸均失败，则需要遥控开关 A 和 B 分闸以隔离永久性单相接地故障，如图 5-5（c）所示。

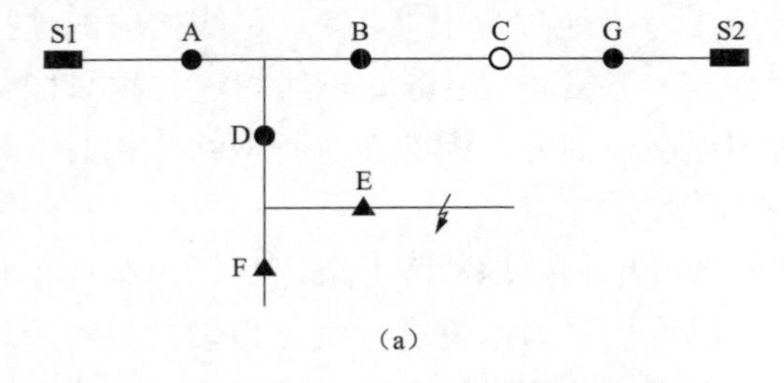

(a)

图 5-5　集中智能永久性单相接地故障隔离（一）
（a）永久性单相接地故障位置

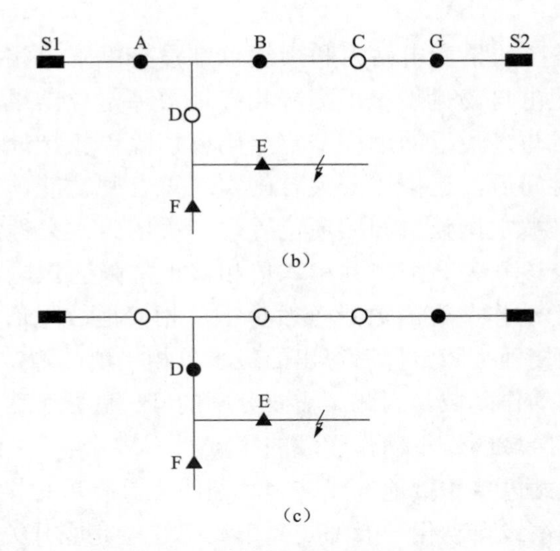


图 5-5　集中智能永久性单相接地故障隔离（二）

（b）遥控开关 D 分闸隔离永久性单相接地故障；（c）遥控开关 D 分闸失败后的永久性单相接地故障隔离结果

### 5.1.6　永久性单相接地故障区域隔离后健全区域恢复供电

在永久性单相故障隔离后需要对可恢复供电的区域进行供电恢复，配电自动化系统可以通过遥控实现供电恢复，其关键在于供电恢复策略的生成。

一个大规模配电网可以分解为许多由通过联络开关相互连接起来的一组馈线构成的连接系，负荷一般只能在连接系内转移。连接系具有下列性质：

（1）一个连接系内的联络开关均处于合闸状态后，该连接系内的馈线段都是连通的。

（2）一个连接系外的任何一个联络开关合闸后，都不能增加该连接系中连通的馈线段。

（3）连接系一般不考虑通过变电站 10kV 母线构成的连接关系，这主要是考虑到一条馈线即使与一条变电站 10kV 母线相连，也只能带起该母线上其余馈线上的全部负荷的很小一部分，因此在进行网络重构时，很少考虑穿越变电站 10kV 母线的负荷转移方式。

当馈线上发生永久性单相接地故障并隔离后，永久性单相接地故障区域下游的负荷转移策略，以连接系为单位进行优化搜索，只对受该永久性单相接地故障影响的连接系进行搜索，这样就大大降低了计算规模，能够有效提高优化策略生成效率。

当母线上发生永久性单相接地故障后，该母线需要加以隔离，由于国内变电站内的 10kV 母线大多采用单母分段方式，被隔离母线的负荷需要通过配电网向周边健全的母线转移，此时必须将与失压母线相关的连接系全部考虑在内进行优化搜索。

好的供电恢复策略除了应满足网络拓扑约束和电气极限约束以外，还应该具有下列主要特征：

（1）甩去的负荷少。

（2）参与转带受故障影响的馈线载荷均衡。

（3）比较重要的用户得到供电恢复。

以上述目标函数或约束条件，再加上潮流约束和电气极限约束，并以运行方式为解，可以构成优化问题，求解该优化问题可以得出最佳供电恢复策略，这是掌握全局数据信息的集中智能故障自动处理的优越性所在。值得注意的是，对于供电恢复问题，运行经济性已经不是主要矛盾，因此不必将损耗最低作为目标函数。已有文献中关于求解优化问题的方法很多，本书不再赘述。

在工程实践中，往往只需得到具有较好性能的满意解就足以产生显著的效果和效益。对于馈线上永久性单相接地故障隔离后的供电恢复问题，由于可行解的数量有限，甚至可以采取枚举法获得最佳供电恢复方案。而对于母线永久性单相接地被隔离后的供电恢复问题，枚举法可能造成维数灾难，优化搜索策略往往效率更高。

在实际应用当中，得到了最佳供电恢复策略还不够，还需要生成从当前方式过渡到目标方式的过程中所需的开关遥控操作步骤，在这个方面已有许多文献报道，本书不再赘述[5]。

## 5.2 分布智能单相接地故障处理

基于自动化开关配合的分布智能馈线自动化方案在配电网相间短路故障处理方面已经有大量的应用，结合小电流接地配电系统的单相接地故障特征加以改造，可以在不依赖通信的条件下解决小电流接地配电系统单相接地故障定位、隔离及供电恢复的问题[6]。

随着配电设备一二次融合的不断推进，零序电压互感器均集成在智能配电开关内，通过引入零序电压判据，基于自动化开关配合的分布智能馈线自动化可以方便地实现单相接地故障处理，具体方案如下：

（1）变电站出线断路器配置单相接地选线跳闸功能，以及一次重合闸功能。

（2）馈线分段开关配置下列功能：失压分闸功能；一侧带电后延时 $X$–时限合闸功能；合闸后在 $Y$–时限内检测到零序电压越限跳闸，并闭锁在分闸状态功能。

（3）联络开关配置下列功能：一侧失压后延时 $X_L$–时限合闸功能；合闸后在 $Y$–时限内检测到零序电压越限跳闸，并闭锁在分闸状态功能。

以图 5-6（a）所示的“手拉手”配电线路为例加以说明，A 为具有单相接地选线跳闸功能的变电站出线断路器，跳闸延时时间整定为 5s，配置了一次重合闸功能，重合延时时间为 15s，分段开关 B、C 和 D 的 $X$–时限均整定为 7s，$Y$–时限均整定为 5s；联络开关 E 的 $X_L$–时限整定为 45s，$Y_L$–时限整定为 5s。

假设在 $c$ 区段发生永久性单相接地故障后，变电站出线断路器 A 选线跳闸，随后 B、C、D 因失压而分闸，如图 5-6（b）所示。15s 后 A 第一次重合把电送到 B，7s 后 B 因 $X$–时限到合闸将电送到 C，且 B 合闸后在 $Y$–时限内未检测到零序电压，又过 7s 后 C 因 $X$–时限到合闸，由于合到永久性单相接地故障点，C 满足在合闸后 $Y$–时限内检测到零序电压条件而跳闸并闭锁在分闸状态，A 选线跳闸功能因延时时间未到，不跳闸，如图 5-6（c）所示。A 第一次跳闸后，经过 45s 的 $X_L$–时限后，联络开关 E 自动合闸，又过 7s 后 D 因 $X$–时限到合闸，由于合到永久性单相接地故障点，D 满足在合闸后 $Y$–时限内检测到零序电压条件而跳闸，并闭锁在分闸状态，对侧线路的变电站出线断路器选线跳闸功能因延时时间未到，不跳闸，故障处理过程结束，故障区域隔离，所有健全区域恢复供电，如图 5-6（d）所示。

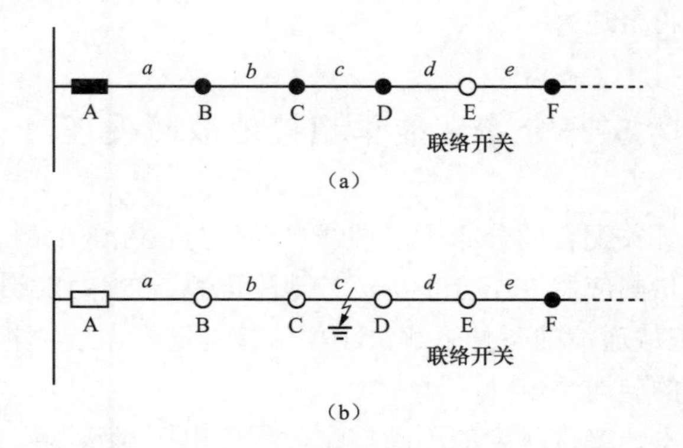


图 5-6　分布智能单相接地故障处理过程示例（一）

（a）“手拉手”配电线路；（b）$c$ 区段发生永久性单相接地故障后各开关动作情况

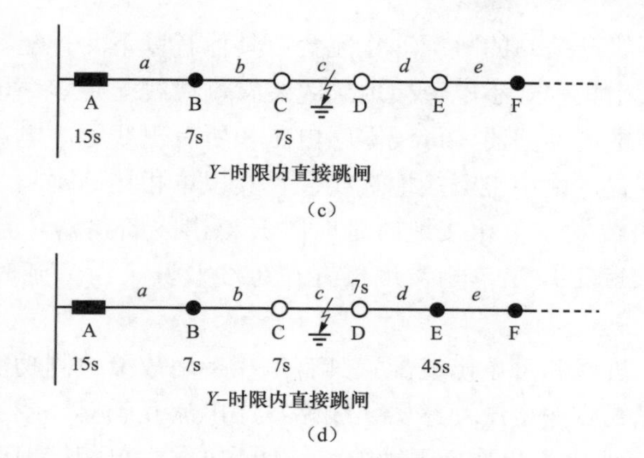


图 5-6 分布智能单相接地故障处理过程示例（二）

（c）A、B、C 依次合闸，直至 C 合闸到故障后跳闸并闭锁；

（d）对侧 F、E、D 依次合闸，直至 D 合闸到故障后跳闸并闭锁

## 5.3 站外资源的配置原则和定量评估

如第 4 章所述，对于小电流接地系统单相接地故障处理而言，变电站内的三道防线最为重要，守住了这三道防线，单相接地发生时就不会导致严重后果，因熄弧及时，大部分单相接地故障都可控制在瞬时性故障阶段，即使是永久性故障也能及时切除。

变电站外配置单相接地故障处理的相关设备，主要作用在于进一步提高永久性单相接地故障处理性能，具体表现在：

（1）单相接地选线选段装置：多级延时级差配合，选段跳闸，减少变电站出线断路器跳闸次数和受跳闸影响的用户数。

（2）馈线自动化：集中智能或分布智能，馈线或变电站母线发生永久性单相接地故障时，隔离接地故障区域，转移接地故障下游受影响负荷，恢复健全区域供电。

（3）故障指示器：缩短永久性单相接地故障查找时间。

### 5.3.1 站外资源的配置方法

根据需要，变电站外开关站、户外环网柜、馈线开关和用户开关都可配置针对单相接地故障处理的资源，配置方法如下：

（1）10kV 开关站出线较多，也应配置针对单相接地故障处理的自动化装置，执行单相接地跳闸功能和重合闸机制，并合理设置时间级差，实现多级级

联情形下的上下级开关站的跳闸动作配合。具体有以下两种配置方案：

方案一：采用集中式小电流接地选线装置，母线配置零序电压互感器，每条出线配置零序电流互感器，母线零序电压和所有出线零序电流信息均接入小电流接地选线装置，由小电流接地选线装置实现单相接地跳闸和重合闸功能，在判断出某条出线发生单相接地时延时跳开该出线断路器，判断出母线发生单相接地时（实际上反映单相接地位置在母线及其上游）延时跳开母线进线断路器。

方案二：在进线和每条出线配置具有单相接地故障检测功能的线路保护装置，结合配置母线零序电压互感器、线路零序电流互感器（或者三相电流互感器），实现单相接地跳闸和重合闸功能，在判断出发生单相接地时延时跳开相应线路断路器。

对于多级开关站级联成环状、潮流方向受运行方式影响的开关站，可根据潮流方向设置两套不同的单相接地跳闸延时时间。对于相互之间呈网格状联络、运行方式非常灵活的开关站，即使设置两套不同的跳闸延时仍不能解决配合问题的情形，可只对开关站向负荷直接供电的出线断路器配置单相接地跳闸功能和重合闸机制，与变电站出线开关单相接地跳闸延时直接配合。

开关站单相接地故障处理资源配置的两种典型方案如图 5-7 所示，对开关站 A 和 B 配置单相接地故障处理资源可有两种方案：

方案一：如图 5-7（a）所示，在开关站 1 和开关站 2 的母线上分别配置零序电压互感器，在每条出线配置零序电流互感器，在每条母线配置单相接地选线装置并投跳闸和重合闸功能，各级进出线开关的跳闸延时分别如图中括号内数字所示。

方案二：如图 5-7（b）所示，在开关站 1 和开关站 2 的每条进、出线配置三相电流互感器，在每条进出线配置具有单相接地故障检测功能的线路保护装置并投跳闸和重合闸功能，各级进出线开关的跳闸延时分别如图中括号内数字所示。

（2）10kV 户外环网柜。由于电缆线路发生故障的概率远低于架空线路，因此每台环网柜没有必要都配置配电终端（DTU），可选择少量环网柜配置具有单相接地检测功能的 DTU，实现相间短路和单相接地故障检测功能，对于环网柜的出线断路器（尤其是含有架空线的出线）可配置单相接地故障跳闸和重合闸功能，采用时间级差配合方式。对于未配置跳闸功能的馈线段，可以由配电自动化主站根据 DTU 上报的相间短路和单相接地故障检测信息进行集中智能故障定位和后续故障处理。

（3）10kV 户外柱上开关。没有必要在每台柱上开关都配置配电终端（FTU），可选择少量柱上开关配置具有单相接地检测功能的 FTU 或采用具有单相接地检测功能的一二次融合智能开关，实现相间短路和单相接地故障检测功能，也可配置单相接地故障跳闸和重合闸功能，采用时间级差配合方式。对于未配置跳闸功能的馈线段，可以由配电自动化主站根据 FTU 上报的相间短路和单相接地故障检测信息进行集中智能故障定位和后续故障处理。

（4）用户开关。用户线路是相间短路故障和单相接地故障的高发区，由于用户线路容性电流明显小于系统侧的容性电流，因此容易判别出用户线路是否发生单相接地，对于用户开关宜配置相间短路和单相接地故障跳闸及重合闸功能，从而构成用户分界开关，也俗称“看门狗”。

（5）分支线。对于大主干线布置的馈线，分支线较短，为每个用户配置分界开关即可；对于大分支布置的馈线，尤其是山区馈线，分支较长，查线困难，应在较长的分支配置相间短路和单相接地检测装置，有条件的分支（如分支线路上有开关或者计划新安装开关）可配置配电终端，无条件的分支可配置故障指示器。

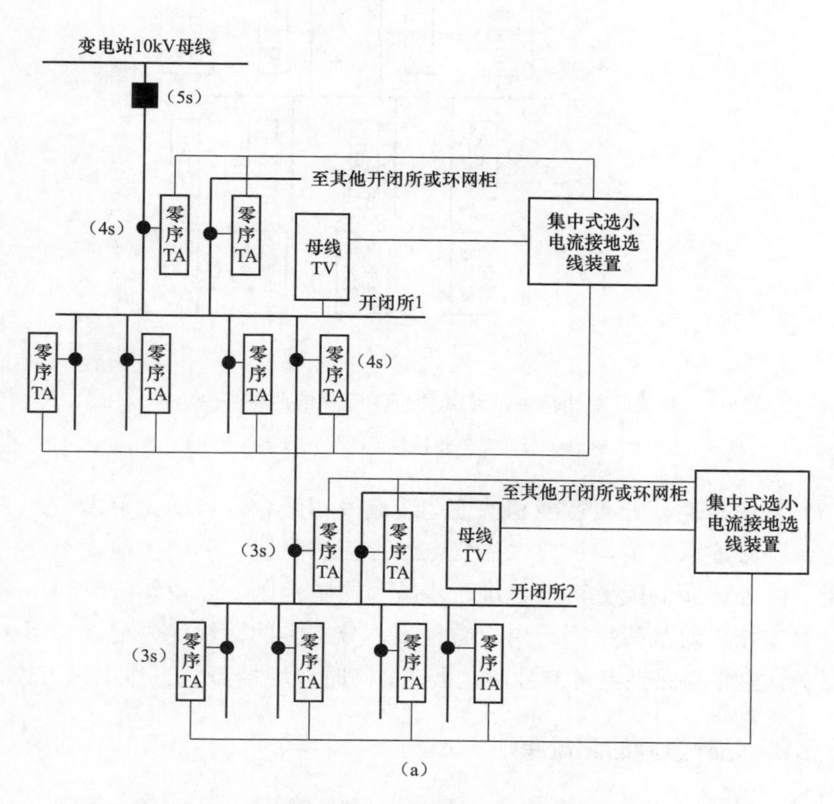


图 5-7 开关站单相接地故障处理资源配置的两种典型方案（一）

（a）集中式单相接地选线配置方案

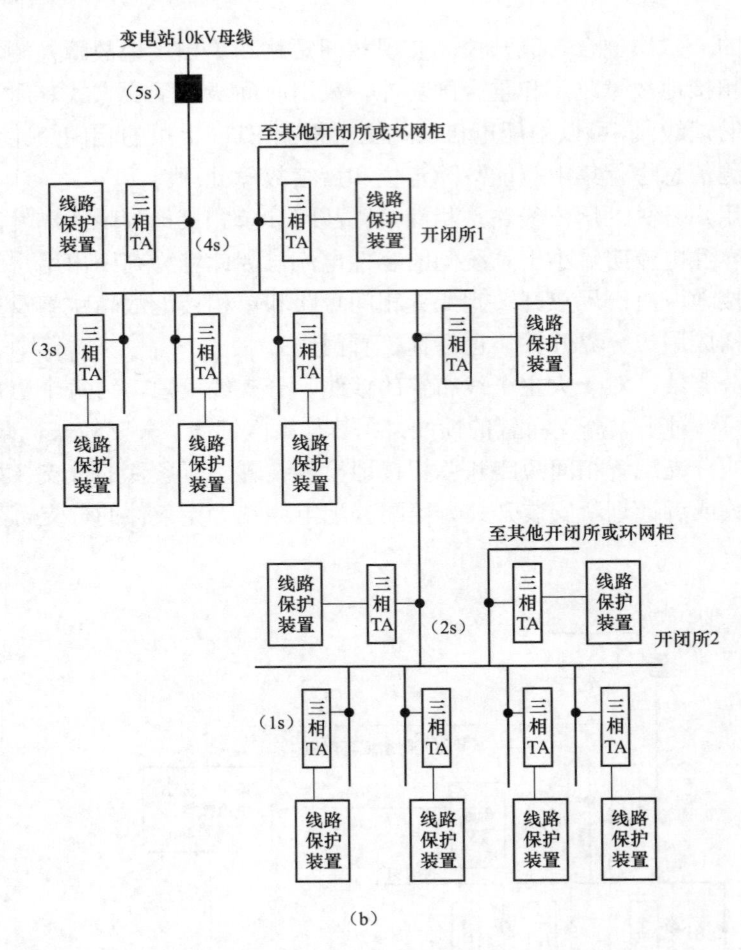


图 5-7　开关站单相接地故障处理资源配置的两种典型方案（二）

（b）分布式单相接地选线配置方案

（6）集中智能。分布智能和就地选线选段相结合，自动化手段与人工处理相结合，不必追求完美，只要守住变电站内三道防线，单相接地就不会引发严重后果，站外资源的配置可考虑进一步减少影响范围、缩短影响时间，应根据实际需要安排，对故障率高、用户数量多、分支多的馈线优先配置。不必过度配置资源，能够确保供电可靠性满足要求，同时对现场查线工作提供方便即可。

### 5.3.2　站外资源的配置原则

由于配电网规模巨大，在变电站外全部馈线开关和分支线配置自动化资源是不现实的，因为这样做不仅耗资巨大，而且维护工作量更大。

因此，变电站外针对单相接地故障处理的资源应根据需要科学配置，主要原则如下：

（1）变电站外针对单相接地故障处理的资源应与针对相间短路的资源统筹兼顾尽量公用，并纳入配电自动化系统。

（2）对于大主干布置的馈线，宜在主干线上配置2～3套自动化装置（包括互感器），将馈线分为3～4段，尽量采用具有本地动作功能的自动化装置或智能开关。

（3）对于大分支布置的馈线，宜在每个大分支上配置1套自动化装置（包括互感器），尽量采用具有本地动作功能的自动化装置或智能开关。

（4）对于用户开关，宜配置具有相间短路和单相接地故障处理功能的分界开关，可根据故障率的高低分批布置，逐步实现全覆盖。

配置具有本地动作功能的自动化装置或智能开关时，保护装置整定原则如下：

（1）针对相间短路故障的保护装置。

1）对于长馈线、沿线短路电流差别明显的情形，主干线可配置多级分段保护，上下级保护按照三段式过流保护配合方式进行配合整定，应注意相邻两级间的距离足够大以确保上下级间电流定值的配合关系，必要时主干线上各级也可采用延时速断方式。在馈线上故障率较高或较长的分支可配置保护装置，并与主干线延时电流速断保护采用延时时间级差配合，实现分支故障不影响主干线。对于各级保护范围内线路以架空为主的情形，可配置自动重合闸，从而进一步提高可靠性。

2）对于短馈线、沿线短路电流差别不大的情形，主干线可不配置保护装置，变电站出线断路器可采用延时速断方式。在馈线上故障率较高的分支可配置保护装置，并与变电站出线断路器采用延时时间级差配合，实现分支故障不影响主干线。对于短路电流水平高的情形，变电站出线断路器可配置瞬时速断保护，采取低电压启动或降低瞬时电流速断保护灵敏度的措施，适当缩小瞬时电流速断保护范围，在其保护范围外的馈线段实现站内延时速断与分支断路器级差配合。对于下游以架空线路为主的情形，可配置自动重合闸，从而进一步提高可靠性。对于短路电流大或变压器抗短路能力较差的情形，需对短路电流进行限制，必要时更换带病工作的变压器。

（2）针对单相接地故障选段装置。

无论长馈线还是短馈线，都可以采用延时时间级差配合方式实现多级选段跳闸配合，延时时间级差可以设置为0.5～1s，最快选段跳闸动作延时时间可以设置为1s，以充分发挥消弧线圈的熄弧作用，减少瞬时性故障引起的跳闸率[7]，并且宜配置自动重合闸功能，重合闸延时时间整定范围为1～3s。

### 5.3.3 配置资源效果的定量评估

配电线路发生故障（包括单相接地故障和相间短路故障）以后，故障处理时间$t_{\Sigma}$主要由三部分构成：

$$t_{\Sigma}=t_1+t_2+t_3 \tag{5-5}$$

式中：$t_1$为故障区域查找时间；$t_2$为人工故障区域隔离时间（也包括对受影响的健全区域恢复供电所进行的操作时间）；$t_3$为故障修复时间（也包括故障区域内具体故障位置确认时间和恢复故障前运行方式所进行的操作时间）。

对于瞬时性故障，故障处理时间主要为$t_1+t_2$部分；对于永久性故障，故障处理时间则对应完整的$t_{\Sigma}$时间。

（1）馈线分段开关配置单个保护装置的情形。

对于一条馈线，若仅仅在变电站出线断路器处配备保护装置（包括单相接地检测和相间短路保护），假设整条馈线的年故障率（包括瞬时性故障和永久性故障）为$F$，永久性故障的比例为$\eta\%$，整条馈线的用户数为$N$，则该馈线的年停电户次数$\xi$为$FN$，年停电户时数$\delta$为：$\eta\%FNt_{\Sigma}+(1-\eta\%)FN(t_1+t_2)$，供电可用率$ASAI$为：

$$\begin{aligned}ASAI&=1-\frac{F\eta\%Nt_{\Sigma}+F(1-\eta\%)N(t_1+t_2)}{8760N}\\&=1-\frac{\eta\%Ft_{\Sigma}+(1-\eta\%)F(t_1+t_2)}{8760}\end{aligned} \tag{5-6}$$

假设除了在变电站出线断路器处配备保护装置以外，另在馈线上$W$处配置保护装置（包括单相接地检测和相间短路保护），并且该保护装置能够与该馈线的变电站出线断路器处保护装置实现部分配合，可成功配合率为$\gamma\%$，也即在$W$下游发生的故障中，有$\gamma\%$的情形可以做到$W$处的保护装置动作驱动断路器$W$跳闸，而该馈线的变电站出线断路器配置的保护装置不动作，则$W$处配置保护装置的作用是当$W$下游故障时有$\gamma\%$的情形能够避免$W$上游的用户停电，其每年可以减少的停电户次数$\Delta\xi$为：

$$\Delta\xi=\gamma\%F_{W-}N_{W+}=\gamma\%l_{W-}fN_{W+} \tag{5-7}$$

式中：$F_{W-}$为$W$下游区域的年故障率（包括瞬时性故障和永久性故障）；$N_{W+}$为$W$上游区域的用户数；$f$为馈线单位长度故障率（包括瞬时性故障和永久性故障）；$l_{W-}$为$W$下游区域馈线长度。

假设永久性故障所占的比例为$\eta\%$，则$W$处配置保护装置后每年可以减少的停电户时数$\Delta\delta$为：

$$\begin{aligned}\Delta\delta&=\gamma\%(1-\eta\%)F_{W-}N_{W+}(t_1+t_2)+\gamma\%\eta\%F_{W-}N_{W+}t_{\Sigma}\\&=\gamma\%(1-\eta\%)l_{W-}fN_{W+}(t_1+t_2)+\gamma\%\eta\%l_{W-}fN_{W+}t_{\Sigma}\end{aligned} \tag{5-8}$$

在 $W$ 处保护装置后该馈线的供电可用率 $ASAI'$ 为：

$$ASAI' = ASAI + \frac{\Delta\delta}{8760N} \tag{5-9}$$

在 $W$ 处配置保护装置后对该馈线的供电可用率的提升 $\Delta ASAI'$ 为：

$$\Delta ASAI' = ASAI' - ASAI = \frac{\Delta\delta}{8760N} \tag{5-10}$$

若在 $W$ 处配置自动重合闸控制，其作用是当其下游发生瞬时性故障时能够迅速重合，避免该区域用户停电，则每年可以减少的停电户次数 $\Delta\xi'$ 为：

$$\Delta\xi' = \gamma\%(1-\eta\%)F_{W-}N_{W-} \tag{5-11}$$

式中：$N_{W-}$ 为 $W$ 下游区域的用户数。

每年可以减少的停电户时数 $\Delta\delta'$ 为：

$$\Delta\delta' = \Delta\xi'(t_1+t_2) = \gamma\%(1-\eta\%)F_{W-}N_{W-}(t_1+t_2) \tag{5-12}$$

在配置保护装置的基础上，在 $W$ 处配置自动重合闸控制后，馈线的供电可用率 $ASAI''$ 为：

$$ASAI'' = ASAI' + \frac{\Delta\delta'}{8760N} \tag{5-13}$$

在 $W$ 处配置自动重合闸控制后对该馈线的供电可用率的提升 $\Delta ASAI''$ 为：

$$\Delta ASAI'' = \frac{\Delta\delta'}{8760N} = \frac{\gamma\%(1-\eta\%)F_{W-}N_{W-}(t_1+t_2)}{8760N} \tag{5-14}$$

假设同时在该馈线的变电站出线断路器也配置自动重合闸控制后，其作用是当变电站出线断路器与 $W$ 之间发生瞬时性故障时或者 $W$ 下游发生瞬时性故障，但是引起变电站出线断路器越级跳闸时能够迅速重合，避免全线用户停电，则每年可以减少的停电户次数 $\Delta\xi''$ 为：

$$\begin{aligned}\Delta\xi'' &= (1-\eta\%)F_{W+}N+(1-\gamma\%)(1-\eta\%)F_{W-}N \\ &= (1-\eta\%)fl_{W+}N+(1-\gamma\%)(1-\eta\%)fl_{W-}N\end{aligned} \tag{5-15}$$

式中：$F_{W+}$ 为 $W$ 上游区域的年故障率（包括瞬时性故障和永久性故障）；$f$ 为馈线单位长度的年故障率；$l_{W+}$ 为 $W$ 上游区域的馈线长度。

每年可以减少的停电户时数 $\Delta\delta''$ 为：

$$\Delta\delta'' = \Delta\xi''(t_1+t_2) = [(1-\eta\%)F_{W+}N+(1-\gamma\%)(1-\eta\%)F_{W-}N](t_1+t_2) \tag{5-16}$$

馈线的供电可用率 $ASAI'''$ 为：

$$ASAI''' = ASAI'' + \frac{\Delta\delta''}{8760N} \tag{5-17}$$

同时在该馈线的变电站出线断路器配置自动重合闸控制后，对该馈线的供电可用率的提升 $\Delta ASAI'''$ 为：

$$\Delta ASAI''' = \frac{\Delta\delta''}{8760N} = \frac{[(1-\eta\%)F_{W+}N+(1-\gamma\%)(1-\eta\%)F_{W-}N](t_1+t_2)}{8760N} \tag{5-18}$$

（2）馈线分段开关配置多个保护装置，但不构成级联关系的情形。

除了在变电站出线断路器处配备保护装置以外，还在$W_1$，$W_2$，…，$W_K$等$K$处配置保护装置（包括单相接地检测和相间短路保护），若这些保护装置不构成级联关系，则其作用相当于每处位置发挥的作用的叠加，即：

$$\Delta\xi_{\Sigma} = \sum_{i=1}^{K}\Delta\xi_i \tag{5-19}$$

$$\Delta\delta_{\Sigma} = \sum_{i=1}^{K}\Delta\delta_i \tag{5-20}$$

$$\Delta\xi'_{\Sigma} = \sum_{i=1}^{K}\Delta\xi'_i \tag{5-21}$$

$$\Delta\delta'_{\Sigma} = \sum_{i=1}^{K}\Delta\delta'_i \tag{5-22}$$

式中：$i$表示第$i$个配置保护装置的分段开关。

此外，对于变电站出线断路器配置的自动重合闸装置，有：

$$\Delta\xi''_S = (1-\eta\%)F_{S-}N + \sum_{i=1}^{K}(1-\gamma_i\%)(1-\eta\%)F_{W_i-}N \tag{5-23}$$

$$\Delta\delta''_S = \Delta\xi''_S(t_1+t_2) = \left[(1-\eta\%)F_{S-}N + \sum_{i=1}^{K}(1-\gamma_i\%)(1-\eta\%)F_{W_i-}N\right](t_1+t_2) \tag{5-24}$$

式中：$F_{S-}$表示变电站出线断路器与$W_1$，$W_2$，…，$W_K$之间区域的年故障率（包括瞬时性故障和永久性故障）；$F_{W_i-}$表示$W_i$下游区域的年故障率（包括瞬时性故障和永久性故障）；$\gamma_i\%$表示$W_i$处配置的保护装置与变电站出线开关处保护的配合率。

相应的$ASAI'$、$\Delta ASAI'$、$ASAI''$、$\Delta ASAI''$、$ASAI'''$和$\Delta ASAI'''$分别可以根据式（5-9）、式（5-10）、式（5-13）、式（5-14）、式（5-17）、式（5-18）对应求得。

（3）馈线分段开关配置多个保护装置且构成级联关系的情形。

除了在变电站出线断路器处配备保护装置以外，还在$W_1$，$W_2$，…，$W_K$等处配置保护装置（包括单相接地检测和相间短路保护），并且部分保护装置构成级联关系的情形，需要注意区分各个保护装置对提升供电可靠性的作用范围，避免重复计入。

$S$和$W_1-W_4$均配置继电保护构成级联关系如图5-8所示。

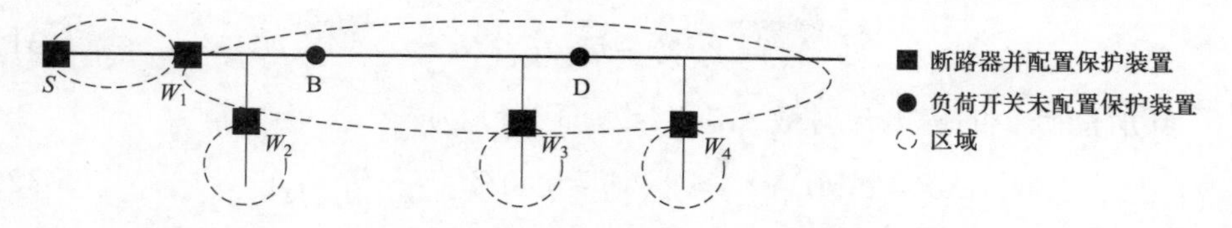


图 5-8　$S$ 和 $W_1$～$W_4$ 均配置保护装置构成级联关系

在变电站出线断路器 $S$ 和分段开关 $W_1$，$W_2$，…，$W_K$ 等处配置断路器和保护装置，$W_1$ 与 $W_2$、$W_3$ 和 $W_4$ 构成级联关系，B 和 D 为负荷开关，不配置保护装置。假设所配置的各个保护装置与其上级保护之间的配合率为 $\gamma_i\%$，则 $W_2$、$W_3$ 和 $W_4$ 的作用分别是当其下游故障时有 $\gamma_i\%$ 的情形能够避免其上游由 $W_1$ 与 $W_2$、$W_3$ 或 $W_4$ 围成的区域用户停电，其每年可以减少的停电户次数 $\Delta\xi_i$（$i$=2，3，4）为：

$$\Delta\xi_i = \gamma_i\% F_{W_i-}(N_{W_1-} - N_{W_i-}) \tag{5-25}$$

式中：$F_{W_i-}$ 表示 $W_i$ 下游区域的年故障率（包括瞬时性故障和永久性故障）；$N_{W_i-}$ 表示 $W_i$ 下游区域用户数。

其每年可以减少的停电户时数 $\Delta\delta_i$（$i$=2，3，4）为：

$$\Delta\delta_i = \gamma_i\%(1-\eta\%)F_{W_i-}(N_{W_1-} - N_{W_i-})(t_1+t_2)+\gamma_i\%\eta\% F_{W_i-}(N_{W_1-} - N_{W_i-})t_\Sigma \tag{5-26}$$

$W_1$ 的作用是当其下游由 $W_1$ 与 $W_2$、$W_3$ 和 $W_4$ 围成的区域（$W_1$，$W_2$，$W_3$，$W_4$）故障时，有 $\gamma_1\%$ 的情形能够避免其上游到 $S$ 之间的区域的用户停电，其每年可以减少的停电户次数 $\Delta\xi_1$ 为：

$$\Delta\xi_1 = \gamma_1\% F_{(W_1,W_2,W_3,W_4)} N_{W_1+} \tag{5-27}$$

式中：$F_{(W_1,W_2,W_3,W_4)}$ 表示 $W_1$ 与 $W_2$、$W_3$ 和 $W_4$ 围成的区域（$W_1$，$W_2$，$W_3$，$W_4$）的年故障率（包括瞬时性故障和永久性故障），$N_{W_1+}$ 表示 $W_i$ 上游到 $S$ 之间的区域的用户数。

其每年可以减少的停电户时数 $\Delta\delta_1$ 为：

$$\Delta\delta_1 = \gamma_i\%(1-\eta\%)F_{(W_1,W_2,W_3,W_4)}N_{W_1+}(t_1+t_2)+\gamma_i\%\eta\% F_{(W_1,W_2,W_3,W_4)}N_{W_1+}t_\Sigma \tag{5-28}$$

每年可以减少的总停电户次数 $\Delta\xi_\Sigma$ 为：

$$\Delta\xi_\Sigma = \sum_{i=1}^{4}\Delta\xi_i \tag{5-29}$$

每年可以减少的总停电户时数 $\Delta\delta_\Sigma$ 为：

$$\Delta\delta_\Sigma = \sum_{i=1}^{4}\delta_i \tag{5-30}$$

在上述配置基础上，对 $W_2$、$W_3$ 或 $W_4$ 配置自动重合闸的作用分别是当其下游发生瞬时性故障时能够迅速重合，避免其下游用户停电，即其所能减少的停电户时数 $\Delta\xi_i'$（$i$=2，3，4）为：

$$\Delta\xi_i' = \gamma_i\%(1-\eta\%)F_{W_i-}N_{W_i-} \tag{5-31}$$

其所能减少的停电户时数$\Delta\delta_i'$（$i$=2，3，4）为：

$$\Delta\delta_i' = \Delta\xi_i'(t_1+t_2) = \gamma_i\%(1-\eta\%)F_{W_i-}N_{W_i-}(t_1+t_2) \tag{5-32}$$

对$W_1$配置自动重合闸的作用是当其下游由$W_1$与$W_2$、$W_3$和$W_4$围成的区域（$W_1$，$W_2$，$W_3$，$W_4$）发生瞬时性故障或者$W_2$、$W_3$、$W_4$下游瞬时性故障引起$W_1$越级跳闸时能够迅速重合，避免下游区域用户停电，即其所能减少的停电户次数$\Delta\xi_1'$为：

$$\Delta\xi_1' = (1-\eta\%)F_{(W_1,W_2,W_3,W_4)}N_{W_1-} + \sum_{i=2}^{4}(1-\gamma_i\%)(1-\eta\%)F_{W_i-}N_{W_1-} \tag{5-33}$$

其所能减少的停电户时数$\Delta\delta_1'$为：

$$\begin{aligned}\Delta\delta_1' &= \Delta\xi_1'(t_1+t_2)\\ &= \left[(1-\eta\%)F_{(W_1,W_2,W_3,W_4)}N_{W_1-} + \sum_{i=2}^{4}(1-\gamma_i\%)(1-\eta\%)F_{W_i-}N_{W_1-}\right](t_1+t_2)\end{aligned} \tag{5-34}$$

在上述配置基础上，再对变电站出线断路器S配置自动重合闸的作用是当其下游和$W_1$之间的区域发生瞬时性故障或者$W_1$下游瞬时性故障引起断路器S越级跳闸时能够迅速重合，避免下游区域用户停电，即其所能减少的停电户次数$\Delta\xi_S''$为：

$$\Delta\xi_S'' = (1-\eta)F_{(S,W_1)}N + (1-\gamma_1\%)(1-\eta\%)F_{(W_1,W_2,W_3,W_4)}N \tag{5-35}$$

其所能减少的停电户时数$\Delta\delta_S''$为：

$$\begin{aligned}\Delta\delta_S'' &= \Delta\xi_S''(t_1+t_2)\\ &= \left[(1-\eta)F_{(S,W_1)}N + (1-\gamma_1\%)(1-\eta\%)F_{(W_1,W_2,W_3,W_4)}N\right](t_1+t_2)\end{aligned} \tag{5-36}$$

相应的$ASAI'$、$\Delta ASAI'$、$ASAI''$、$\Delta ASAI''$、$ASAI'''$和$\Delta ASAI'''$分别可以根据式（5-9）、式（5-10）、式（5-13）、式（5-14）、式（5-17）、式（5-18）对应求得。

### 5.3.4 案例分析

配电线路典型保护配置模式如图5-9所示。图中所示3种模式说明不同的故障处理资源配置方式对供电可靠性的提升有不同效果。为了不失一般性，相关计算参数选取按如下考虑：

（1）线路总用户数$N$为100，年故障率$F$为3次/年（包括单相接地故障和相间短路故障），其中，永久性故障比例$\eta$%=30%，单次故障平均处理时间$t_\Sigma$为4h，其中$t_1$+$t_2$为2h，$t_3$为2h。

（2）图 5-9（a）中，假设 $W$ 处配置单相接地检测装置将线路分为用户数和故障率基本均等的 2 段，也即 2 段内的用户数各为 $N/2$，年故障率各为 $F/2$。

（3）图 5-9（b）中，假设 $W_1$ 和 $W_2$ 处配置单相接地检测装置将线路分为用户数和故障率基本均等的 3 段，即 3 段内的用户数各为 $N/3$，年故障率各为 $F/3$。

（4）图 5-9（c）中，假设分支或用户开关 $V_1 \sim V_6$ 处配置单相接地检测装置实现与变电站出线开关处具有单相接地故障检测功能的线路保护装置配合，假设在 10kV 中压线路所有故障中，分支故障比例为 70%，主干线故障为 30%，也即主干线的年故障率为 $0.7F$，分支线的年故障率为 $0.3F$。假设平均每个分支（或用户开关下游）的用户数占线路总用户数的比例为 5%。

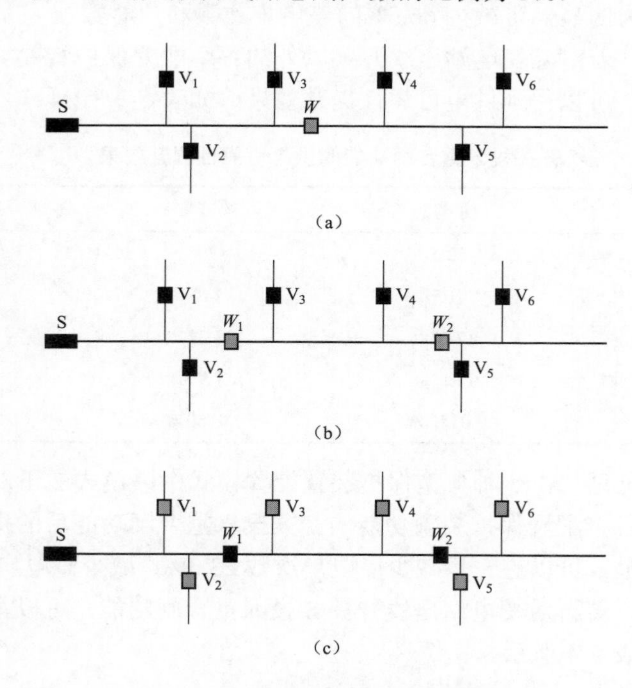


图 5-9 配电线路典型保护配置模式

（a）模式 1：主干线分段开关与变电站出线开关 2 级配合；（b）模式 2：主干线分段开关与变电站出线开关 3 级配合；（c）模式 3：变电站出线开关与用户或分支开关配合

仅在变电站出线开关配置保护装置的情形下，该馈线的年停电户次数 $\xi$ 为 300（户・次），年停电户时数 $\delta = \eta\% FNt_{\Sigma} + (1-\eta\%)FN(t_1+t_2) = 780$（户・时）。

在分别采用如图 5-9 所示的 3 种典型模式配置保护装置以后，假设各个保护与其上级保护的配合率均为 100%，可以得到供电可靠性提升效果如表 5-2 所示。

表 5-2　典型保护配置模式的供电可靠性提升效果

| 变　量 | 模式 1 | 模式 2 | 模式 3 |
|---|---|---|---|
| $\Delta\xi$（户·次） | 75 | 100 | 199.5 |
| $\Delta\delta$（户·时） | 195 | 260 | 518.7 |
| $\Delta\xi/\xi$ | 25% | 33% | 66.5% |
| $\Delta\delta/\delta$ | 25% | 33% | 66.5% |
| $\Delta ASAI$ | 0.0223% | 0.0300% | 0.0592% |

由表 5-2 可见，在 3 种典型保护装置配置模式中，采用模式 3 的供电可靠性提升效果最为明显，可减少 66.5%的停电户次数和户时数。

进一步的，若对除变电站出线开关以外的各个配置保护装置功能的开关投入重合闸功能，可以得到供电可靠性提升效果，如表 5-3 所示。

表 5-3　开关投入重合闸功能的供电可靠性提升效果

| 变　量 | 模式 1 | 模式 2 | 模式 3 |
|---|---|---|---|
| $\Delta\xi$（户·次） | 52.5 | 70 | 7.35 |
| $\Delta\delta$（户·时） | 105 | 140 | 14.7 |
| $\Delta\xi/\xi$ | 17.5% | 23.3% | 2.5% |
| $\Delta\delta/\delta$ | 13.5% | 17.9% | 1.9% |
| $\Delta ASAI$ | 0.0120% | 0.0160% | 0.0017% |

由表 5-3 可见，在 3 种典型保护装置配置模式中，模式 2 下对除变电站出线开关以外的各个配置保护装置功能的开关投入重合闸功能后的供电可靠性提升效果最为明显，可以进一步减少停电户次数 23.3%，减少停电户时数 17.9%。

进一步的，若再对变电站出线开关 S 投入重合闸功能，可以得到供电可靠性提升效果如表 5-4 所示。

表 5-4　对变电站出线开关投入重合闸功能的供电可靠性提升效果

| 变　量 | 模式 1 | 模式 2 | 模式 3 |
|---|---|---|---|
| $\Delta\xi$（户·次） | 105 | 70 | 63 |
| $\Delta\delta$（户·时） | 210 | 140 | 126 |
| $\Delta\xi/\xi$ | 35% | 23.3% | 21% |
| $\Delta\delta/\delta$ | 26% | 17.9% | 16.1% |
| $\Delta ASAI$ | 0.0240% | 0.0160% | 0.0144% |

由表 5-4 可见，在 3 种典型保护装置配置模式中，模式 1 下对变电站出线

开关S投入重合闸功能的供电可靠性提升效果最为明显，可以进一步减少停电户次数35%，减少停电户时数26%。

## 5.4 断线接地故障处理

小电流接地系统单相断线接地故障往往伴随着很大的接地过渡电阻，一般单纯采用单相接地故障检测方法难以应对，甚至连及时发现都很困难。但是，这类单相接地故障若不能及时处理，对人身安全的风险较大，也是引发山火的重要原因之一，还会由于电压不对称导致电气设备损坏等问题。虽然从检测单相接地的途径解决断线高阻接地故障问题比较困难，但是利用断线后的故障特征，从断线检测的途径解决这个问题却更加容易些。

配电网中的断线故障有单相断线不接地、单相断线负荷侧接地、单相断线电源侧接地、单相断线两侧都接地等多种形态。实际应用中，由于断线故障是否伴随接地以及接地过渡电阻的大小是变化的，且配电线路的负荷电流变化较大，断线故障定位方法也必须能够适应各种断线形态、接地过渡电阻以及负荷的差异。

本节在综合分析配电网各种典型断线形态的中压侧以及配电变压器低压侧电压特征的基础上，提出基于馈线终端单元（FTU、DTU）和配电变压器监测装置（TTU）上报的稳态电压信息的断线故障定位方法，并提出了单相接地故障处理技术和基于电压特征的断线故障处理技术的联合应用方案。

### 5.4.1 配电网断线故障特征

#### 5.4.1.1 中压电压特征

以小电流接地配电系统中某一条配电线路上发生A相单相断线故障为例，其等效电路如图5-10所示。

图中，$\dot{E}_{A}$、$\dot{E}_{B}$、$\dot{E}_{C}$为系统三相电源；$l_1$代表所有非故障线路；$l_2$代表故障线路；$N$为断线位置电源侧中性点，$\dot{U}_{NO}$表示断线位置电源侧中性点对地电压；$M$为断线位置负荷侧中性点，$\dot{U}_{MO}$表示断线位置负荷侧中性点对地电压；$C_1$为所有非故障线路总等效对地电容；$C_2$为故障线路对地电容；$j\omega L$为消弧线圈感抗；$x$表示断口下游线路对地电容占断线所在线路对地电容的比例，可以反映断线位置；A、A′、B、B′、C、C′分别代表各相的断口两侧节点；$R_d$和$R_d'$分别代表断线点两侧断线接地过渡电阻，通过设置$R_d$和$R_d'$的不同组合变化可以涵盖断线不接地、断线负荷侧接地、断线电源侧接地、断线两侧都接地等多种形态，当$R_d$或$R_d'$趋于∞大时，则代表相应一侧发生的是断线不接地故障；

$Z_1$为线路$l_1$的负荷等效阻抗；$Z_2$为线路$l_2$的断线点下游负荷等效阻抗；线路阻抗与线路对地容抗和负荷阻抗相比小得多，可忽略。系统总对地电容为$C=C_1+C_2$，故障线路$l_2$对地电容$C_2$占系统总对地电容$C$的$1/k$。

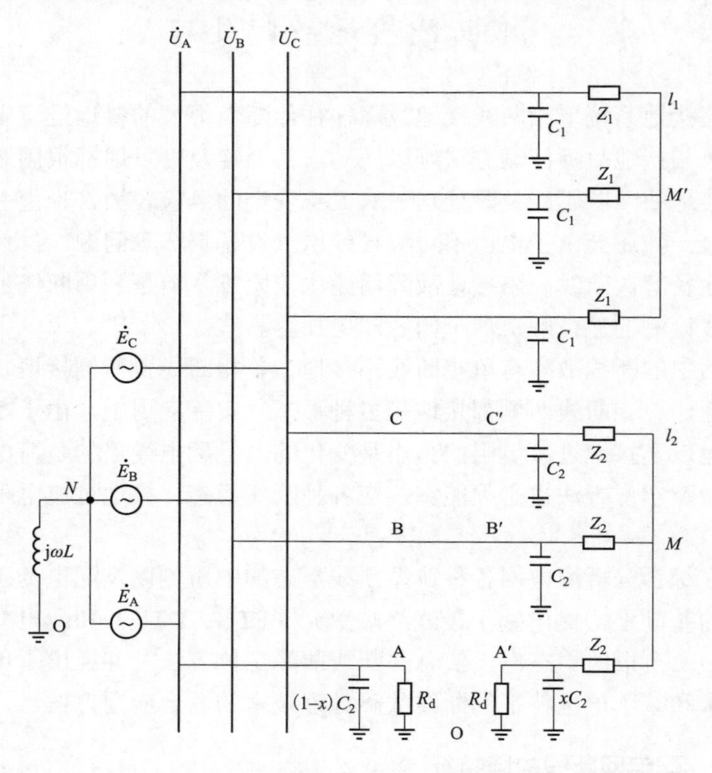


图 5-10　小电流接地系统单相断线故障等效电路

（1）断线位置电源侧中压电压特征。如图 5-10 所示的小电流接地配电系统，当发生断线故障以后，忽略负荷电流在线路阻抗上造成的压降，无论$\dot{U}_{NO}$如何偏移，断线位置电源侧各相对中性点$N$的电压始终为：

$$\begin{cases}\dot{U}_{AN}=\dot{E}_A\\ \dot{U}_{BN}=\dot{E}_B\\ \dot{U}_{CN}=\dot{E}_C\end{cases}\tag{5-37}$$

相应的断线位置电源侧线电压始终为：

$$\begin{cases}\dot{U}_{AB}=\dot{E}_A-\dot{E}_B\\ \dot{U}_{BC}=\dot{E}_B-\dot{E}_C\\ \dot{U}_{CA}=\dot{E}_C-\dot{E}_A\end{cases}\tag{5-38}$$

根据式（5-37）和式（5-38）可以得出断线位置电源侧中压电压特征：

［**结论 1**］ 发生断线故障以后，断线位置电源侧中压线路各相对中性点 $N$ 的电压以及线电压与断线前相比均没有变化。

（2）断线位置负荷侧中压电压特征。

忽略负荷电流在线路阻抗上造成的压降，对于断线位置负荷侧非断线相电压而言，有：

$$\begin{cases}\dot{U}_{B'}=\dot{U}_{B}=\dot{U}_{NO}+\dot{E}_{B}\\ \dot{U}_{C'}=\dot{U}_{C}=\dot{U}_{NO}+\dot{E}_{C}\end{cases} \tag{5-39}$$

对节点 $M$ 应用基尔霍夫电流定律，有：

$$\frac{\dot{U}_{B'}-\dot{U}_{MO}}{Z_2}+\frac{\dot{U}_{C'}-\dot{U}_{MO}}{Z_2}=\dot{U}_{MO}\times\frac{1}{Z_2+\dfrac{kR'_d}{jx\omega CR'_d+k}} \tag{5-40}$$

根据式（5-39）和式（5-40）并考虑 $\dot{E}_A$、$\dot{E}_B$、$\dot{E}_C$ 的关系，有：

$$\dot{U}_{NO}=\frac{1}{2}\dot{E}_A+\dot{U}_{MO}+\frac{Z_2}{2\left(Z_2+\dfrac{kR'_d}{jx\omega CR'_d+k}\right)}\dot{U}_{MO} \tag{5-41}$$

对节点 $N$ 应用基尔霍夫电流定律，有：

$$\dot{U}_{NO}\left[\left(3-\frac{x}{k}\right)j\omega C+\frac{1}{j\omega L}+\frac{1}{R_d}\right]+\dot{E}_A\left(\frac{1}{R_d}-j\frac{x}{k}\omega C\right)=-\dot{U}_{MO}\times\frac{1}{Z_2+\dfrac{kR'_d}{jx\omega CR'_d+k}} \tag{5-42}$$

由式（5-41）和式（5-42）可以确定 $\dot{U}_{NO}$ 和 $\dot{U}_{MO}$。

进一步可以表达出断线位置负荷侧各相对中性点 $M$ 的电压和线电压，分别如式（5-43）和式（5-44）所示，它们都是 $C$、$L$、$k$、$x$、$Z_2$、$R_d$、$R'_d$ 的函数。

$$\begin{cases}\dot{U}_{A'M}=\dfrac{Z_2\dot{U}_{MO}}{Z_2+\dfrac{kR'_d}{jx\omega CR'_d+k}}\\ \dot{U}_{B'M}=\dot{E}_B+\dfrac{1}{2}\dot{E}_A+\dfrac{1}{2}\times\dfrac{Z_2\dot{U}_{MO}}{Z_2+\dfrac{kR'_d}{jx\omega CR'_d+k}}\\ \dot{U}_{C'M}=\dot{E}_C+\dfrac{1}{2}\dot{E}_A+\dfrac{1}{2}\times\dfrac{Z_2\cdot\dot{U}_{MO}}{Z_2+\dfrac{kR'_d}{jx\omega CR'_d+k}}\end{cases} \tag{5-43}$$

$$\begin{cases}\dot{U}_{A'B'}=-\dfrac{1}{2}\dot{E}_A-\dot{E}_B-\dfrac{3}{2}\times\dfrac{Z_2\dot{U}_{MO}}{Z_2+\dfrac{kR'_d}{jx\omega CR'_d+k}}\\ \dot{U}_{B'C'}=\dot{E}_B-\dot{E}_C\\ \dot{U}_{C'A'}=\dot{E}_C+\dfrac{1}{2}\dot{E}_A+\dfrac{3}{2}\times\dfrac{Z_2\dot{U}_{MO}}{Z_2+\dfrac{kR'_d}{jx\omega CR'_d+k}}\end{cases} \tag{5-44}$$

根据 Q/GDW 10370—2016《配电网技术导则》规定，10kV 配电系统容性电流大于 100～150A 时宜采用中性点小电阻接地方式，考虑一定的裕度，对于 10kV 小电流接地系统，容性电流变化范围可按 1～200A 考虑，对应折算系统总对地电容为 $C$。

根据 GB/T 50064—2014《交流电气装置的过电压保护和绝缘配合设计规范》规定，10kV 系统当容性电流超过 10A 时，应配置消弧线圈，消弧线圈电感值 $L$ 按过补偿度 5%～10%确定。

根据国家电网有限公司典型设计，110kV 变电站一段 10kV 母线所带出线为 16 回，考虑一定的裕度，设定 $k$ 的取值范围为 5～20，也即断线线路的对地电容 $C_2$ 占系统总对地电容 $C$ 的比值在 1/20 到 1/5 之间。

设定 $x$ 的取值范围从 0～1，表征断线点从线路首端到末端的变化。

配电系统常用导线规格中，架空线路截面最大为 LGJ-240 导线，额定载流量为 610A，电缆线路截面最大为 YJV-300 导线，额定载流量为 580A[8]，考虑 $N$–1 准则，单条线路的最大负荷电流通常不超过 300A，考虑断线点可以在线路首端到末端之间变化，断线点下游负荷阻抗 $Z_2$ 按负荷电流变化范围从 1A 到 300A、负荷功率因数 0.9 来折算等效。

根据文献［9-10］，对于断线接地的情形，考虑不同接地场景，$R_d$ 和 $R'_d$ 最小不小于 30Ω，最大可达兆欧级，对于断线不接地的情形，$R_d$ 和 $R'_d$ 的值更大，但是从工频稳态电气量特征的角度而言，$R_d$ 和 $R'_d$ 的值在百千欧以上时区别已经不大，为了使概率计算的结果更趋严格，$R_d$ 和 $R'_d$ 的值取为 30～100kΩ。

基于式（5-41）～式（5-44），采用蒙特卡洛法可以得出在 $C$、$L$、$k$、$x$、$Z_2$、$R_d$、$R'_d$ 取值范围内，断线位置负荷侧的中压线路相对中性点 $M$ 的电压幅值中至少有一个低于 $U_{th1}$ 的概率，以及 3 个线电压幅值中至少有一个低于 $U_{th2}$ 的概率，从而得出：

［**结论 2**］ 综合考虑各种断线形态、系统容性电流水平、负荷变化等因素，发生断线故障以后，断线位置负荷侧的中压线路相对中性点 $M$ 的电压中至少有 1 个幅值低于 0.8p.u.的概率在 99%以上，3 个线电压中至少有 1 个幅值低于

0.8p.u.的概率在99%以上。

若以中压线路各相对中性点$M$的电压中至少有1个幅值低于0.8p.u.以及3个线电压中至少有1个幅值低于0.8p.u.作为断线点负荷侧电压特征判据，其成功率在99%以上。

进一步对断线点负荷侧不满足各相对中性点M的电压或3个线电压至少有1个幅值低于0.8p.u.特征的情形（概率小于1%）进行分析后发现，它们具有下列特点：

（1）断线点电源侧接地过渡电阻$R_d$均小于2000Ω。

（2）断线点下游负荷$Z_2$均大于500Ω，即负荷电流小于12A。

（3）容性电流水平比较高，$I_C>50A$的情形的占比在95%以上。

#### 5.4.1.2 配电变压器低压侧电压特征

实际配电系统中的配电变压器常见的有Yy0和Dy11两种接线型式。

对于Yy0接线型式的配电变压器，其低压侧相电压与所接入位置的中压线路相对中性点的电压特征一致。

对于Dy11接线型式的配电变压器，其低压侧相电压与所接入位置中压线路线电压特征一致。

（1）断线位置电源侧配电变压器低压侧电压特征。

根据［结论1］，有：

**［结论3］** 断线位置电源侧Yy0型和Dy11型配电变压器低压侧相电压与发生断线故障前相比没有变化。

（2）断线位置负荷侧配电变压器低压侧电压特征。

根据［结论2］，有：

**［结论4］** 综合考虑各种断线形态、系统容性电流水平、负荷变化等因素，断线位置负荷侧的Yy0型和Dy11型配电变压器低压侧电压满足至少一相电压幅值下降到0.8倍的额定相电压以下的概率均在99%以上。

### 5.4.2 断线电压特征的就地化处理

（1）中压侧电压信息处理。

根据［结论1］和［结论2］，可以设置中压侧线电压阈值$U_{H,set}$=8kV，对于一个配电自动化终端（FTU、DTU），当其监测到3个线电压中至少有1个线电压低于$U_{H,set}$，则可判断出该监测点位于断线位置的负荷侧，此时需给主站上报低电压信息。

（2）配电变压器低压侧电压信息处理。

根据［结论3］和［结论4］，可以设置低压侧相电压阈值$U_{L,set}$=0.8×220V，无论是 Yy0 型配电变压器还是 Dy11 型配电变压器，对于 1 个配置在配电变压器低压侧的监测终端 TTU，若监测到的低压侧相电压中有至少有一相低于 $U_{L,set}$，则可判断出该监测点位于断线位置的负荷侧，此时需给主站上报低电压信息。

### 5.4.3 配电自动化主站的断线故障定位模型

仿照 5.1 节关于“节点”的定义，将安装有反映电压特征的 FTU、DTU、变电站内自动化终端和 TTU 等断线故障信息采集终端的节点称为断线故障信息采集节点。断线故障信息采集节点、T 接点（馈线段的交叉点，一般不配置采集终端）和末梢点（未安装断线故障信息采集终端的馈线分支的终点）作为节点，将节点间的馈线段作为边，以馈线段上潮流的方向作为相应的边的方向，可以将配电网定义为一个有向图。

将配电网上由断线故障信息采集节点和末梢点围成的，其中不再包含断线故障信息采集节点或末梢点的区域，称为断线故障定位区域。将围成一个断线故障定位区域的断线故障信息采集节点称为其端点。将潮流流入的端点称为其入点，将潮流流出的端点称为其出点。显然，对于开环运行的配电网上的一个断线故障定位区域，只能有一个入点，而出点可以有不止一个。

配电网断线故障定位如图 5-11 所示，对于图 5-11（a）所示配电网，QF 为变电站出线断路器（合闸状态），A、C 和 D 为分段和分支开关（合闸），B 为联络开关（分闸），E、F、G、H 和 I 为配电变压器，*J*、*K*、*L*、*M* 和 *N* 为 T 接点，箭头所示为潮流方向。假设其中 QF、A、B、D、F、G 和 H 配置有监测终端（在图中标注有“*”上标），则它们都是断线故障信息采集节点，也是相应区域的端点；E、I 是馈线分支的终点且没有安装终端，因此它们是末梢点；C 不是馈线分支的末梢也未安装终端，因此它不是节点。除了 C 以外都是节点，据此可以划分为如图 5-11（b）所示的 3 个断线故障定位区域。

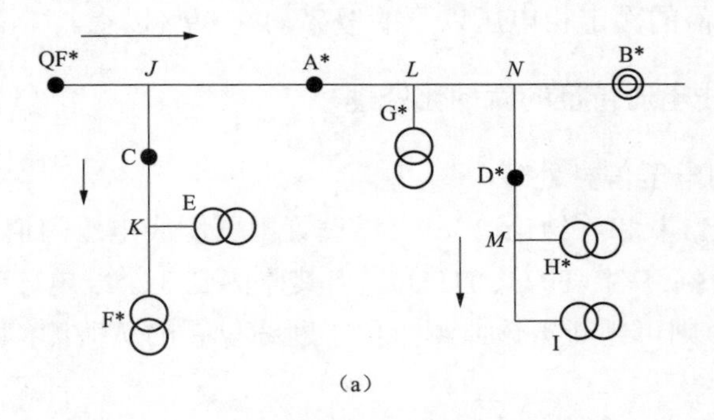


图 5-11 配电网断线故障定位（一）

（a）配电网示意

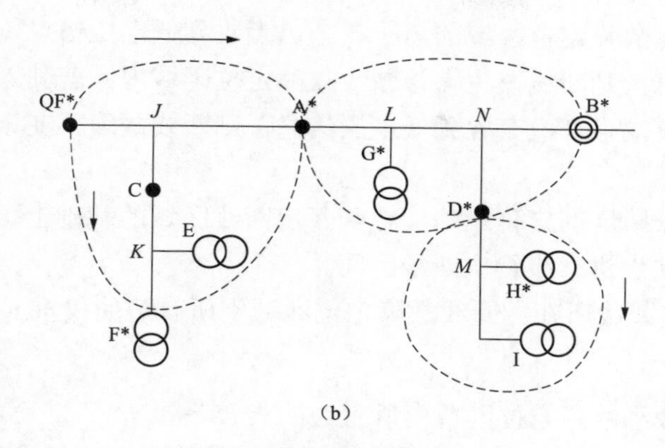


图 5-11 配电网断线故障定位（二）

（b）断线故障定位区域示意

对于以节点 QF、A 和 F 为端点的断线故障定位区域，QF 为其入点，A 和 F 为其出点。

为了应用电压信息进行断线区域定位，配电自动化主站需进行下列建模过程：

（1）断线故障定位区域分解：根据配电网架连接关系和监测终端的配置情况，对配电网进行分解，得出其包含的所有断线故障定位区域。

在主站系统初始化时，以及配电网架或监测终端配置情况发生变化时，都要执行断线故障定位区域分解过程。

（2）断线故障定位区域端点分析：根据配电网的运行状态（即馈线开关的状态），得出馈线上的潮流方向，进而确定各个断线故障定位区域的入点和出点。

每当配电开关的状态发生变位时，都要执行断线故障定位区域端点分析过程。

（3）故障信息收集：在主站收到来自监测终端上报的低电压信息时，启动故障信息收集过程，延时一段时间（根据数据采集周期确定，如 15s～1min），将各个监测终端的故障信息收集齐全。

在主站收到来自监测终端上报的低电压信息并完成了故障信息收集后，执行断线定位过程。

### 5.4.4 配电自动化主站的集中智能断线故障定位策略

断线故障定位可以分为断线区域定位和断线区间定位两个层次。

（1）断线故障区域定位策略。在所有断线故障定位区域中判断出实际发生了断线故障区域的规则为：

若一个断线故障定位区域的至少一个出点收到低电压信息，而其入点没有收到低电压信息，则断线发生在该断线故障定位区域内；若其入点也收到低电压信息，或所有端点都没有收到低电压信息，则断线故障不在该断线故障定位区域内。

（2）断线故障区间定位策略。在判断出断线区域的基础上，可以采用本节提出的“权比法”进一步得出断线区间。

第 1 步：将断线所在的断线故障定位区域中所有边的权重 $w_i$ 设置为 0，即：

$$w_i=0 \quad (i \in E) \tag{5-45}$$

式中：$E$ 为该最小故障定位区域内所有边的集合。

将上报低电压的出点放入队列 $\boldsymbol{X}$ 中，将未上报低电压的出点放入队列 $\boldsymbol{Y}$ 中。

第 2 步：从 $\boldsymbol{X}$ 中取出一个出点 $x$，将该出点到入点的路径上的边的权重标注加 1，即：

$$w_u=w_u+1 \quad (u \in E_x) \tag{5-46}$$

式中：$E_x$ 为出点 $x$ 到入点的路径上所有边的集合。

第 3 步：若 $\boldsymbol{X}$ 未空，从 $\boldsymbol{X}$ 中取出一个出点 $x$，返回第 2 步；否则执行第 4 步。

例如：对于图 5-12（a）所示的含有断线的区域，$A$、$B$、$D$、$E$ 和 $F$ 为断线故障信息采集节点，箭头所示为潮流方向，则 $A$ 为入点，$B$、$D$、$E$ 和 $F$ 为出点，$G$、$H$、$I$ 和 $J$ 为 $T$ 节点，$C$ 为末梢点。断线故障发生在 $G$ 与 $I$ 之间的馈线段上，$B$、$E$ 和 $F$ 上报低电压信息。执行完第 3 步后，各个边的权重如图 5-12（b）所示。

第 4 步：若 $\boldsymbol{Y}$ 为空，执行第 6 步；否则执行第 5 步。

第 5 步：从 $\boldsymbol{Y}$ 中取出一个出点 $y$，将该出点到入点的路径上的边的权重清零，即：

$$w_v=0 \quad (v \in E_y) \tag{5-47}$$

式中：$E_y$ 为出点 $y$ 到入点的路径上所有边的集合。

返回第 4 步。

例如：对于图 5-12（a）所示的含有断线的区域，执行第 6 步前，各个边的权重如图 5-12（c）所示。

第 6 步：比较各条边的权重，权重最大的边的集合即为断线发生的区间。

例如：对于图 5-12（c）所示的含有断线的区域，在只有 $A$、$B$、$D$、$E$ 和 $F$ 为断线故障信息采集节点的情况下，节点 $G$ 与 $I$ 之间的边和节点 $H$ 与 $G$ 之间的边的权重最大，都为 3，可以将断线故障定位在这两条边构成的区间内。

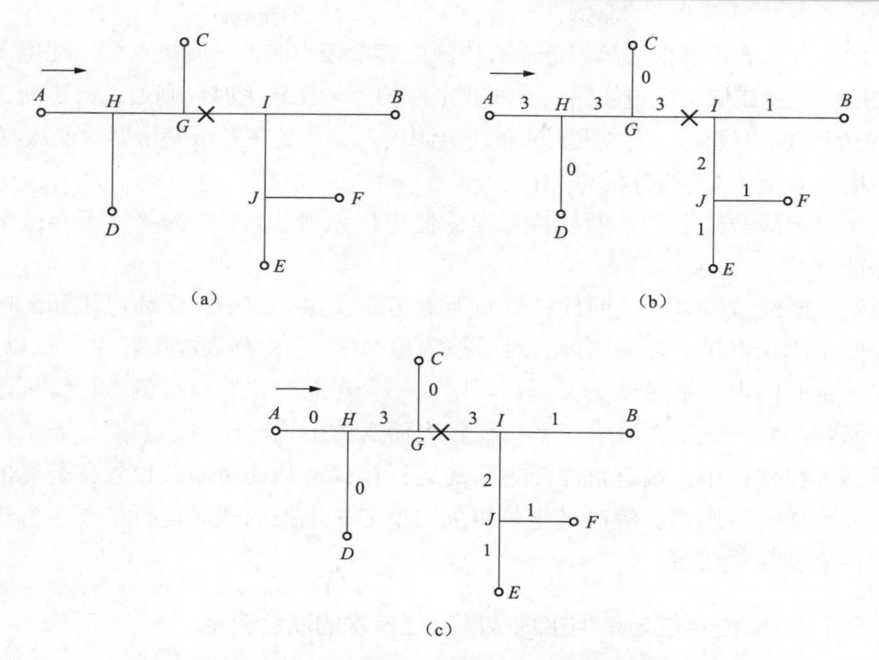


图 5-12 基于电压信息的断线区间定位算法示例

(a) 配电网线路断线故障位置示意；(b) 执行完第 3 步后各边权重；(c) 执行完第 6 步后各边权重

### 5.4.5 基于电压信息的集中智能断线故障定位策略适应性分析

(1) 基于电压信息的断线故障定位的盲区。根据 5.4.4 中所论述的断线故障定位策略，如果断线位置负荷侧只有末梢点，因其未配置监测终端，则无法上报低电压信息，则基于电压信息的断线故障定位方法不仅无法定位，甚至都无法启动，这样的位置是基于电压信息的断线故障定位的盲区。

例如：在图 5-11 中的边（*K-E*）、边（*M-I*）以及图 5-12 中的边（*G-C*）都是基于电压信息的断线故障定位的盲区。

基于电压信息的断线故障定位盲区是由于没有配置监测终端的末梢点产生，这些末梢点都安装有配电变压器，随着监测终端（TTU、台区管理终端或电能表）全面覆盖到每一台配电变压器，基于电压信息的断线故障定位盲区也就不存在了。目前在绝大部分地区，监测终端已经覆盖到了每一台配电变压器，但是尚有部分终端的数据采集周期偏长，随着物联网技术的广泛应用，这个问题也很快就能得以解决。对于过渡时期，在配电变压器监测终端采集周期较长的局部范围内，可以采取适当加长配电自动化主站的故障信息收集时间的措施加以解决。

当然，当个别监测终端或通信通道发生故障的情况下，也会存在相应的盲区。

（2）分布式电源的影响。分布式电源的容量较小时，一般接入公用配电变压器低压侧母线或低压配电线路；分布式电源的容量比较大时，则通过升压变压器接入10kV配电线路，但本质上分布式电源接入点还是在升压变压器的低压侧。

根据本节5.4.1的分析可知：

发生断线故障以后，断线位置电源侧电压无变化，DG的接入不会改变这个特征。

发生断线故障以后，断线位置负荷侧与断线相关的中压侧线电压和配电变压器低压侧相电压会显著下降。对于被动型DG，在检测到电压异常降低以后，会在一定时间内（不超过2s）脱离，因而不会对断线位置负荷侧电压特征造成持续影响；对于主动型DG，若负荷较大而支撑不住电压也会脱网，若负荷较小能够支撑住电压，则有可能转为孤岛运行模式，从而对断线位置负荷侧的电压特征造成一定影响。解决措施是将主动型DG上报的孤岛运行信息也看作低电压信息参与断线定位。

### 5.4.6 断线定位与单相接地故障处理技术的联合应用

根据本节5.4.1的分析，断线点负荷侧不满足电压特征判据的所有情形均发生在$R_d$＜2000Ω的范围内，进一步，对断线点负荷侧不满足电压特征判据所对应的母线侧零序电压（$U_{NO}$）数据进行统计分析，发现$U_{NO}$全部高于0.2p.u.。

当$U_{NO}$＞0.2p.u.时，绝大多数单相接地检测装置都能可靠启动，并且对于接地过渡电阻$R_d$＜2kΩ的单相接地故障，现有单相接地故障处理技术效果都较为理想。

因此，对于$R_d$＜2kΩ的不满足［结论2］判据的情形，依靠单相接地故障定位技术可以实现故障区段定位，对本文提出的基于电压特征的断线故障处理可起到重要的补充。

过渡电阻在2～3kΩ以上的高阻接地故障对于单相接地故障处理技术是一个很大的挑战，而本节提出的基于电压信息的断线故障定位方法则在高阻接地时非常有效，因此也可以对单相接地故障处理技术起到重要补充作用。

## 5.5 增强转供能力

馈线上发生永久性单相接地时，需要基于配电自动化隔离单相接地故障区域，为了快速恢复单相接地故障区域下游健全区域的供电，需要把下游负荷转移到其他正常运行馈线上，这就要求馈线之间的联络比较充分，并且馈线具有足够的备用容量用来转带负荷。

2条馈线之间的联络位置也很重要，对于如图5-13所示的2条馈线，每条馈线都分为3段，分别如图5-13（a）、（b）和（c）所示的3种典型联络方案，图中$S_A$和$S_B$分别为两条馈线的出线断路器，$A_1$、$A_2$和$B_1$、$B_2$分别为2条馈线的分段开关，L为联络开关。

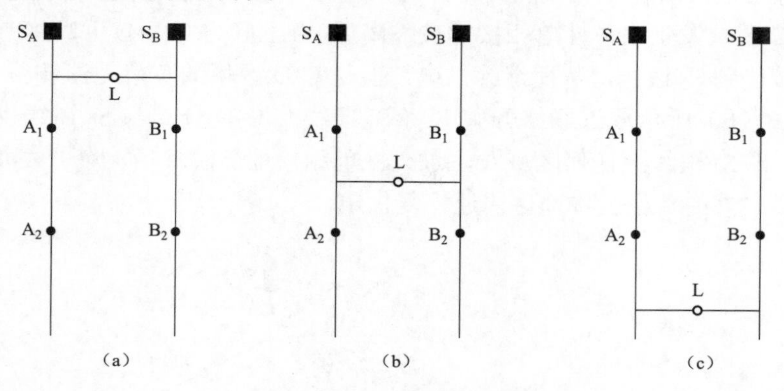


图5-13　3种典型联络方案

（a）联络方案1；（b）联络方案2；（c）联络方案3

3种联络方案下，馈线各段故障时可恢复供电的区域如表5-5所示。

**表5-5　　3种方案下馈线各段故障时可恢复供电的区域**

| 故障 | 方案1恢复区域 | | | 方案2恢复区域 | | | 方案3恢复区域 | | |
|---|---|---|---|---|---|---|---|---|---|
| | $S_A$-$A_1$ | $A_1$-$A_2$ | $A_2$- | $S_A$-$A_1$ | $A_1$-$A_2$ | $A_2$- | $S_A$-$A_1$ | $A_1$-$A_2$ | $A_2$- |
| $S_A$-$A_1$ | × | × | × | × | √ | √ | × | √ | √ |
| $A_1$-$A_2$ | √ | × | × | √ | × | × | √ | × | √ |
| $A_2$- | √ | √ | × | √ | √ | × | √ | √ | × |

注　“√”表示可恢复，“×”表示不可恢复。

由表5-5可见，在2条馈线的最下游区段间联络的方案（c）最优，而在2条馈线的首区段间的联络属于无效联络，这个结论对于各类馈线间的联络普遍适用。

对于具有多个大分支的馈线，即使在某个分支的末端与另一条馈线相互联络，也只能确保在该分支到电源点之间的路径上发生永久性单相接地时，除了故障所在区域之外的其他区域都可快速恢复供电，却不能保证其他路径上除了故障所在区域之外的其他区域都可快速恢复供电。因此，往往需要将各个大分支都能与其他馈线联络起来。

例如，对于图5-14（a）所示的情形，$S_1$和$S_2$为变电站出线断路器，A、B、

C 和 D 为分段开关，E 为联络开关，如果只通过 E 将 $S_1$ 馈线的 B-E 分支与 $S_2$ 馈线联络，则只能确保在 $S_1$、A、B、E 路径上发生永久性单相接地时，除了故障所在区域被隔离之外的其他区域都可快速恢复供电，却不能保证 A、C、D 路径上除了故障所在区域被隔离之外的其他区域都可快速恢复供电，例如：一旦 A-B-C 区域发生永久性单相接地被隔离后，合上联络开关 E 可以将 B-E 区域的负荷转移到 $S_2$ 馈线，从而继续供电，但是 C-D 区域的负荷无法转移而停电。如图 5-14（b）所示通过联络开关 F 将 $S_1$ 馈线的 C-D 分支与 $S_3$ 馈线也构成联络，则无论 $S_1$ 馈线上任何区域发生永久性单相接地被隔离后，除了故障所在区域被隔离之外的其他区域都可快速恢复供电。

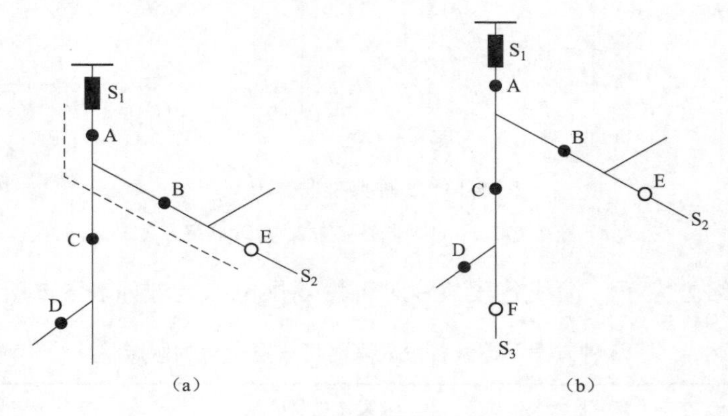


图 5-14　多分支馈线间的联络

（a）配电网示意；（b）增加联络开关 F 与 $S_3$ 馈线

现实当中，无效联络大量存在，易造成误判。在正常情况下配电网开环运行，联络线的作用是在发生故障的紧急情况下，为受故障影响的健全区域提供备用供电路径，而紧急情况下的主要目标是尽可能多地恢复受故障影响的健全区域供电，而不太关心是否经济运行。因此联络线的最佳路径规划仅考虑尽可能降低建设费用即可。

当母线发生永久性单相接地而被隔离时，为了能把受影响的负荷转移到周边健全的变电站去，避免长时间大面积停电，需要加强变电站间馈线的联络。

对于多条电缆同沟敷设的情况，为了避免电缆沟“火烧连营”时造成多条电缆受损导致大量负荷中断供电，还需加强同沟馈线与其他馈线之间的联络。

对于载荷率较高的馈线之间的联络，为了确保负荷转移时不造成馈线过负荷，还需考虑采用多分段多联络、多供一备的网架结构，将一条馈线上受故障影响的健全区域负荷分成几个部分分别转移到多条正常运行的馈线上，或将多条馈线上受故障影响的健全区域负荷分别转移到备用馈线上。

馈线上恰当分段也很重要，根据实际情况，可以有以下几种选择：

（1）对于供电能力不足为主要矛盾的情形，需将相邻的几条馈线相互联络构成多分段多联络或多供一备的模式化接线网架结构，此时分段的原则应是划分的各个区段的负荷大致相等，这样才能满足模式化接线的要求。

（2）对于供电可靠性不够高为主要矛盾的情形：

1）在满足 $N$–1 准则的情况下，分段的原则可以是划分的各个区段的用户数大致相等，这样馈线上无论哪里发生故障，故障隔离后停电的用户数大致度相同。但是，在馈线敷设环境差异较大造成各个馈线段故障率差异明显的情况下，可以根据使划分的各个区段内的用户数与故障率的乘积之和最大为目标，确定最佳分段的位置。

2）在不满足 $N$–1 准则的情况下，如辐射状配电网或故障率较高的较长的分支，各个分段开关的最佳安装位置是使各个分段开关下游区段的故障率与其上游区段的用户数的乘积之和最大。

虽然单相接地选段跳闸可以采用级差的方式很方便地实现多级配合，但是设置馈线分段开关时，还应同时考虑到相间短路保护装置配合的问题，因此，还需检验在各个分段开关处配置的相间短路保护装置能否相互配合，并作出适当调整。

## 本章参考文献

[1] 王兴念，张维，许光，等．基于配电自动化主站的单相接地故障定位系统设计与应用[J]．电力系统保护与控制，2018，46（21）：160-167．

[2] 宋国兵，李广，于叶云，等．基于相电流突变量的配电网单相接地故障区段定位 [J]．电力系统自动化，2011，35（21）：84-90．

[3] 梅念，石东源，段献忠．基于过热区域搜索的多电源复杂配电网故障定位方法 [J]．电网技术，2008（12）：95-99．

[4] 刘健，张志华，张小庆，等．基于配电自动化系统的单相接地定位 [J]．电力系统自动化，2017，41（1）：145-149．

[5] 刘健，石晓军，程红丽，等．配电网大面积断电供电恢复及开关操作顺序生成 [J]．电力系统自动化，2008（2）：76-79，83．

[6] 刘健，张志华，张小庆．配电网故障处理若干问题探讨[J]．电力系统保护与控制，2017，45（20）：1-6．

[7] 颜湘莲，陈维江，贺子鸣，等．10kV 配电网单相接地故障电弧自熄特性的试验研究[J]．电网技术，2008（8）：25-28，34．

[8] 中国航空工业规划设计研究院．工业与民用配电设计手册［M］．北京：中国电力出版社，2005．

[9] AUCOIN B M，JONES R H.High impedance fault detection implementation issues[J]. IEEE Transactions on Power Delivery，1996，11（1）：139-148．

[10] 刘健，田晓卓，李云阁，等．主动转移型熄弧装置长馈线重载应用问题分析［J］．电网技术，2019，43（3）：1105-1110．

第6章

# 现场系统测试

单相接地故障处理是一个系统工程，需要站内站外协调配合才能取得令人满意的效果。一般仅仅采取单项检查或测试难以发现消弧线圈系统、电流互感器和零序电压互感器、单相接地选线装置、馈线上的自动化装置、通信通道、配电自动化主站等各个环节的缺陷以及它们配合上的不足。为了及时发现缺陷并消缺，应进行现场系统测试[1-2]。

## 6.1 变电站内单相接地故障处理性能现场系统测试

### 6.1.1 试验测试方法

在现场10kV线路各种典型场景下发生单相接地故障时，利用4.2.2节所述移动式单相接地现场测试装备可以对变电站内的消弧线圈系统、零序电压系统、零序电流系统和单相接地选线装置，以及馈线上的自动化装置、通信通道、配电自动化主站等在单相接地故障处理中的协调配合性能进行测试和检验。

单相接地现场测试点应结合被测试单相接地故障处理装置的安装位置进行选择，在其故障检测范围内选择具备现场测试所需空间，且应避开人员密集、车流量大的区域。测试现场应具备方便接入试验高压引线的条件：对于架空绝缘线路，一般可选择在线路既有接地环处接入高压引线；对于架空裸导线，可选取便于现场工作的地点接入高压引线；对于电缆线路，可选择具有备用间隔的开关站或环网柜接入试验高压引线。接地现场的接地点附近宜有可靠的接地体，若试验地点确无可靠接地体，应设置临时接地体，临时接地体的截面积不小于190mm$^2$（如$\phi$16圆钢）、埋设深度不小于0.6m。对于土壤电阻率较高的地区，应采取增加接地体数量、长度、截面积或埋设深度等措施改善接地电阻[3]。

变电站内用于单相接地故障处理的消弧线圈和单相接地选线装置一般按母线配置，因此对于变电站内单相接地故障处理能力的测试也以母线为单位分别进行。

测试时需选择所测试母线的任一 10kV 出线，沿线路勘察测试现场，选择适合开展单相接地试验的地点，将移动式单相接地现场测试装备的工作回路，通过单芯绝缘电缆接至工作接地，装备外壳通过 $25mm^2$ 接地软铜线接至保护接地，装备高压侧接线通过单芯绝缘电缆由带电作业人员接至所选位置的 10kV 馈线，依照 200、500、1000、2000、5000Ω 的顺序分别发生单相接地，对该母线的单相接地故障处理能力进行测试。

测试前需退出站内单相接地选线装置的跳闸出口压板，以免引起跳闸。测试过程中应在变电站内和接地点处进行故障录波，用于试验数据分析和结果研判。变电站内录波装置记录母线三相电压和零序电压、各出线零序电流、中性点电压和消弧线圈支路电流；变电站外接地点处录波装置记录接地点电压和接地点电流，现以变电站内录波装置为例说明操作步骤，详见表 6-1。

**表 6-1　　变电站内录波装置操作步骤**

| 序号 | 步骤描述 | 危险点 |
| --- | --- | --- |
| 1 | 开具进行故障录波的工作票 | |
| 2 | 在录波地点处放置“在此工作”标识牌、红布幔，现场周围设置围栏，禁止无关人员出入 | |
| 3 | 将录波仪电压探头分别接入 A 相、B 相、C 相和零序电压电压端子 | 防止电压互感器二次侧短路或接地 |
| 4 | 将录波仪电流钳表分别钳住出线零序电流线 | 防止电流互感器二次侧开路 |
| 5 | 将录波仪电压探头分别接入消弧线圈控制屏柜中性点电压端子 | 防止电压互感器二次侧短路或接地 |
| 6 | 将录波仪电流钳表分别钳住消弧线圈控制屏柜中性点电流线 | 防止电流互感器二次侧开路 |
| 7 | 电源引自站用电 AC 220V 电源 | |
| 8 | 根据 TV 变比设置录波器量程 | |
| 9 | 根据 TA 变比设置录波器量程 | |
| 10 | 再次确认录波仪的接线无误 | |
| 11 | 设置为自动触发模式，触发信号为零序电压 | |

移动式单相接地现场测试装备的操作步骤如表 6-2 所示。

表 6-2　　移动式单相接地现场测试装备操作步骤

| 序号 | 操作步骤 |
| --- | --- |
| 1 | 确认试验装置隔离开关处于分闸状态 |
| 2 | 确认试验装置断路器处于分闸状态 |
| 3 | 设定单相接地持续时间 |
| 4 | 检查试验参数，确认参数设置正确 |
| 5 | 确认工作接地线、保护接地线可靠接地 |
| 6 | 确认电阻器接线正确可靠，电阻阻值符合试验要求 |
| 7 | 合隔离开关 |
| 8 | 试验人员撤离到安全围栏外 |
| 9 | 遥控试验装置开关合闸，开始试验 |
| 10 | 试验结束时间到，试验装置开关自动分闸，结束试验 |
| 11 | 分隔离开关 |
| 12 | 保存试验记录 |
| 13 | 核对试验结果 |

### 6.1.2　数据分析与评价

试验结束后，需对试验数据进行分析，具体如下：

（1）根据消弧线圈控制器事件记录判断消弧线圈是否启动，并通过中性点电压和消弧线圈支路电流的相位关系进行核对。

（2）根据接地点电流判断残流是否超标。

（3）根据中性点电压、接地点残流、消弧线圈当前挡位对应感抗和阻尼电阻阻值（阻尼电阻未切除时）计算系统电容电流，判断消弧线圈控制器电容电流测量是否准确，挡位是否合适。

（4）根据单相接地选线装置故障录波判断是否存在零序电流信号异常（如无零序电流、零序电流极性错误）的情况。

（5）通过对比单相接地选线装置选线结果、故障时间、接地相与现场试验接地线路、接地故障时间、接地相，判断单相接地选线装置选线的正确性。

某一接地过渡电阻下变电站单相接地故障处理结果正确的要求包括：

（1）消弧线圈系统正确启动（预调式消弧线圈旁路阻尼电阻、随调式消弧线圈调整到补偿点），并且残流和脱谐度满足要求。

（2）站内单相接地选线装置的选线结果正确且输出跳闸信号正确。

每次测试都要对录波信号进行分析，即使所有接地过渡电阻下变电站单相接地故障处理结果都正确，也不意味着其他出线的零序电流互感器不存在缺陷。

根据缺陷的危害性，可将缺陷分为 3 类：

（1）严重缺陷：会引起三道防线均失守的缺陷。例如：消弧线圈系统失效、零序电压缺失或严重偏小等，以及 1000Ω以下过渡电阻选线错误等。

（2）重要缺陷：会显著影响第二道防线性能的缺陷。例如：多条线路零序互感器未安装或屏蔽层接法或角差过大错误等。

（3）一般缺陷：仅影响个别线路或仅对抗过渡电阻能力造成一定影响的缺陷。例如：某条线路零序互感器缺陷、1000Ω以上过渡电阻下选线错误等。

对于发现有严重缺陷的母线，应该视为测试未通过，需要整改后进行复测；对于发现有重要缺陷或一般缺陷的母线，可以认为测试基本通过，不需要再复测，但是整改后需对消缺情况进行单项测试或仔细检查后加以确认，同时追踪该母线的选线装置在实际故障中的动作情况，确认其正确性。

值得注意的是：现场系统级测试为不停电测试，测试时将单相接地选线装置的跳闸出口压板全部退出，因此跳闸回路的缺陷还需结合断路器传动加以检验。

现场系统级测试只反映测试时间段内设备的状况，而运行中设备的损坏，还需通过单相接地信息监管系统等其他管理和技术手段及时发现。

### 6.1.3 缺陷诊断方法

基于现场系统级测试中人工单相接地试验的录波波形，可以对典型缺陷进行诊断。缺陷诊断可以采用下列方法：

（1）零序电压系统。现场系统级测试中，有 4 处录波数据反映零序电压状态，分别是开口三角零序电压测试录波波形、相电压测试录波数据合成的零序电压波形、站内单相接地选线装置的零序电压波形和中性点电压录波波形。

上述 4 个录波波形一致，则零序电压系统正常。若测试录波波形与站内单相接地选线装置的录波波形差别较大，则站内单相接地选线装置的零序电压检测环节存在缺陷。若开口三角零序电压测试录波波形与中性点电压波形或三相电压合成的零序电压波形差别较大，则站内零序电压系统存在缺陷。典型缺陷包括：二次消谐器缺陷、站内单相接地选线装置二次接线错误、TV 内开口零序串接辅助接点错误、母线并列装置内零序电压切换辅助接点故障等。

需要注意的是进行零序电压幅值比对时，应考虑所比对的电压信号的互感器变比，例如三相电压合成的零序电压幅值一般为开口三角零序电压幅值的

1.732倍。

若正常运行时零序电压太高，并且上述4个录波波形一致，则有可能是由于该母线不对称电压较高、阻尼不够、脱谐度过低等因素造成的，可采取适当加大阻尼率和脱谐度的措施。

若零序电压系统中出现三次谐波，会对一些单相接地检测方法造成影响，必须加以消除。随调式消弧线圈系统中的三次谐波滤波器故障（如电容烧毁）、零序电压二次回路中性线断线，是造成零序电压三次谐波的重要原因。若将消弧线圈退出后仍观测到零序电压三次谐波，且与退出前变化不大，则应考虑是后者所致。

（2）零序电流系统。各条出线的测试录波数据与现场站内单相接地选线装置的录波数据存在较大差别，则站内单相接地选线装置的零序电流检测环节存在缺陷。

某条线路（包括故障线路）的零序电流为0或极其微弱，远小于线路自身电容电流（故障线路远小于残流），且单相接地前后没有变化，则有可能该线路未装零序电流互感器、零序电流二次回路误短接或零序电流互感器的屏蔽层接线方式错误。

某条线路的零序电流的极性与故障线路相同，但与其他健全线路相反，则该线路的零序电流互感器的极性接反。

根据零序电流和零序电压的测试录波波形，可以合成零序有功功率波形，故障线路的零序有功功率方向应与所有健全线路相反[4]，否则该线路相应的零序电流互感器角差可能偏大。

（3）消弧线圈系统。观察各种接地过渡电阻下，消弧线圈系统是否都能启动，并记录下不能启动的过渡电阻值。消弧线圈不能启动的常见原因包括：以零序电压为启动条件时，启动阈值不合适、电容电流未测准或挡位差过大导致残流较大，致使零序电压未达到启动阈值等。

调阅消弧线圈控制器中的信息，观察残流与中性点电流的测试录波数据是否一致，不一致则反映消弧线圈控制器存在问题。

在采用移动式单相接地现场测试装备发生的单相接地现象消失后，中性点电流并未消失且表现出较大幅值振荡，则反映发生了串联谐振，需适当增大消弧线圈系统的脱谐度。

（4）单相接地选线装置。零序电压、零序电流、消弧线圈系统缺陷均可能导致单相接地选线装置性能降低，除此之外单相接地选线装置的零序电压启动定值和精工电压、电流值设置不合适等因素也会导致选线装置性能降低。

在某个接地过渡电阻场景下，单相接地选线保护装置未能启动，零序电压在接地前后有明显变化，但接地后幅值未达到启动阈值，可在整定范围内适当降低单相接地选线保护装置的启动阈值，但应远离正常时的中性点偏移电压。

单相接地选线装置正确启动，但判断为扰动而未选线，除了原理问题以外，还可以适当降低精工电压、电流值再次测试。

单相接地选线装置正确选线，但判断为振荡而闭锁了跳闸出口，可观察电压、零序电流录波波形是否确实存在振荡迹象。

单相接地选线装置选线错误，需联系制造厂家结合原理进行分析。

## 6.2 馈线上单相接地故障处理性能现场系统测试

变电站外馈线上的单相接地故障处理也是一个系统工程，变电站外的自动化装置不仅种类和数量繁多，而且安装位置分散，给测试工作带来很多困难。一些电力工作者希望采用基于仿真或实测波形注入的测试方法，但是存在下列问题：

（1）对于基于稳态量原理和暂态量原理的单相接地故障处理系统，需要对同一10kV母线上所有出线的单相接地检测装置的二次侧同步注入波形信号[5]，才能进行现场检验，需要大量测试设备和测试人员，且不能检验互感器、通信、主站等的配合，波形注入测试法实际操作可行性差。

（2）对于残流增量法、中电阻法、S注入法、多频导纳法、行波法、故障相接地法等原理的单相接地故障处理系统[6-8]，涉及变电站内设备的动作配合，无法采用波形注入测试法进行测试。

（3）现场安装的单相接地故障指示器没有二次波形注入接口，不能用波形注入法进行测试。

在现场10kV线路各种典型场景下发生单相接地故障，可以利用4.2.2节所述移动式单相接地现场测试装备对变电站内资源、馈线上的集中智能单相接地故障处理和分布智能单相接地故障处理的各个环节的协调配合进行测试和检验。

馈线上与变电站内的单相接地故障处理能力现场系统测试方法类似，但要注意下列差异：

（1）馈线上单相接地故障处理的目的在于单相接地区段定位、隔离和健全区域恢复供电，为了全面检验上述功能，需采用移动式单相接地现场测试装备，分别在馈线上的各个区域发生单相接地故障。

（2）在测试集中智能型配电自动化系统的单相接地故障处理能力时，若某个断路器单相接地的动作跳闸作为集中智能单相接地故障处理的启动条件，如果希望在测试过程中不造成停电，在测试前就需要将相应单相接地选段装置的二次跳闸回路断开，将其接入一个模拟断路器中。当采用移动式单相接地现场测试装备发生单相接地时，该单相接地选段装置驱动模拟断路器分闸并将此信息上报配电自动化主站，其集中智能单相接地故障处理过程才能启动。测试时设置配电自动化系统仅推出单相接地定位结果和故障处理策略而不用执行，这样就既可以检验定位结果和故障处理策略的正确性，又可以在测试过程中避免停电。

（3）为了测试变电站和馈线上的单相接地故障处理配合性能并不引起停电，可在试验前将相应的保护压板退出。

（4）在对馈线上的分布智能单相接地故障处理和重合闸功能进行测试时，宜采取真实的工况进行测试，即测试前不退出保护压板，也不采用模拟断路器替代真实的开关，采用移动式单相接地现场测试装备分别发生瞬时性和永久性单相接地现象，引起馈线上相应开关的选段跳闸和重合操作，检验分布智能单相接地故障处理和自动重合闸的功能。这样测试虽然会造成短暂停电，但是却能真正检验系统的故障处理能力。

（5）为了减少测试工作量，可以在最末区段采用移动式单相接地现场测试装备发生单相接地故障时，分别设置各种不同的接地过渡电阻等多样化场景，而在其他区段仅开展500Ω过渡电阻的单相接地试验即可。

（6）由于配电网区段和分支数量太多，为了减少测试工作量，可以采取抽测的方式，即按一定比例选取馈线区段、设置故障进行测试，并根据测试结果动态调整抽测的比例。

## 6.3 缺陷诊断案例分析

### 6.3.1 案例1：选线装置启动定值设置不当导致选线错误

（1）单相接地故障处理装置配置情况。某变电站10kV Ⅱ段母线共15条出线，试验时全部投运，实测电容电流135.7A，配置随调式消弧线圈1套，容量1000kVA，补偿范围为0～165A。小电流选线装置启动电压为10V，零序电压突变定值为6V（该定值用于启动故障录波），跳闸出口延时时间5s。

（2）测试方案。在Ⅱ段母线142线A相开展200、500、1000Ω及1200Ω人工单相接地试验，测试消弧线圈能否正确动作，集中式单相接地选线装置能否准确选线。

（3）测试结果。消弧线圈在1000Ω及以下人工单相接地试验时能正确动作，1200Ω接地时未启动；选线装置在200Ω接地时选线正确，500Ω及1000Ω接地时误选非故障支路，1200Ω接地时未启动。

（4）问题分析。

1）该站选用的集中式单相接地选线装置采用暂态法进行选线，装置在判断零序电压大于整定值（该站整定值为10V）时启动选线。另外考虑到高阻接地故障时零序电压较小且不能突变，装置故障录波启动滞后的问题，该装置设置"零序电压突变定值"，默认为6V，通过工频零序电压突变启动故障录波，当零序电压大于整定值时对故障录波数据进行分析，实现选线跳闸。

2）Ⅱ段母线集中式单相接地选线装置在第一次进行500Ω过渡电阻人工单相接地试验时，零序电压突变（定值6V）启动故障录波，录波波形如图6-1所示，图中$T_0$时刻零序电压有效值达到启动阈值，可以看到该次试验装置的故障录波已进入稳态，并没有记录接地发生时刻的暂态波形，因此采用暂态选线方法的装置出线选线错误，1000Ω接地时选线错误原因相同。

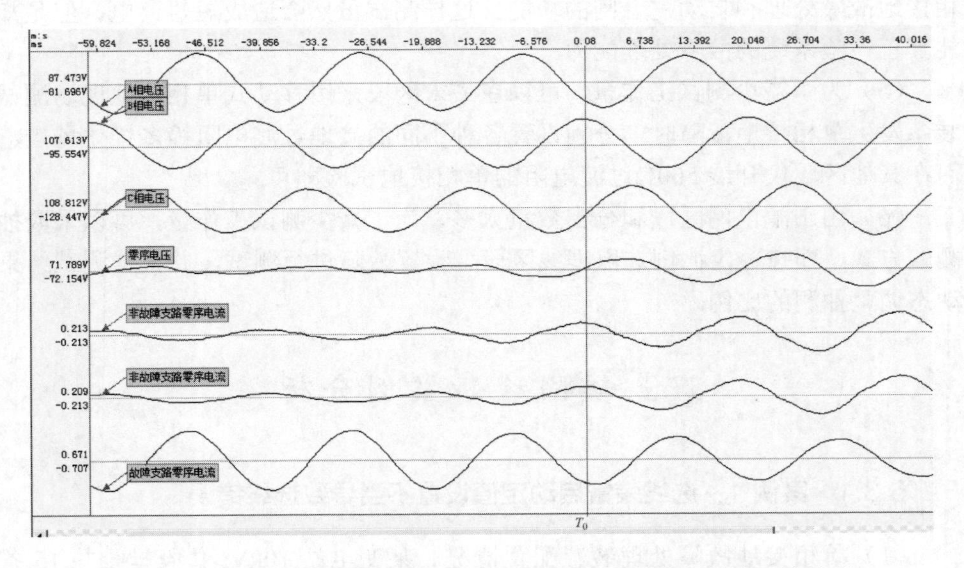


图6-1　当零序电压突变定值为6V时案例1的选线装置故障录波波形

（5）整改措施。将"零序电压突变"启动定值修改为3V，修改定值后再次进行各种接地过渡电阻人工单相接地试验下选线全都正确，500Ω过渡电阻人工单相接地试验录波波形如图6-2所示，从图中可以看到该次试验装置的故障录波记录了接地发生时刻的暂态波形，装置正确选出了故障线路。

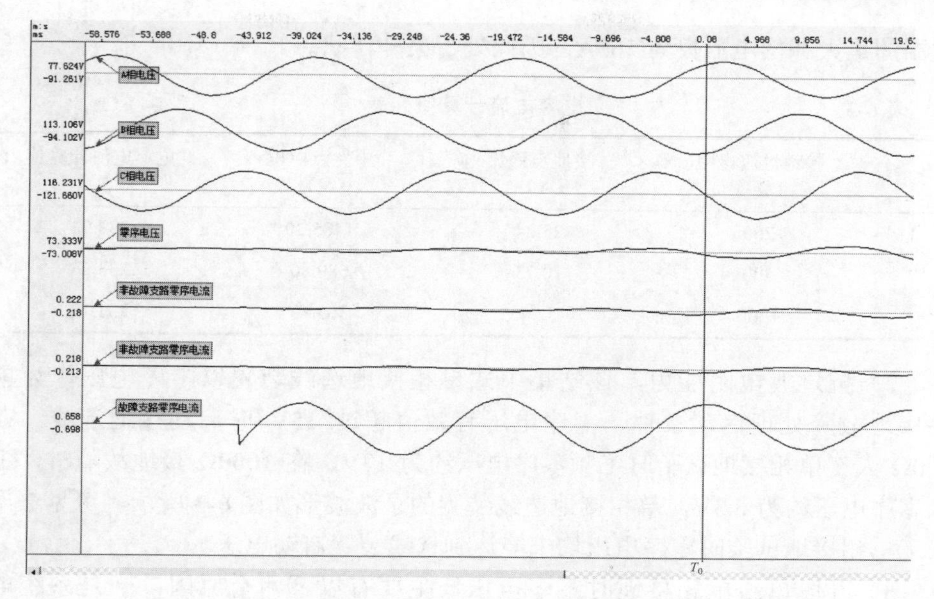


图 6-2 当零序电压突变定值为 3V 时案例 1 的选线装置故障录波波形

### 6.3.2 案例 2：消弧线圈欠补偿导致选线装置启动困难

（1）单相接地故障处理装置配置情况。某变电站 10kV Ⅱ段母线共 15 条出线，试验时 14 条线路运行，消弧线圈控制器显示电容电流 172.7A，配置预调式消弧线圈 1 套，容量 1000kVA，最大补偿电流 165A。集中式单相接地选线装置启动电压为 15V，跳闸出口延时时间 5s。

（2）测试方案。在Ⅱ段母线 152 线 A 相开展 200、500Ω 及 1000Ω 人工单相接地试验，测试消弧线圈能否正确动作，集中式单相接地选线装置能否准确选线。

（3）测试结果。消弧线圈在 200Ω 及以下人工单相接地试验时能正确动作旁路阻尼电阻，500Ω 人工单相接地试验时未启动；选线装置在 200Ω 人工单相接地试验时选线正确，500Ω 及 1000Ω 人工单相接地试验时未启动。

（4）问题分析。

1）系统电容电流分析。Ⅱ段母线消弧线圈控制器显示电容电流为 172.7A，试验时Ⅱ段母线消弧线圈已处于最高挡，200Ω 人工单相接地试验时故障点残流超标（约为 23.2A），初步判定消弧线圈测量值不准确。Ⅱ段母线消弧线圈处于最高挡时的感抗为 36.74Ω，阻尼电阻阻值为 11.2Ω，根据零序回路阻抗分别计算在不同过渡电阻接地时的系统电容电流，结果如表 6-3 所示，取 3 种测试场景下电容电流计算值的算术平均数，得到电容电流值应为约 232.78A。而消弧线圈的最大补偿电流仅为165A，因此处于欠补偿状态。

表 6-3　　电容电流计算值列表

| 序号 | 接地过渡电阻（Ω） | 接地点残流（A） | 中性点电压（V） | 电容电流计算值（A） |
|---|---|---|---|---|
| 1 | 200 | 23.24 | 1485.20 | 233.93 |
| 2 | 500 | 10.73 | 689.80 | 233.23 |
| 3 | 1000 | 5.54 | 363.43 | 231.19 |

2）抗过渡电阻能力。该站集中式单相接地选线装置以零序电压作为单相接地故障处理启动条件，零序电压有效值超过 15V 时启动接地选线。在 500Ω 人工单相接地试验时工频零序电压约为 12V，在 1000Ω 接地故障时，工频零序电压约为 6.3V，单相接地选线装置的录波波形如图 6-3 所示，可见 2 次人工单相接地试验时零序电压均未能达到选线装置启动电压。

3）II 段母线单相接地时零序电压低主要有以下两个原因：一是系统电容电流较大，且消弧线圈容量不足，运行于欠补偿状态；二是发生单相接地故障时，消弧线圈阻尼电阻不能可靠切除。

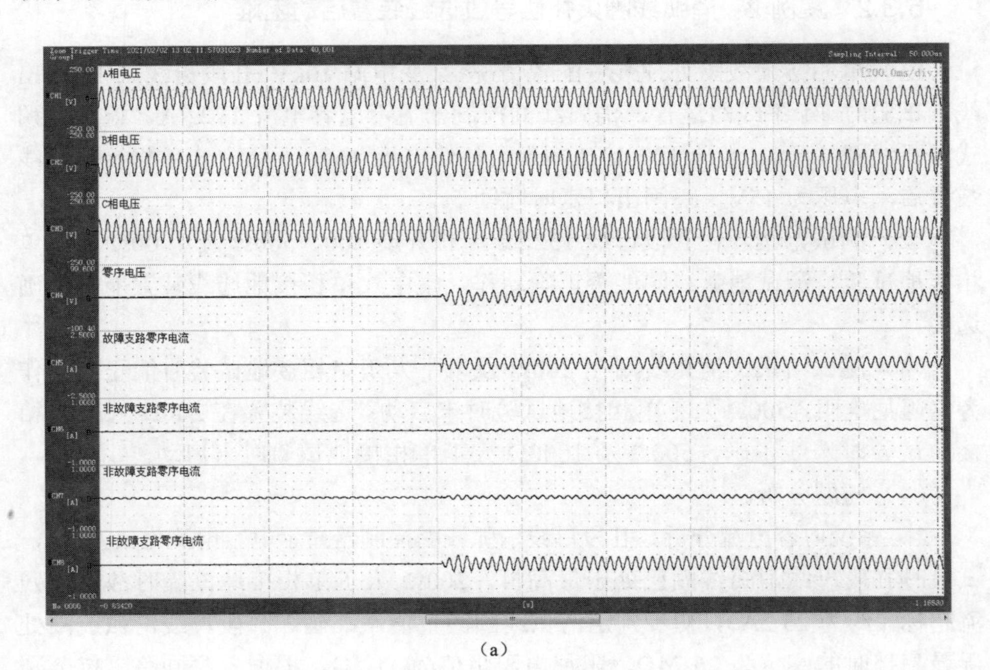


（a）

图 6-3　案例 2 的人工单相接地试验波形（一）

（a）500Ω 过渡电阻

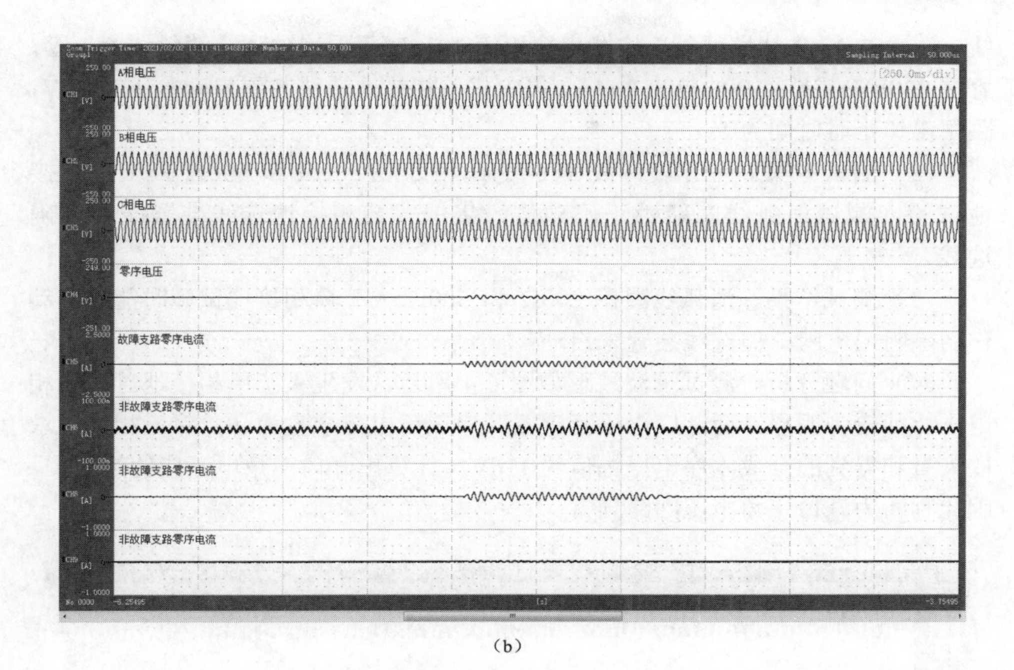


（b）

图 6-3　案例 2 的人工单相接地试验波形（二）

（b）1000Ω 过渡电阻

（5）整改措施。本次测试中，200Ω 人工单相接地试验时接地点残流约为 23.2A，500Ω 人工单相接地试验时接地点残流约为 10.73A，均超过了 10A 的标准要求。主要原因为Ⅱ段母线消弧线圈容量不足，运行于欠补偿状态，且在试验中无法切除阻尼电阻，导致感性补偿电流不足，引起残流超标，需要对Ⅱ段母线消弧线圈扩容。

因消弧线圈扩容改造需要一段时间，在实施改造前，可适当降低集中式单相接地选线装置启动电压定值。根据消弧线圈、集中式单相接地选线装置测量数据和现场录波数据，正常运行时Ⅱ段母线零序电压小于 60V（一次值），为了提高集中式单相接地选线保护装置的抗过渡电阻能力，将启动电压定值由 15V 下调至 10V，经计算可知，此时集中式单相接地选线装置的抗过渡电阻能力约为 600Ω。定值下调至 10V 后，再次进行 500Ω 人工单相接地试验，集中式单相接地选线装置选线正确。

### 6.3.3　案例 3：零序电压互感器开口三角电压回路异常导致选线装置无法启动

（1）单相接地故障处理装置配置情况。某变电站 10kV Ⅱ段母线共 15 条出线，试验时 13 条线路运行，实测电容电流 141.7A，配置预调式消弧线圈 1 套，容量 900kVA，最大补偿电流 144A。集中式单相接地选线装置启动电压为 20V，跳闸出口延时时间为 5s。

（2）测试方案。在Ⅱ段母线 186 线 C 相开展 200Ω 和 500Ω 人工单相接地试验，测试消弧线圈能否正确动作，集中式单相接地选线装置能否准确选线。

（3）测试结果。消弧线圈在 200Ω 和 500Ω 人工单相接地试验时能正确动作切除阻尼电阻，但选线装置未启动。

（4）问题分析。测试录波波形如图 6-4 所示，发生人工单相接地时，三相电压特征较为明显，而零序电压互感器开口三角电压一直为 0，对三相电压求取矢量和得到的合成零序电压幅值约 116V，计算出开口三角电压应约为 67V，因此判断为开口三角电压回路异常。

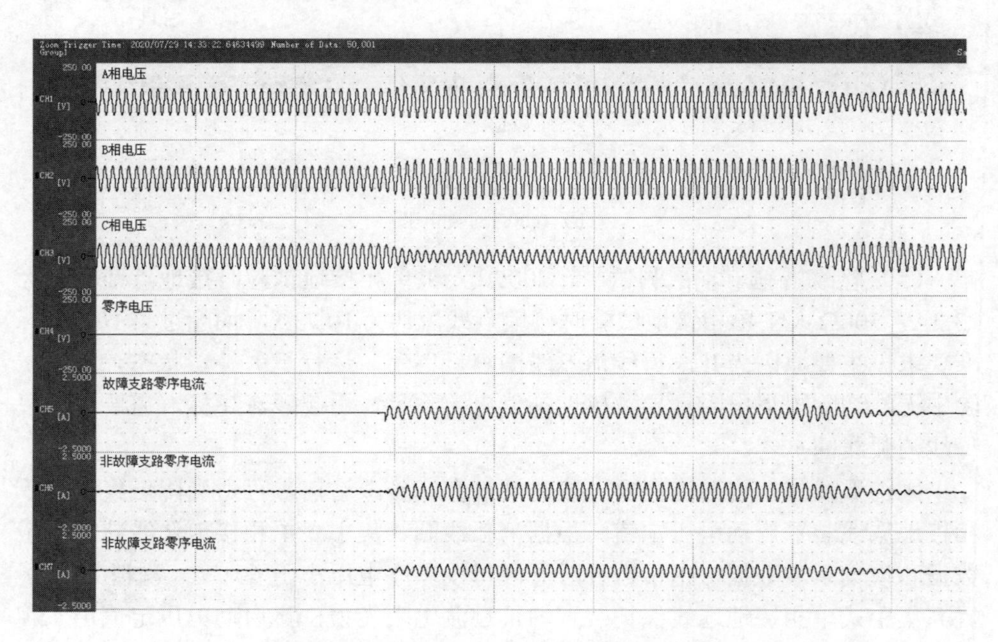


图 6-4 案例 3 的人工单相接地试验录波波形

（5）整改措施。对开口三角电压回路进行检查，发现母线电压并列装置内零序电压切换辅助触点故障，现场临时将故障辅助触点短接处理，再次测试选线装置可正确选线。

另外，在其他变电站测试过程中还发现开口三角回路接错线、悬空等原因导致零序电压缺失而造成单相接地选线装置无法启动的问题。

### 6.3.4 案例 4：零序电流互感器极性接反导致选线错误

（1）单相接地故障处理装置配置情况。某变电站 10kV Ⅱ段母线共 16 条出线，试验时 14 条线路运行，实测电容电流 127.2A，配置预调式消弧线圈 1 套，容量 1600kVA，最大补偿电流 270A。单相接地选线装置启动电压为 20V，跳闸出口延时时间为 5s。

（2）测试方案。在Ⅱ段母线 142 线开展 200、500、1000Ω 及 2000Ω 人工单相接地试验，测试消弧线圈能否正确动作，单相接地选线装置能否准确选线。

（3）测试结果。消弧线圈在 500Ω 人工单相接地试验时选线错误，测试录波波形如图 6-5 所示。

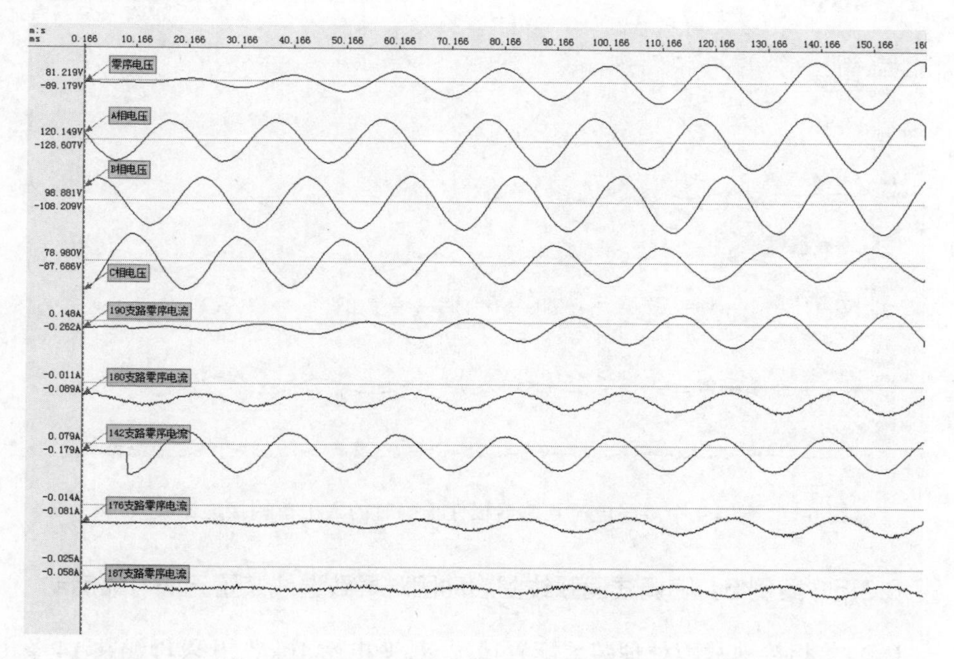


图 6-5　案例 4 中存在零序电流互感器极性错误时的人工单相接地试验波形

（4）问题分析。发生单相接地时，非故障线路的零序电流为本线路电容电流，且所有非故障线路零序电流方向均为母线流向线路，在图 6-5 中，190 线路、180 线路、176 线路、187 线路均为非故障线路，但是它们的零序电流并不完全同相，因此初步判断有支路零序电流互感器极性接反。

首先对比零序电压（开口三角电压）波形与三相电压合成零序电压波形，确认零序电压相位正确；则所有非故障线路零序电流应超前零序电压 90°，因此判断 180 支路、176 支路零序电流极性接反。

因消弧线圈处于过补偿状态，因此根据 142 故障线路零序电流和零序电压的相位关系判断出 142 故障支路零序电流极性也不正确，因此导致选线装置误选其他非故障支路。

（5）整改措施。在开关柜二次端子排处修正 10kV Ⅱ段母线 142、176、180 共 3 个支路零序电流互感器极性，再次进行人工单相接地试验，测试录波波形如图 6-6 所示，可见各线路的零序电流相位符合单相接地特征，单相接地选线装置选线正确。

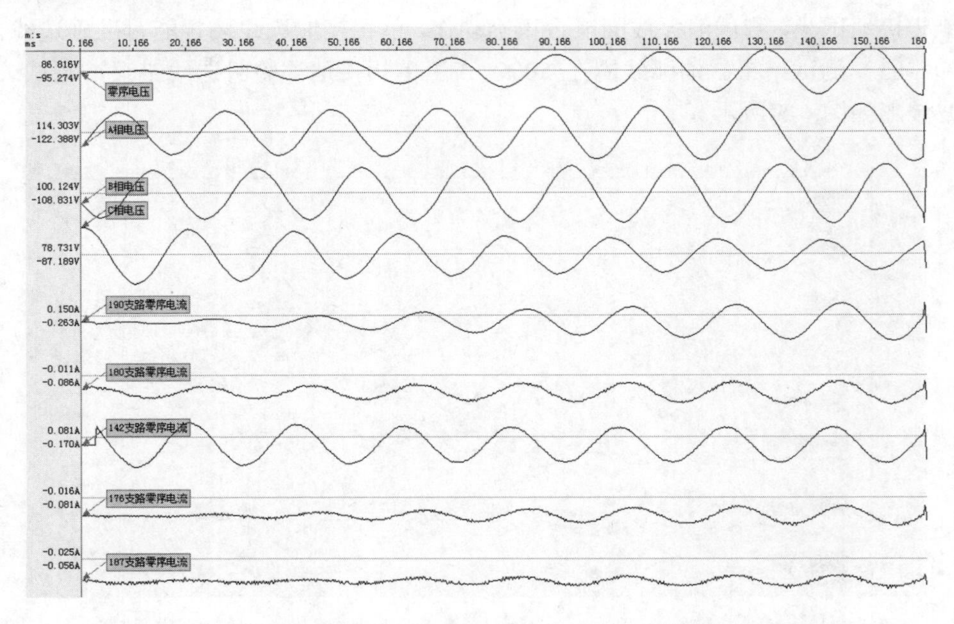


图 6-6　案例 4 中零序电流互感器极性正确时的人工单相接地试验波形

### 6.3.5　案例 5：随调式消弧线圈启动困难导致选线装置无法可靠启动

（1）单相接地故障处理装置配置情况。某变电站 10kV Ⅱ段母线共 14 条出线，试验时全部投运，实测电容电流 118.7A，配置随调式消弧线圈 1 套，容量 1000kVA，最大补偿电流 165A。单相接地选线装置启动电压为 15V，跳闸出口延时时间为 5s。

（2）测试方案。在Ⅱ段母线 122 线开展 200、500Ω 及 1000Ω 人工单相接地试验，测试消弧线圈能否正确动作，集中式单相接地选线装置能否准确选线。

（3）测试结果。消弧线圈在 200Ω 人工单相接地试验时可靠动作，500Ω 和 1000Ω 人工单相接地试验时未动作；选线装置在 200Ω 人工单相接地试验时选线正确，500Ω 和 1000Ω 人工单相接地试验时未启动。测试录波波形如图 6-7 所示。

（4）问题分析。如图 6-7 所示，在进行 500Ω 人工单相接地试验时，开口三角电压约 12.7V，未达到单相接地选线装置启动电压阈值。经对比三相电压合成零序电压与开口三角电压幅值，确认开口三角电压幅值基本与合成零序电压幅值一致，开口三角电压信号正常，结合故障时消弧线圈支路基本无电流的情况，判断随调式消弧线圈未启动，处于远离谐振点的状态，无法输出补偿电流，导致系统开口三角电压较低，选线装置无法可靠启动。

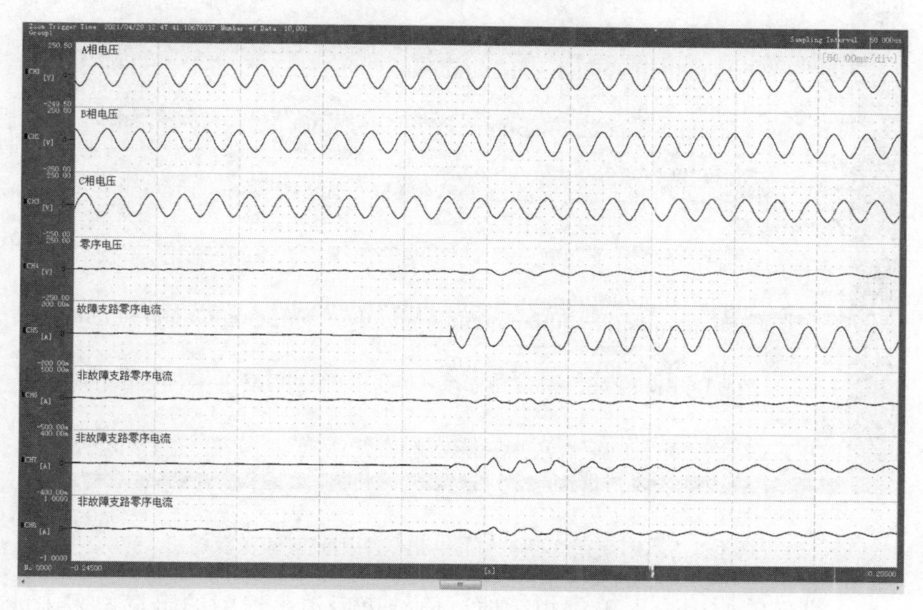


图 6-7 案例 5 在 500Ω 人工单相接地试验时的录波波形

（5）整改措施。改进随调式消弧线圈的启动策略，或采用第 3 章措施将其改造为预调式消弧线圈。

### 6.3.6 案例 6：单相接地消失后引发串联谐振

（1）单相接地故障处理装置配置情况。某变电站 10kV Ⅰ段母线共 18 条出线，试验时 17 条线路运行，实测电容电流 94A，配置预调式消弧线圈 1 套，容量 1200kVA，最大补偿电流 187A。单相接地选线装置启动电压为 20V，跳闸出口延时时间为 5s。

（2）测试方案。在Ⅰ段母线 115 线开展 200、500、1000Ω 人工单相接地试验，测试消弧线圈能否正确动作，集中式单相接地选线装置能否准确选线。

（3）测试结果。500Ω 人工单相接地试验结束后系统发生串联谐振。

（4）问题分析。如图 6-8 所示，在 A 相进行人工单相接地试验，500ms 后撤销人工接地，系统中性点电压（即零序电压）、消弧线圈支路电流仍然存在，单相接地选线装置仍提示接地告警（试验时退出跳闸出口压板，故障线路未跳闸），经调度拉开另外1条非故障支路后，零序电压降低至阈值以下，消弧线圈的阻尼电阻投入返回正常状态。

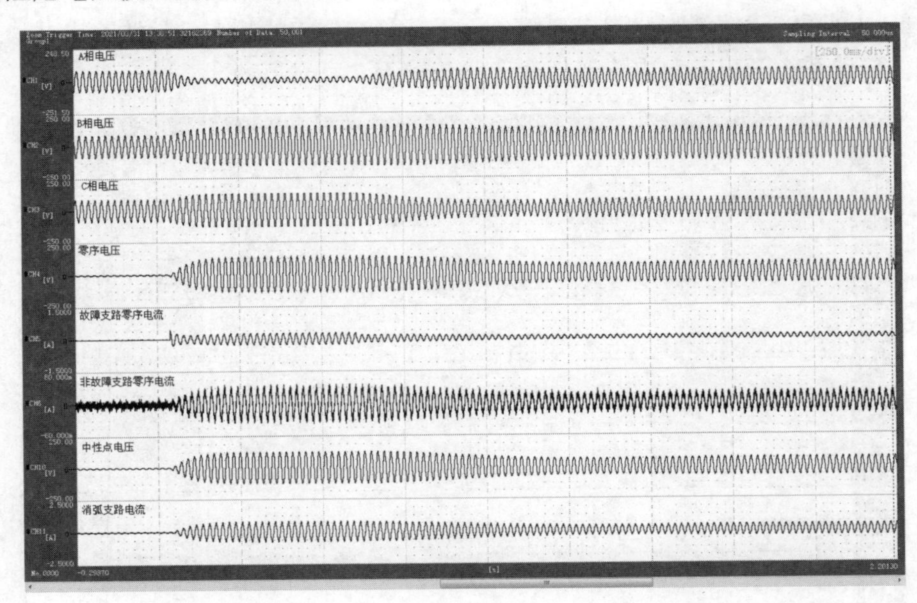


图6-8　案例6在500Ω人工单相接地试验时的录波波形

本次事件的原因为人工单相接地试验结束后消弧线圈的阻尼电阻未能投入，该消弧线圈的脱谐度很低，发生了串联谐振，因此零序电压始终较高。调度拉开1条其他线路后破坏了谐振条件，谐振消失。

（5）整改措施。调节消弧线圈控制器参数，在确保接地残流不超标的情况下适当增加系统脱谐度，上述现象未再发生。

### 6.3.7　案例7：选线装置精工值设置不合理导致选线错误

（1）单相接地故障处理装置配置情况。某变电站10kV Ⅰ段母线共15条出线，试验时12条线路运行，实测电容电流111.8A，配置预调式消弧线圈1套，容量1000kVA，最大补偿电流165A。集中式单相接地选线装置启动电压为15V，跳闸出口延时时间为5s。

（2）测试方案。在Ⅰ段母线124线开展500Ω及1000Ω人工单相接地试验，测试消弧线圈能否正确动作，集中式单相接地选线装置能否准确选线。

（3）测试结果。1000Ω人工单相接地试验时选线错误。

（4）问题分析。被测单相接地选线装置的工作原理是：选择暂态零序电流特定频段分量从线路流向母线的线路为故障线路，利用暂态过程持续时间内的零序电压与零序电流方向构成判据，试验时该装置精工电压阈值为5V。图6-9为10kV Ⅰ段母线1000Ω单相人工单相接地试验波形，故障起始时刻故障线路暂态量明显，但非故障线路暂态含量较小，且暂态电压约为3.3V，低于精工电压阈值，导致暂态零序方向法失效，而采用基于有功功率方向的稳态量法进行选线。

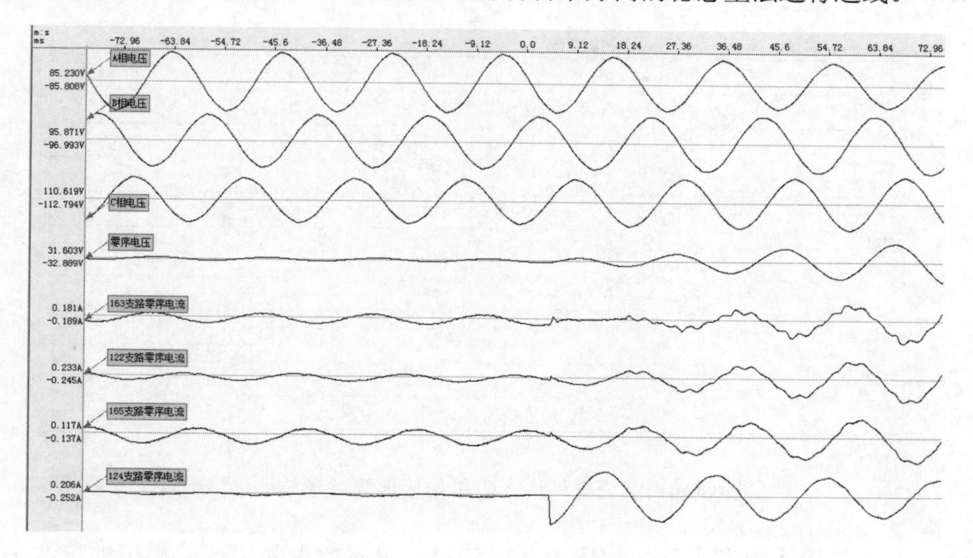


图6-9　案例7在1000Ω人工单相接地试验时的录波波形

但是由于零序电流互感器角差较大，以零序电压为基准，图6-9中的非故障线路零序电流方向为100°～130°（第二象限），故障线路零序电流方向为–150°（第三象限）。故障线路与非故障线路有功功率方向均为负，均满足有功功率方向动作判据，此时选线装置以接入的第一条支路（163支路）作为选线结果，导致选线错误。

（5）整改措施。调整单相接地选线装置的精工电压阈值为3V，由于更换互感器需要停电，不能随时进行，因此暂时关闭单相接地选线保护装置中基于有功功率方向的稳态量法，而仅利用暂态法进行单相接地故障处理。再次进行人工单相接地试验，各种过渡电阻下均能选线正确。

### 6.3.8　案例8：零序电压极性接反、部分线路零序电流互感器接法错误或极性接反

图6-10所示为对某变电站单相接地改造完成后人工单相接地测试时的录

波波形，该站采用中性点经随调式消弧线圈接地的方式，配置集中式单相接地选线装置，跳闸延时时间设置为5s，测试中在各种单相接地过渡电阻条件下，选线装置多次选线错误。

图6-10为过渡电阻为500Ω时的相电压（CH1—CH3）、零序电压（CH4）、部分线路的零序电流（CH5—CH9）、中性点电压（CH10）、消弧线圈电流（CH11）的录波波形。

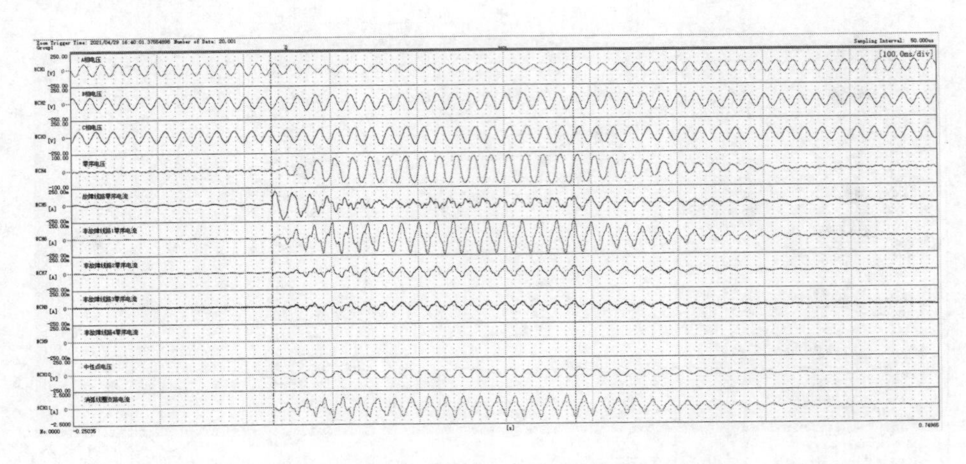


图6-10　某变电站内人工单相接地测试录波波形

人工单相接地发生后，零序电压（CH4）明显增大并超过单相接地选线装置启动阈值，也成功地启动了单相接地选线装置，但是其极性与中性点电压（CH10）相反；非故障线路4（CH9）无零序电流，其余线路零序电流明显增大；消弧线圈支路电流（CH11）发生畸变。

采用本章论述的缺陷诊断方法分析后得出：

（1）根据三相电压（CH1—CH3）合成的零序电压与中性点电压（CH10）极性相同且幅值基本一致，表明该站的零序电压互感器极性接反。

（2）非故障线路4（CH9）不应该完全没有零序电流，缺陷原因可能为零序电流互感器屏蔽层接地线接法错误、二次回路开路、二次侧连片短接或互感器本体故障。

（3）消弧线圈电流（CH11）存在畸变，缺陷原因可能是随调式消弧线圈的滤波回路故障。

围绕上述诊断进行排查后发现：该站零序电压互感器极性接反、非故障线路4电缆上方的屏蔽层接地线未穿过零序互感器、随调式消弧线圈的滤波回路电容被烧毁。修复上述缺陷后再进行测试，各种过渡电阻下人工单相接地测试时，单相接地选线装置选线全部正确。

### 6.3.9 案例9：馈线上单相接地故障处理性能现场系统测试

某供电公司10kV 191线的接线图如图6-11所示。图中CB1为变电站出线开关，其余方块代表线路沿线开关，其中用实心方块表示的191Z2开关和191Z4开关处安装有内置参数识别和相电流突变两种原理的单相接地故障检测终端。

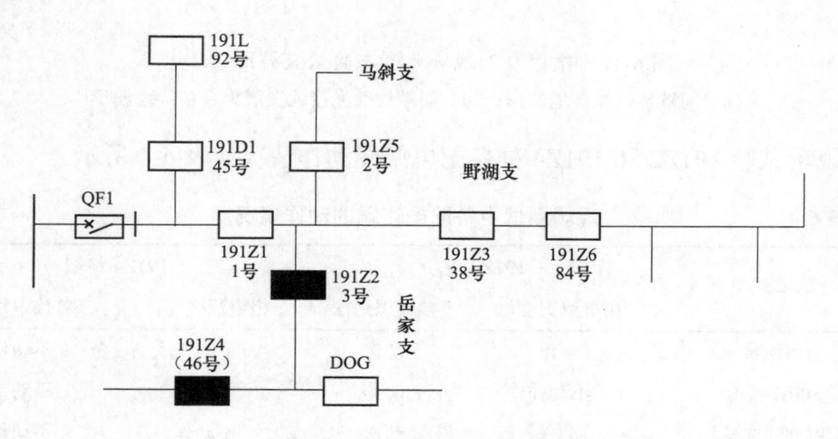


图6-11 某供电公司10kV 191线的接线图

在3号杆与46号杆之间分别进行A相金属性单相接地、过渡电阻500Ω的非金属性单相接地、间断性弧光接地以及间断性弧光接地发展为直接接地的发展性接地试验，在3号杆191Z2开关处的故障录波波形如图6-12所示。测试中相电流互感器变比为600/5，零序电流互感器变比为20/1，零序电压互感器变比为100/1。

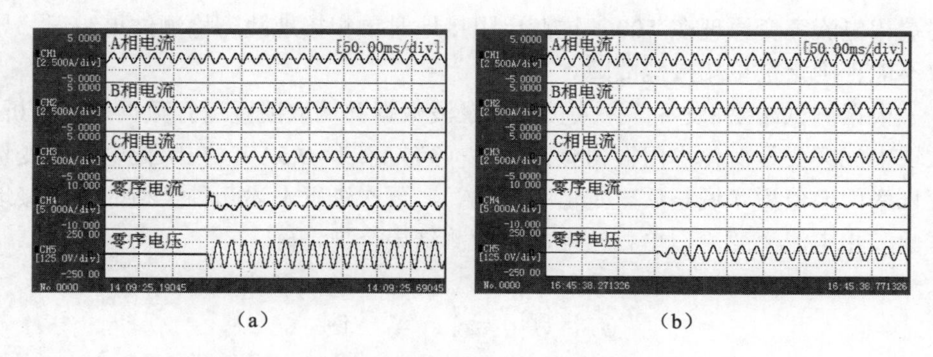


（a） （b）

图6-12 案例9的现场典型试验录波波形（一）

（a）金属性接地波形；（b）过渡电阻500Ω的非金属性接地波形

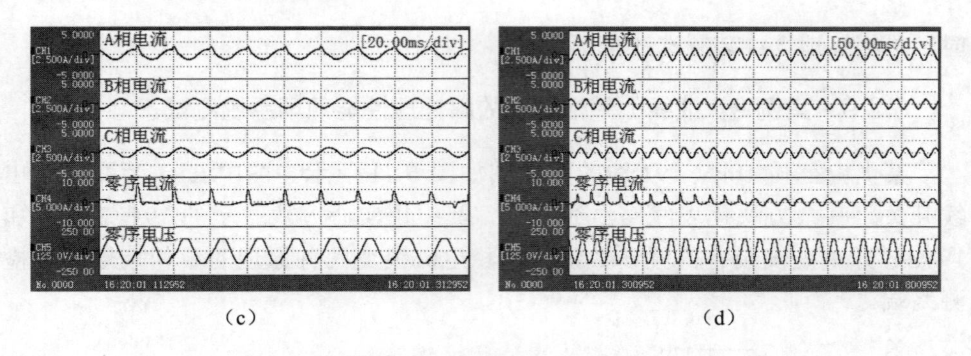


（c）　　　　　　　　　　　　（d）

图 6-12　案例 9 的现场典型试验录波波形（二）

（c）间歇性弧光接地波形；（d）间歇性弧光接地发展为直接接地波形

现场试验 191Z2 和 191Z4 处各配电终端动作情况如表 6-4 所示。

**表 6-4　　现场测试中各配电终端的动作情况**

| 接地类型 | 191Z2 终端 | | 191Z4 终端 | |
|---|---|---|---|---|
| | 相电流突变法 | 参数识别法 | 相电流突变法 | 参数识别法 |
| 金属性接地 | 动作 | 动作 | 不动作 | 不动作 |
| 500Ω 接地 | 不动作 | 动作 | 不动作 | 不动作 |
| 间歇性弧光接地 | 动作 | 动作 | 不动作 | 不动作 |
| 间歇性弧光接地发展为直接接地 | 动作 | 动作 | 不动作 | 不动作 |

注　“动作”表示终端检测到单相接地位于其下游；“不动作”表示终端未检测到单相接地位于其下游。

测试结果：191Z2 和 191Z4 处终端参数识别原理单相接地故障检测结果全部正确，可以正确定位出单相接地点位于 191Z2 和 191Z4 开关之间；191Z2 处终端相电流突变原理在 500Ω 过渡电阻接地时单相接地故障检测结果错误，导致不能正确定位单相接地故障。

根据测试结果，设备厂家人员结合录波数据并调取装置运行数据进行分析，发现电流突变量变化率门槛值整定过高（整定值为 0.5A），在降低电流突变量变化率门槛值后（调整后整定值为 0.3A），再次进行上述几种类型的单相接地试验，相电流突变原理单相接地故障检测结果全部正确。

## 6.4 测 试 实 例

小电流接地配电网单相接地故障处理是一个系统工程，需要各个环节协调配合。在作者的系统测试实践中，被测试系统完全没有缺陷而一次性通过测试的情况一次都没有发生过，先后3次甚至3次以上整改后复测才通过的情况却不罕见，可见现场系统测试对于保障单相接地故障处理性能的作用非常大。在进行现场系统测试时，往往也同时开展现场系统消缺，但是对于需要进一步核查或需要停电处理或处理时间较长的缺陷，须先记录下来后再进行处理。

作者团队开展了几百次现场系统测试，本节介绍48次比较典型的现场系统测试和现场消缺的实践案例。

（1）SHAJC变电站现场系统测试和消缺。I段母线消弧线圈及选线装置能按照阈值正确启动，但因线路零序电流三次谐波较大，1000Ω接地时存在错选的情况；同时127线无零序电流，现场检测无异常，需进一步排查零序TA本体；115、157线极性接反，已现场消缺。II段母线测试未进行。该站存在严重缺陷，未通过测试。

（2）SHAJC变电站II段母线现场系统复测。发现II段母线144线零序电流极性接反，现场在开关柜二次端子排处修正；现场消缺后I、II段母线消弧线圈及选线装置能按照阈值正确启动，选线均正确，无严重缺陷。但I段母线127线、II段母线122线在接地故障时无零序电流，经查122线可能为零序电流互感器本体上短连片未接，需停电消缺，127线未见异常需供电公司进一步排查。

（3）WAHT变电站现场系统测试和消缺。I、II段母线消弧线圈及选线装置能按照阈值正确启动，但I段母线700Ω接地时误选母线，II段母线在700、1000Ω和2000Ω接地时误选母线。经核查为选线装置自身问题，已要求厂家升级。此外I段母线171线零序电流极性接反，138线零序电流回路在开关柜二次端子排处开路，均已现场整改。该站存在严重缺陷，未通过测试。

（4）WAHT变电站现场系统复测和消缺。消弧线圈及选线装置能按照阈值正确启动，选线均正确，无严重缺陷。但I段母线1000Ω、II段母线2000Ω接地时选线装置启动但无选线结果，原因为装置按照零序电压突变量启动后在固定时间内零序电压有效值未达到启动值15V，将启动电压降低至10V后选线正确。同时II段母线消弧线圈运行在固定挡位，控制器未投运，供电公司应尽快安装消弧线圈控制器。

（5）HUANGC变电站II段母线现场系统复测。II段母线155线极性接反，II段母线选线装置内为对线路配置母线导致无选线结果。现场消缺后I、II段母线消弧线圈及选线装置能按照阈值正确启动，选线均正确，无严重缺陷。但该站II段母线142线未安装零序TA。

（6）XIA变电站现场系统测试和消缺。I、II段母线消弧线圈及选线装置能按照阈值正确启动，但因线路零序电流三次谐波较大，1000Ω 及以上接地时存在错选的情况。该站存在严重缺陷，未通过测试。

（7）TAOY 变电站现场系统测试和消缺。Ⅰ、Ⅱ段母线消弧线圈及选线装置能按照阈值正确启动，选线均正确；但该站Ⅰ段母线 8 条出线中的 7 条线、Ⅱ段母线 10 条出线中的 6 条线屏蔽层接地线接法有误，存在严重缺陷未通过测试，需进行复测。

（8）TAOY 变电站现场系统复测和消缺。Ⅰ、Ⅱ段母线消弧线圈及选线装置能按照阈值正确启动，选线均正确，无严重缺陷。但Ⅰ段母线 125、153 线无零序电流，现场检测无异常，需进一步排查零序 TA 本体。且Ⅰ段母线 129 及Ⅱ段母线 178、196、128 线零序 TA 屏蔽层接地线接法有误，需供电公司消缺。

（9）HANSZ 变电站现场系统测试和消缺。Ⅰ、Ⅱ段母线消弧线圈及选线装置能按照阈值正确启动，选线均正确。但两段母线零序电压回路接线错误，正常运行时Ⅰ、Ⅱ段母线零序电压分别为 11V 和 6V，从 TV 柜开口三角电压回路端子排断开 L 线后仍存在对地电位，疑似绝缘不良，需进行整改。同时选线装置内部电流传感器按照二次电流 5A 配置，但实际零序电流互感器二次标称额定电流为 1A，需厂家整改。Ⅰ段母线 161 线极性接反，已在端子排纠正。该站存在严重缺陷。

（10）HANSZ 变电站现场系统复测和消缺。Ⅰ、Ⅱ段母线消弧线圈在 2000Ω 及以下接地正确启动，但Ⅰ段母线选线装置在 200、500Ω 接近过零接地故障时存在无法启动的问题，1000Ω 存在选错或未启动的情况。Ⅱ段母线选线装置在 3 次 1000Ω 接地时 2 次未启动。该站选线装置采用行波原理，因此启动情况与消弧线圈动作情况无关，从录波来看行波波头不明显，因此多次未启动。同时 193 线零序 TA 屏蔽层接地线接法有误，需供电公司消缺。该站存在严重缺陷，未通过测试。

（11）SHIY 变电站现场系统测试。Ⅰ段母线消弧线圈、选线装置能按照阈值正确启动，选线均正确；Ⅱ段母线选线装置在 200Ω 接地时选线正确，在 500Ω 电阻接地时 2 次选线正确，1 次未启动，在 1000Ω 接地时未启动，经分析 500Ω 以上电阻接地时消弧线圈未可靠切除阻尼电阻。同时Ⅱ段母线消弧线圈容量不足，需要进行扩容改造。应对Ⅱ段母线消弧线圈进行消缺，消缺后进行复测。

（12）SHIY 变电站现场系统测试和消缺。Ⅰ、Ⅱ段母线消弧线圈及选线装置能按照阈值正确启动，选线均正确，无严重缺陷。但Ⅱ段母线 156 线零序 TA 屏蔽层接地线接法有误，需供电公司消缺。

（13）MAQZ 变电站现场系统测试和消缺。Ⅰ段母线 121 线正常运行时零序电流较大，导致 200Ω 和 500Ω 接地时选线错误，短接 121 线后选线正确；现场未发现121线存在异常，需进一步排查。Ⅱ段母线消弧线圈及选线装置能按照阈值正确启动，选线均正确。Ⅲ段母线消弧线圈为随调式并未完成改造，导致200Ω接地无法启动；同时174线、189线零序电流过小，其中174线为零序电流互感器屏蔽线接法错误，189线待进一步排查。该站存在严重缺陷，未通过测试。

（14）DONGJC变电站现场系统测试。Ⅰ段母线1000Ω接地时多次选线错误，从录波看故障线路特征明显，需厂家进一步分析，该母线需进行复测。Ⅲ段母线消弧线圈及选线装置能按照阈值正确启动，选线均正确，无严重缺陷。Ⅱ段母线待测试。

（15）DONGJC变电站Ⅱ段母线现场系统测试和消缺。Ⅱ段母线试验中发现181、147线零序电流极性接反，已在选线装置二次端子排处修正，现场消缺后消弧线圈及选线装置能按照阈值正确启动，选线均正确，无严重故障。但156线在接地故障时无零序电流，经查零序TA本体至开关柜二次端子排之间的二次电流回路开路，需停电消缺。

（16）BINH变电站现场系统测试和消缺。Ⅱ、Ⅲ段母线消弧线圈及选线装置能按照阈值正确启动，Ⅱ段母线在1000Ω接地时选线错误，Ⅲ段母线在1500Ω接地时选线错误，此外选线均正确。将两段母线的“零序电压突变定值”由6V改为3V后选线正确，该站无严重缺陷。

（17）SHILP变电站现场系统测试和消缺。Ⅰ、Ⅱ段母线消弧线圈及选线装置能按照阈值正确启动，但Ⅰ段母线500Ω接地多次判为扰动，临时将精工电压由4V降为1V后选线正确，Ⅱ段母线500Ω及1000Ω存在误选母线的问题。经排查该站Ⅰ段母线171、179、195、181线，Ⅱ段母线166、198、152、194线零序TA屏蔽层接地线接法有误，同时179、166线双回出线有一回未安装零序TA。该站较多间隔零序TA存在问题，需进行整改后复测。

（18）SHILP变电站现场系统复测和消缺。Ⅰ、Ⅱ段母线消弧线圈及选线装置能按照阈值正确启动，除Ⅱ段母线3次1000Ω接地时2次选为母线外选线正确。选线错误原因为随调式消弧线圈产生了较大谐波，因而在母线处等效出谐波源，使暂态极性法误选母线，需消弧线圈厂家进行核实消缺。

（19）HANC变电站现场系统测试和消缺。Ⅰ、Ⅱ、Ⅲ段母线消弧线圈及选线装置能按照阈值正确启动，除Ⅲ段母线选线装置在500Ω和1000Ω时选线错误外选线均正确。选线错误原因为113线极性错误，修改后选线正确。另Ⅰ段母线137线、Ⅱ段母线132线、176线极性错误，均已现场整改，该站无严重缺陷。

（20）CAOLIC变电站现场系统测试和消缺。Ⅰ段母线155线间隔并接3

根电缆，柜内只有1个电流互感器，163间隔电缆屏蔽线接地线接错。Ⅱ段母线186间隔零序电流互感器屏蔽层接地线接线错误，且选线装置“分段检修投入”软压板值为“0”，即Ⅱ段母线选线装置认为两段母线并列运行，在这种情况下选线装置第一路电压信号用于选线，而Ⅱ段母线选线装置电压接入在第二路、第一路并未接入电压信号，导致选线失败；“分段检修投入”定值改为“1”后，装置选线功能正常。同时Ⅱ段母线选线装置在1000Ω接地时选线错误，将“零序电压突变”定值由6V改为3V后选线正确，整改后该站无严重缺陷。

（21）ZHENX变电站现场系统测试和消缺。Ⅰ段母线故障线路零序电流不明显，2次1000Ω接地1次误选母线，2000Ω接地2次选错，500Ω接地时其他线路出现接地，因此500Ω及以下未继续试验；同时Ⅰ段母线开口三角电压显著低于消弧线圈电压。Ⅱ、Ⅲ段母线消弧线圈及选线装置能按照阈值正确启动，选线均正确；但Ⅱ段母线4次500Ω接地，有2次装置未启动，需厂家进一步核实原因；Ⅱ段母线162、151线及Ⅲ段母线157、188、182线无零序电流，Ⅲ段母线178线电流较小疑似极性接反，需对零序TA接线进行核查。该站存在严重缺陷，需消缺后进行复测。

（22）DIX变电站现场系统测试和消缺。Ⅰ、Ⅱ段母线消弧线圈及选线装置能按照阈值正确启动，选线均正确，未发现严重缺陷。但Ⅰ段母线175间隔在故障前后零序电流变化不明显，现场检测屏蔽层接线正确，具体原因需供电公司进一步核实。

（23）YANT变电站现场系统测试和消缺。Ⅱ、Ⅲ、Ⅳ段母线消弧线圈及选线装置能按照阈值正确启动，选线均正确，该站未发现严重缺陷，通过测试。但是，Ⅳ段母线消弧线圈在接地消失后未能及时退出，与系统电容发生了工频串联谐振，导致出现了中性点偏移的虚假接地现象。现场将Ⅳ段母线消弧控制器脱谐度从5%改为7%，串联谐振现象消除。

（24）WENT变电站现场系统测试和消缺。Ⅰ、Ⅱ、Ⅲ段母线消弧线圈及选线装置能按照阈值正确启动，选线均正确，该站未发现严重缺陷。但Ⅰ段母线在200、1000Ω接地时各有一次误判为谐振，需厂家进行分析。同时Ⅱ段母线126线未安装零序TA，后期接入时需供电公司仔细核对接线。

（25）YUXM变电站现场系统测试和消缺。试验中发现Ⅰ段母线二次消谐装置故障导致TV开口三角电压在500Ω接地时仅有6V，现场已临时将二次消谐装置拆除接线、退出运行，Ⅰ段母线TV开口三角电压测量恢复正常。整改后Ⅰ、Ⅱ段母线消弧线圈及选线装置能按照阈值正确启动，选线均正确。但Ⅰ段母线160间隔、132间隔，Ⅱ段母线142间隔、134间隔、156间隔尚未完成整改，现场选线屏内无交流回路及跳闸回路接线，接地后无零序电流，后期接入时需供电公司仔细核对接线。

（26）KUNML 变电站现场系统测试和消缺。Ⅱ段母线消弧线圈及选线装置能按照阈值正确启动，选线均正确；但Ⅱ段母线消弧线圈最大补偿电流（165A）小于电容电流（184A），需进行增容。Ⅰ段母线因试验线路倒至对侧变电站运行未完成测试，同时Ⅰ段母线消弧线圈增容尚未完成控制器安装。该站存在严重缺陷，需进行复测。

（27）SHAP 变电站现场系统测试和消缺。试验中发现Ⅰ段母线 189 线，Ⅲ段母线 193 线零序 TA 极性接反，Ⅰ、Ⅱ、Ⅲ段母线开口电压极性接反，Ⅰ/Ⅱ段母线电压并列装置、Ⅱ/Ⅲ段母线电压并列装置内零序电压切换辅助接点不通，导致Ⅱ、Ⅲ段母线选线装置无零序电压，均已现场整改。完成整改后Ⅰ、Ⅱ、Ⅲ段母线消弧线圈及选线装置能按照阈值正确启动，选线均正确。但是Ⅱ段母线 174 线、Ⅲ段母线 113 线间隔开关柜内无零序电流，需供电公司进行整改。

（28）JINGZ 变电站现场系统测试。Ⅰ、Ⅱ段母线消弧线圈及选线装置能按照阈值正确启动，选线均正确，未发现严重缺陷。但Ⅰ段母线 139、Ⅱ段母线 134、150、172 线屏蔽层接地线不正确，需供电公司进行整改。

（29）JINH 变电站第 1 次现场系统复测。Ⅰ段母线选线装置在 200Ω 接地时正确选线，但在 500Ω 接地时 2 次正确选线，1 次误选；在 1000Ω 接地时存在误选情况。Ⅱ段母线消弧线圈、选线装置能按照阈值正确启动，但是发现 165 线为 2 条出线并间隔，存在只有 1 条电缆安装零序电流互感器的问题。并且，Ⅰ段母线 123、129 线两条线路、Ⅱ段母线 132、134、144 线三条线路共 5 条运行线路零序电流互感器正在整改中，尚未接入选线装置。该站需消缺后复测。

（30）JINH 变电站第 2 次现场系统复测。Ⅰ、Ⅱ段母线消弧线圈及选线装置能按照阈值正确启动，选线均正确，未发现严重缺陷。但Ⅰ段母线 123、129 两条线路、Ⅱ段母线 132、134、144 线三条线路的共 5 条运行线路的零序电流信号未接入选线装置，后期接入时需供电公司仔细核对接线。

（31）DAMG 变电站现场系统复测。Ⅰ、Ⅱ段母线消弧线圈及选线装置能按照阈值正确启动，选线均正确，未发现严重缺陷。但初次 1000、2000Ω 接地时选线错误，原因为该选线装置将未接线的备用电流通道纳入选线判别，因干扰引起选线错误，修改配置使未接线的备用电流通道退出计算后选线正确。

（32）JIC 变电站Ⅱ段母线现场系统复测及消缺。Ⅱ段母线消弧线圈及选线装置能按照阈值正确启动，选线均正确，无严重缺陷。但 162 线无零序电流，经检查零序电流回路在开关柜二次端子排处短接，去除短连片后零序电流正常。

（33）FENGY 变电站现场系统测试和消缺。Ⅰ、Ⅱ段母线消弧线圈及选线装置能按照阈值正确启动，选线均正确，无严重缺陷通过测试。但Ⅰ段母线 143

线及Ⅱ段母线138线无零序电流，检查屏蔽层接地线及出线开关柜端子排至选线装置接线无误，需进一步排查。

（34）GANGJZ 变电站现场系统测试。Ⅰ段母线、Ⅱ段母线、Ⅲ段母线消弧线圈、选线装置能按照阈值正确启动，选线均正确，未发现严重缺陷。但发现Ⅰ段母线138线无零序电流，开关柜内未见零序电流互感器，需供电公司核实消缺。

（35）GAOXB 变电站现场系统测试和消缺。Ⅰ段母线零序电压回路接错，112线极性接反，已现场整改；170、192、194、185线无零序电流，其中170、192、185线在零序电流互感器本体二次电流端子被短接，194线现场未发现异常需进一步排查；消弧线圈输出与预期相差较大，导致200Ω接地残流在20A左右，装置内进行修正后残流符合要求。Ⅱ段母线138线极性接反，已现场整改；130、133线在接地故障时无零序电流，其中130线为零序电流互感器本体二次电流端子被短接，133 线现场未发现异常需进一步排查。现场消缺后Ⅰ、Ⅱ、Ⅲ段母线消弧线圈及选线装置能按照阈值正确启动，选线均正确，无严重缺陷。

（36）YUEJ 变电站现场系统测试和消缺。Ⅰ段母线消弧线圈、选线装置能按照阈值正确启动，选线均正确，Ⅱ段母线1000Ω及以下选线装置正常启动并正确选线，该站未发现严重缺陷。但是，测试中发现Ⅱ段母线2000Ω接地时选线错误，错误原因为高阻接地时零序电压上升缓慢导致启动录波较晚，现场将零序电压突变量启动值由6V调整为2V后选线正确。

（37）DENGLG 变电站现场系统测试和消缺。Ⅱ段母线 500Ω 过渡电阻接地时选线错误，Ⅱ段母线144、164线及Ⅲ段母线149线零序电流异常，怀疑为零序 TA 屏蔽层接地线接法有误，在排查后发现确有接错并进行了整改。同时选线装置厂家对装置进行了升级，在算法中过滤掉了故障前不平衡信号。

（38）DENGLG 变电站现场系统复测和消缺。消弧线圈、选线装置能按照阈值正确启动，选线均正确，无严重缺陷，但Ⅱ段母线 144 线、164 线零序电流在无故障时仍较大，经再次检查零序 TA 屏蔽层接地线接法无误，异常原因待进一步确认。本次试验中还发现 200Ω 接地时Ⅱ、Ⅲ段母线消弧线圈补偿效果不足（残流分别为15.2A和11.4A），且消弧线圈动作记录中零序电压为零，需消弧线圈厂家进行核查。

（39）CHANGM 变电站现场系统复测和消缺。发现选线装置无零序电压，现场进行整改后，消弧线圈、选线装置能按照阈值正确启动，选线均正确，但137、139、145线故障时无零序电流，经检查零序TA屏蔽层接地线接法无误，原因待进一步确认。

（40）KEJL 变电站现场系统测试和消缺。发现 2 回出线零序 TA 极性接反、Ⅰ段母线端子排零序电压端子联片未合上等问题，现场已改正；发现 5 回出线无零序电流，已反馈供电公司进行排查整改。同时发现该站Ⅰ、Ⅱ段母线的选线装置分别在 1500Ω 和 2000Ω 接地时选线错误，原因为该装置考虑了不平衡产生零序电压对故障判定的影响，故障零序电压去除故障前不平衡零序电压，且系统单相接地时，零序电压上升速度慢，容易引起误判。已通知厂家对启动程序进行优化升级，目前建议将选线装置零序电压突变量门槛值由 6V 降低为 3V。

（41）DABY 变电站现场系统测试和消缺。现场验收测试发现该站采用随调式消弧线圈，该消弧线圈已完成升级改造。消弧线圈测量电容电流时，如发生故障将无法补偿，而测量电容电流周期为 100s，过于频繁，建议将电容电流周期调整为 15min。同时发现该站Ⅱ段母线选线装置在 1000Ω 接地时选线错误，属于选线装置性能问题，需厂家进行优化升级，建议将选线装置零序电压突变量门槛值由 6V 降低为 3V。

（42）XUJW 变电站现场系统测试和消缺。二次回路存在问题，Ⅰ段母线的零序电压互感器同时接到Ⅰ段母线和Ⅱ段母线上，Ⅱ段母线零序电压互感器未接，已现场改正，发现 3 条出线无零序电流波形，现场也未见零序电流互感器，已告知供电局核实检查，消缺后需再次测试。

（43）DENGJP 变电站系统测试。Ⅰ、Ⅱ、Ⅲ段母线消弧线圈及选线装置能按照阈值正确启动，选线均正确，无严重缺陷。但Ⅰ段母线 135、137、140 线，Ⅱ段母线 177 线无零序电流，开关柜内未见零序电流互感器。

（44）XINF 变电站系统测试。Ⅰ、Ⅱ、Ⅲ段母线消弧线圈及选线装置能按照阈值正确启动，选线均正确，无严重缺陷，但Ⅰ段母线 133 线无零序电流，需进一步排查；Ⅲ段母线 1000Ω 接地时因故障支路零序电流过小判为扰动。

（45）YANZ 变电站系统测试。Ⅱ、Ⅲ段母线消弧线圈及选线装置能按照阈值正确启动，选线均正确，无严重缺陷，但Ⅲ段母线选线装置相电压接错。Ⅰ段母线待测试。

（46）AKXJ 变电站系统测试。该站Ⅰ段母线单独运行，Ⅱ、Ⅲ段母线并列运行，消弧线圈及选线装置都能按照阈值正确启动，选线均正确，但消弧线圈补偿效果均不足（残流略大于 10A）。同时各段母线均不同程度存在有部分出线未接入选线装置（其中Ⅰ段母线出线 14 条，接入选线装置 5 条；Ⅱ段母线出线 15 条接入 2 条；Ⅲ段母线出线 7 条，接入 6 条）。且Ⅱ、Ⅲ段母线消弧线圈均设为自动模式，已经现场调整为 1 台固定补偿，另外 1 台自动补偿。未通过测试。

（47）AKGX 变电站现场系统测试。Ⅱ段母线消弧线圈测量电容电流明显不合理，根据电容电流实测记录（49.6A），测试中将消弧线圈切换到手动挡位3挡，补偿电流62.8A。试验中消弧线圈及选线装置能按照阈值正确启动，选线均正确，但消弧线圈补偿效果均不足（残流大于10A），同时开口三角零序电压值明显偏低。需对消弧线圈控制器及零序电压回路进行消缺，未通过测试。Ⅰ段母线待测试。

（48）YZ 县馈线自动化测试。试验中故障点上游 FTU 可以正确检测到区内接地故障并成功跳闸，但不具备自动重合闸功能，同时故障下游开关不执行失压跳闸功能，单相接地故障处理逻辑不正确，未通过测试。

## 6.5 测试记录

在实际测试中，往往许多缺陷相互交织在一起，在测试和缺陷分析完成后，要将所发现的缺陷罗列出来，以便供电公司消缺时使用，表6-5所示为典型测试记录。

表6-5　典型测试记录

| 站名 | 通过 | 消弧线圈缺陷 | 选线保护装置缺陷 | 零序电压缺陷 | 零序电流缺陷 |
|---|---|---|---|---|---|
| ZB变电站 | 是 | 无 | 1000Ω及以上接地时误选为非故障线路，分析原因为一次电流过小导致零序TA角差严重超标，使得有功功率方向选线原理失效，建议禁用零序有功功率方向原理，改用暂态极性原理 | 10kV Ⅰ、Ⅱ段母线TV采用防谐振TV，开口三角电压比自产零序电压低1.732倍；建议对此类TV，降低选线装置内启动电压定值，或采用开口三角电压与自产零序电压任一达到门槛值即启动的电压判据逻辑 | 无 |
| HC变电站 | 否 | Ⅱ段母线消弧线圈容量不足需增容 | 无 | Ⅱ、Ⅲ段母线零序TV二次绕组中存在较大3次谐波分量 | Ⅱ段母线136、140、152、126线间隔，Ⅲ段母线157、159线间隔零序TA极性错误，已在选线屏更改接线 |
| KM变电站 | 否 | Ⅰ段母线消弧线圈控制器故障<br>Ⅱ段母线消弧线圈容量严重不足 | 未启动 | 无 | 大量屏蔽层接法错误 |

续表

| 站名 | 通过 | 消弧线圈缺陷 | 选线保护装置缺陷 | 零序电压缺陷 | 零序电流缺陷 |
| --- | --- | --- | --- | --- | --- |
| YZ变电站 | 是 | 无 | 无 | Ⅰ段母线零序电压回路接错，已现场整改。现场正在进行综自改造，原接入某一10kV出线屏，因改造该处无零序电压，现已改至新测控柜。Ⅲ段母线选线装置相电压接错，已现场修正 | Ⅰ段母线161线极性接反，已在端子排纠正 |
| GX变电站 | 否 | 电容电流测量不准，残流过大 | 无 | Ⅰ段母线零序电压回路接错，手车辅助触点故障。Ⅱ段母线接地试验时，Ⅰ段母线选线装置异常启动，且两段母线分列运行，分析Ⅰ段母线选线装置可能误接入Ⅱ段母线零序电压，需排查Ⅰ段母线选线装置二次电压回路 | Ⅰ段母线170、192、194、185线无零序电流，其中170、192、185线在零序电流互感器本体二次电流端子被短接，194线现场未发现异常需进一步排查；Ⅱ段母线130、133线在接地故障时无零序电流，其中130线为零序电流互感器本体二次电流端子被短接，133线现场未发现异常需进一步排查 |
| XA变电站 | 否 | Ⅰ段母线消弧线圈为随调式，脱谐度设置为5%，电容电流测量值118.0A。消弧线圈在500Ω和1000Ω接地时未动作 | Ⅰ段母线选线装置在500Ω接地时无法启动。Ⅱ段母线选线装置在1000Ω和2000Ω接地时存在误选母线和其他非故障线路的情况 | Ⅰ段母线零序TV二次绕组中存在3次谐波分量 | 无 |
| HS变电站 | 否 | 无 | 选线装置按照5A二次电流进行内部接线，但实际二次电流为1A，因此接地时选线装置采集到零序电流较小 | 两段母线零序电压回路接线错误，正常时Ⅰ、Ⅱ段母线零序电压分别为11V和6V，电压回路在两端断开后仍存在对地电位，疑似绝缘不良 | Ⅰ段母线161线极性接反，已在端子排纠正 |
| DX变电站 | 是 | Ⅰ、Ⅱ段母线消弧线圈控制器补偿速度均超标；Ⅰ段母线控制器无动作记录；Ⅰ段母线消弧线圈挡位已达上限 | 无 | 无 | Ⅰ段母线175线间隔在故障前后零序电流变化不明显，现场检测屏蔽层接线正确，具体原因待进一步核实 |

表 6-6 所示为按照缺陷严重程度分类的测试记录。

**表 6-6　　按照缺陷严重程度分类的测试记录**

| 站名 | 一般缺陷 | 重要缺陷 | 严重缺陷 |
|---|---|---|---|
| ZB 变电站 | 一次电流过小时零序 TA 角差严重超标，使得有功功率方向选线原理失效，建议此站屏蔽零序有功功率方向选线原理 | 无 | Ⅱ段母线消弧线圈接地时未切除阻尼电阻；Ⅱ段母线消弧线圈容量不足，应进行扩容改造 |
| JY 变电站 | Ⅱ段母线消弧线圈略有欠补偿 | Ⅰ段母线 139 出线开关柜内零序电流互感器屏蔽线接线有误。Ⅱ段母线 134、150、172 出线开关柜内零序电流互感器屏蔽线接线有误 | Ⅱ、Ⅲ段母线 TV 开口三角电压在接地后几乎无抬升，查找故障原因为 1/2 母线电压并列装置、2/3 母线电压并列装置内零序电压切换辅助节点不通 |
| BM 变电站 | Ⅰ段母线 189 间隔，Ⅲ段母线 193 间隔零序 TA 极性接反，Ⅰ、Ⅱ段母线 TV 开口电压极性接反，已在选线屏内纠正 | Ⅰ段母线 155 线间隔并接三根电缆，柜内只有一个电流互感器，163 间隔零序电流互感器屏蔽线接线有误；Ⅱ段母线 186 间隔零序电流互感器屏蔽线接线错误 | 无 |
| SP 变电站 | 无 | 无 | Ⅰ段母线共 7 条线、Ⅱ段母线共 6 条线屏蔽层接地线接法有误 |
| XJ 变电站 | Ⅱ段母线误接Ⅰ段母线电压信号，已纠正 | Ⅱ段母线 165 线为 2 条出线并间隔，只有 1 条电缆安装零序 TA | 无 |
| DJ 变电站 | 1000Ω选线错误 1 次 | Ⅰ段母线 173 线、111 线无零序电流；Ⅱ段母线 134 线、136 线、140 线无零序电流 | 无 |
| ZS 变电站 | 500Ω选线错误 1 次，1000Ω以上选线装置未启动 | Ⅰ段母线 123、129 两条线路、Ⅱ段母线 132、134、144 三条线路共 5 条运行线路零序电流信号未接入选线装置 | Ⅱ段母线消弧线圈控制器死机 |
| QM 变电站 | Ⅲ段母线 135、176 线零序电流极性接反，现场已改正 | Ⅰ段母线 138 线无零序电流，开关柜内未见零序电流互感器 | Ⅱ段母线消弧线圈接地时未切除阻尼电阻；Ⅱ段母线消弧线圈容量不足，应进行扩容改造 |
| TS 变电站 | | 大量线路未装零序 TA | 无 |
| LA 变电站 | Ⅱ段母线 170、168、166、141 线，Ⅲ段母线 188、184、182、180、142、176、174 线极性接反，已整改；Ⅱ段母线 153、Ⅲ段母线 179 无零序电流，待排查 | | Ⅰ段母线无零序电压 |

# 本章参考文献

[1] 刘健，张小庆，申巍，等. 中性点非有效接地配电网的单相接地定位能力测试技术[J]. 电力系统自动化，2018，42（1）：138-143.

[2] 周志成，付慧，凌建，等. 消弧线圈并联中阻选线的单相接地试验及分析［J］. 高电压技术，2009（5）：1054-1058.

[3] 国家电网公司. 国家电网公司电力安全工作规程（配电部分）（试行）［M］. 北京：中国电力出版社，2014.

[4] 薛永端，宋伊宁，刘日亮，等. 基于暂态功率方向的小电流接地故障处理技术［J］. 供用电，2018，35（8）：3-8.

[5] 刘健，张小庆，赵树仁，等. 主站与二次同步注入的配电自动化故障处理性能测试方法［J］. 电力系统自动化，2014，38（7）：118-122.

[6] 王慧，范正林，桑在中. “S 注入法”与选线定位［J］. 电力自动化设备，1999（3）：20-22.

[7] 王倩，王保震. 基于残流增量法的谐振接地系统单相接地故障选线［J］. 青海电力，2010（1）：50-52.

[8] 陈维江，蔡国雄，蔡雅萍，等. 10kV 配电网中性点经消弧线圈并联电阻接地方式［J］. 电网技术，2004，28（24）：56-60.

# 第7章

# 管理提升防患于未然

对于一个系统，建设是有时限的，运行维护却是长久的事。运维管理不到位，再先进的系统也只能是昙花一现，低级的错误也仍然会一犯再犯。对于具有“点多面广”特点的配电网而言，管理的重要性更加突出。

## 7.1 单相接地信息监管系统

单相接地故障处理是一个复杂的系统工程[1]，保障各个环节设备的完好性非常重要，这需要及早发现设备故障并尽快修复，其中消弧线圈系统和针对单相接地故障处理的自动化装置最为关键。然而仅依靠人工巡视难以及时发现设备自身的损坏，为此有必要建设单相接地信息监管系统。

建设单相接地信息监管系统（以下简称监管系统）用于对110kV变电站内10kV消弧线圈控制器、接地选线装置的信息进行监测和管理。这些信息既包括装置采集的运行数据，又包括装置自身的工况数据。对这些数据进行采集、转发和应用，能够提供诸如基础数据、异常告警、分析诊断结果以及装置工况等各种信息，实现信息的分类展示、查询和统计分析等功能，并为运行监控人员、设备检修人员监视设备运行状况提供技术支持，为设备监管人员开展统计分析提供辅助手段。

制定单相接地信息监管系统的建设方案，需要从信息的采集、转发、应用等多个环节加以考虑。

### 7.1.1 监管目标

监管系统的建设要实现以下监管目标：

（1）本地监测。变电站内由规约转换器（通信管理机）采集消弧线圈控制器、接地选线装置的信息并转发至本地监控系统，实现本地后台监控功能。

（2）地（配）调监测。变电站远动机通过规约转换器（通信管理机）获取装置采集数据，上送地调自动化系统（如：D5000）后上监视画面，并同区转发数据至地市配电自动化系统生产控制大区（Ⅰ区）主站，继而同步至配电自动化系统管理信息大区(Ⅳ区)主站。实现地调接地故障告警信息的监控管理，并为配电网运行管理提供参考依据。

（3）变电检修监测。变电检修人员可在远程工作站上以 Web 方式调阅来自调度自动化系统Ⅲ区与装置工况相关的异常类告警信息和装置自检信息，为变电检修提供参考依据。

后期可借助变电站主辅设备一体化监控系统接入，在运检工作站上远程调阅消弧线圈、接地选线装置设备运行工况信息。监控系统在站端通过 IEC 61850 协议将变电站主设备（Ⅱ区）和辅助设备（Ⅳ区）的信息采集上送至位于Ⅳ区的系统主站。

（4）配电管理监测分析。配电自动化系统Ⅳ区主站转发数据至接地信息监管系统主站，该主站可以在各地市公司独立建设。如有省级监管接地信息的需求，可以考虑部署在省公司数据中心，方便多专业共享数据或是依托配电自动化系统管理信息大区部署的集中主站进行分析。

### 7.1.2　系统架构

监管系统从源端到末端进行数据采集，涉及变电检修、地调、配调、信通等多个部门职责管辖范围，甚至跨单位涉及省级电科院，数据转发则跨越变电站监控、调度自动化、配电自动化等多个系统，网络通道也经过多个区域。

监管系统的架构有两种模式，分别如图 7-1 和图 7-2 所示。

监管系统的建设涉及配电自动化系统，基于不同的配电自动化系统主站建设模式也会有与之相对应的监管系统建设模式。目前在国家电网有限公司范围内最广泛采用的是 $N+N$ 模式和 $N+1$ 模式[2]，$N+N$ 模式即各地市公司独立部署配电自动化系统生产控制大区（Ⅰ区）主站和管理信息大区（Ⅳ区）主站，$N+1$ 模式即各地市公司独立部署配电自动化系统生产控制大区主站，全省集中部署管理信息大区主站，一般该主站以云主站方式部署在省信通机房或是以常规主站方式部署在省电科院。集中部署的信息大区主站负责全省各地市的配电自动化系统管理信息大区的统一集中管理，实现配电网运行状态管控功能，并与各地市的配电自动化系统生产控制大区主站进行信息交互和数据同步。

在 $N+1$ 模式下，无需建设单独的监管系统主站，在配电自动化系统集中主站基础上新增接口服务器即可。该接口服务器可兼做数据接收、存储、分析应用等多种用途。在 $N+N$ 模式下，全省无集中部署的配电自动化主站，则需要新建监管系统主站。在同一省内，当 $N+N$ 模式与 $N+1$ 模式混合使用时，因独立部署的管理信息大区主站与集中部署的配电主站采用了不同的建设模式，一般二者之间暂无信息交换需求，信息传输通道也尚未开通。但地市公司配电主站的Ⅳ区部分与省级集中主站同处管理信息大区，为以较小代价实现数据传输提供了可能。

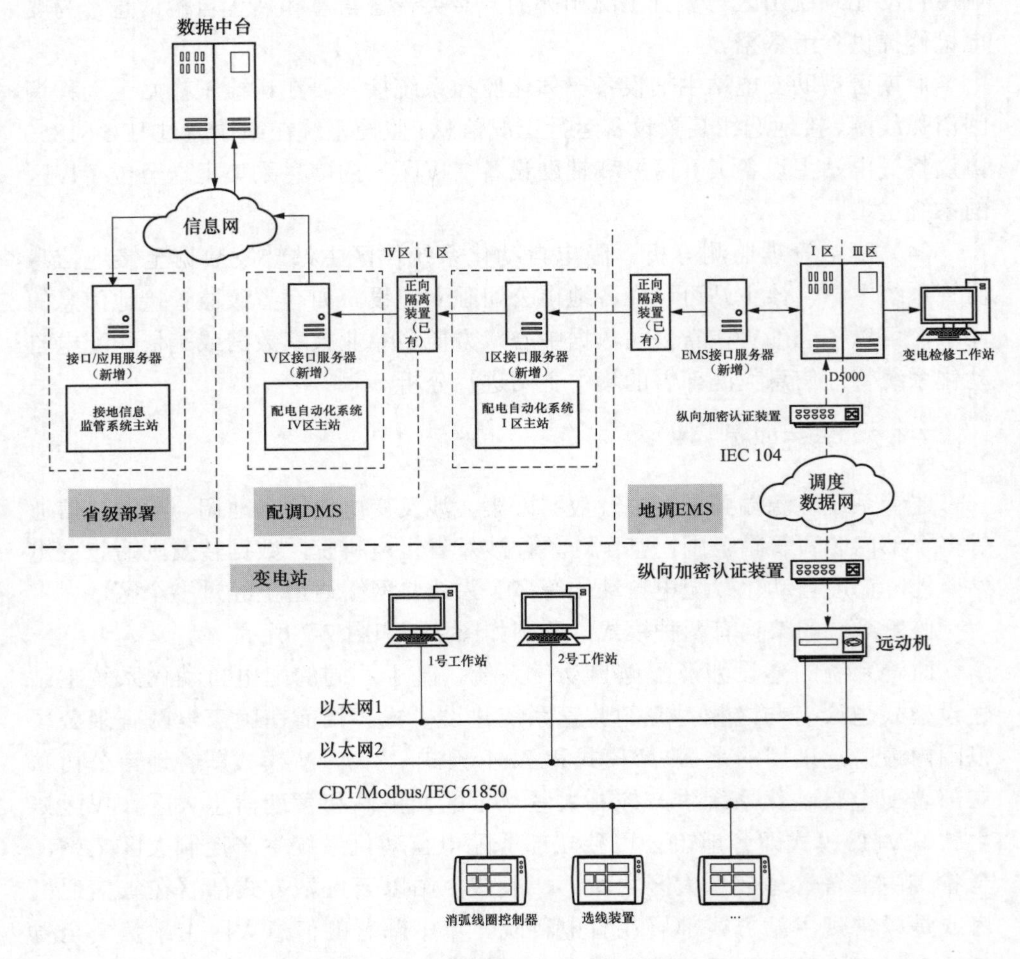


图 7-1 监管系统架构（$N+N$ 模式）

为尽快建成监管系统，建设方案宜遵循充分利用现有资源的原则，利用现有主站的图形和模型库关联信号，不新建专门的通信通道，尽量利用已有通道进行数据的传输。对于各系统中新增接口服务器等硬件设备应做好自身的网络安全防护措施。

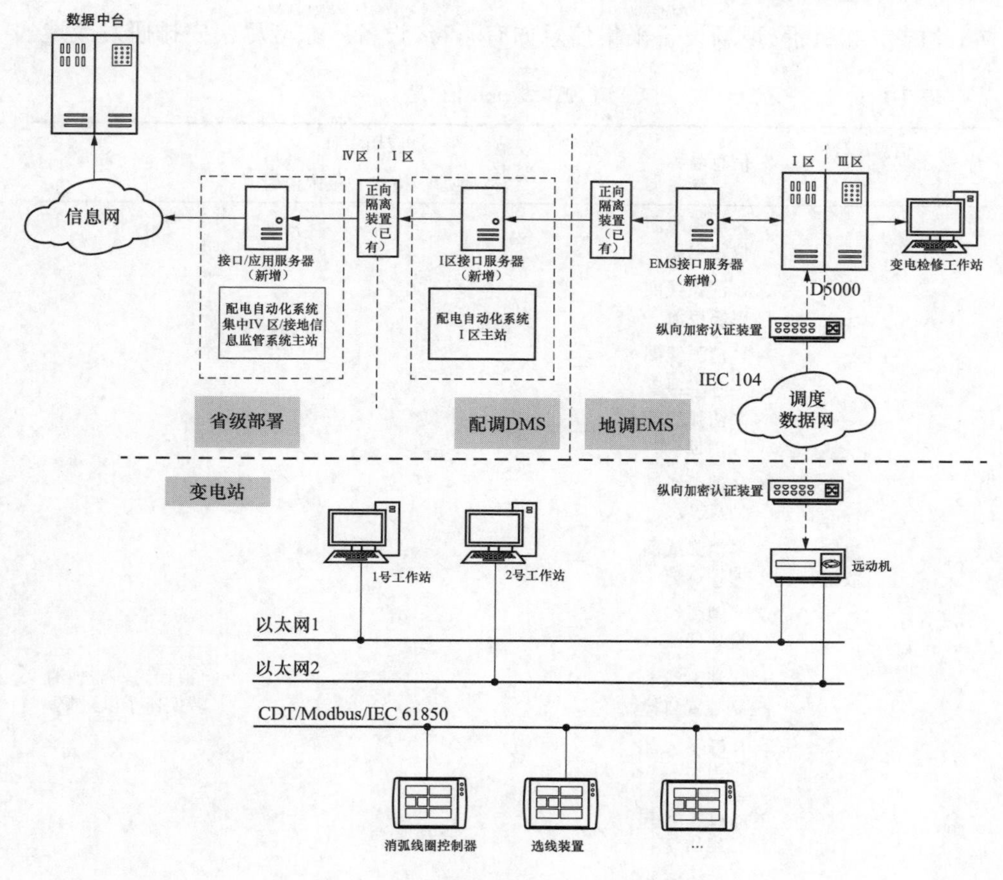


图 7-2　监管系统架构（$N$+1 模式）

## 7.1.3　信息采集

### 7.1.3.1　信息规范

Q/GDW 11398—2020《变电站设备监控信息规范》[3] 附录 A.9 中对消弧线圈的典型监控信息进行了规范，如运行数据需要采集消弧线圈位移电压、母线接地线路序号等量测信息，告警信息需要采集消弧线圈控制装置故障、消弧线圈控制装置异常、消弧线圈调挡、消弧线圈调谐异常等告知信息。因接地选线装置为二次设备，没有与其对应的一次设备，新旧标准中都没有给出接地选线装置的监控信息规范。

在现场查勘过程中发现大量的消弧线圈控制器并没有按信息规范中的要求采集全部信息。经与省调控中心、地市公司调控中心和变电检修部门协商一致，结合监管系统的功能要求，确定了消弧线圈和接地选线装置应采集的信息如表

7-1 和表 7-2 所示。现场设备采集信息如有不符，设备厂家应尽快安排研发改造。

**表 7-1　　　　消弧线圈信息**

| 序号 | 信息/部件类型 | | 信息名称 | 告警分类 | 规范要求 | 应用主体 | | | 备注 |
|---|---|---|---|---|---|---|---|---|---|
| | | | | | | 地调 | 检修 | 集中监管 | |
| 1 | 运行数据 | 量测数据 | ××消弧线圈位移电压 | — | A | | | √ | |
| 2 | | | ××消弧线圈电感电流 | — | A | | | √ | |
| 3 | | | ××消弧线圈电容电流 | — | A | | | √ | |
| 4 | | | ××消弧线圈挡位 | — | A | | | √ | |
| 5 | | | ××消弧线圈脱谐度 | — | A | | | √ | |
| 6 | | | ××消弧线圈调挡次数 | — | A | | | √ | |
| 7 | | | ××消弧线圈接地残流 | — | A | | | √ | |
| 8 | | | ××消弧线圈控制装置自检 | — | B | | √ | √ | 自检代码，需规约转换器予以采集 |
| 9 | | | ××母线 A 相电压 | — | C | | | √ | kV |
| 10 | | | ××母线 B 相电压 | — | C | | | √ | kV |
| 11 | | | ××母线 C 相电压 | — | C | | | √ | kV |
| 12 | | 位置状态 | ××母联开关位置 | 变位 | C | | | √ | |
| 13 | | | ××消弧线圈自动/手动 | 变位 | D | | | √ | |
| 14 | 告警信息 | 消弧线圈 | ××消弧线圈控制装置故障 | 异常 | A | | √ | √ | 总信号，站端包含控制装置电源消失 |
| 15 | | | ××消弧线圈控制装置异常 | 异常 | A | | √ | √ | 总信号 |
| 16 | | | ××消弧线圈调谐异常 | 异常 | A | √ | √ | √ | 总信号，站端对应调挡拒动、挡位到头、位移过限等 |
| 17 | | | ××消弧线圈调挡 | 告知 | A | | | √ | |
| 18 | | | ××消弧线圈调挡拒动 | 异常 | A | √ | √ | √ | |

续表

| 序号 | 信息/部件类型 | | 信息名称 | 告警分类 | 规范要求 | 应用主体 | | | 备 注 |
|---|---|---|---|---|---|---|---|---|---|
| | | | | | | 地调 | 检修 | 集中监管 | |
| 19 | 告警信息 | 消弧线圈 | ××消弧线圈挡位到头 | 异常 | A | √ | √ | √ | |
| 20 | | | ××消弧线圈位移过限 | 异常 | A | √ | √ | √ | |
| 21 | | | ××消弧线圈控制装置通信中断 | 异常 | A | √ | √ | √ | |
| 22 | | | ××消弧线圈接地告警 | 异常 | A | √ | √ | √ | |
| 23 | | | ××消弧线圈阻尼电阻故障 | 异常 | E | | √ | √ | |
| 24 | | | ××消弧线圈容量不足 | 异常 | E | √ | √ | √ | |
| 25 | | | ××消弧线圈TV故障 | 异常 | E | | √ | √ | |
| 26 | | | ××消弧线圈TA故障 | 异常 | E | | √ | √ | |
| 27 | | | ××消弧线圈残流越限 | 异常 | E | √ | | √ | |

**注** 消弧线圈的监控信息均采用调控直采方式上送EMS，对其按规范的要求分为5类：①A类：国家电网有限公司企业标准要求，如装置不具备功能要求，必须进行改造；②B类：监管系统建设要求，如装置不具备功能要求，未改造装置应列入改造计划进行要求，已改造装置暂不要求；③C类：EMS系统要求，如系统能通过其他途径提供，则对装置采集不做要求；④D类：不强制要求或暂不通过调度数据网传输；⑤E类：已改造装置上送的未包含在上述4类中的信息。

**表7-2　　接地选线装置信息**

| 序号 | 信息/部件类型 | | 信息名称 | 告警分类 | 规范要求 | 应用主体 | | | 备 注 |
|---|---|---|---|---|---|---|---|---|---|
| | | | | | | 地调 | 检修 | 集中监管 | |
| 1 | 运行数据 | 接地选线装置 | ××母线 $3U_0$ | — | C | | | √ | |
| 2 | | | ××选线装置自检 | — | B | | √ | √ | 自检代码，需规约转换器予以采集 |
| 3 | | | ××选线装置电流阈值 | — | B | | | √ | 定值参数，需规约转换器予以采集 |
| 4 | | | ××选线装置电压阈值 | — | B | | | √ | 定值参数，需规约转换器予以采集 |
| 5 | | | 录波文件 | — | D | | √ | √ | COMTRADE（GB/T 14598.24—2017）格式的暂态数据[6] |

续表

| 序号 | 信息/部件类型 | | 信息名称 | 告警分类 | 规范要求 | 应用主体 | | | 备注 |
|---|---|---|---|---|---|---|---|---|---|
| | | | | | | 地调 | 检修 | 集中监管 | |
| 6 | | | ××选线装置故障 | 异常 | B | √ | √ | √ | 总信号，站端包含选线装置闭锁/故障/直流消失/失电 |
| 7 | | | ××选线装置异常 | 异常 | B | √ | √ | √ | 总信号 |
| 8 | | | ××选线装置接地告警 | 异常 | B | √ | √ | √ | 总信号 |
| 9 | | | ××母线接地告警 | 异常 | B | √ | | √ | |
| 10 | | | ××母线××线路接地告警 | 异常 | B | √ | √ | √ | 如装置仅提供××母线接地线路序号，可在站端处理成状态量；根据线路数有多个告警 |
| 11 | 告警信息 | 接地选线装置 | ××选线装置通信中断 | 异常 | B | √ | √ | √ | |
| 12 | | | ××选线装置谐振告警 | 异常 | E | √ | | √ | |
| 13 | | | ××选线装置动作失败 | 异常 | E | √ | √ | √ | |
| 14 | | | ××选线装置TV断线告警 | 异常 | E | | √ | √ | |
| 15 | | | ××选线装置接地出口 | 事故 | E | √ | | √ | |
| 16 | | | ××母线××线路接地选线出口 | 事故 | E | √ | | √ | |
| 17 | | | （中电阻信号） | 异常 | E | √ | | √ | 基于中电阻投切的小电流接地系统故障选线装置 |

注 接地选线装置的监控信息均采用调控直采方式上送 EMS，对其按规范的要求分为 5 类：①A 类：国家电网有限公司企业标准要求，如装置不具备，必须进行改造；②B 类：监管系统建设要求，如装置不具备功能要求，未改造装置应列入改造计划进行要求，已改造装置暂不要求；③C 类：EMS 系统要求，如系统能通过其他途径提供，则对装置采集不做要求；④D 类：不强制要求或暂不通过调度数据网传输；⑤E 类：已改造装置上送的未包含在上述 4 类中的信息。

#### 7.1.3.2 规约转换

监管系统针对消弧线圈控制器和接地选线装置这两类设备采集信息。现场的接地选线装置多为近年的产品，一般均支持 CDT、ModBus、IEC 61850 等规约或协议。现场消弧线圈的数据接入能力不容乐观，十几年前的产品并不鲜见，除部分无控制器的消弧线圈需要进行一次设备改造并加装控制器外，仍有很多老产品采用硬接线或私有协议向通信管理机发送数据。对于这部分设备可采用定制开发的装置完成规约转换，但无法保证规约转换完全正确，当原设备厂家因退市不具备技术支持条件时也需要安排对控制器的改造。较新的消弧线圈控制器则基本都支持 CDT、ModBus 等规约，如为满足智能变电站的接入需求，也可以通过加装 IEC 61850 协议板卡的方式予以支持。有条件的现场应尽可能采用软报文的方式接入遥信，避免硬接点接入；但装置故障信号仍应为硬接点信号，确保在设备故障时能送出该信号。

通信管理机主要实现规约转换功能，以及与远动机的通信功能，如图 7-3 所示，但其一般不具备监测装置运行工况信息、运行参数采集功能，以及选线装置暂态数据录波文件的召唤和存储功能。这些功能不仅需要新型设备予以支持，也同时需要消弧线圈控制器及接地选线装置经改造升级后，与其配合实现。

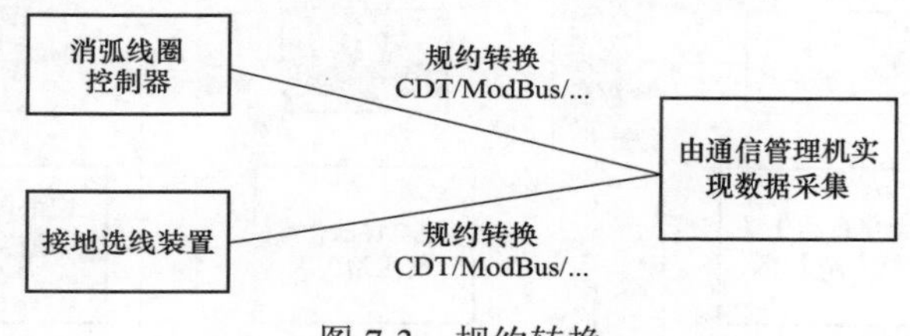


图 7-3 规约转换

这里需要特别说明一下，当仅采用规约转换完成设备的技术改造时，一般变电站内远动设备厂家出于市场因素都要求通信管理机与之相匹配（同厂），但其研发的响应时效性是现场项目实施时需要考虑的重要因素。另外，如采用全新设备解决规约转换等问题，则有电网准入的要求，型式试验、入网检测等必不可少，安全性、稳定性都需要一一考虑。

消弧线圈控制器、接地选线装置的改造工作主要集中在针对规约的软件开发、升级和调试对点上，为满足智能变电站接入要求，需要定义信号的 IEC 61850 模型。

### 7.1.4 数据转发

#### 7.1.4.1 监测数据量

监测数据量的估算结果将影响新增接口服务器的选型，以及对数据传输通道上现有网络设备和业务影响的评估。

尽管一个接地选线装置可监测多段 10kV 母线，但现场一般每段母线都安装一套接地选线装置。消弧线圈的数量也是与母线段数对应的。每台消弧线圈控制器的信息数一般不超过 30 个，每套接地选线装置的信息数一般不超过 50 个。1 个 110kV 变电站一般有 2～3 段 10kV 母线，其消弧线圈控制器、接地选线装置采集的信息一般不超过 200 个。对于拥有 100 座 110kV 变电站的大型城市来说，总的接地信息数据量一般不超过 15000 个。

### 7.1.4.2 数据传输

监管系统的数据转发路径如图 7-4、图 7-5 所示，两种模式下的路径稍有不同。

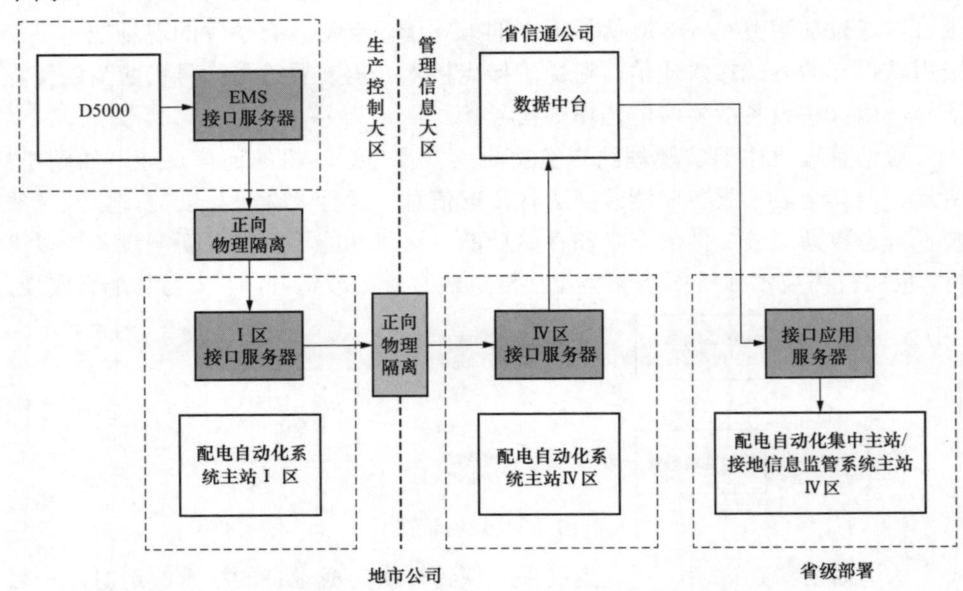


图 7-4 数据转发路径（$N+N$ 模式）

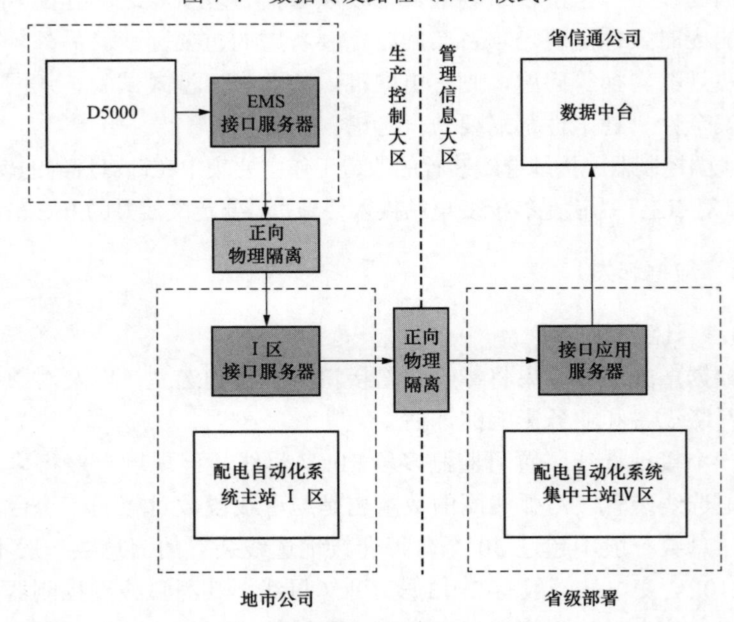


图 7-5 数据转发路径（$N+1$ 模式）

（1）变电站到地调。消弧线圈控制器、接地选线装置信息经通信管理机采集接入变电站内远动机，再经纵向加密认证装置和调度数据网以 IEC 104 规约将采集数据上送地调 EMS，如图 7-6 所示。

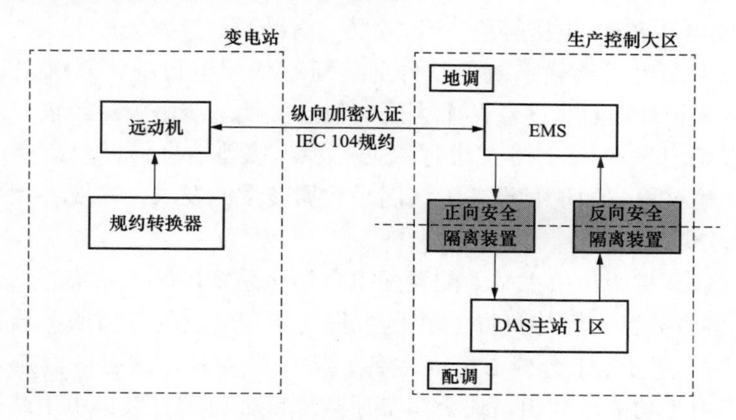


图 7-6 纵向加密认证通道

建设监管系统从变电站向地调传输数据，变电站侧的主要工作是设备改造、软件升级、与地调侧调试对点，地调侧的主要工作是与变电站侧调试对点、数据建模和建库。对于所有一次设备对应的信息，其所属变电站、母线、出线、消弧线圈等模型信息可由系统触发进行关联，接地选线装置则需要在系统里人工建立关联关系。

建模时，应特别关注非固定域信息的建模。如变电站消弧线圈与变压器及母线是否为一对一的对应关系，而选线装置与母线往往存在一对多或多对一的不固定关系；选线装置给出的线路接地告警信号是以量测方式给出发生接地的线路序号，还是以告警方式给出具体线路的接地告警，后者随母线上出线条数的不同而变，在构建信息的表结构时应予以考虑。

以往的设备自检信息均存在本地而未上传，这些信息对于远程判断设备工况尤为重要，建议以状态字的方式采集传递，不同位代表不同的自检信息，4 字节的状态字可表示 32 个不同信息，具体信息对应可在站端进行维护，无需对不同厂家的不同设备做统一格式要求。

（2）地调到配调。地调 EMS 向配调 DAS 进行全数据转发。两系统同处生产控制大区，日常运行中 EMS 经正向安全隔离装置，将变电站内信息（如 10kV 出线开关状态、各相电流等）发送给配电自动化系统 I 区主站。借助该 IEC 104 转发通道进行转发，需事先进行评估和测试是否满足全市范围 110kV 变电站接地信息的转发工作，是否影响原有信息转发等业务。

建设监管系统从地调向配调传输数据，两侧的主要工作是维护转发表。因IEC 104规约无法传递模型信息，配调还需要根据地调的数据模型，人工维护配电自动化系统中的接地信息模型和信息关联关系，此时要求信号命名规范，如“区域.变电站名称_电压等级_一次设备_二次设备.告警名称”。

（3）配调配电自动化系统主站内部。新一代配电自动化系统主站包含生产控制大区和管理信息大区，两个大区的信息交换总线服务器经正、反向安全隔离装置以消息发布/订阅方式进行数据同步。接地信息仍可由此完成从Ⅰ区到Ⅳ区的传输过程。如现有设备无法满足数据转发的要求，需要各侧增加接口服务器进行增容。

（4）配调到省级集中主站。配调配电自动化系统Ⅳ区主站部署1台或2台（主备）接口服务器，可与负责Ⅰ/Ⅳ区数据同步和转发的接口服务器共用；在配电集中主站侧布置1台或2台（主备）接口服务器，该服务器兼做数据存储、分析应用等功能。并由信通公司贯通从地市公司到省级集中主站的Ⅳ区网络通道。

省级集中主站的系统数据库中增加消弧线圈表结构以及接地选线装置相关表域，添加消弧线圈模型，并修改数据库触发机制，触发相应量测信息。由接口服务器定时接收由地市配电自动化系统Ⅳ区接口推送来的E文件[4]形式数据，并进行解析和入库。该接口的时效性为分钟级，相较前序监控系统的时效性有所降低。

E文件可分为断面E文件和变化E文件两类。断面E文件类似传统采集系统通过总召获得的全数据，刷新间隔5～10min为宜。间隔过短会加重服务器负担，造成不必要的资源浪费；过长则易使系统错误判定通道离线。变化E文件则在遥测变化越死区或遥信变位时即时生成。

E文件可以sftp协议传输，断面E文件大小为500～1000kB，变化E文件大小一般不超过1kB，网络通信带宽不低于2Mbit/s即可满足需求。在解析E文件过程中，需要注意数据的完整性，避免E文件尚未传输完毕即开始读取的情形发生。

（5）输变电设备状态监测系统。变电站与地调通信所采用的传统IEC 104规约不支持文件传输功能，配电自动化系统主站与配电终端间通信所采用的IEC 104规约虽已支持文件传输，如对变电站IEC 104规约进行改造，其工作量太大不具可行性。接地选线装置产生的暂态录波文件采用COMTRADE格式存储，单一文件大小通常在数百千字节左右，往往用于接地故障的事后分析，对数据传输实时性要求不高，如经调度数据网传输会对正常的监控业务产生影响。

借助输变电设备状态监测系统传输录波文件。改造选线装置，或通过规约转换器采集、存储录波文件，并经I1[5]接口通过变电站内位于Ⅱ区的综合应用服务器，经正向安全隔离装置、Ⅳ区数据通信网关机、变电I23[5]接口和综合信息网，由输变电设备状态监测系统发往省级监管系统主站。输变电设备状态监测系统的最小数据传输时间间隔为15min，适合油色谱、录波文件等低速多量数据的传输。

（6）数据中台。近年来，省级电力企业陆续建设数据中台是企业进行数字化转型的一个发展趋势，企业数据通过数据中台转化为企业资产为业务提供驱动力。变电站、地调、配调的系统都可以向省级部署的数据中台汇聚数据，包括配电自动化系统在内的系统也同样可以从数据中台获取其他系统的数据，如变电站内设备的运行数据等。进出数据中台的数据都要经过转换和映射，以确保适配各系统的应用。这样既可以使数据保持源端唯一，并保证数据的安全性，也能保证数据共享时的可用和易用。变电站接地信息首先按规范汇集到数据中台是开展应用的前提条件。

此外，一些电力公司建设的变电站主辅设备一体化监测系统，也可作为实现变电站接地信息接入的备选途径。

### 7.1.5　监测分析应用

#### 7.1.5.1　接地信息分类

接地信息按照地调、配调、变电检修等应用主体的不同进行分类，并对告警进行分级，详见表7-1和表7-2。

#### 7.1.5.2　功能应用

（1）地调EMS监视应用。监管系统在地调EMS上的监视应用功能以告警监视为主，告警仅限异常类且与接地故障动作相关的信息。

对应功能包括：

1）接地故障及选线、选相告警功能，该项功能可配置。

2）采集消弧线圈电容电流与实测电容电流比对触发告警。

3）装置工况异常类信息合成总信号告警。

4）监控界面显示按变电站、母线、出线划分的装置对应监测数据。

5）针对监测数据、告警等信息的查询统计功能。

6）图形化展示装置动作情况等统计信息。

7）基于厂站图提供各类监测信息、告警信息以及装置信息等方面的可视化功能。

（2）配调DMS监视应用。配调DMS的配电网运行状态管控功能（Ⅳ区）

包括了接地故障分析和单相接地故障处理功能模块，结合接地故障快速处置信息的接入、变电站出线开关跳闸信息以及馈线模型和单线图可做进一步的故障定位分析和馈线自动化处理。

（3）变电检修管控应用。应用服务器上部署变电检修管控应用，变电检修人员可在远程工作站上以 Web 方式通过 EMS 系统Ⅲ区调阅与装置工况相关的异常类告警信息和装置自检信息。

管控应用实现以下功能：

1）针对装置工况等信息的查询。

2）图形化展示装置在线率、装置故障率等统计信息。

3）装置故障诊断。

4）监测数据与设备台账数据、设备运行检修数据、人工检测数据等进行融合集成展现。

（4）集中 DMS 分析应用。将各地市公司乃至全省电网变电站 10kV 母线上各种类型的消弧线圈、接地选线装置的信息统一接入省级配电自动化集中主站，能够对全省配电网接地故障进行监视，对全省变电站内 10kV 消弧线圈、接地选线装置从设备运行工况、启动情况并围绕设备质量展开集中设备管理。

监管系统在省级集中 DMS 上的分析应用功能包括：

1）按变电站、母线、出线划分，浏览装置对应监测数据。

2）图形化展示装置在线率、动作情况等统计信息，并可做各地市间横向对比，各地市不同时期纵向对比。

3）消弧线圈的补偿情况分析，如电容电流水平、补偿容量不足、补偿挡位不适等。

4）针对监测数据、装置工况等信息的查询统计功能。

5）针对信号频繁动作、长期未复归、装置离线等异常状况的告警提示。

6）装置故障诊断、接地故障劣化趋势预测等高级功能。

7）针对以上信息的报表功能。

## 7.2 中性点经消弧线圈接地系统单相接地故障数据分析

消弧线圈是一种重要的熄弧装置，理论研究和实验结果都表明其熄弧的有效性[7-9]，但是有必要研究在实际中消弧线圈的熄弧性能究竟怎样。弄清楚在实际中经消弧线圈实现自熄弧的比率以及单相接地故障中会引起高倍数过电压的间断性弧光接地的比率，对于选择中性点接地方式具有重要参考价值。弄清楚在实际中经消弧线圈实现熄弧所需要的时间，对于科学设置单相接地保护装置的跳闸延时时间具有重要参考价值。

为了分析消弧线圈的熄弧性能，对某供电公司市区已经完成了单相接地保护改造的 18 座 110kV 变电站的单相接地故障处理记录进行了统计分析。这 18 座变电站的电缆化率均在 80%左右，电容电流在 80～180A，变电站内均配置了自动跟踪型消弧线圈和集中式单相接地选线保护装置，跳闸延时时间设置为 5s。这些变电站都通过了现场系统测试，没有严重缺陷，消弧线圈系统、电压互感器、零序电流互感器和单相接地故障选线保护装置的功能和性能都比较完备，故障处理记录可信度较高。

### 7.2.1　单相接地故障记录数据预处理

实际应用中，大量存在因受到干扰或其他原因造成的虚幻接地或极短瞬间接地现象，为了避免这些因素的影响，在分析中，仅采用那些启动了选线保护装置并选出接地线路的单相接地故障记录。对于跳闸记录，则还要与调度自动化系统和配电自动化系统的跳闸记录等进行核对确认。

单相接地故障一般有两种典型现象：

（1）单次持续接地：是指故障特征（零序电流和零序电压）表现为持续性波形而不存在间断性的单相接地现象，如图 7-7 所示。若故障特征持续时间达到 5s 就会引起跳闸，则被认定为 1 次引起跳闸的单相接地故障，如图 7-7（a）所示（在图中后半部分的录波经过了压缩处理）；若故障特征持续时间未达到 5s 故障现象就消失了（电弧熄灭），而且在随后很长时间再未观察到单相接地的故障现象（即零序电压和零序电流都在正常范围），则被认定为 1 次自熄弧单相接地故障，如图 7-7（b）所示。

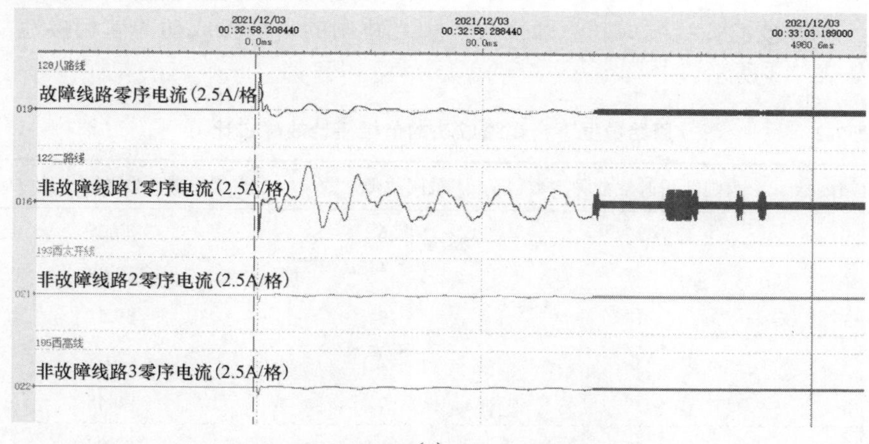


(a)

图 7-7　单次持续性单相接地故障的典型波形（一）

(a) 引起跳闸的单相接地故障

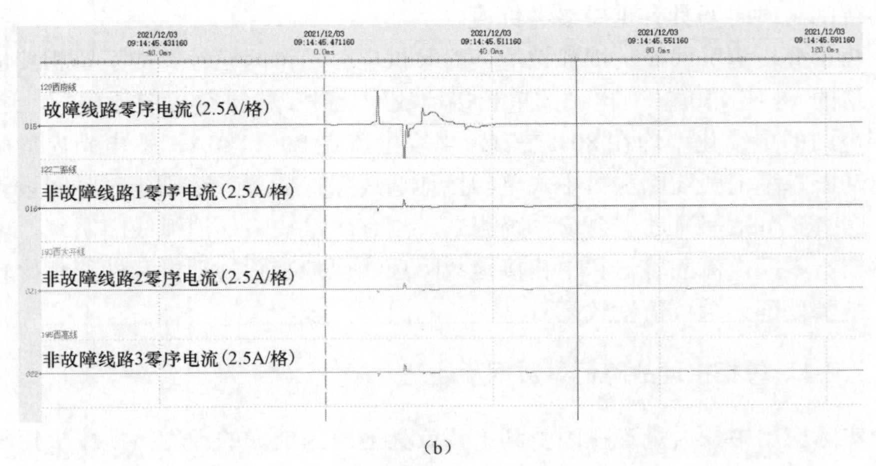


(b)

图 7-7　单次持续性单相接地故障的典型波形（二）

（b）自熄弧成功的单相接地故障

（2）多次间断性接地：是指在一段时间内，故障特征（零序电流和零序电压）表现为间断性波形，且间断间隔时间较短（例如：不超过 1min），而在随后的很长时间再未观察到单相接地的故障现象（即零序电压和零序电流都在正常范围），则将这些间隔时间较短的一组波形当作 1 次单相接地故障，若引起跳闸后才结束故障现象的，则认定为 1 次引起跳闸的单相接地故障；没有引起跳闸、单相接地故障现象自行消失的，则认定为 1 次自熄弧单相接地故障。

### 7.2.2　消弧线圈的熄弧性能分析

根据第 7.2.1 节的分类原则进行统计分析，得出这 18 座变电站单相接地故障中，能够被消弧线圈成功熄弧而没有引起跳闸的自熄弧成功的单相接地故障占比如表 7-3 所示。

表 7-3　原始数据下自熄弧成功的单相接地故障占比

| 变电站编号 | 自熄弧瞬时性故障次数 | 跳闸故障次数 | 自熄弧瞬时性故障占比（%） |
|---|---|---|---|
| 1 | 25 | 6 | 80.65 |
| 2 | 7 | 3 | 70.00 |
| 3 | 16 | 7 | 69.57 |
| 4 | 0 | 2 | 0 |
| 5 | 19 | 2 | 90.48 |
| 6 | 44 | 9 | 83.02 |
| 7 | 0 | 4 | 0 |

续表

| 变电站编号 | 自熄弧瞬时性故障次数 | 跳闸故障次数 | 自熄弧瞬时性故障占比（%） |
|---|---|---|---|
| 8 | 2 | 2 | 50.00 |
| 9 | 9 | 7 | 56.25 |
| 10 | 3 | 3 | 50.00 |
| 11 | 16 | 4 | 80.00 |
| 12 | 21 | 5 | 80.77 |
| 13 | 4 | 1 | 80.00 |
| 14 | 0 | 7 | 0 |
| 15 | 13 | 1 | 92.86 |
| 16 | 18 | 1 | 94.74 |
| 17 | 19 | 1 | 95.00 |
| 18 | 40 | 13 | 75.47 |
| 合计 | 256 | 78 | 76.65 |

由表 7-3 可见，18 座变电站共有 334 次单相接地故障，自熄弧单相接地故障所占比例为 0%～95%不等，18 座变电站的自熄弧单相接地故障占比平均为 76.65%，即引起跳闸的单相接地故障占比平均为 23.35%。

变电站 4、7 和 14 的自熄弧单相接地故障占比均为 0，与其余 15 座变电站的情况显著不同，这除了与故障馈线自身因素有关以外，还与这些变电站改造完成较晚，遇到的单相接地故障记录数量太少有关，分别只有 2、4 和 7 个单相接地故障样本，且变电站 14 的 7 次故障中有 3 次发生在同一条电缆馈线，导致故障的原因相同。

为了进一步提高可信度，排除样本数未超过 10 次的变电站的数据，如表 7-4 所示。

**表 7-4　　排除样本少的变电站后自熄弧成功的单相接地故障占比**

| 变电站编号 | 自熄弧瞬时性故障次数 | 跳闸故障次数 | 自熄弧瞬时性故障占比（%） |
|---|---|---|---|
| 1 | 25 | 6 | 80.65 |
| 3 | 16 | 7 | 69.57 |
| 5 | 19 | 2 | 90.48 |
| 6 | 44 | 9 | 83.02 |
| 9 | 9 | 7 | 56.25 |
| 11 | 16 | 4 | 80.00 |
| 12 | 21 | 5 | 80.77 |
| 15 | 13 | 1 | 92.86 |

续表

| 变电站编号 | 自熄弧瞬时性故障次数 | 跳闸故障次数 | 自熄弧瞬时性故障占比（%） |
|---|---|---|---|
| 16 | 18 | 1 | 94.74 |
| 17 | 19 | 1 | 95.00 |
| 18 | 40 | 13 | 75.47 |
| 合计 | 240 | 56 | 80.72 |

由表 7-4 可见，剩余样本数充足的 11 座变电站共有 296 次单相接地故障，其中自熄弧单相接地故障所占比例为 56.25%～95%，数据一致性大为提高，11 座变电站的自熄弧单相接地故障占比平均为 81.1%，即引起跳闸的单相接地故障占比平均为 19.9%。

### 7.2.3 单次持续接地与间断性弧光接地的占比

相比单次持续接地，间断性弧光接地的危害更大，它不仅会引起高倍过电压，而且不便于单相接地保护装置处理。

基于 11 座故障样本较充足的变电站的单相接地故障记录数据，还可以统计分析出单次持续接地和间断性弧光接地所占的比例，如表 7-5 所示。

**表 7-5　单次持续接地和间断性弧光接地所占的比例**

| 变电站编号 | 间断性弧光接地次数 | 单次持续接地次数 | 间断性弧光接地占比（%） |
|---|---|---|---|
| 1 | 4 | 27 | 14.81 |
| 3 | 4 | 19 | 21.05 |
| 5 | 2 | 19 | 10.53 |
| 6 | 7 | 46 | 15.22 |
| 9 | 2 | 14 | 14.29 |
| 11 | 2 | 18 | 11.11 |
| 12 | 1 | 25 | 4.00 |
| 15 | 1 | 13 | 7.69 |
| 16 | 0 | 19 | 0.00 |
| 17 | 3 | 17 | 17.65 |
| 18 | 3 | 50 | 6.00 |
| 合计 | 29 | 267 | 9.80 |

由表 7-5 可见，故障样本数充足的 11 座变电站共有 296 次单相接地故障，各站间断性弧光接地占比为 0%～21.05%，间断性弧光接地总共 29 次，持续接地总共 267 次，间断性弧光接地平均占比为 9.8%。

### 7.2.4　自熄弧成功的单次故障电弧持续时间

基于 7 座可确定故障持续时间的变电站的单相接地故障记录数据，对单次自熄弧故障中（包含单次持续接地和多次间断性接地中的单次故障）电弧的持续时间进行了统计分析，如表 7-6 所示。

表 7-6　单次自熄弧故障的持续时间统计

| 站号 | 0～1s | 1～2s | 2～3s | 3～4s | >4s |
|---|---|---|---|---|---|
| 1 | 52 | 3 | 6 | 1 | 0 |
| 3 | 66 | 0 | 0 | 0 | 0 |
| 6 | 51 | 11 | 7 | 3 | 0 |
| 9 | 7 | 2 | / | / | 1 |
| 16 | 9 | 4 | 0 | 0 | 8 |
| 17 | 14 | 4 | 0 | 0 | 0 |
| 18 | 30 | 2 | 0 | 1 | 1 |
| 合计 | 229 | 26 | 13 | 5 | 10 |
| 占比（%） | 80.92 | 9.19 | 4.59 | 1.77 | 3.53 |

由表 7-6 可以看出，80.92%的自熄弧故障的熄弧时间在 1s 内。

## 7.3 减少电缆馈线发生单相接地故障的措施

电缆馈线发生单相接地故障主要原因：一是由于电缆馈线绝缘系统问题导致；二是由于其他原因导致电缆馈线绝缘系统问题，例如通信光缆自燃进而引发电缆馈线护套或者主绝缘损伤。因此，减少电缆馈线发生单相接地故障的措施也要从这两个方面考虑：一是通过对电缆馈线进行交接试验、巡检试验、例行试验、带电检测和诊断性试验，确保电缆馈线绝缘系统安全可靠；二是通过对电缆馈线通道进行规范设计，对不符合设计和运维规范的通道采取科学的治理措施，提高电缆馈线通道的防火能力，确保电缆馈线绝缘系统不受其他原因而导致损伤或破坏，进而引发电缆馈线单相接地故障。

### 7.3.1　电缆馈线绝缘系统试验

#### 7.3.1.1　交接试验

电缆馈线交接试验项目包括电缆主绝缘及外护套绝缘电阻测量、主绝缘交流耐压试验、单芯电缆外护套直流耐压试验、电缆两端的相位检查、金属屏蔽（金属套）电阻和导体电阻比、采用交叉互联接地电缆馈线的交叉互联系统试验和局部放电检测试验[10-11]。

（1）一般要求。对电缆的主绝缘进行耐压试验或绝缘电阻测量时，应分别在每一相上进行。对一相进行试验或测量时，其他两相导体和金属屏蔽（金属套）一起接地。试验结束后应对被试电缆进行充分放电。

对金属屏蔽（金属套）一端接地，另一端装有护层电压限制器的单芯电缆主绝缘作耐压试验时，应将护层电压保护器短接，使这一端的电缆金属屏蔽（金属套）临时接地。对于采用交叉互联接地的电缆馈线，应将交叉互联箱作分相短接处理，并将护层电压保护器短接。

（2）主绝缘及外护套绝缘电阻测量。电缆主绝缘电阻测量应采用2500V及以上电压的绝缘电阻表，外护套绝缘电阻测量宜采用1000V绝缘电阻表。耐压试验前后，绝缘电阻应无明显变化。电缆外护套绝缘电阻不低于0.5MΩ·km。

（3）主绝缘交流耐压试验。采用频率范围为20～300Hz的交流电压对电缆馈线进行耐压试验。对于新投运电缆馈线或不超过3年的非新投运电缆馈线，耐压试验电压为2.5倍额定相对地电压，对于非新投运电缆馈线，耐压试验电压为2.0倍额定相对地电压。

（4）外护套直流电压试验。对单芯电缆外护套连同接头外保护层施加10kV直流电压，试验时间1min。为了有效试验，外护套全部外表面应接地良好。

（5）电缆两端的相位检查。检查电缆馈线两端的相位，应与电网的相位一致。

（6）金属屏蔽（金属套）电阻与导体电阻比测量。结合其他连接设备一起，采用双臂电桥或其他方法，测量在相同温度下的回路金属屏蔽（金属套）和导体的直流电阻，并求取金属屏蔽（金属套）和导体电阻比，作为今后监测基础数据。

（7）交叉互联系统试验。交叉互联系统对地绝缘的直流耐压试验：试验时必须事先将护层电压限制器断开，并在互联箱中将另一侧的三段电缆金属套全部接地，使绝缘接头的绝缘环部分也同时进行试验。在每段电缆金属屏蔽（金属套）与地之间施加直流电压10kV，加压时间1min，交叉互联系统对地绝缘部分不应击穿。对于非线性电阻型护层电压限制器来说，氧化锌电阻片施加直流参考电流后测量其压降，即直流参考电压，其值应在产品标准规定的范围之内。将非线性电阻片的全部引线并联在一起与接地的外壳绝缘后，用1000V绝缘电阻表测量引线与外壳之间的绝缘电阻，其值不应小于10MΩ。对于互联箱、护层直接接地箱、护层保护接地箱来说，在完成护层电压限制器试验后进行接触电阻测量，将连接片恢复到正常工作位置后，用双臂电桥测量连接片的接触电阻，其值不应大于 20μΩ；在以上交叉互联系统的试验合格后密封互联箱之前进行连接片连接位置校核，连接位置应正确。如发现连接错误而重新连接后，则必须重测连接片的接触电阻。

（8）局部放电检测试验。对 35kV 及以下电缆馈线，交接试验宜开展局部放电检测。

#### 7.3.1.2 巡检试验

电缆馈线巡检试验包括红外测温和单芯电缆的金属屏蔽（金属套）接地电流测试。

（1）红外测温。应采用红外测温仪或便携式红外热像仪对电缆馈线进行温度检测。检测部位为电缆终端、电缆导体与外部金属连接处以及具备检测条件的电缆接头。电缆馈线红外测温周期为 1 次/年。

电缆导体或金属屏蔽（金属套）与外部金属连接的同部位相间温度差超过 6K 应加强监测，超过 10K，应停电检查；终端本体同部位相间温度差超过 2K 应加强监测，超过 4K 应停电检查。

（2）金属屏蔽（金属套）接地电流测量。采用在线监测装置或钳形电流表对电缆金属屏蔽（金属套）接地电流和负荷电流进行测量。金属屏蔽（金属套）接地电流测试周期为 1 次/年。

单芯电缆馈线接地电流应同时满足以下要求：

1）接地电流绝对值小于 100A；

2）接地电流与负荷电流比值小于 20%，与历史数据比较无明显变化；

3）单相接地电流最大值与最小值的比值小于 3。

#### 7.3.1.3 例行试验

电缆馈线例行试验包括主绝缘及外护套绝缘电阻测试、主绝缘交流耐压试验、接地电阻测试和交叉互联系统试验。主绝缘耐压试验以外的例行试验均在主绝缘耐压试验时电缆馈线停电时开展。

（1）主绝缘及外护套绝缘电阻测量。电缆主绝缘电阻测量应采用 2500V 及以上电压的绝缘电阻表，外护套绝缘电阻测量宜采用 1000V 绝缘电阻表。耐压试验前后，绝缘电阻应无明显变化。电缆外护套绝缘电阻不低于 0.5MΩ·km。主绝缘及外护套绝缘电阻测量应在主绝缘耐压试验项目前后进行，测量值与初值应无明显变化。

（2）主绝缘交流耐压试验。采用频率范围为 20～300Hz 的交流电压对电缆馈线进行耐压试验。对于 10kV 电缆馈线，耐压试验电压为 2 倍额定相对地电压，对于 35kV 电缆馈线，耐压试验电压为 1.6 倍额定相对地电压。主绝缘交流耐压试验在必要时进行，例如更换中间接头后。

（3）接地电阻测试。按照 DL/T 475 规定的接地电阻测试仪对电缆馈线接地装置接地电阻进行测试。电缆馈线接地电阻测试结果应不大于 10Ω。

（4）交叉互联系统试验。按照交接试验中的交叉互联系统试验进行。

#### 7.3.1.4 电缆馈线诊断性试验

电缆馈线诊断性试验分为带电检测和停电检测试验。电缆馈线诊断性带电检测试验包括超声波检测、高频局部放电测试、特高频局部放电测试等，停电检测试验主要包括振荡波局部放电测试等。

（1）超声波局部放电检测。检测目标及环境的温度宜在−10～+40℃范围内，空气相对湿度不宜大于 90%，若在室外不应在有雷、雨、雾、雪的环境下进行检测。超声波局部放电检测设备技术参数应满足测量量程为 0～55dB，分辨率优于 1dB；误差在±1dB 以内。超声波局部放电检测一般通过接触式超声波探头，在电缆终端套管、尾管以及 GIS 外壳等部位进行检测。

（2）高频局部放电检测。检测环境的温度宜在−10～+40℃；空气相对湿度不宜大于 90%，不应在有雷、雨的环境下进行检测；在电缆设备上无各种外部作业；进行检测时应避免其他设备干扰源等带来的影响。

在电缆终端、接头的交叉互联线、接地线等位置安装有高频 TA 传感器或其他类型传感器，当进行局部放电检测时，根据相位图谱特征判断测量信号是否具有较明显的 50Hz 相关性，若具备，说明存在局放，继续如下步骤：

1）排除外界环境干扰，即排除与电缆有直接电气连接的设备（如变压器、GIS 等）或空间的放电干扰；

2）根据各检测部位的幅值大小（即信号衰减特性）初步定位局放部位；

3）根据各检测部位三相信号相位特征，定位局放相别；

4）根据单个脉冲时域波形、相位图谱特征初步判断放电类型；

5）在条件具备时，综合应用超声波局放仪、示波器等仪器进行精确的定位。

（3）超高频局部放电测试。检测目标及环境的温度宜在−10～+40℃范围内；空气相对湿度不宜大于 90%，不应在有雷、雨、雾、雪的环境下进行检测；室内检测避免气体放电灯对检测数据的影响；检测时应避免手机、照相机闪光灯、电焊等无线信号的干扰。超高频局部放电测试主要适用于电缆 GIS 终端的检测，利用超高频传感器从 GIS 电缆终端环氧套管法兰处进行信号耦合，检测前应尽量排除环境的干扰信号。检测中对干扰信号的判别可综合利用超高频法典型干扰图谱、频谱仪和高速示波器等仪器和手段进行。进行局部放电定位时，可采用示波器（采样精度 1GHz 以上）等进行精确定位。首先根据相位图谱特征判断测量信号是否具备较明显的 50Hz 相关性，若具备，继续如下步骤：

1）排除外界环境干扰，将传感器放置于电缆接头上检测信号并与在空气中检测信号进行比较，若一致并且信号较小，则基本可判断为外部干扰；若不一样或变大，则需进一步检测判断；

2）检测相邻间隔的信号，根据各检测间隔的幅值大小（即信号衰减特性）初步定位局放部位。必要时可使用工具把传感器绑置于电缆接头处进行长时间检测，时间不少于 15min，进一步分析峰值图形、放电速率图形和三维检测图形综合判断放电类型；

3）在条件具备时，综合应用超声波局放仪、示波器等仪器进行精确的定位。

（4）振荡波局部放电测试。检测对象及环境的温度宜在−10～+40℃范围内；空气相对湿度不宜大于 90%，不应在有雷、雨、雾、雪的环境下作业；试验端子要保持清洁；避免电焊、气体放电灯等强电磁信号干扰。振荡波局部放电测试适用于 35kV 电缆馈线的停电检测。试验电压应满足：

1）试验电压的波形连续 8 个周期内的电压峰值衰减不应大于 50%；

2）试验电压的频率应介于 20～500Hz；

3）试验电压的波形为连续 2 个半波峰值呈指数规律衰减的近似正弦波；

4）在整个试验过程中，试验电压的测量值应保持在规定电压值的±3%以内。

被测电缆本体及附件应当绝缘良好，存在故障的电缆不能进行测试。被测电缆的两端应与电网的其他设备断开连接，避雷器、电压互感器等附件需要拆除，电缆终端处的三相间需留有足够的安全距离。已投运的交联聚乙烯绝缘电缆最高试验电压为 1.7 倍额定相对地电压，接头局放超过 500pC、本体超过 300pC 应归为异常状态；终端超过 5000pC 时，应在带电情况下采用超声波、红外等手段进行状态监测[12]。

（5）带电检测和停电检测试验技术对比。国网陕西电力多年来持续开展配电电缆诊断性试验工作，结合现场检测工作经验可知，停电检测相比带电检测的优势：一是可以检测整段电缆本体和附件的缺陷，尤其是对于中间接头缺陷的检测效果明显，而带电检测只能检测传感器所在位置的缺陷；二是具备局放缺陷定位功能，可以精确定位局放缺陷位置，一般 1km 长的电缆，其定位精度能达到±5m；三是停电试验加在被测电缆上的激励电压最高达到运行电压的 2 倍，能比带电检测工况下更充分地激发缺陷，从而检测到正常运行尚未完全激发的潜在缺陷；四是综合考虑了不同电压等级下的放电谱图特征，检测数据更加丰富，分析维度更多，从而能够对被测电缆局放特性进行更加系统、全面的评估。从检测效果来说，停电检测效果优于带电检测。

但相比于带电检测，停电检测的缺点为：一是需要将运行电缆停运，降低了供电可靠性；二是施加电压高，现场安全风险高；三是试验要求将电缆悬空加压，需要将电缆头进行拆装，增加电缆头的风险；四是试验时间长，现场手续复杂，配合人员多；五是停电检测数据多维，分析程序复杂，对检测人员的理论知识、现场检测经验、数据分析能力要求更高。

目前，国内 10kV 电缆停电检测工作开展规模远小于带电检测。

### 7.3.2 电缆馈线通道治理措施

#### 7.3.2.1 电缆馈线的敷设方式

常用的敷设方式有电缆隧道、电缆沟、排管、壕沟（直埋）、竖井、桥架、夹层等，各种方式及其特点与选择如下：

（1）电缆隧道和电缆沟。电缆隧道是一种封闭狭长的构筑物，高 1.8m 以上，两侧设有数层敷设电缆的支架，可放置很多电缆，人在隧道内能方便地进行电缆敷设、更换和维修工作。缺点是投资大、耗材多、易积水。

电缆沟为有盖板的沟道，沟宽与深度不足 1m，敷设和维修电缆必须揭开水泥盖板，很不方便，且容易积灰、积水，但施工简单、造价低，走向灵活且能容纳较多电缆。电缆沟有屋内、屋外和厂区 3 种，适于电缆更换机会少的地方。要避免在易积水、积灰的场所使用。

电缆隧道（沟）在进入建筑物（如变、配电所）处，或电缆隧道每隔 100m 处，应设带门的防火隔墙，对电缆沟只设隔墙，以防止电缆发生火灾时烟火向室内蔓延扩大，且可防止小动物进入室内。电缆隧道应尽量采用自然通风，当电缆热损失超过 150～200W/m 时，需考虑机械通风。

（2）电缆排管。电缆敷设在排管中，可以免受机械损伤，并能有效防火，但施工复杂，检修和更换都不方便，散热条件差，需要降低电缆载流量。排管孔眼的选择：电力电缆应大于 100mm；控制电缆应大于 75mm。孔眼电缆占积率为 66%。排管材料的选择：高于地下水位 1m 以上的可用石棉水泥管或混凝土管；对潮湿地区，为防电缆铅层受到化学腐蚀，可用 PVC 管（塑料管）。

（3）壕沟（直埋）。将电缆直接埋在地下，既经济、方便，又可防火，但易受机械损伤、化学腐蚀、电腐蚀，故可靠性差，且检修不便，多用于工业企业中电缆根数不多的地方。

电缆埋深不得小于 700mm，壕沟与建筑物基础间距要大于 600mm。电缆引出地面，为防止机械损伤，应用 2m 长的金属管或保护罩加以保护，电缆不得平行敷设于管道的上方或下面。

（4）电缆竖井。竖井是电缆敷设的垂直通道。竖井多用砖和混凝土砌成，在有大量电缆垂直通过的通道中采用，如发电厂的主控室，高层建筑的层间。竖井在地面或每层楼板处，设有防火门，通常做成封闭式，底部与隧道或沟相连，高层建筑竖井一般位于电梯井道两侧和楼梯走道附近。竖井还可做成钢结构固定式，竖井截面的选择视电缆多少而定，大型竖井截面为 4～5m$^2$，小型竖井为 0.9m×0.5m。

竖井易产生烟囱效应，容易使火势扩大，蔓延成灾。因此，每层楼板都应隔开，穿行管线或电缆孔洞，必须用防火材料封堵。

（5）电缆桥架。电缆架空敷设在桥架上，其优点是无积水问题，避免了与地下管沟交叉相碰，成套产品整齐美观，节约空间，封闭槽架有利于防火、防爆、抗干扰。缺点是耗材多、施工、检修和维护困难，受外界引火源（油、煤粉起火）影响的概率较大。

（6）电缆穿管。电缆一般在出入建筑物，穿过楼板和墙壁，从电缆沟引出地面 2m，地下深 0.25m 内，以及铁路、公路交叉时，均要穿管给予保护。保护管可选用水煤气管，腐蚀性场所可选用 PVC 塑料管。管径要大于电缆外径的 1.5 倍。保护管的弯曲半径不应小于所穿电缆的最小允许弯曲半径。

（7）对电缆头的要求。电缆线路的端部接头，称为电缆头；将两根电缆连接起来的接头，称为电缆中间接头。油浸绝缘电缆两端位差太大时，由于油压的作用，低端将会漏油，电缆铅包甚至会胀裂。为避免此故障的发生，往往要将电缆油路分隔成几段，这种隔断油路的接头，称为电缆中间堵油接头和干包头等。户外型式有户外瓷质盒、铸铁盒、环氧树脂终端头等，塑料电缆全部用干包电缆头。

电缆头是影响电缆绝缘性能的关键部位，最容易成为引火源。因此，确保电缆头的施工质量是极为重要。

电缆头在投入运行前要做耐压试验，测量出的绝缘电阻应与电缆头制作前没有大的差别，其绝缘电阻一般在 50～100MΩ。运行要检查电缆头有无漏油、渗油现象，有无积聚灰尘、放电痕迹等。

（8）其他要求。电缆通道、夹层及管孔等应满足电缆弯曲半径的要求，110（66）kV 及以上电缆的支架应满足电缆蛇形敷设的要求。

中性点非有效接地方式且允许带故障运行的电力电缆线路不应与 110kV 及以上电压等级电缆线路共用隧道、电缆沟、综合管廊电力舱[13]。

#### 7.3.2.2　电缆馈线敷设的一般要求

（1）电缆馈线路径要短，避开场地规划中的施工用地或建设用地，且尽量避免与其他管线（管道、铁路、公路和弱电电缆）交叉。敷设时要顾及已有的或拟建房屋的位置，不使电缆接近易燃易爆物及其他热源，尽可能不使电缆受到各种损坏（机械损伤、化学腐蚀、地下流散电流腐蚀、水土锈蚀、蚁鼠害等）。

（2）不同用途电缆，如工作电缆与备用电缆、动力控制电缆等宜分开敷设，并对其进行防火分隔。

（3）电缆支持点之间的距离、电缆弯曲半径、电缆最高点与低点间的高差等不得超过规定数值，以防止机械损伤。

（4）电缆在电缆沟内、隧道内及明敷时，应将麻包外皮剥去，并应采取防火措施。

（5）交流回路中的单芯电缆应采用无钢铠或非磁性材料护套的电缆，单芯电缆要防止引起附近金属部件发热。

（6）其他要求可参考有关电气设计手册。

#### 7.3.2.3 电缆金属套或屏蔽层接地方式

（1）三芯电缆线路的金属屏蔽层和铠装层应在电缆线路两端直接接地。当三芯电缆具有塑料内衬层或隔离层时，金属屏蔽层和铠装层宜分别引出接地线，且两者之间宜采取绝缘措施。

（2）单芯电缆金属屏蔽（金属套）在线路上至少有一点直接接地，任一点非直接接地处的正常感应电压应满足以下条件：

1）采取能防止人员任意接触金属屏蔽（金属套）的安全措施时，满载情况下不得大于300V。

2）未采取能防止人员任意接触金属屏蔽（金属套）的安全措施时，满载情况下不得大于50V。

（3）单芯电缆线路的金属屏蔽（金属套）接地方式的选择应满足以下条件：

1）线路不长且符合感应电压规定要求时，可采取在线路一端直接接地，而在另一端经过电缆护层电压限制器接地方式。

2）线路稍长一端接地不能满足感应电压要求时，可采取中间部位单点直接接地，而在两端经过电缆护层电压限制器接地方式。

3）线路较长，中间一点接地方式不能满足感应电压规定要求时，宜采用绝缘接头或实施电缆金属层的绝缘将电缆的金属套和绝缘屏蔽均匀分割成三段或三的倍数段，采用交叉互联接地方式。

4）水底电缆线路可采取线路两端直接接地，或两端直接接地的同时，沿线多点直接接地。

（4）单芯电缆采用金属层一端直接接地方式时，系统短路时电缆金属层产生的工频感应电压，超过电缆护层绝缘耐受强度或电压限制器的工频耐压，或需抑制邻近弱电线路的电气干扰强度时，应沿电缆设置回流线。

（5）回流线的选择与设备应满足以下条件：

1）回流线的阻抗及两端接地电阻，应达到抑制电缆金属层工频感应过电压，并应使其界面满足最大暂态电缆作用下的热稳定要求。

2）回流线的排列配置方式，应保证电缆运行时在回流线上产生的损耗最小；电缆线路任一终端在发电厂、变电站时，回流线应与电源中性线接地的接地网连通。

（6）电缆金属屏蔽层电压限制器的特性应满足以下条件：

1）在系统可能的大冲击电流作用下的残压，不得大于电缆护层冲击耐受电压的$1/\sqrt{2}$。

2）在最大工频过电压 5s 作用下，电缆护层电压限制器能够耐受；在最大冲击电流累积 20 次作用下，电缆护层电压限制器不被损坏。

3）电缆护层电压限制器的残压比一般选择在 2.0～3.0。

（7）电缆护层电压限制器与电缆金属套的连接线应满足以下条件：

1）连接线应尽可能短，3m 之内可采用单芯塑料绝缘线，3m 以上宜采用同轴电缆。

2）连接线的绝缘水平不得小于电缆外护套的绝缘水平。

3）连接线截面应满足系统单相短路电流通过时的热稳定要求[14]。

#### 7.3.2.4 电缆馈线敷设的防火要求

电缆火灾通常由电缆绝缘损坏、电缆头故障引发绝缘物自燃、堆积在电缆上的粉尘自燃、电焊火花引燃易燃品、充油电气设备故障时喷油起火和电缆遇高温起火并蔓延等原因引起。此外，锅炉防爆门爆破，或锅炉焦块也可引燃电缆。

电缆着火延燃的同时，往往伴随产生大量有毒烟雾，因扑救困难，事故容易蔓延扩大，导致损失严重，因此电缆的设计及敷设应满足一定的安全要求：

（1）所有的城市电力电缆线路工程均应有电缆防火设计内容，并符合相关设计规程规范。

（2）敷设在电缆防火重要部位的电力电缆，敷设在变、配电站及发电厂电缆通道或夹层内，自终端起到站外第一只接头的一段电缆，均宜选用阻燃电缆[14]。

（3）远离热源和火源。电缆道沟尽可能远离蒸汽及油管道，其最小允许距离如表 7-7 所示。当现场实际距离小于最小允许距离时，应在接近或交叉段前后 1m 处采取措施。可燃气体或可燃液体管沟，不应敷设电缆。若敷设在热力管沟中，应采取隔热措施。在具有爆炸和火灾危险的环境不应明敷电缆。

表 7-7　　　　电缆与管道最小允许距离　　　　单位：mm

| 名称 | 电力电缆 | | 控制电缆 | |
|---|---|---|---|---|
| | 平行 | 垂直 | 平行 | 垂直 |
| 蒸汽管道 | 1000 | 500 | 500 | 250 |
| 一般管道 | 500 | 300 | 500 | 250 |

（4）隔离易燃易爆物。在容易受到外界着火影响的电缆区段，架空电缆应采用防火槽盒、涂刷阻燃材料等，以防止火灾蔓延，或埋地、穿管敷设电缆。对处于充油电气设备（如高压电流、电压互感器）附近的电缆沟，应密封好。

（5）封堵电缆孔洞。为有效防止电缆因短路或外界火源造成电缆引燃或沿电缆延燃，应对电缆及其构筑物采取防火封堵分割措施；电缆穿越楼板、墙壁或盘柜孔洞以及管道两端时，必须用耐火材料（如防火堵料、防火包和防火网）严密封堵，其中防火包和防火网主要应用在既要求防火又要求通风的地方。绝不允许用木板等易燃物品承托或封堵，以防止电缆火灾向非火灾区蔓延。防火封堵材料应密实无气孔，封堵材料厚度不应小于100mm。防火封堵部位应便于增补或更换电缆，紧贴电缆部位宜采用柔性防火材料。[15]

（6）防火分隔。对电缆着火易导致严重事故的回路，易受外部影响波及火灾的电缆敷设场所，以及按照国家电网有限公司有关规定的一级、二级电缆通道内，以及在电缆隧道、电缆沟及托架部位，如不同厂房或车间交界处，进入室内，不同电压配电装置交界处，不同机组及主变压器的电缆连接处，隧道与主控室、集控室、网控室接连处，应有适当的阻火分隔，并按工程的重要性、火灾概率及其特点和经济合理等因素，采取安全措施。阻火分隔封堵应满足以下条件：

1）在电缆竖井穿越楼板处、竖井和隧道或电缆沟（桥架）接口处，应采用阻火包等材料封堵。

2）阻火分隔包括设置防火门、防火墙、耐火隔板与封闭式耐火槽盒。防火门和防火墙用于电缆隧道、电缆沟、电缆桥架以及上述通道分支处及出入口。耐火隔板用于电缆竖井和电缆层中电缆分割。防火墙和耐火隔板的间隔距离应符合表 7-8 的规定[14]。

表 7-8　　　　防火墙和耐火隔板的间隔距离　　　　单位：m

| 名称 | 地点 | | 间隔 |
|---|---|---|---|
| 防火墙 | 电缆隧道 | 电厂、变电站内 | 100 |
| | | 电厂、变电站外 | 200 |

续表

| 名称 | 地点 | | 间隔 |
|---|---|---|---|
| 防火墙 | 电缆沟、电缆桥架 | 电厂、变电站内 | 100 |
| | | 厂区内 | 100 |
| | | 厂区外 | 200 |
| 防火隔板 | 竖井 | 上、下层间距 | 7 |

防火隔墙由矿渣充填密实而成，其两侧1.5m长的电缆涂有防火涂料，一般需涂刷4～6次，隔墙两侧还装有2mm×800mm的防火隔板（厚2mm的钢板），用螺栓固定在电缆支架上，电缆沟阻火墙与隧道隔墙的做法相同，且都要考虑排水问题，但阻火墙两侧无须设置隔板和涂刷防火涂料。在电缆竖井中可用阻火夹层分隔，阻火夹层上下用耐火板，中间一层用矿棉半硬板，耐火板在穿过电缆处按电缆外径锯成条状孔，铺好后用散装泡沫矿棉充填缝隙，夹层上下1m处用防火涂料刷电缆及支架3次，人孔用可移动防火板铰链带及活动盖板予以密封。为防止架空电缆着火延燃，沿架空电缆线路可设置阻火段，对电缆中间接头应设置防火段。

（7）防止电缆因故障自燃。对电缆建筑物要防止积灰、积水；确保电缆头的工艺质量，对集中的电缆头要用耐火板隔开，并对电缆头附近电缆刷防火涂料；高温处选用耐热电缆，对消防用电缆作耐火处理；加强通风，控制隧道温度，明敷电缆不得带麻被层。

（8）设置自动报警与灭火装置。

1）在隧道、夹层和竖井等几种电缆敷设环境中，如未全部采用阻燃电缆，可加设监控报警和固定灭火装置，将火灾事故限制在最小范围，尽量减小事故损失。

2）电缆隧道在每一个阻火分隔区内宜设置温度过高和火情监测器，在隧道内发生异常情况时，应能及时把信息发送至值班室；由温度过高监测器发出的信号应自动启动进、排风机，由火情监测器发出的信号应自动关闭进、排风机和进、排风孔。

3）在电缆进出线特别集中的隧道、电缆夹层和竖井中，可加设湿式自动喷水灭火、水喷雾灭火或气体灭火等固定灭火装置。

（9）火力发电厂电缆线路敷设的防火要求。对于容量在300MW及以上机组的主厂房、运煤、燃油及其他易燃易爆场所宜选用C类阻燃电缆。

1）防火封堵要求。建筑物中电缆引至电气柜、盘或控制屏、台的开孔部位，电缆贯穿隔墙、楼板的空洞应采用电缆防火封堵材料进行封堵，其防火封堵组件的耐火极限不应低于被贯穿物的耐火极限，且不应低于 1h。防火墙上的电缆孔洞应采用电缆防火封堵材料进行封堵，并应采取防止火焰延燃的措施，其防火封堵组件的耐火极限应为 3h。靠近带油设备的电缆沟盖板应密封。

2）电缆井道的防火要求。在电缆竖井中，每间隔约 7m 宜设置防火封堵。在电缆隧道或电缆沟中的下列部位，应设置防火墙：①单机容量为 100MW 及以上的发电厂，对应于厂用母线分段处；②单机容量为 100MW 及以下的发电厂，对应于全厂一半容量的厂用配电装置划分处；③公用主隧道或电缆沟内引接的分支处；④电缆沟内每间隔 100m 处；⑤通向建筑物的入口处；⑥厂区围墙处。

3）架空线路的防火要求。当电缆采用架空线路敷设时，应在下列部位设置阻火措施：①贯穿汽轮机房、锅炉房和集中控制楼之间的隔墙处；②贯穿汽轮机房、锅炉房和集中控制楼外墙处；③架空敷设每间距 100m 处；④2 台机组连接处；⑤电缆桥架分支处。

4）电缆明敷时的防火要求。当电缆明敷时，在电缆中间接头两侧各 2～3m 长的区段，以及沿该电缆并行敷设的其他电缆同一长度范围内，应采取防火措施。

对明敷的 35kV 以上的高压电缆，应采取防止着火延燃的措施，并应符合下列规定：①单机容量大于 200MW 时，全部主电源回路的电缆不宜明敷在同一条电缆通道中，当不能满足上述要求时，应对部分主电源回路的电缆采取防火措施；②充油电缆的供油系统，宜设置火灾自动报警和闭锁装置。

5）供电回路的防火要求。主厂房到网络控制楼、主控制楼的每条电缆隧道或沟道所容纳的电缆回路，应满足下列规定：①电机容量为 200MW 及以上时，不应超过 1 台机组的电缆；②电机容量为 100MW 及以上且 200MW 以下时，不宜超过 2 台机组的电缆；③电机容量为 100MW 及以下时，不宜超过 3 台以下机组的电缆。

当不能满足上述要求时，应采取防火分隔措施。

对直流电源、应急照明、双重化保护装置、水泵房、化学水处理及运煤系统公用重要回路的双回路电缆，宜将双回路分别布置在两个相互独立或有防火分隔的通道中，当不能满足上述要求时，应对其中一回路采取防火措施。

（10）大型文艺演出场所线路敷设的防火要求。作为大型文艺演出场所，常会临时搭建配电箱，其防火应当得到足够的重视。作为室内临时配电箱应固定牢固，各回路断路器和保护电器应设置在封闭的金属配电箱内。而室外配电箱应有相应的防雨雪措施，进出线口应设置在箱体的下方。配电箱接地线应牢固可靠，完好无损。在配电箱附近不得堆放可燃物及其他杂物。其线路敷设应满足以下要求：

1）线路沿建筑物敷设时应固定牢固，防止导线直接承受拉力。

2）室内临时线路应使用橡胶绝缘软线，导线在横穿通道地面处应有防机械损伤措施。

3）多根橡胶绝缘软线不宜盘绕在一起放置，否则应采取通风散热措施。

4）导线的连接触点均应使用插接件或专用连接器连接。

5）必须有放置导线的连接触点直接承受拉力的措施。

6）一般情况下，中性线截面积应与相线截面积相等。当有晶闸管调节光照装置时，中性线截面积不应小于相线截面积的 2 倍。

（11）公共娱乐场所线路敷设的防火要求。公共娱乐场所作为人员聚集的场所，其执行更加严格的线路敷设要求：

1）线路敷设应采用铜芯绝缘导线，其最小截面积不应小于 $1.5mm^2$。

2）室内的配电线路宜穿管暗敷在墙内；当明敷时，所有配电线路必须穿金属管（槽）保护，导线不得外露；横穿通道地面的导线应采取固定的机械保护措施。

3）在可燃物装饰夹层内的暗敷配电线路，应穿金属管保护；若受条件限制不能穿金属管时，可穿金属软管保护，其长度不应大于 2.0m，导线不得裸露。

4）严禁擅自拉接临时电气线路。

5）导线穿越可燃物装饰材料时，应采用玻璃棉、石棉等非燃材料做隔热保护。

6）移动式灯具的电源线，应当采用橡胶绝缘软线，其长度不宜大于 2m。

7）灯具、开关、插座、吊扇、壁扇等电器安装处应设接线盒，导线的街头应在盒内压接。

8）建筑物吊顶部位的灯槽布线应等同于闷顶内布线。当有可燃物时必须穿金属管保护。若受条件限制局部不能穿金属管时，可穿金属软管保护，导线不得裸露。无可燃物时可穿难燃型刚性塑料管保护。

（12）施工场地线路敷设的防火要求。施工场地的线路敷设应满足以下要求：

1）使用场地架空线路的电线杆应避开易受碰撞、易受雨水冲刷，避开热力管道和交通车辆频繁的场所，安装时应尽量减小导线连接端子承受的拉力。

2）应采用电缆或绝缘导线。

3）电缆敷设的路径应尽量避免与行车道交叉，交叉时必须套以钢管作机械保护。

4）工棚内的电气线路，除橡胶软电缆和护套线外，均应固定在绝缘子上，穿墙时应套绝缘管。

5）电气线路不得接触潮湿地面，不得靠近热源，不得直接绑挂在金属构架上，须加绝缘子固定，防止其晃动。

6）在竹木脚手架上敷设线路时应采用绝缘子固定，在金属脚手架上敷设线路时，应采用木横担和绝缘子固定。

7）移动电缆应采用铜芯重型橡胶电缆。

#### 7.3.2.5　电缆馈线防火阻燃材料

国内外防止电线电缆着火延燃的主要方法是应用各类防火阻燃材料提高电缆绝缘的引燃温度，降低引燃敏感性、火焰沿表面燃烧速率，提高阻止火焰传播的能力。

（1）阻燃电线电缆。具有阻燃性能的 PVC 绝缘和护套电线电缆，耐温有 70、90、105℃，氧指数大于 32。阻燃型电线电缆不易着火或着火后不延燃，离开火源可以自熄。但阻燃材料作导体的绝缘有一定的局限性，它仅适用于有阻燃要求的场所。

铜芯铜套氧化镁绝缘电缆，缆芯为铜芯，绝缘物为氧化镁，护套为无缝铜管。适用于特别重要的一级负荷，如消防控制室、消防电梯、消防泵、应急发电机等电源线，应积极推广铜护套铜芯氧化镁绝缘防火电缆（简称为 MI 电缆）。MI 电缆和耐火母线槽是预防高层、超高层民用建筑火灾的重要措施之一。MI 电缆价格比阻燃电缆价格更高，敷设方式均为明装敷设。其特点如下：

1）防火、耐火、耐高湿温。铜护套、铜芯线的熔点为 1083℃，氧化镁粉绝缘材料在 2200℃高温下不熔化，有很强的防火、耐火性能，且在 250℃的高温环境中可长期安全工作。

2）无烟、无毒。有利于人员疏散，更有利于消防人员扑救。

3）防火、防水、耐腐蚀性能高。氧化镁绝缘材料被紧密地挤压在铜护套与铜芯之间，MI 电缆的部件全部为螺纹连接，任何气体、火焰都无法进入设备和电缆内，铜护套由无缝铜管制成，具有良好的防腐性能。

4）无辐射、无涡流，过载能力强。铜护套有很高的防磁、防辐射性能，单芯电缆无涡流效应。可作为与相同截面电气设备的配电干线。

5）机械强度高、外径小、使用寿命长。MI 电缆的铜护套，在机械撞击和外力作用下不会损坏，确保电气和绝缘性能指标，而且铜护套外径比其他阻燃、耐火电缆要小。MI 电缆在火烤后，氧化镁无机绝缘材料不会降低电气和绝缘性能，仍可继续使用，无须更换。

6）安全可靠性高。MI 电缆的铜护套是很好的 PE 接地线，能够确保人身安全和设备的安全运行。

7）使用灵活方便。在民用建筑的配电线路中，只要满足敷设高度在 2.5m 以上，MI 电缆可直接敷设在天棚内，无需金属封闭线槽保护。

（2）膨胀型防火涂料。涂覆于电缆表面的膨胀型防火涂层，当受到火星或火种作用时，很难被引燃；当受到高温或明火作用时，涂层中部分物质因热分解，高速产生不燃气体（如 $CO_2$ 和水蒸气），使涂层薄膜发泡，形成致密的炭化泡沫。该泡沫具有排除氧气和对电缆基材的隔热作用，从而阻止了热量传递，防止火焰直接烧到电缆，推迟了电缆着火时间，在一定条件下还可将火阻熄。

防火涂料应用于电缆，可采用全涂、局部涂覆或局部长距离大面积涂覆形式。为保证发生火灾时消防电源及控制回路能够正常供电和控制操作，消防水泵和事故照明线路、高层建筑内的报警回路和消防联动系统的控制回路应沿电缆全线涂膨胀型防火涂料。局部涂覆是为增大隔火距离，防止窜燃，在阻火墙一侧或两侧，根据电缆的数量、型号的不同，分别涂 0.5～1.5m 长的涂料。局部长距离大面积涂覆是指对邻近易着火电缆部位涂覆。

膨胀型防火涂料的涂覆厚度，根据不同场所、不同环境、电缆数量及其重要性，可适当增减，一般以 1.0mm 左右为宜，最少 0.7mm，多则 1.2mm。涂覆比为 1～2kg/$m^2$。涂覆方式可由具体施工环境及条件而定。可人工刷涂，也可用喷枪喷涂。

防火涂料不但对于电缆能起到防火保护作用，对一些重要场所，对配电间、控制室、计算机房的门、墙、窗，公用建筑的平面等处，亦可涂以防火涂料，以达到防火与装饰美化环境的双重效应。建筑平面上涂刷厚度以 0.5～1.0mm 为宜，其耗重为 0.75～1.0kg/$m^2$。

（3）密集型母线槽。当负荷密度达 70W/$m^2$ 时，20 层及以上的高层民用建筑配电线路，宜选用密集型母线槽，密集型母线槽体积小、结构紧凑、传输电流大，并能很方便地通过母线槽插接式开关箱引出电源分支线。因此，具有较高的电气及机械性能，外壳接地好、安全可靠、防火性能好。密集型母线槽的敷设必须现场实测，线槽的安装长度精确度要求较高，母线槽的插接式开关箱的高度也应根据设计确定。密集型母线槽的分类如下：

1）普通密集型母线槽。采用国内热缩套管精细加工组装，绝缘性能可靠，寿命可达 20 年，免维护，但不阻燃，该母线槽可作为普通多层民用建筑的大负荷机电设备的配电干线。

2）阻燃密集型母线槽。铜母线排上采用聚四氟乙烯薄膜缠绕 3 层，工频耐压可达 3750V，采用进口 paychem 热缩套管或国产热收缩套管作为护套，各相母线间采用阻燃绝缘薄板隔离，氧指数达 32 以上；

3）耐火母线槽。设有特殊耐火性能的缠包云母带（绝缘性能高且不自燃的特殊环氧树脂粉喷涂在母排上），附件为耐火绝缘件。在母线连接头、插接箱、母线槽壳体等部位经特殊设计加工，具有符合耐火标准的耐火性能。消防泵、消防电梯、应急发电机等低压配电干线应选用耐火型密集母线槽，保证在火灾时有电源的供应，以便火灾的扑救。

（4）耐火隔板。耐火隔板由难燃玻璃纤维增强塑料制成，隔板两面涂覆防火涂料，具有耐火隔热性能。耐火隔板可用来对敷设电缆的层间作防火分隔，防止在电缆群中，因部分电缆着火而波及其他层，缩小着火范围，减缓燃烧强度，防止火灾蔓延。

（5）防火堵料。防火堵料主要用来对建筑物的电缆贯穿孔洞进行封堵，从而抑制火势向邻室蔓延。

（6）防火包。防火包形似枕头状，内部填充无机物纤维、不自燃和不溶于水的扩张成分，以及特殊耐热添加剂，外部由玻璃纤维编织物包装而成。防火包主要应用在电缆和管道穿越墙体或楼板贯穿孔洞的封堵，阻止电缆着火后向邻室蔓延。用防火包构成的封堵层，耐火极限可达3h以上。

（7）防火网。防火网是以钢丝网为基材，表面涂刷防火涂料而成。防火网适用于既要求通风，又要求防火的地方。其特点是可保证平时能充分通风，若安装在槽盒端口，则可制成通风型槽盒，有利于提高槽盒内敷设电缆的载流量。以防火网为基材可做防火门。防火网遇明火时，网上的防火涂料即刻膨胀发泡，网孔被致密泡沫炭化层封闭，从而可阻止火焰穿透和蔓延。

## 本章参考文献

[1] 刘健，张志华. 配电网故障自动处理［M］. 北京：中国电力出版社，2020.

[2] 国家电网有限公司. 国网运检部关于做好“十三五”配电自动化建设应用工作的通知（运检三〔2017〕6号）［Z］. 北京：国家电网有限公司，2017.

[3] 国家电网有限公司. 变电站设备监控信息规范：Q/GDW 11398—2020［S］. 北京：国家电网有限公司，2020.

[4] 国家电网有限公司. 电力系统数据标记语言——E语言规范：Q/GDW 215—2008［S］. 北京：国家电网有限公司，2008.

[5] 国家能源局. 智能变电站状态监测系统站内接口规范：DL/T 1890—2018［S］. 北京：中国电力出版社，2018.

[6] 国家质量监督检验检疫总局、国家标准化管理委员会. 量度继电器和保护装置　第24部分：电力系统暂态数据交换（COMTRADE）通用格式：GB/T 14598.24—2017［S］. 北

京：中国标准出版社，2017.

[7] 要焕年，曹梅月．电力系统谐振接地 [M]．2 版．北京：中国电力出版社，2009：34-36.

[8] 郭丽伟，薛永端，徐丙垠，等．中性点接地方式对供电可靠性的影响分析 [J]．电网技术，2015，39（8）：2340-2345.

[9] 贾晨曦，杨龙月，杜贵府．全电流补偿消弧线圈关键技术综述 [J]．电力系统保护与控制，2015，43（9）：145-154.

[10] 国家电网有限公司．配电电缆线路试验规程：Q/GDW 11838—2018 [S]．北京：国家电网有限公司，2018.

[11] 国家电网有限公司．高压电缆线路试验规程：Q/GDW 11316—2018 [S]．北京：国家电网有限公司，2018.

[12] 国家能源局．6kV～35kV 电缆振荡波局部放电测试方法：DL/T 1576—2016 [S]．北京：中国电力出版社，2016.

[13] 国家电网有限公司．国家电网有限公司十八项电网重大反事故措施（修订版）（国家电网设备〔2018〕979 号）[Z]．北京：国家电网有限公司，2018.

[14] 国家能源局．城市电力电缆线路设计技术规定：DL/T 5221—2016 [S]．北京：中国电力出版社，2016.

[15] 中华人民共和国住房和城乡建设部．电气装置安装工程 电缆线路施工及验收标准：GB 50168—2018 [S]．北京：中国计划出版社，2018.

第8章

# 小电阻接地系统单相接地故障处理

近几年，北京、上海、广州、深圳、珠海等地的城市配电网采用了中性点经小电阻接地方式，小电阻接地在国外一些地区的配电网已有较长的应用历史，它是一种成熟的技术。通过在变压器中性点（或借用接地变压器引出中性点）串接电阻器，将间歇性弧光过电压中的电磁能量泄放，从而减慢故障相恢复电压上升速度，降低电弧重燃的可能性，抑制电网过电压的幅值，实现选择性的接地保护。

## 8.1 小电阻接地系统改造及运行基本要求

在小电阻接地系统的改造中，需要遵循以下几点：

（1）注意核实配电线路电缆化率[1-2]。原则上，对于电缆化率不高（如低于85%～90%）的区域，不宜采用小电阻接地方式，主要考虑以下两方面问题：一是架空部分比例高会增加线路故障率，导致跳闸次数增多，供电可靠性降低；二是架空线路部分容易引发高阻接地故障，零序过流保护有可能难以切除。

（2）统筹考虑站内外改造工作。除变电站内出线应完善零序TA配置和零序过流保护外，配电网线路沿线均需加装各级零序TA和零序保护，用以实现逐级故障隔离，有效减少故障影响范围，并同步开展配电变压器接地改造工作（具体内容在本章8.3节论述）。应尽量做到用户、分支、变电站出线三级配合，且配合级数不应过大，一般不宜超过三级，以免延长电源侧保护的动作时间。

对中性点经小电阻接地的系统发生单相接地时，依靠零序保护能迅速切除故障。零序保护可采用一段式过流或二段式过流保护。零序保护动作电流应避开被保护线路的单相接地电容电流，而零序过流保护定值也不宜过大，以保证线路经电阻接地故障时的灵敏度。

（3）分片区整体实施小电阻接地改造[3]。尽量避免消弧线圈与小电阻接地方式交叉混联，不增加配电网运行管理的难度，Q/GDW 10370—2016《配电网技术导则》在 5.8.4 中规定：同一规划区域内宜采用相同的中性点接地方式，以利于负荷转供；在 5.8.8 中规定，消弧线圈改小电阻接地方式，需结合区域规划成片改造。

关于中性点小电阻装置及接地变压器的选择和应用，应遵循以下几点[4]：

1）小电阻阻值的选取。接地电阻装置的电阻值选择应综合考虑继电保护技术要求，故障电流对电气设备、通信、人身安全和系统供电可靠性等方面的影响。从降低过电压和电网发展的角度出发，电阻器的阻值要保证接地电阻的阻性电流是容性电流的 2～2.5 倍，以限制过电压值不超过 2.6 倍（研究表明，进一步减少电阻值，提高电阻接地电流对降低过电压收效不大）。

中性点电阻典型值及热稳定电流可选择如下：

a）电阻值：15Ω；热稳定电流：400A、10s；

b）电阻值：10Ω；热稳定电流：600A、10s；

c）电阻值：5.7Ω；热稳定电流：1000A、10s。

2）接地变压器的接线方式。小电阻接地方式下，接地变压器有两种典型接线形式：一是通过断路器连接在母线上；二是不通过断路器直接连在主变压器的低压引线，但不能采用熔断器连接，以避免一相熔断器熔断后，电阻器长期运行过热烧毁。

主变压器低压侧带单一母线时，接地变压器推荐采用第一种接线方式，即通过专用断路器连接母线，此时应将接地变压器与站用变压器分开设置。

当接地变压器接在主变压器相应侧引线时，不应兼作站用变压器功能。

小电阻接地系统用接地变压器不兼作站用变压器时，容量按接地故障时流过接地变压器电流对应容量的十分之一选取；兼作站用变压器时，接地变压器容量应按接地故障时流过接地变压器电流对应容量的十分之一加上站用变压器容量之和。

3）小电阻接地方式下的运行原则[5-7]。小电阻接地系统必须且只能有一个中性点接地运行，当接地变压器或中性点电阻失去时，主变压器的同级断路器必须同时断开。

正常运行情况下，低电阻接地系统的主变压器低压侧应分列运行，不允许几个低电阻接地系统并列运行，以免造成接地电流过大，引起设备损坏和保护失去选择性。

当 1 台主变压器带多段母线并列运行时，应将主变压器所在母线上的接地变压器保持运行，其余母线上接地变压器应退出运行。

关于小电阻接地方式下零序电流互感器的选用，需遵循以下几点原则：

1）小电阻接地系统每路出线的零序电流互感器具有良好的伏安特性；不允

许采用三相电流互感器合成的方式获取零序电流，以防止三相电流互感器出现不同程度的饱和或由于特性不一致使零序保护误动作。

2）高压室内所有开关间隔均应配备零序电流互感器，新建和扩建工程应采用闭合式零序电流互感器，改造工程条件允许时宜选用闭合式零序电流互感器。

3）电缆馈线零序电流互感器施工时，要特别注意电缆屏蔽层接地线的正确性，从零序电流互感器上端引出的电缆屏蔽层接地线应穿回零序电流互感器接地。

4）零序电流互感器二次额定电流选取应与保护装置采样板卡匹配。零序TA的变比可选为150/1、150/5、100/1、100/5，准确级10P5或更高，对于二次额定电流为1A的零序TA要求容量不小于2.5VA，对于二次额定电流为5A的零序TA要求容量不小于5VA。

## 8.2 小电阻接地系统零序过流保护配置原则及典型配合方案

### 8.2.1 小电阻接地系统零序过流保护配合原理

（1）定时限零序过流保护。对于中性点经电阻接地的配电网，发生单相接地后故障电流较大，因此必须快速切除故障线路。接地故障发生后由于三相系统不再对称，会出现较大的零序电流，据此可以采用零序电流保护实现线路单相接地区段的故障切除。

与相间短路故障的三段式电流保护相比较，零序电流保护的灵敏度更高，因为前者需要和重负荷电流相区别，而后者则无此问题。由于零序网架结构相对稳定，所以零序电流保护受系统运行方式的影响相对较小。

但实际小电阻接地系统中，由于配电线路零序阻抗通常远小于中性点电阻值，单相接地故障零序电流值主要受中性点小电阻和接地过渡电阻的影响，而与故障具体位置关系不大，这也决定了小电阻接地系统中零序电流Ⅰ段和Ⅱ段保护的电流定值配合困难，难以兼顾灵敏度和选择性的要求，通常在小电阻接地系统中，各个保护一般只配置零序电流Ⅲ段保护，而不配置零序电流Ⅰ段和Ⅱ段保护，通过时间级差配合方式，实现多级零序过流保护配合。

零序电流Ⅲ段保护的整定值$I_{set,III}$要求躲过区外单相接地故障时可能流过保护安装处的最大零序电流：

$$I_{set,III}=K_{rel,III}I_{c,max} \tag{8-1}$$

式中：$K_{rel,III}$为Ⅲ段的可靠系数，一般取1.5；$I_{c,max}$为保护安装处下游线路对地电容电流最大值（对应区外金属性接地故障）。

各级零序电流Ⅲ段保护之间通过时限配合，时限的配合方式为从末端向首端各馈线段逐级增加一个时间级差$\Delta T$（$\Delta T$通常可取0.2～0.3s）。

由于电流定值需按躲开保护安装处下游线路对地电容电流最大值整定，因此定时限零序过流保护适应接地过渡电阻的能力不高，对于高阻接地故障的灵敏度将不足，无法切除高阻接地故障。

（2）反时限零序过流保护。为了提高故障检测的灵敏度，反时限零序电流保护的启动电流不同于零序电流Ⅲ段，不需要躲过区外单相接地故障时可能流过保护安装处的最大零序电流，而是按照躲开正常运行情况下出现的不平衡电流进行整定并应选择较长的动作时限。

反时限过电流保护的延时动作时间$t$为：

$$t = T \times \left[ \frac{K}{\left( \frac{I}{I_{\text{S}}} \right)^{\alpha} - 1} + L \right] \tag{8-2}$$

式中：$K$、$L$、$\alpha$分别为决定曲线特性的IEC常数；$T$为保护动作时间调节整定值；$I_{\text{S}}$为启动电流整定值；$I$为实际流过的零序电流值。

反时限过电流保护的动作特性曲线如图8-1所示。图8-1中，$I_{\text{d}}$为最小动作电流，$t_{\text{d}}$为$I_{\text{d}}$对应的延时时间，$I_{\text{g}}$为定时限动作电流门槛值，$t_{\text{g}}$为$I_{\text{g}}$对应的延时时间，当零序电流大于$I_{\text{g}}$时，延时动作时间一律为$t_{\text{g}}$。

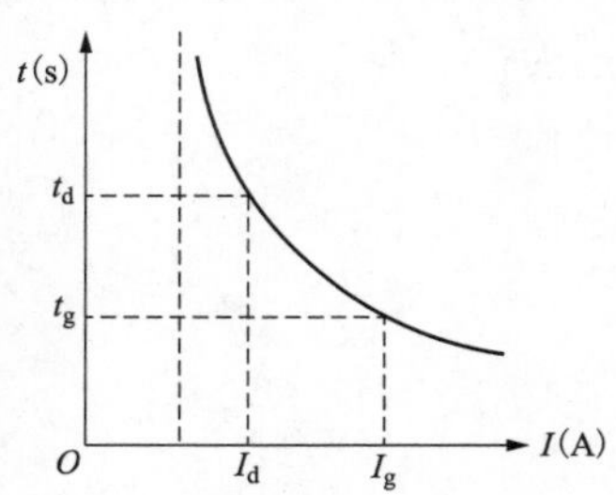


图8-1 反时限过电流保护的动作特性曲线

为了使在高阻接地故障时的动作时限不至于过长，不宜采用非常反时限和极端反时限特性，而应采用普通反时限特性，此时，$K$=0.14、$L$=0、$\alpha$=0.02，即有：

$$t = \frac{0.14T}{\left( \frac{I}{I_{\text{S}}} \right)^{0.02} - 1} \tag{8-3}$$

反时限零序过电流保护的启动电流整定值$I_{\text{S}}$的整定需躲过正常运行时的不平衡零序电流（一般小于0.5A），并考虑互感器及数据采集系统的固有误差，在此基础上可以选择较小的值，以满足高阻接地时的动作需要。如可以将$I_{\text{S}}$整定为 5A，对应最小动作电流 $I_d$ 可小于 12A，这样可在过渡电阻为 481Ω时可靠启动。

反时限零序过电流保护的动作时间调节整定值 $T$ 需确保保护安装处近端发生金属性接地故障时，反时限零序过电流保护能够以延时时间 $t_g$ 动作实现限时速断，可靠系数可取 1.2～1.3。

例如：当小电阻接地配电系统的中性点接地电阻为 10Ω时，变电站出线开关处发生金属性接地故障时的故障电流为 577A，当可靠系数为 1.3 时，变电站出线开关定时限动作电流门槛值 $I_g$ 为 444A，若希望此时 $t_g$ 在 1.0s 左右，则 $T$=0.671。

整定下的反时限零序过电流保护动作特性为：

$$t=\begin{cases}\dfrac{0.09388}{\left(\dfrac{I}{5}\right)^{0.02}-1}, & 12\text{A}\leqslant I<444\text{A}\\ 1.0\text{s}, & I\geqslant 444\text{A}\end{cases} \tag{8-4}$$

根据式（8-4）可以计算出 $I_d$=12A 时对应的 $t_d$=5.31s。若认为此延时时间太长，可以牺牲一定的高阻检测能力加以缩短。

分别将 $I_d$ 调整为 15A 和 20A 时，对应的 $t_d$ 分别为 4.23s 和 3.34s，对应的高阻检测能力分别约为 385Ω和 287Ω，对应的反时限零序过电流保护动作特分别为：

$$t=\begin{cases}\dfrac{0.09388}{\left(\dfrac{I}{5}\right)^{0.02}-1}, & 15\text{A}\leqslant I<444\text{A}\\ 1.0\text{s}, & I\geqslant 444\text{A}\end{cases} \tag{8-5}$$

$$t=\begin{cases}\dfrac{0.09388}{\left(\dfrac{I}{5}\right)^{0.02}-1}, & 20\text{A}\leqslant I<444\text{A}\\ 1.0\text{s}, & I\geqslant 444\text{A}\end{cases} \tag{8-6}$$

另外，小电阻接地配电系统通常需要配置多级零序过流保护，以实现单相接地故障选择性切除，反时限零序电流保护整定示例与各级线路配合关系如图 8-2 所示，假设下级保护（保护 1）和上级保护（保护 2）保护范围内各种故障情况下出现的最大零序电流分别为 $3I_{0\max.1}$ 和 $3I_{0\max.2}$。

先整定下级保护 1，根据式（8-2）整定启动电流 $I_S$，当保护 1 所在线路出口故障出现最大零序电流 $3I_{0\max.1}$ 时，保护应该以最快速度切除，该时间可以整定为反时限零序电流保护的固有动作时间 $t_b$，根据点（$3I_{0\max.1}$，$t_b$）可以确定式（8-2）中的时间整定系数 $K$，这样就可以确定保护 1 的反时限特性曲线，如图 8-2 中曲线①所示。对于保护 2，同样根据式（8-2）确定启动电流 $I_S$，原则上与保护 1 的启动电流相同。当保护 1 所在线路出口故障出现 $3I_{0\max.1}$ 时，考虑与保护 1 的配合，保护 2 需要在保护 1 的动作时间上增加一个时限 $\Delta t$，据此可以得到 $b$ 点（$3I_{0\max.1}$，$t_b+\Delta t$），根据点 $b$ 就可以得到保护 2 反时限特性曲线的时间整定系数 $K_2$，对应图 8-2 中的曲线②。可以看出，当保护 2 所在线路出口故障出现 $3I_{0\max.2}$ 的切除时间要小于 $t_b+\Delta t$，这样就保证了反时限零序保护的选择性和快速性。

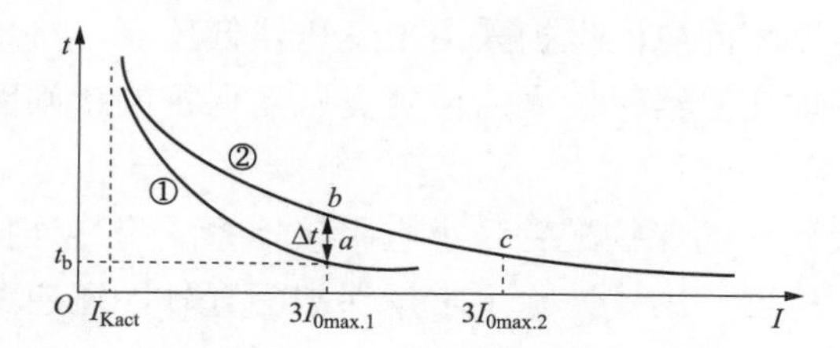


图 8-2　反时限零序电流保护整定示例与各级线路配合关系

实际工程中，由于上下级反时限过流保护配合，以及反时限过流保护与定时限过流保护之间配合的定值整定比较复杂[8-10]，国内在小电阻接地系统中主要采用定时限零序过流保护配合方式，在 8.2.2 节和 8.2.3 节将重点介绍采用定时限配合方式的小电阻接地系统零序过流保护配置原则和典型配置方案。

### 8.2.2　小电阻接地系统零序过流保护配置原则

小电阻接地方式下的继电保护配置应满足可靠性、灵敏性、速动性和选择性的基本要求，保护装置需增设一段或两段定时限零序电流保护动作于跳闸，同时取消站内原有的集中式单相接地选线功能。上述零序电流保护均不带方向，以避免零序电流回路极性错误造成保护拒动。当采用自动重合闸时，零序过流保护应配置零序后加速功能，作为重合于接地故障主保护。保护配置方案具体如下：

（1）主变压器保护配置。当接地变压器接于变电站 10kV 母线时，主变压器保护配置不变。主变压器保护动作、10kV 备自投动作跳主变压器低压侧开关的同时应联跳接地变压器支路。

当接地变压器直接接于主变压器低压侧引线时，接地变压器支路电流不接入主变压器差动保护，主变压器保护无需改动，接地变压器故障视为主变压器差动范围内故障。主变压器差动保护低压侧（Δ接侧）应采取滤除零序电流的相应措施。

（2）接地变压器保护配置。接地变压器电源侧装设两段相间过流保护，作为接地变压器内部相间故障的主保护及后备保护。接地变压器中性点上装设一段两时限（或三时限，适用于在主变压器引出线上）零序电流保护，作为接地变压器和母线单相接地故障的主保护和系统各元件的总后备保护。

当接地变压器接于变电站10kV母线时，接地变压器过流保护及零序过流保护动作后应联跳主变压器同侧断路器。接地变压器保护动作时宜联跳接有小电源的10kV出线。

当接地变压器直接接于主变压器低压侧引线时，需单独配置接地变压器保护装置。接地变压器相间电流保护采用主变压器低压侧与接地变压器之间的独立电流互感器。接地变压器保护采用原主变压器保护的跳闸回路及闭锁备自投回路。

（3）母线连接元件的保护配置。小电阻接地系统母线连接元件（含站用变压器、电容器、电抗器、出线）除了常规保护配置外，还应配置两段零序电流保护作为该元件的主保护和后备保护。

国内典型城市小电阻接地系统的零序保护配置情况[5~7]总体如下：

（1）小电阻阻值的选取。小电阻阻值越小，流过的电流越大，电阻器产生的热容量与接地电流的平方成正比，会给电阻器的制造、运行带来困难。目前各地区小电阻阻值选取多为10Ω或15Ω，对应单相接地最大工频故障电流有效值为600A或400A。

（2）接地变压器零序过流保护配置。小电阻接地系统以接地变压器接于10kV母线方式为主，配置一段式两时限（或三时限）零序电流保护。

10kV接地变压器零序电流定值与母线连接元件的零序过流最末段定值相配合。零序过流1时限与下级零序过流Ⅱ段最长时限配合，同时考虑躲过两条线相继发生单相接地时间，跳本侧相邻分段，并闭锁本侧相邻分段自投；零序过流2时限与零序过流1时限配合，跳变压器本侧断路器；零序过流3时限（接于变压器低压侧引线时）与零序过流2时限配合，跳变压器各侧断路器。

（3）10kV线路零序过流保护[8~10]。10kV小电阻接地系统线路配置两段式零序过流保护。除变电站出线开关配置零序过流保护以外，配电线路沿线的开关站出线、架空线分支开关、用户分界也均配置零序过流保护，并通过动作时限配合，实现单相接地故障选择性切除，避免变电站出线开关频繁跳闸。各个城市的配置方案并不完全一致，如有些城市在变电站出线和开关站出线配置两段式零序过流保护，而有些城市均仅配置一段零序过流保护，此外各个地区的零序电流定值整定也存在一定差别。

此外，需重视架空配电线路的零序过流保护配合问题，架空线路或架空分支的零序电流保护定值需单独考虑，尽量将定值调低，以提高耐过渡电阻能力。小电阻接地系统在非核心城区存在一定的架空或电缆架空混合线路，曾发生架空线路掉落地面形成高阻接地，但零序过流保护不能动作切除的案例，为了应对这一问题，应采取相应的技术措施，包括：①对于架空馈线段或架空分支应用零序电流突变量保护，提高保护灵敏度；②架空馈线段或架空分支应用故障指示器，通过零序电流突变等条件启动录波，将录波数据上传主站，调度人员根据录波数据进行高阻故障的分析研判，提高对架空线路部分高阻接地故障的监视和处理能力。

（4）零序互感器配置。为了配合零序过流保护加装改造，在电缆线路上均采用加装专用零序 TA 的方式，考虑与保护装置零序电流采样板匹配的问题，各个地区零序互感器变比及容量的选取不尽相同，准确级要求均为 10P 及以上。

### 8.2.3　小电阻接地系统零序过流保护典型配置方案

在充分借鉴典型城市小电阻接地配电系统零序电流保护配置方案、运行情况及典型经验的基础上，作者团队提出了某市 10kV 小电阻接地系统的零序电流保护配置及整定方案。

某市 10kV 系统的中性点小电阻阻值选为 15Ω，单相接地最大工频故障电流有效值不超过 400A。改造站采用接地变压器接于 10kV 母线方式，新建站优先考虑接地变压器接于母线方式，特殊情况可采用接地变压器接于主变压器低压引线方式。接地变压器与站用变压器分开设置。

结合已改造为小电阻接地系统的城市运行经验，10kV 小电阻接地系统零序保护配置方案及整定原则如下：

（1）接地变压器保护配置。对于接地变压器接于 10kV 母线方式，配置一段定时限零序电流保护，零序电流定值整定为 75A（一次值）。依据 DL/T 584—2017《3kV～110kV 电网继电保护装置运行整定规程》，动作时间按躲过 2 条出线相继发生单相接地的时间进行整定，1 时限整定为 2.3s，跳本侧相邻分段并闭锁本侧相邻分段自投；2 时限整定为 2.6s，跳接地变压器和主变压器同侧断路器。

为防止小电阻或接地变压器长期过热烧毁，需增加小电阻本体温度告警采集信息，接入到调度自动化系统。

（2）10kV 线路保护配置。变电站出线配置两段式零序过流保护，零序过流Ⅰ段电流定值为 90A（一次值），延时时间 0.5s。零序过流Ⅱ段：电缆占比在 30%以下的混合馈线或架空馈线电流定值为 20A（一次值），电缆占比在 30%及以上的馈线电流定值为 45A（一次值），延时时间 1s；

开关站出线配置两段式零序过流保护，零序过流Ⅰ段电流定值为 90A（一次值），延时时间 0.2s。零序过流Ⅱ段：电缆占比在 30%以下的混合馈线或架空馈线电流定值为20A（一次值），电缆占比在30%及以上的馈线电流定值为45A（一次值），延时时间0.5s；

分支开关配置一段式零序过流保护，架空分支零序电流定值20A（一次值），电缆分支零序电流定值45A（一次值），延时时间0.2s；

用户分界开关（用户高压配电室进线开关），配置一段式零序过流保护，电流定值20A（一次值），延时时间0s。

主干线分段断路器增加零序过流告警功能，上传至配电自动化主站进行研判。电缆线路主干线分段断路器零序过流告警定值45A（一次值），架空线路主干线分段断路器零序过流告警定值20A（一次值）。为增加高阻接地故障检测灵敏度，同时采用零序电流突变量启动（零序电流突变量启动定值1～5A）的单相接地告警功能，告警信息上传至主站进行研判分析。

上述推荐的10kV线路零序过流保护整定值为一般情况下的通用定值，主要考虑满足提高灵敏度的需求，按照10kV YJV-240或YJV-300型号电缆单位长度电容电流最大不超过2A/km计算，对于长度不超过20km的电缆出线，零序过流Ⅱ段电流定值45A（一次值）都可以确保躲过线路自身电容电流，不会导致误动。如确实存在某些电缆线路过长、电容电流过大，导致零序过流Ⅱ段电流定值45A（一次值）无法躲过的情况，则可以在核实后适当加以调整。

（3）零序TA配置。10kV配电线路沿线均不允许采用三相合成零序信号，需采用专用零序TA。

零序TA变比可选为150/1、150/5、100/1、100/5，二次额定电流选取与保护装置采样板卡匹配。准确级10P5及以上，对于二次额定电流为1A的零序TA要求容量不小于2.5VA，对于二次额定电流为2.5A的零序TA要求容量不小于5VA。

原则上应采用闭口式零序TA，为避免现场安装时重做电缆头带来的困难，闭口式零序TA口径选取尽量大，建议采用200～240mm，满足两根电缆同时穿过的要求。对于采用闭口式零序TA确有困难的场合可采用开口式零序TA。

## 8.3 低压侧接地

配电网中性点经小电阻接地后，一旦在台区发生单相接地故障，电流通过导线阻抗、故障点接地电阻以及中性点小电阻形成回路，较中性点不接地系统和中性点经消弧线圈接地系统的故障电流明显增大，台区接地装置可具有上千伏电位[11]。因此，小电阻接地系统下交流电气装置的接地设计要求与经消弧线圈接地系统下的设计要求不同，当配电网中性点经消弧线圈接地系统改造为经小电阻接地系统时，需按照相关改造原则对交流电气装置的接地进行相关改造，例如需对不符合要求的接地装置进行降阻处理，或将 10kV 配电变压器的保护接地与工作接地分开，以防止变压器内部出现绝缘缺陷后低压中性线出现过高电压[11-13]。本节论述小电阻接地系统下相关标准中交流电气装置的接地改造要求，基于典型改造实例并给出推荐的接地改造原则，并介绍一例接地电阻改造方案。

### 8.3.1　交流电气装置的接地改造原则

GB/T 50065—2011《交流电气装置的接地设计规范》、GB 51348—2019《民用建筑电气设计标准》、Q/GDW 10370—2016《配电网技术导则》等相关标准及文献详细介绍了各种配电网中性点接地系统下相关交流电气装置的接地设计要求，本节以 GB/T 50065—2011《交流电气装置的接地设计规范》为例，介绍不接地、谐振接地、谐振-低电阻接地和高电阻接地系统与小电阻接地系统下相关交流电气装置的接地设计要求[14-22]。

#### 8.3.1.1　发电厂和变电站的接地网

（1）接地电阻与均压要求。

1）保护接地所要求的发电厂和变电站接地网的接地电阻，应符合下列条件：

（a）中性点有效接地系统和小电阻接地系统，应符合下列要求：

a）接地网的接地电阻宜符合式（8-7）的要求，且保护接地接至变电站接地网的站用变压器的低压应采用 TN 系统，低压电气装置应采用（含建筑物钢筋的）保护总等电位联结系统：

$$R \leqslant 2000 / I_G \tag{8-7}$$

式中：$R$ 为考虑季节变化的最大接地电阻，Ω；$I_G$ 为计算用经接地网入地的最大接地故障不对称电流有效值，A。

$I_G$ 应按符合 GB/T 50065—2011《交流电气装置的接地设计规范》附录 B（经发电厂和变电站接地网的入地故障电流及地电位升高的计算）确定。附录 B 中 B.0.2 给出了经接地网入地的计及直流偏移分量的 $I_G$ 计算式。在年系统最大运行方式下，当接地网内、外发生接地故障时，$I_G$ 应采用经接地网流入地中并计及直流分量的最大接地故障电流有效值，还应计及系统中各接地中性点间的故障电流分配，以及避雷线中分走的接地故障电流。

b）当接地网的接地电阻不符合式（8-7）的要求时，可通过技术经济比较适当增大接地电阻。在符合 GB/T 50065—2011《交流电气装置的接地设计规范》第 4.3.3 条的规定时，接地网地电位升高可提高至 5kV。如果采取的措施可确保人身和设备安全时，接地网地电位还可进一步提高。

（b）中性点不接地、谐振接地、谐振-低电阻接地和高电阻接地系统，应符合下列要求：

a）接地网的接地电阻应符合式（8-8）的要求，但不应大于4Ω，且保护接地接至变电站接地网的站用变压器的低压侧电气装置，应采用（含建筑物钢筋）保护总等电位联结系统：

$$R \leqslant 120 / I_g \tag{8-8}$$

式中：$I_g$ 为计算用的接地网入地对称电流，A。

b）谐振接地和谐振-低电阻接地系统中，计算发电厂和变电站接地网的入地对称电流时，对于装有自动跟踪补偿消弧装置（含非自动调节的消弧线圈）的发电厂和变电站电气装置的接地网，计算电流取接在同一接地网中同一系统中各自动跟踪补偿消弧装置额定电流总和的1.25倍；对于不装自动跟踪补偿消弧装置的发电厂和变电站电气装置的接地网，计算电流取系统中断开最大的自动跟踪补偿消弧装置或系统中最长线路被切除时的最大可能残余电流值。

2）确定发电厂和变电站接地网的型式和布置时，应符合下列要求：

（a）110kV及以上中性点有效接地系统和6～35kV小电阻接地系统发生单相接地或同点两相接地时，发电厂和变电站接地网的接触电位差和跨步电位差不应超过由式（8-9）和式（8-10）计算所得的数值：

$$U_t = \frac{174 + 0.17\rho_s C_s}{\sqrt{t_s}} \tag{8-9}$$

$$U_s = \frac{174 + 0.7\rho_s C_s}{\sqrt{t_s}} \tag{8-10}$$

式中：$U_t$ 为接触电位差允许值，V；$U_s$ 为跨步电位差允许值，V；$\rho_s$ 为地表层的电阻率，Ω·m；$C_s$ 为表层衰减系数，按符合GB/T 50065—2011附录C的规定确定；$t_s$ 为接地故障电流持续时间，与接地装置热稳定校验的接地故障等效持续时间 $t_e$ 取相同值，s。

（b）6～66kV中性点不接地、谐振接地、谐振-低电阻接地和高电阻接地的系统，发生单相接地故障后，当不迅速切除故障时，发电厂和变电站接地装置的接触电位差和跨步电位差不应超过式（8-11）和式（8-12）计算所得的数值：

$$U_t = 50 + 0.05\rho_s C_s \tag{8-11}$$

$$U_s = 50 + 0.2\rho_s C_s \tag{8-12}$$

（2）水平接地网的设计。

1）中性点有效接地系统和小电阻接地系统中发电厂和变电站接地网在发生接地故障后的电位升高超过 2000V 时，接地网及有关电气装置应符合 GB/T 50065—2011《交流电气装置的接地设计规范》第 4.3.3 条的规定，即接地网及有关电气装置应符合：

（a）保护接地接至变电站接地网的站用变压器的低压侧，应采用 TN 系统，且低压电气装置应采用（含建筑物钢筋）保护等电位联结接地系统。

（b）应采用扁铜（或铜绞线）与二次电缆屏蔽层并联敷设，扁铜应在两端就近与接地网连接。当接地网为钢材时，尚应防止铜、钢连接产生腐蚀。扁铜较长时，应设置多点与接地网连接。二次电缆屏蔽层两端应就近与扁铜连接。扁铜的截面应满足热稳定的要求。

（c）应评估计入短路电流非周期分量的接地网电位升高条件下，发电厂、变电站内 6kV 或 10kV 金属氧化物避雷器吸收能量的安全性。

（d）可能将接地网的高电位引向厂、站外或将低电位引向厂、站内的设备，应采取下列防止转移电位引起危害的隔离措施：站用变压器向厂、站外低压电气装置供电时，其 0.4kV 绕组的短时（1min）交流耐受电压应比厂、站接地网地电位升高 40%。向厂、站外供电用低压线路采用架空线，其电源中性点不在厂、站内接地，改在厂、站外适当的地方接地；对外的非光纤通信设备加隔离变压器；通向厂、站外的管道采用绝缘段；铁路轨道分别在两处加绝缘鱼尾板等。

（e）设计接地网时，应验算接触电位差和跨步电位差，并应通过实测加以验证。

2）发电厂和变电站接地装置的热稳定校验，应符合下列要求：

（a）在中性点有效接地系统及小电阻接地系统中，发电厂和变电站电气装置中电气装置接地导体（线）的截面，应按接地故障（短路）电流进行热稳定校验。接地导体（线）的最大允许温度和接地导体（线）截面的热稳定校验，应符合 GB/T 50065—2011《交流电气装置的接地设计规范》附录 E 的规定，附录 E 描述了高压电气装置接地导体的热稳定校验方法及要求，对接地导体的最小截面、流过接地导体的最大接地故障不对称电流、接地故障的持续时间的选取进行了规定。

（b）校验中性点不接地、谐振接地和高电阻接地系统中，电气装置接地导体（线）在单相接地故障时的热稳定，敷设在地上的接地导体（线）长时间温度不应高于 150℃，敷设在地下的接地导体（线）长时间温度不应高于 100℃。

#### 8.3.1.2　高压配电电气装置及低压系统的接地

（1）高压配电电气装置的接地电阻。

1）工作于中性点不接地、谐振接地、谐振-低电阻和高电阻接地系统，向

1kV 及以下低压电气装置供电的高压配电电气装置，其保护接地的接地电阻应符合式（8-13）的要求，且不应大于 4Ω：

$$R \leqslant 50/I \tag{8-13}$$

式中：$I$ 为计算用的单相接地故障电流，A；谐振接地、谐振-低电阻接地系统为故障点残余电流。

2）小电阻接地系统的高压配电电气装置，其保护接地的接地电阻应符合式（8-7）的要求，且不应大于 4Ω。

3）保护配电变压器的避雷器其接地应与变压器保护接地共用接地装置。

4）保护配电柱上断路器、负荷开关和电容器组等设备上的避雷器的接地导体，应与设备外壳相连，接地装置的接地电阻不应大于 10Ω。

（2）低压架空线路的接地、电气装置的接地电阻和保护总等电位联结系统。

1）向低压电气装置供电的配电变压器的高压侧工作于中性点不接地、谐振接地、谐振-低电阻接地和高电阻接地系统，且变压器的保护接地装置的接地电阻符合式（8-13）的要求，建筑物内低压电气装置采用（含建筑物钢筋）保护总等电位联结系统时，低压系统电源中性点可与该变压器保护接地共用接地装置。

2）向低压电气装置供电的配电变压器的高压侧工作于低电阻接地系统，变压器的保护接地装置的接地电阻符合式（8-7）的要求，建筑物内低压采用 TN 系统且低压电气装置采用（含建筑物钢筋）保护总等电位联结系统时，低压系统电源中性点可与该变压器保护接地共用接地装置。

当建筑物内低压电气装置虽采用 TN 系统，但未采用（含建筑物钢筋）保护总等电位联结系统，以及建筑物内低压电气装置采用 TT 或 IT 系统时，低压系统电源中性点严禁与该变压器保护接地共用接地装置，低压电源系统的接地应按工程条件研究确定。

在城市配电网中性点接地方式由经消弧线圈接地改造为经小电阻接地时，需要从变电站、高压配电系统、低压系统三个方面考虑相关设计要求，但通常变电站接地网的接地电阻按照 GB/T 50065—2011 相关要求，符合式 $R \leqslant 2000/I_G$ 的要求，无需做相关改造，高压配电电气装置（不含配电变压器的开关站、电缆分支箱、环网柜）保护接地的接地电阻通常不大于 4Ω，亦无需进行改造。因此，小电阻接地系统配套接地改造最需关注的是低压系统的接地是否满足要求，下一节介绍小电阻接地系统配套接地装置及低压系统改造典型经验。

### 8.3.2 接地装置及低压系统改造实例与实施原则

由于我国城市的 380V 配电网采用了 TN 接地型式，台区接地装置与 380V 用户设备外壳直接相连，即台区高电位传输到用户设备外壳。而城区老建筑往往未采用等电位联结，人体同时接触设备外壳和金属管道等零电位体时将产生接触电压。一旦接触电压和持续时间超过了人体承受能力将导致人身伤亡事故[1]。因此，小电阻接地系统配套接地改造需要格外关注低压系统改造。本节将介绍两个典型地区接地装置及低压系统的改造实例，并结合实例与前述交流电气装置的接地改造原则给出推荐的接地装置及低压系统改造实施原则。

8.3.2.1　接地装置及低压系统改造实例

（1）某北方电力公司交流电气装置的接地改造原则。某北方电力公司的小电阻接地系统应用较早，其关于低压系统的接地改造原则为：

1）对于低压零线接在一起的多台配电变压器的等效接地电阻在 0.5Ω或以下时（相当于接地电阻为 4Ω的 8 个或以上连入公共零线的接地装置并联），保护接地与工作接地可以不分开。

2）如果低压零线接在一起的多台配电变压器的等效接地电阻在 0.5Ω以上时，应该采取措施降低配电变压器的接地电阻，使等效接地电阻等于或小于 0.5Ω。

3）对于单独接地的配电变压器，如果接地电阻在 4Ω 及以下时，配电变压器（含箱式变压器）中性点工作接地与保护接地分开独立接地，其工作接地采用绝缘导线引出后接地，保护接地设置在变压器安装处，两个接地体之间应无电气连接。保护接地与工作接地分开的距离不得小于 5m。

对于柱上式配电变压器，采用将工作接地与保护接地分开的方式完成改造，如图 8-3（a）所示。左柱上的接地线为工作接地，连至变压器中性点；右柱上的接地线为保护接地，与金属架构相连。对于箱式配电变压器，同样采用将工作接地与保护接地分开的方式完成改造，如图 8-3（b）所示。箱式变压器工作接地与保护接地在箱内做绝缘设计，用绝缘材料隔开，分别单独接地。

（a）

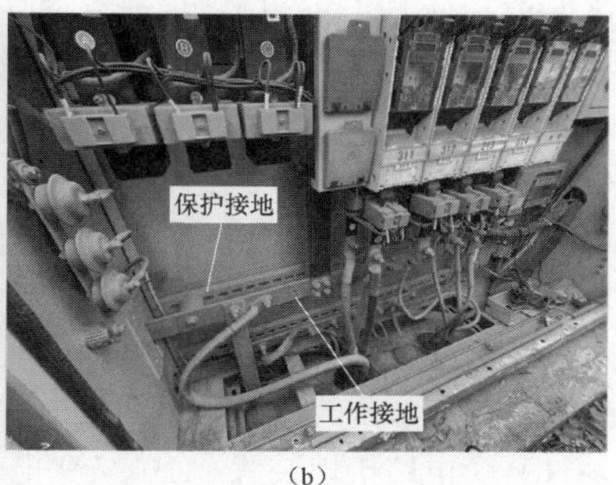


（b）

图 8-3　某北方电力公司柱上及箱式变压器接地示意

（a）柱上式配电变压器；（b）箱式配电变压器

（2）南网某电力公司交流电气装置的接地改造原则。A 公司于 2016 年开始进行小电阻接地系统改造，目前已基本改造完毕，涉及 800 余段母线，运行情况良好。B 公司原先在市区采用小电阻接地系统，郊区采用经消弧线圈接地系统从 2016 年起开始进行小电阻接地系统改造，于 2019 年 11 月完成全部小电阻接地系统改造。目前运行良好，未出现人身伤害问题。A 与 B 公司的低压配电系统接地按照《中国南方电网城市配电网技术导则》进行设计与改造，具体如下[23]：

1）低压配电系统接地型式选择。

a）低压配电系统可采用 TN 或 TT 接地型式，一个系统应只采用一种接地型式。

b）当低压系统采用 TN-C 接地型式时，配电线路除主干线和各分支线的末端外，中性点应重复接地，且每回干线的接地点，不应小于三处；线路进入车间或大型建筑物的入口支架处的接户线，其中性线应再重复接地。

2）接地电阻。低压配电系统接地电阻应符合表 8-1 的要求。

**表 8-1　　低压配电系统接地电阻**

| 接地系统名称 | | 接地电阻（Ω） |
|---|---|---|
| 10/0.38kV 配电站高低压共用接地系统 | 配电变压器容量≥100kVA | ≤4 |
| | 配电变压器容量＜100kVA | ≤10 |
| 0.22/0.38kV 配电线路的 PE 线或 PEN 线的每一个重复接地系统 | | ≤10 |

3）剩余电流保护。

a）采用 TT 接地方式的低压配电系统，应装设剩余电流总保护和剩余电流末级保护；对于供电范围较大或有重要用户的低压配电网可增设剩余电流中级保护。

b）采用 TN-C 接地方式的低压配电系统，应装设剩余电流末级保护，不宜装设剩余电流总保护和剩余电流中级保护。

#### 8.3.2.2　接地装置及低压系统改造实施原则

结合相关标准中小电阻接地系统下相关交流电气装置的接地设计要求，以及小电阻接地系统应用经验丰富的供电公司的改造原则，本节给出了推荐的接地装置及低压系统改造实施原则。

（1）变电站接地装置。110kV 变电站接地网的接地电阻按照 GB/T 50065—2011 相关要求，符合式（8-7）的要求，无需做相关改造。

（2）低压接地装置。

1）高压配电电气装置（不含配电变压器的开关站、电缆分支箱、环网柜）保护接地的接地电阻应不大于 4Ω。

2）对于低压零线接在一起的多台配电变压器的等效接地电阻在 0.5Ω 或以下时（相当于接地电阻为 4Ω 的 8 个或以上连入公共零线的接地装置并联），保护接地与工作接地可以共用接地装置。如布置在电缆沟上的箱式变压器，普遍的做法是将多台箱式变压器的接地接入电缆沟接地体。

3）独立的箱式变电站、柱上式配电变压器等户外式配电变压器应增设独立的低压工作接地网，与保护接地网严格分开，且距离不得小于 5m，工作接地网与保护接地网的接地电阻均应不大于 4Ω。

4）配电变压器位于有总等电位联结的建筑物内，接地电阻不大于 0.5Ω，无需做相关改造。未做总等电位联结的，应补做总等电位联结。

5）对于低压 TT 接地系统，低压工作接地和保护接地已经分开，如不大于 4Ω，无需进行改造。

（3）低压系统。

1）当低压系统采用 TN-C-S 接地型式时，配电线路主干线末端和各分支线末端的保护中性线（PEN）应重复接地，且不应少于 3 处。采用 TN-C-S 接地方式的低压配电系统，应装设剩余电流末级保护，不宜装设剩余电流总保护和剩余电流中级保护。

2）对于低压 TT 接地系统，低压工作接地和保护接地已经分开，高压侧发生单相接地故障时，故障电流不会传递到低压侧，无需进行改造。除变压器低压侧中性点直接接地外，中性线不得再重复接地，且与相线保持同等绝缘水平。采用 TT 接地方式的低压配电系统，应装设剩余电流总保护和剩余电流末级保护；对于供电范围较大或有重要用户的低压配电网可增设剩余电流中级保护。

### 8.3.3 低压接地装置改造方案示例

结合前述交流电气装置的接地改造原则，以及接地装置和低压系统改造实例与实施原则，可以看出，小电阻接地系统改造需要对低压接地装置进行分析，对于接地电阻不满足要求的需同步开展改造。本节将以西北某市电力公司变电站小电阻接地系统改造工程为例，基于变电站周边低压接地装置接地情况，给出低压接地装置改造实施方案示例。

#### 8.3.3.1 西北某市电力公司变电站周边低压接地装置接地情况

西北某市电力公司计划对电容电流较大的 110kV 变电站 10kV 侧中性点进行小电阻接地系统改造，需按照相关改造原则对交流电气装置的接地进行相关改造。经前期测试，110kV 变电站接地网的接地电阻按照 GB/T 50065—2011 相关要求，符合式（8-7）的要求，无需做相关改造。下面将主要针对变电站周边低压接地装置进行改造分析，首先需要掌握低压接地装置接地电阻情况。

通过对西北某市电力公司 10 座变电站周边 34 个配电变压器测点（包括 5 处箱变及 29 处柱上变压器）及 2 个环网柜开展工频接地电阻测试，发现目前所有开展测量的配变及环网柜均为 1 个接地网，工作接地和保护接地未分开，同时得到以下测量结果：

（1）5 处箱式配电变压器均满足接地电阻小于 4Ω 的要求，但不满足小于 0.5Ω 的要求。其中，接地电阻最大为 3.5Ω，地点为某线 070 号塔附近（该箱变周边土壤进行了水泥硬化，对该处开展了土壤电阻率测量，土壤电阻率较高，疑似为回填土）。

（2）29 处柱上配电变压器接地电阻，测量值小于 11Ω 有 6 基，其杆塔位于郊区，周边是农田，土壤条件较好；11～20Ω 有 13 基，其杆塔大多位于花坛内或路边，有部分土地，土壤条件一般；大于 20Ω 有 10 基，其杆塔紧靠硬化路面，周边土壤条件较差。通过分析可以看出，影响混凝土电杆接地电阻最主要的因素为与电杆接壤的土壤特性。

（3）环网柜满足保护接地电阻不大于 4Ω 的要求。

上述结果表明，所有测试的配电变压器接地电阻均不合格，需要开展改造工作以降低接地电阻，而环网柜接地电阻通常满足要求。此外，在后续开展接地电阻改造时，应首先测量周边的土壤电阻率，并以此为依据，构建新的接地网与混凝土电杆接地相连接，才能确保接地电阻满足相关要求。

#### 8.3.3.2 西北某市电力公司变电站周边低压接地装置接地电阻改造方案

基于前述西北某市电力公司变电站周边配电变压器及环网柜等工频接地电阻测试结果可以看出，低压接地装置的接地电阻不满足小电阻接地系统要求的现象并不鲜见，下面将介绍低压接地装置接地电阻改造实施方案。

首先，对于降低接地电阻的改造施工，共分析了 3 种不同的方案：

方案一：水平接地体，采用镀锌扁钢，施工简单方便；但征地面积大，所需接地材料数量过多，接地体不好布置且敷设工程量较大，现场实现困难。

方案二：采用镀锌扁钢并联接地模块，施工简单方便，且能在不扩大接地网范围的情况下满足接地电阻要求。

方案三：采用镀锌扁钢并联离子接地极，费用相比方案二较高，且离子接地极后期维护量偏大。

备注：离子接地极由缓释接地极（内含可逆性缓释填充剂）、引发剂和增效电解离子填充剂组成。电极外表是紫铜合金，以确保高导电性能及较长使用寿命，并配以内外两大种类填充剂，主要优点：工程施工简单，对于土壤电阻率较高的地区（如山地等）效果明显。缺点：内部缓释剂会逐渐消耗，每2年需要重新填充。

以西北某市电力公司变电站周边10kV配电变压器接地实际情况为例，给出水平接地体、接地模块和离子接地极方案的技术和经济对比分别见表8-2和表8-3。表8-2中，方案一通过使用110m长度的60mm×6mm镀锌扁钢构建接地网，使得复合接地网的接地电阻满足小于4Ω的要求；方案二中，初始布置复合接地网接地电阻为10.2Ω，其所需60mm×6mm的镀锌扁钢长度为18m，通过并联4块接地模块，可将总电阻降至3.8Ω；方案三中，初始布置复合接地网接地电阻为16.53Ω，其所需60mm×6mm的镀锌扁钢长度仅为8m，通过并联1套离子接地极，可将总电阻降至2.6Ω。

表8-2 接地方案对比

| | 单位 | 方案一 | 方案二 | 方案三 |
|---|---|---|---|---|
| 初始布置复合接地网接地电阻 | Ω | 3.7 | 10.2 | 16.53 |
| 所需60mm×6mm的镀锌扁钢长度 | m | 110 | 18 | 8 |
| 并联接地模块数量 | 块 | 0 | 4 | 0 |
| 并联离子接地极数量 | 套 | 0 | 0 | 1 |
| 总接地电阻 | Ω | 3.7 | 3.8 | 2.6 |

表8-3 接地方案经济对比

| 改造所需接地材料 | 方案一 | | 方案二 | | 方案三 | |
|---|---|---|---|---|---|---|
| | 数量 | 费用（万元） | 数量 | 费用（万元） | 数量 | 费用（万元） |
| 60mm×6mm的镀锌扁钢 | 110 | 0.253 | 18 | 0.0483 | 8 | 0.0184 |
| 接地模块 | 0 | 0 | 4 | 0.2 | 0 | 0 |
| 离子接地极 | 0 | 0 | 0 | 0 | 1 | 0.5 |
| 合计（万元） | 0.253 | | 0.2483 | | 0.5184 | |

由上述分析可以看出，综合施工难度与经济性等因素，推荐选择方案二，即采用镀锌扁钢并联接地模块降低接地电阻。

下面将针对不同的低压接地装置情况，结合上述降阻方案，给出推荐的接地电阻改造实施方案：

（1）高压配电电气装置（不含配电变压器的开关站、电缆分支箱、环网柜）保护接地的接地电阻大于4Ω的，采用镀锌扁钢并联接地模块降低接地电阻至

4Ω 以下。

（2）布置在电缆沟上的箱式变压器，将箱式变压器的接地接入电缆沟接地体，等效接地电阻至 0.5Ω 或以下，保护接地与工作接地可以共用接地装置。

（3）独立的箱式变电站、柱上式配电变压器等户外式配电变压器，工作接地与保护接地分开独立接地且距离大于 5m。接地电阻大于 4Ω，采用镀锌扁钢并联接地模块降至 4Ω 以下。

（4）配电变压器位于有总等电位联结的建筑物内，接地电阻通常不大于 0.5Ω，无需做相关改造。未做总等电位联结的，应补做总等电位联结。

## 本章参考文献


[1] 徐丙垠，薛永端，冯光，等. 配电网接地故障保护若干问题的探讨［J］. 电力系统自动化，2019，43（20）：1-6.

[2] 平绍勋，周玉芳. 电力系统中性点接地方式及运行分析［M］. 北京：中国电力出版社，2010：251-270.

[3] 国家电网有限公司.配电网技术导则：Q/GDW 10370—2016［S］. 北京：中国电力出版社，2016.

[4] 国家能源局.3kV～110kV 电网接电保护装置运行整定规程：DL/T 584—2017［S］. 北京：中国电力出版社，2017.

[5] 吴世平. 北京电网 10kV 小电阻接地系统运行方式研究［D］. 北京：华北电力大学，2011.

[6] 刘育权，蔡燕春，邓国豪，等. 小电阻接地方式配电系统的运行与保护［J］. 供用电，2015，32（6）：30-35.

[7] 李有铖，廖建平. 10kV 小电阻接地系统运行分析与评价［J］. 中国电力，2003，36（5）：77-78.

[8] 许庆强，许扬，周栋骥，等. 小电阻接地配电网线路保护单相高阻接地分析［J］. 电力系统自动化，2010，34（9）：91-94，115.

[9] 林志超，刘鑫星，王英民，等. 基于零序电流比较的小电阻接地系统接地故障保护［J］. 电力系统保护与控制，2018，46（22）：15-21.

[10] 江文东. 10kV 小电阻接地系统零序过流定值的探讨［J］. 电力自动化设备，2002，22（10）：73-75.

[11] 雷潇，廖文龙，刘强，等. 10kV 小电阻接地系统的接触电压安全性研究［J］. 电瓷避雷器，2017（3）：77-81，85.

[12] 要焕年，曹梅月. 电力系统谐振接地［M］. 2 版. 北京：中国电力出版社，2009.

[13] CAFARO G，MONTEGIGLIO P，TORELLI F，et al. The global grounding system:

definitions and guidelines［C］//2015 IEEE 15th International Conference on Environment and Electrical Engineering. Rome，Italy．IEEE，：537-541.

［14］中华人民共和国电力工业部．交流电气装置的接地：DL/T 621—1997［S］．北京：中国电力出版社，2006.

［15］中华人民共和国住房和城乡建设部．交流电气装置的接地设计规范：GB/T 50065—2011［S］．北京：中国标准出版社，2012.

［16］中华人民共和国住房和城乡建设部，国家市场监督管理总局．民用建筑电气设计标准：GB 51348—2019［S］．北京：中国建筑工业出版社，2019.

［17］国家市场监督管理总局，国家标准化管理委员会．低压电气装置　第 4-44 部分：安全防护　电压骚扰和电磁骚扰防护：GB/T 16895.10—2021［S］．北京：中国标准出版社，2021.

［18］国家市场监督管理总局，国家标准化管理委员会．低压电气装置　第 4-41 部分：安全防护　电击防护：GB/T 16895.21—2020［S］．北京：中国标准出版社，2020.

［19］国家质量监督检验检疫总局，中国国家标准化管理委员会．雷电防护　第 4 部分：建筑物内电气和电子系统：GB/T 21714.4—2015［S］．北京：中国标准出版社，2016.

［20］王厚余．低压电气装置的设计安装和检验［M］．2 版．北京：中国电力出版社，2007.

［21］王厚余．试论等电位联结的应用［J］．建筑电气，2011，30（10）：3-7.

［22］王厚余．低压配电系统的接地［J］．建筑电气，1998，17（2）：6-12.

［23］中国南方电网有限责任公司．中国南方电网城市配电网技术导则［M］．北京：中国水利水电出版社，2006.

# 第9章 新技术展望

在配电网单相接地故障处理领域，科学技术的发展速度非常快，新原理、新技术、新产品、新方法不断涌现，对于进一步提高配电网单相接地故障处理性能提供了新的手段。

## 9.1 概　　述

在小电流接地系统单相接地故障处理新技术中，基于电压熄弧原理的单相接地故障处理技术最为值得关注。电压熄弧单相接地故障处理技术的基本原理是：当发生单相接地时，迅速将故障相电压控制到接近零，从而有效熄灭电弧，并利用这个过程中的扰动进行单相接地选线和定位，并运用自动化手段实现永久性单相接地区域隔离和健全区域恢复供电。

实现电压熄弧的装置可分为两类：一类称为“故障相接地法”（fault-phase grounding method，FPG），它是采用机械开关将故障相短暂接地，从而将故障相电压控制到接近零，达到熄灭电弧的目的；另一类称为“柔性接地法”（neutral flexible grounding method，NFG），它是采用电力电子装置向中性点注入反向电压矢量，从而将故障相电压控制到接近零，达到熄灭电弧的目的。

无论采用哪种方法，电压熄弧都要与消弧线圈（CN）共同运行，消弧线圈不仅可以有效降低残流水平，提高高阻接地检测灵敏度，而且可以有效降低柔性接地法中的中性点注入电压源的容量要求。

无论是故障相接地法还是柔性接地法，在发生单相接地故障时都能快速动作熄弧，并限制非故障相过电压，因此有利于减少电弧的破坏程度，从而提高瞬时性故障比例，而且不影响用户正常供电。

采用电压熄弧装置时，瞬时性单相接地故障处理不会对用户造成影响。对于永久性接地的情况，后续有两种处理方式：

一种是将故障相短期持续接地，直至处理完毕。其优点是不影响用户正常供电，为负荷转移争取宝贵时间，适用于向对供电连续性要求较高的工矿企业供电和单相接地发生概率较低的供电区域。其缺点是在故障相短期持续接地期间，一旦发生异名相接地，会因相间短路引起跳闸。

另一种是一旦确认为永久性故障，则驱动接地馈线的变电站出线断路器或馈线开关跳闸，即接地故障跳闸（grounding fault trip，GFT），在变电站内的接地故障跳闸形式就是选线跳闸，并配合馈线自动化技术手段隔离故障，恢复下游健全区域供电，即使在单相接地频发的恶劣天气，也不至于因异名相接地而扩大故障影响范围。

对于小电阻接地系统，提升其单相接地故障处理的抗过渡电阻能力始终是研究的热点。

对待新技术，应该保持头脑冷静：一方面，新技术方向值得跟踪；另一方面，并非一定要借助新技术才能解决问题。应用水平和管理水平很重要，再好的技术用不好，也无用处；简单的技术用好了，也能解决大问题。

## 9.2 基于故障相接地的单相接地故障处理技术

我国中压配电网一般采用小电流接地运行方式（中性点不接地或经消弧线圈接地）。当对地电容电流较大时，通过加装消弧线圈，在线路发生单相接地故障时可以补偿系统对地电容电流，减小故障点电流，促进故障熄弧。但是随着配电网规模的不断扩大及电缆线路的大量应用，导致一些消弧线圈接地系统发生单相接地故后的故障点电流仍较大（大于一般电弧自然熄灭的临界值 5 A），故障点难以自然熄弧。

基于故障相接地的单相接地故障处理技术的原理是：在发生单相接地以后，通过将故障相母线短时直接金属性接地，转移接地故障点电流，控制故障点电压接近为零，实现瞬时性单相接地故障可靠熄弧；同时结合利用故障相接地转移熄弧过程的零序电压和零序电流扰动特征，实现永久性单相接地故障选线跳闸。

基于故障相接地的单相接地故障处理技术的关键设备是部署在变电站内的故障相接地型熄弧选线装置。

故障相接地型熄弧选线装置原理示意如图 9-1 所示[1,2]，由 3 个单相接地开关、中性点中电阻（包括接地变压器）及其投切开关两部分组成，并联在变电站 10kV 三相母线上。3 个单相接地开关和中性点中电阻投切开关平时处于分闸状态。

该装置中 3 个单相接地开关的作用是执行故障相接地和断开操作，根据故障选相结果，将发生单相接地的故障相的母线直接短时金属性接地，钳制故障相的电压接近于0，强迫故障点熄弧之后再断开。

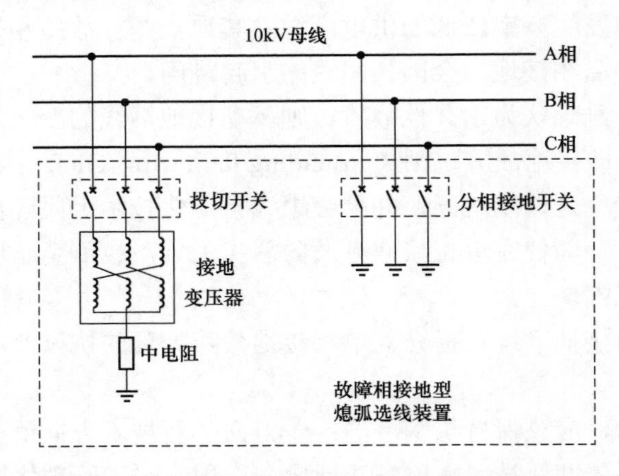


图9-1 故障相接地型熄弧选线装置原理示意

该装置在将故障相接地后，需要先投入中性点中电阻，再断开故障相接地开关，其原因包括：抑制故障接地断开操作有可能引起的低频振荡，缩短有消弧线圈（CN）系统共同运行时的暂态过程，增强故障相接地断开前后的零序电流和零序电压的变化特征。

基于故障相接地的熄弧方式不会造成用户停电，并且选相开关动作及时可靠，可以显著降低电弧破坏性和提高瞬时性接地的“自愈”比例，但在实际应用中需解决好三个方面的问题：

（1）在将故障相母线接地熄弧时，若发生选相错误，误合正常相开关，将造成系统相间短路事故，导致故障扩大化，由此带来非常严重的后果。

（2）故障相接地开关闭合时，因故障相对地电容的残余电压具有随机性，可能出现高幅值高频电流误断熔断器，并对二次设备造成干扰。

（3）故障相接地开关打开时可能产生系统中性点低频振荡和相对地过电压，造成健全相过电压和在电压互感器一次绕组上产生低频涌流，损害电压互感器熔断器，甚至是电压互感器本体。

为了应对上述问题，可以将图9-1中的分相接地开关采用“软开关”实现方式，如图9-2所示，以某一相为例，故障相接地“软开关”由开关K1、K2以及中间电阻$R$构成。

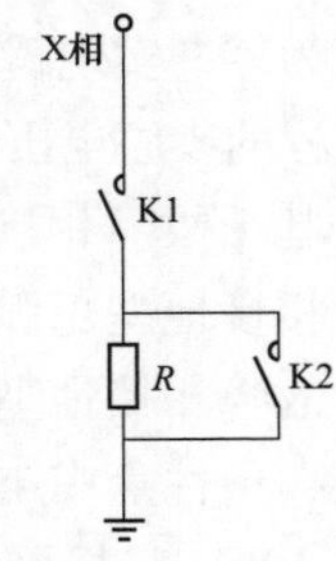


图9-2 某一相故障接地“软开关”结构

其工作过程如下：

（1）当需要将某相金属性接地时，先控制合该相对应的开关K1，将该相

过渡到经中间电阻 $R$ 接地，然后再控制合开关 K2，实现该相金属性接地。

（2）当需要断开某相金属性接地时，先控制分开关 K2，将该相过渡到经中间电阻 $R$ 接地，然后再控制分该相对应的开关 K1，实现相与地彻底断开。

通过采用上述结构和控制流程的故障相接地“软开关”，相比于将故障相直接通过开关接地或断开的方式，可以带来以下两个方面的有益效果：

1）由于在最终将故障相合到地之前，加入了经中间电阻 $R$ 接地的过渡步骤，在选相错误时，由于中间电阻 $R$ 的限流作用，短路电流既不造成危害（最大工频电流一般不超过 100～200A），又足以被可靠检测出，有助于避免选相错误导致的短路电流冲击，实现容错纠错。

2）通过引入经中间电阻 $R$ 的合闸过渡过程，使得故障相接地过程的暂态特性得到改善，暂态过程高频电流冲击得到有效抑制，故障相接地“软开关”对故障相接地暂态过程高频电流冲击的抑制效果示例如图 9-3 所示。

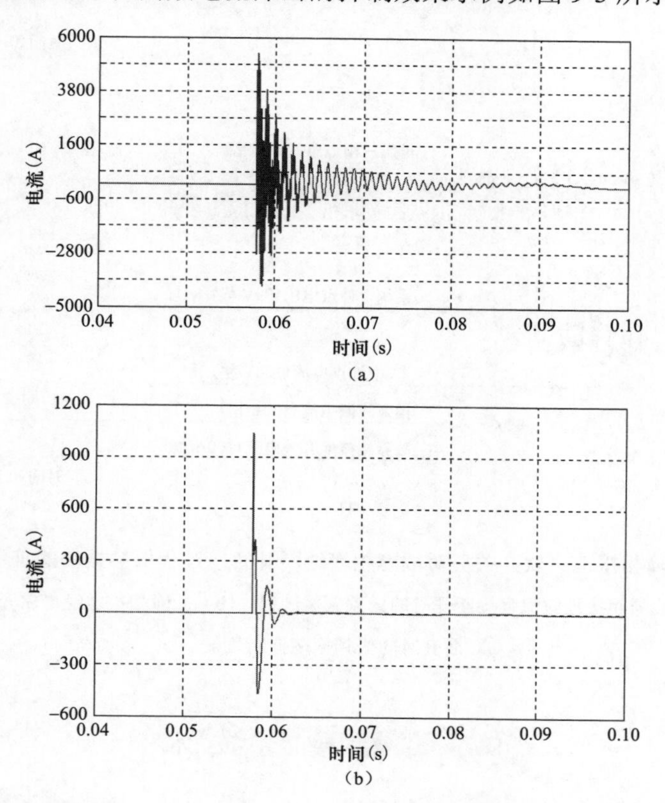


图 9-3 故障相接地“软开关”对故障相接地暂态过程高频电流冲击的抑制效果示例

（a）故障相直接接地时流过接地开关的电流；

（b）故障相经“软开关”接地时流过接地开关的电流

3）通过引入经中间电阻 $R$ 的分闸过渡过程，并结合投入中性点中电阻，有效抑制故障相接地断开过程的中性点低频振荡，保护电压互感器，避免相对地过电压。故障相接地“软开关”对故障相接地断开时的低频振荡的抑制效果如图 9-4 所示，图中 $T_r$ 为故障相接地断开时刻。

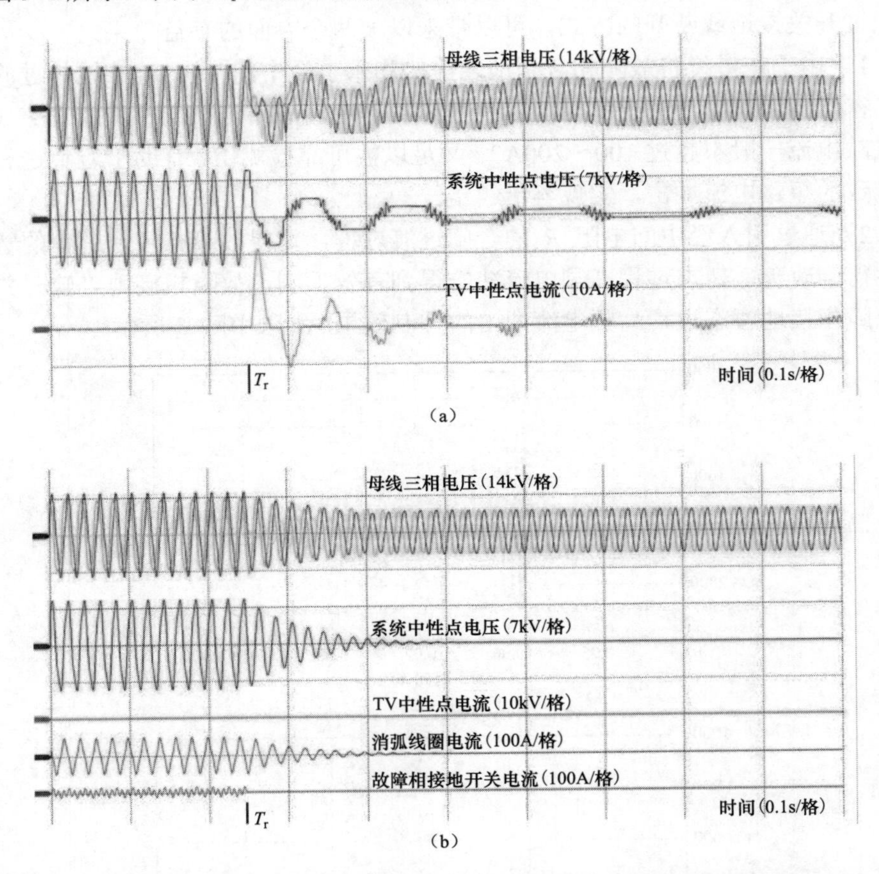


图 9-4　故障相接地“软开关”对故障相接地断开暂态过程低频振荡的抑制效果示例

（a）故障相接地时流直接断开时的低频振荡过程；（b）故障相接地经“软开关”断开时的低频振荡抑制效果

## 9.3 柔性接地技术

有别于传统接地方式（如经消弧线圈接地、小电阻接地等）的固定接地阻抗，柔性接地技术是一种新型的智能化配电网接地技术，通过利用有源补偿装置向系统中性点注入一定电流，对故障点电流中的无功、有功和谐波分量进行全电气量补偿，或者控制故障相电压接近为零，达到提升熄弧能力和抑制系统过电压的目的。

柔性接地技术根据受控对象可以分为有源电流消弧法（将故障点电流补偿至零）和有源电压消弧法（将故障相母线电压控制为零）两类原理。

### 9.3.1 有源电流消弧法柔性接地技术

瑞典的 SN 公司首先提出残余电流补偿的概念，同时研发出残余电流补偿设备（ground fault neutralizer，GFN）[3-4]。GFN 属于典型的有源电流消弧法柔性接地装置，原理如图 9-5 所示，其原理是凭借无源消弧线圈补偿配电网接地残流中主要的工频容性电流，然后经有源补偿设备补偿接地残流中的谐波电流以及有功电流，从而将接地残流数值补偿为零。GFN 装置目前已在欧洲、澳洲、亚洲等地已有一定数量的应用。

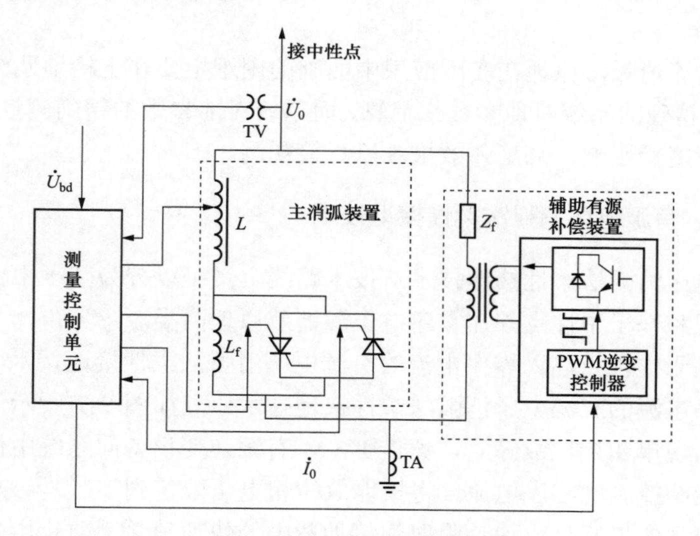


图 9-5 GFN 装置原理

国内方面，华北电力大学杨以涵教授课题组研发的主从式全补偿消弧线圈[5-6]也属于有源电流消弧法原理，主从式二次侧调感消弧线圈原理如图 9-6 所示，主消弧线圈实现对接地故障残流中主要的容性电流的补偿，正常运行时置于 15%过补偿点附近；同时使用有源逆变装置，基于单相电压源式逆变器和脉宽调制技术发挥辅助消弧线圈的作用，故障时快速预测跟踪接地电流变化，用以补偿接地残流中的谐波电流以及有功电流，实现精确补偿的效果。在故障选线上，结合新型的有源式从消弧线圈，采用电流突变量方法，在自动跟踪补偿接地电流的过程中，根据故障线路的零序电流突变最大来进行选线。

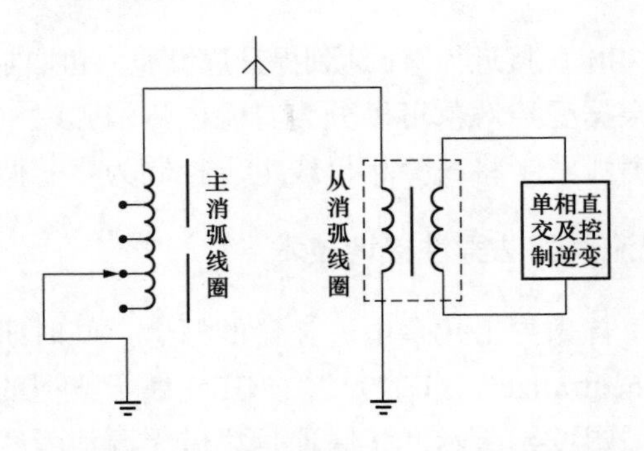


图 9-6　主从式二次侧调感消弧线圈原理

中国矿业大学的王崇林教授课题组也开展了电流全补偿消弧线圈的研发和试验[7]。但从目前来看，国内有源电流消弧法柔性接地装置的实际应用仍然较少。

有源电流消弧法原理在实际应用中面临的困难主要在于接地残流不能直接获取，需要精确的系统对地参数来估算，而系统对地参数的精确测量难度较大，导致补偿精度受影响，且熄弧效果难以直接观测。

### 9.3.2　有源电压消弧法柔性接地技术

有源电压消弧法柔性接地技术从技术路线上又可以分为基于中性点注入电流调节原理和基于中性点外加零序电压源调节原理两类。

（1）基于中性点注入零序电流的有源电压消弧法柔性接地技术。基于中性点注入零序电流的有源电压消弧法柔性接地技术原理如图 9-7 所示，在小电流接地系统出现单相接地故障时，凭借 PWM 有源逆变设备向系统中性点注入幅值、相位能够控制的零序电流，将接地故障相电压限定到零[8-10]，从而实现接地残流数值大幅度降低，促使瞬时性接地故障的快速消弧，防止电弧复燃。

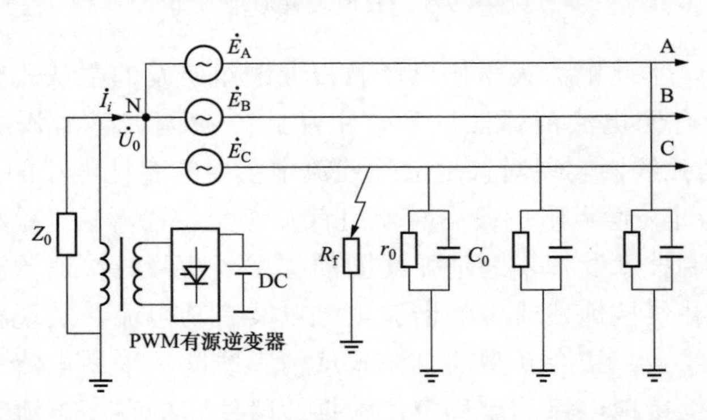


图 9-7　基于中性点注入零序电流的有源电压消弧法柔性接地技术原理

如图 9-7 所示，消弧线圈二次侧绕组所接的有源逆变器在故障发生瞬间向配电网注入补偿电流。若系统三相线路参数对称，配电网系统中性点接地阻抗为 $Z_0$，单相泄漏电阻与对地电容分别为 $r_0$ 和 $C_0$，配电网系统三相电源电动势分别为 $\dot{E}_A$、$\dot{E}_B$、$\dot{E}_C$，中性点电压为 $\dot{U}_0$，过渡电阻为 $R_f$，注入补偿电流为 $\dot{I}_i$。由 KCL 可得：

$$\begin{aligned}\dot{I}_i=&\frac{\dot{U}_0}{Z_0}+(\dot{E}_A+\dot{U}_0)\left(j\omega C_0+\frac{1}{r_0}\right)+(\dot{E}_B+\dot{U}_0)\left(j\omega C_0+\frac{1}{r_0}\right)\\&+(\dot{E}_C+\dot{U}_0)\left(j\omega C_0+\frac{1}{r_0}+\frac{1}{R_f}\right)\end{aligned} \tag{9-1}$$

若配电网系统三相电源电动势对称，即 $\dot{E}_A+\dot{E}_B+\dot{E}_C$ 为零；中性点电压为 $\dot{U}_0=\dot{U}_C-\dot{E}_C$，可得：

$$\dot{I}_i=\dot{U}_C\left(\frac{1}{Z_0}+j3\omega C_0+\frac{3}{r_0}+\frac{1}{R_f}\right)-\dot{E}_C\left(\frac{1}{Z_0}+j3\omega C_0+\frac{3}{r_0}\right) \tag{9-2}$$

若控制目标为限制故障相电压为零，即 $\dot{U}_C=0$，则计算得到补偿电流为：

$$\dot{I}_i=-\dot{E}_C\left(\frac{1}{Z_0}+j3\omega C_0+\frac{3}{r_0}\right) \tag{9-3}$$

式（9-3）表明，通过对注入电流 $\dot{I}_i$ 的合理控制，有源电压消弧法可以将故障相电压限定到零。

在控制算法方面，要达到限定故障相电压为零的控制目标，通常可以采用两种控制策略：①基于式（9-3），采用开环控制，但实际应用中，配电网参数 $r_0$ 和 $C_0$ 很难精确测量；②采用闭环控制，以故障相电压为反馈量，控制 PWM 有源逆变器注入零序电流 $\dot{I}_i$，使故障相电压为 0，可以降低对配电网参数 $r_0$ 和 $C_0$ 的依赖，因而在实际应用中多采用闭环控制策略。

（2）基于中性点外加零序电压源的有源电压消弧法柔性接地技术。基于中性点外加零序电压源的有源电压消弧法柔性接地技术通过在配电网中性点外加一个单相零序电压源，当配电网发生单相接地故障时，调控单相零序电压源的输出电压幅值和相位，即调控接地故障相电压，将故障点电压控制到小于电弧重燃电压，实现电压消弧[11]。

基于中性点外加零序电压源的有源电压消弧法柔性接地技术原理如图 9-8 所示。接地变压器的作用是引出配电系统的中性点；消弧线圈的作用是补偿电容电流，降低接地残流水平，同时也可以提高高阻接地检测灵敏度；注入变压器一次侧与消弧线圈并联，电压源屏和二次阻容器柜接在注入变压器二次侧，二次阻容器柜中的电阻器实现的是阻尼电阻的作用，二次阻容器柜中的电容器组用于抵消过补偿的电感电流，减小电压源的容量要求，电压源屏采用电力电子电压源，可根据需要灵活调整其幅值和相角，以满足故障相电压的调控要求。

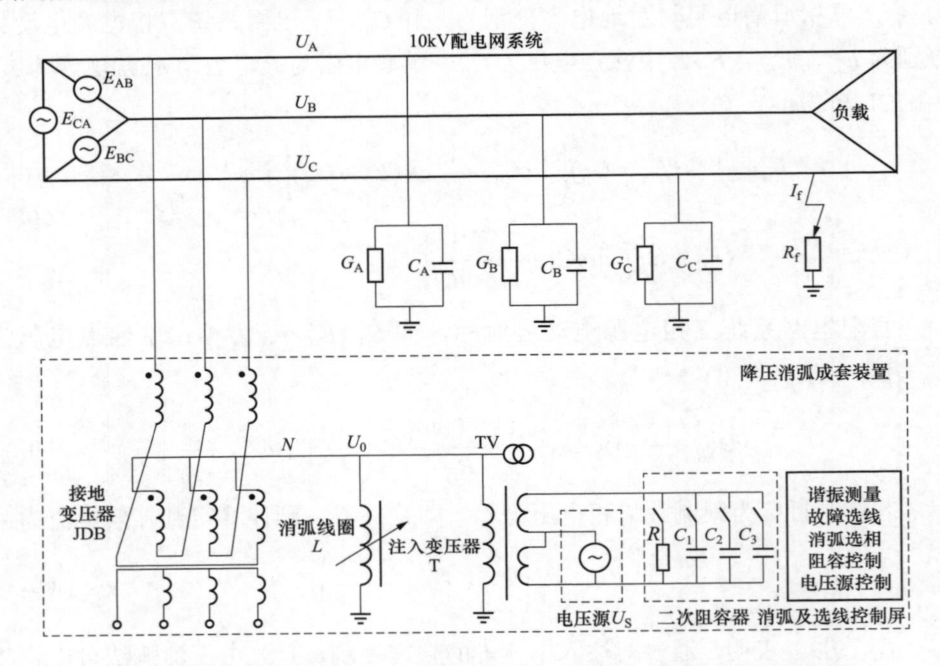


图 9-8　基于中性点外加零序电压源的有源电压消弧法柔性接地技术原理

以 C 相发生单相接地故障为例，图 9-8 中，$E_{AB}$、$E_{BC}$、$E_{CA}$ 为电源电动势，$U_A$、$U_B$、$U_C$ 为三相对地电压，$U_0$ 为中性点零序电压，$C_A$、$C_B$、$C_C$ 为三相对地电容，$G_A$、$G_B$、$G_C$ 为三相对地泄漏电导，配电网中性点 $N$ 由 ZNyn11 型接地变压器引出，消弧线圈工作在过补偿状态。

电压控制轨迹如图 9-9 所示，发生单相接地后，零电位点 $O$ 沿半圆轨迹移动到 $O'$，有源电压消弧法柔性接地装置（NIS）控制电压源输出，强迫零电位点 $O'$ 脱离半圆轨迹，移动到 $OC$ 直线上 $O''$ 点，使得故障相 C 相电压降低在电弧重燃电压 $U_{ds}$ 为半径的圆轨迹内，达到强迫故障电弧熄灭的目的；同时控制非故障 A、B 相电压 $U''_A$、$U''_B$ 在 ABC 三角区域内，抑制非故障相电压升高。

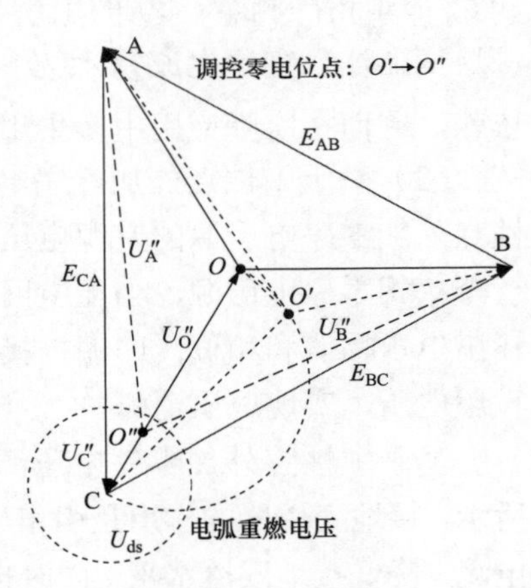


图 9-9　有源电压消弧法柔性接地装置电压控制轨迹示意

在有源电压消弧法柔性接地原理下，中性点电压变化不影响三相线电压，其中性点电压变化不影响电源和负荷正常运行，因此小电流接地系统的零序电压可以灵活调控。由于小电流接地配电网的零序回路阻抗大，调控所需的零序电源容量小，也方便实现故障相主动降压消弧。

有源电压消弧法柔性接地技术无需精确的系统参数，能够适应线路结构的动态变化，有较强的实用性，但在低阻接地故障时，尤其负荷电流较大，故障距离较远时，有源电压消弧法反而会导致故障点电流增大，严重影响熄弧效果，在工程应用中需注意规避上述不利场景。

## 9.4 电压熄弧单相接地故障处理技术的典型应用模式

### 9.4.1 模式1：消弧线圈+故障相接地+选线跳闸（CN+FPG+GFT）

FPG在实际应用中需要与CN共同运行，因为CN可以有效降低残流水平、提高高阻接地检测灵敏度。同时，由于FPG在运行中对系统产生了较大的扰动，在变电站母线零序电压及各出线零序电流信号接入FPG控制器的条件下，恰当利用FPG运行中产生的零序电压和零序电流扰动特征，通过一、二次配合可以方便地实现永久性故障的接地选线跳闸。即“消弧线圈+故障相接地+选线跳闸（CN+FPG+GFT）”模式。

结合9.2节的论述，当配电线路发生单相接地故障以后，CN+FPG+GFT模式完整的工作过程包括4个步骤：

第1步：根据故障选相结果，FPG控制故障相的单相接地开关合闸，将故障相的变电站母线直接接地，以转移线路故障点接地电流。

第2步：母线故障相接地维持一段时间（小于1s，确保可靠熄灭电弧）后，FPG再将中性点中电阻投切开关合上，将中性点中电阻投入系统。

第3步：断开合闸的单相接地开关。

第4步：断开中性点中电阻投切开关。

如果是瞬时性故障，则经过上述故障相接地转移熄弧过程之后，电弧已经熄灭，零序电压恢复正常，本次单相接地故障处理完毕。

如果经过上述过程之后，零序电压告警依然存在，则表明发生的是永久性单相接地故障，则随着故障相接地的断开，故障线路的零序电流增大，健全线路的零序电流减少，FPG利用这个特征选出发生了单相接地的线路，并控制相应的变电站出线断路器跳闸。

### 9.4.2　模式 2：消弧线圈+故障相接地+选线跳闸+馈线自动化（CN+FPG+GFT+FA）

CN+FPG+GFT 模式在变电站内实现了瞬时性单相接地可靠消弧和永久性单相接地选线跳闸，为了更精细地进行单相接地故障处理，还需要与馈线自动化技术（feeder automation，FA）配合，实现单相接地选段跳闸、隔离和故障下游健全区域恢复供电。

CN+FPG+GFT+FA 有 3 种实现模式：

方式 1：CN+FPG+GFT 与采用零序有功功率法、相电流突变法、首半波法和参数识别法等传统单相接地检测方法的馈线自动化终端配合方式。由于在发生单相接地时，配置于变电站的 FPG 迅速将故障相接地，相当于把单相接地点转移到母线上，有可能造成馈线上的自动化装置将单相接地点误判为母线。一种解决方案是：FPG 不要立即进行故障相接地，而是延时一段时间（$t_1$），待馈线上的自动化装置完成单相接地检测、判断和本地处理后，再进行故障相接地，其优点是可以直接利用已经建设的馈线上的自动化装置，缺点是延时进行故障相接地而牺牲了 FPG 的熄弧速度。

对于配置于分支或用户侧的自动化装置（如分界开关），在检测到下游发生单相接地后立即跳闸，若配置了自动重合闸功能，则重合闸延时时间 $t_2$ 要大于 $t_1$，这样 FPG 在 $t_1$ 时就能够因检测不到超过阈值的 $U_0$ 而返回。

对于采用集中智能 FA 的配电自动化主站，在进行单相接地定位时，要忽视由于 FPG 造成的“母线接地”。

方式 2：CN+FPG+GFT 与合闸检测型自动化装置配合模式[12]。发生单相接地时，FPG 立即进行故障相接地处理，若是永久性故障则控制故障馈线的变电站出线断路器跳闸，然后延时重合，就可以直接与合闸保护型自动化装置配合。这种模式不会影响 FPG 的熄弧速度，但是馈线必须配置合闸检测型自动化装置。

方式 3：CN+FPG+GFT 与馈线上配置的“故障相接地启动检测装置”配合模式[13]。故障相接地启动检测装置配置于馈线开关处，利用站内配置的故障相接地型熄弧选线装置运行中产生的零序电压和零序电流扰动信号进行单相接地故障检测和判别，在永久性接地时，馈线沿线配置的故障相接地启动检测装置通过时间级差配合实现选段跳闸。对于安装于线路联络开关处的故障相接地启动检测装置，除了具备单相接地保护功能以外，还配置开关一侧失压延时合闸功能，当检测到所配置的开关一侧连续失压超过设定时间后自动合闸，从而引发尚未隔离的故障下游和对侧馈线及变电站出线断路器进行新的一轮单相接地故障处理，由故障相接地启动检测装置最终隔离单相接地区域下游，并恢复下游健全区域供电。

考虑到配电线路负荷转供的情形，故障相接地启动检测装置的级联关系可能发生变化，该装置的时间级差配合需根据潮流方向设置两套不同定值。

这种模式不会影响FPG熄弧速度，但是馈线开关上必须配置具备故障相接地启动保护原理的装置。

由于站内配置的故障相接地型熄弧选线装置在中性点投入了中电阻，当故障相接地断开时零序电压值迅速降低，馈线沿线配置的故障相接地启动检测装置感知到零序电压的上述变化，并以此作为启动条件，结合变电站内故障相接地断开前后零序电流的变化，判断下游是否存在单相接地并上报配电自动化主站。具体判断条件为：若故障相接地断开后与断开前工频零序电流有效值之比（定义为$K_I$）小于0.8，则接地位置不在装置下游；若故障相接地断开后与断开前工频零序电流有效值之比大于0.8，则接地位置在装置下游。

在采用集中智能馈线自动化的情况下，配电自动化主站根据故障相接地启动检测装置上报的检测信息也可以实现单相接地区域定位、隔离和恢复健全区域供电。

以图9-10所示配电网为例，进一步说明CN+FPG+GFT与馈线上配置的"故障相接地启动检测装置"配合进行故障处理过程。为了叙述方便，除图中给出的6条出线以外，10kV母线A和10kV母线B所供其他出线在图中未绘出。10kV母线A和10kV母线B所供配电系统的单相接地电容电流水平均为140A，消弧线圈过补偿度为5%，10kV母线A和10kV母线B配置故障相接地型熄弧

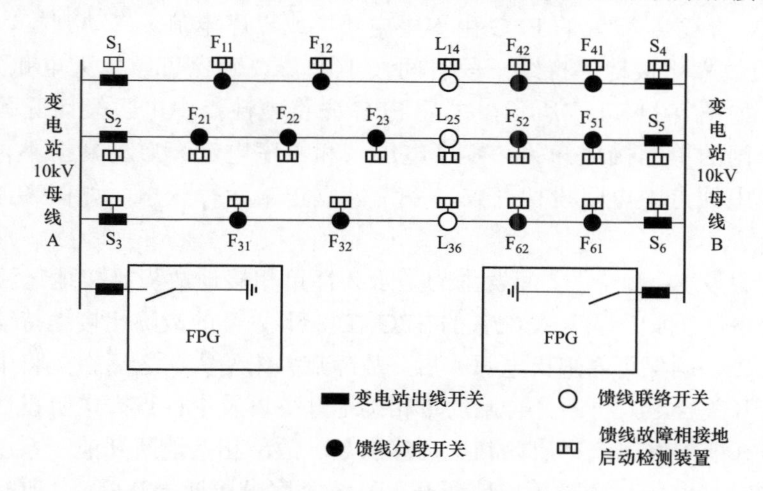


图9-10 基于故障相接地的单相接地故障处理系统组成

选线装置；$S_1$～$S_6$以及$F_{ij}$配置故障接地启动检测装置；$L_{ij}$配置故障接地启动检测装置，并具备一侧失压延时合闸功能。故障相接地启动检测装置的故障相接地断开感知判据$\Delta U_{set(0)}$设定为$-0.2U_N$。图 9-10 中各故障相接地启动检测装置的保护动作延时时间如表 9-1 所示。

**表 9-1　案例中故障相接地启动检测装置的保护动作延时时间**

| 编号 | 延时（s） | 编号 | 延时（s） | 编号 | 延时（s） |
|---|---|---|---|---|---|
| $S_1$ | 1.5 | $F_{21}$ | 1.5/0 | $F_{52}$ | 1.2/0.3 |
| $S_2$ | 1.8 | $F_{22}$ | 1.2/0.3 | $F_{61}$ | 1.2/0 |
| $S_3$ | 1.5 | $F_{23}$ | 0.9/0.6 | $F_{62}$ | 0.9/0.3 |
| $S_4$ | 1.5 | $F_{31}$ | 1.2/0 | $L_{14}$ | 0.6/0.6 |
| $S_5$ | 1.8 | $F_{32}$ | 0.9/0.3 | $L_{25}$ | 1.2/0 |
| $S_6$ | 1.5 | $F_{41}$ | 1.2/0 | $L_{36}$ | 0.6/0.9 |
| $F_{11}$ | 1.2/0 | $F_{42}$ | 0.9/0.3 | | |
| $F_{12}$ | 0.9/0.3 | $F_{51}$ | 1.5/0 | | |

注　“a/b”中“a”表示潮流正向时的检测装置动作延时时间；“b”表示潮流反向时的检测装置动作延时时间。联络开关指定从母线 A 指向母线 B 的潮流方向为正向。

采用 CN+FPG+GFT 与馈线上配置的“故障相接地启动检测装置”配合的单相接地故障处理过程如下：

（1）假设$F_{21}$和$F_{22}$之间发生瞬时性单相接地，如图 9-11（a）所示，变电站 10kV 母线 A 配置的 FPG 由零序电压（或零序电流）启动判据，首先将母线 A 的故障相接地，持续一段时间（小于 2s，确保可靠熄灭电弧），故障点消失，如图 9-11（b）所示，之后 FPG 先将中性点中电阻投切开关合上，再断开合闸的单相接地开关，零序电压（和零序电流）启动判据不再满足，随后断开中性点中电阻投切开关，系统恢复正常运行状态，如图 9-11（c）所示。

（2）假设$F_{21}$和$F_{22}$之间发生的是永久性单相接地故障且接地过渡电阻较大，则变电站 10kV 母线 A 配置的 FPG 在将母线 A 的故障相接地持续一段时间（小于 2s，确保可靠熄灭电弧）后，故障点并未消失，之后在先将中性点中电阻投切开关合上，再断开合闸的单相接地开关以及中性点中电阻投切开关，零序电压（或零序电流）启动判据仍然满足。故障相接地断开前，系统零序电压接近额定相电压，故障相接地断开，系统零序电压低于$0.6U_N$，所有故障相接地启动检测装置根据检测到的零序电压变化量低于$-0.2U_N$，确定故障相接地断开时刻。各变电站出线开关及馈线分段开关检测到的 $K_I$，如图 9-11（d）所示，由于 $S_2$ 检测到 $K_I>0.8$，而 $S_1$、$S_3$ 检测到的 $K_I<0.8$，母线 A 配置的 FPG 可以判断出单相接地发生在 $S_2$ 所带出线上，发出选线告警信号；同时 $S_2$ 和 $F_{21}$ 由于检测到 $K_I>0.8$，启动延时跳闸，因是永久性接地，故障相接地断开后单相接地现象未消失，根据上下级保护的延时时间级差配合关系，在预设的保护动作时间到达以后，$F_{21}$ 先于 $S_2$ 动作，隔离单相接地故障点，$S_2$ 保护返回，不动作，如图 9-11（e）所示。

$F_{21}$ 跳闸后，造成联络开关 $L_{25}$ 一侧持续失压，经过一段延时后，$L_{25}$ 自动合闸并转入第 I 套功能，随着 $L_{25}$ 合闸，变电站 10kV 母线 B 的 FPG 检测到单相接地后启动，由于是永久性接地，在变电站 B 母线故障相接地断开前后，所有故障相接地启动检测装置根据检测到的零序电压变化量低于 $-0.2U_N$，确定故障相接地断开时刻，各变电站出线开关及馈线分段开关检测到的 $K_I$，如图 9-11（f）所示。

由于 $S_5$ 检测到的 $K_I>0.8$，而 $S_4$、$S_6$ 检测到 $K_I<0.8$，变电站 B 配置的故障相接地型熄弧选线装置可以判断出单相接地发生在 $S_5$ 所带出线上，发出选线告警信号；同时 $F_{22}$、$F_{23}$、$L_{25}$、$F_{51}$、$F_{52}$ 和 $S_5$ 由于检测到 $K_I>0.8$，启动延时跳闸，因是永久性接地，故障相接地断开后单相接地现象未消失，根据上下级检测装置的延时时间级差配合关系，在预设的保护动作时间到达以后，$F_{22}$ 最先动作跳闸，$F_{23}$、$L_{25}$、$F_{51}$、$F_{52}$ 和 $S_5$ 保护返回，不动作，如图 9-11（g）所示，隔离了永久性接地故障点，并恢复了可恢复的健全区域供电。

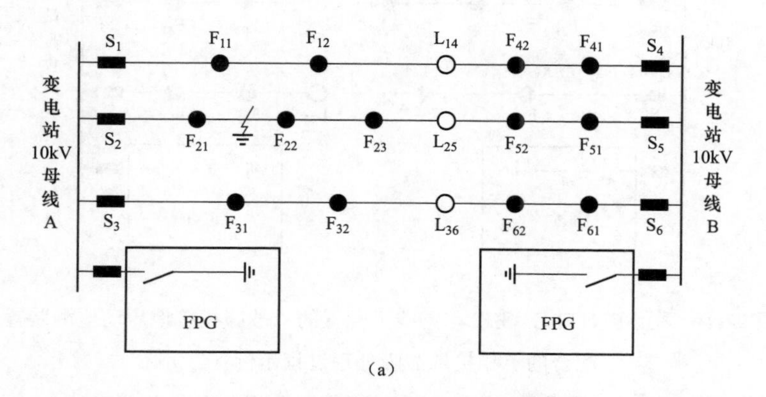


图 9-11 采用 CN+FPG+GFT 与馈线上配置的“故障相接地启动检测装置”配合的单相接地故障处理过程示例（一）

（a）$F_{21}$ 和 $F_{22}$ 之间发生瞬时性单相接地

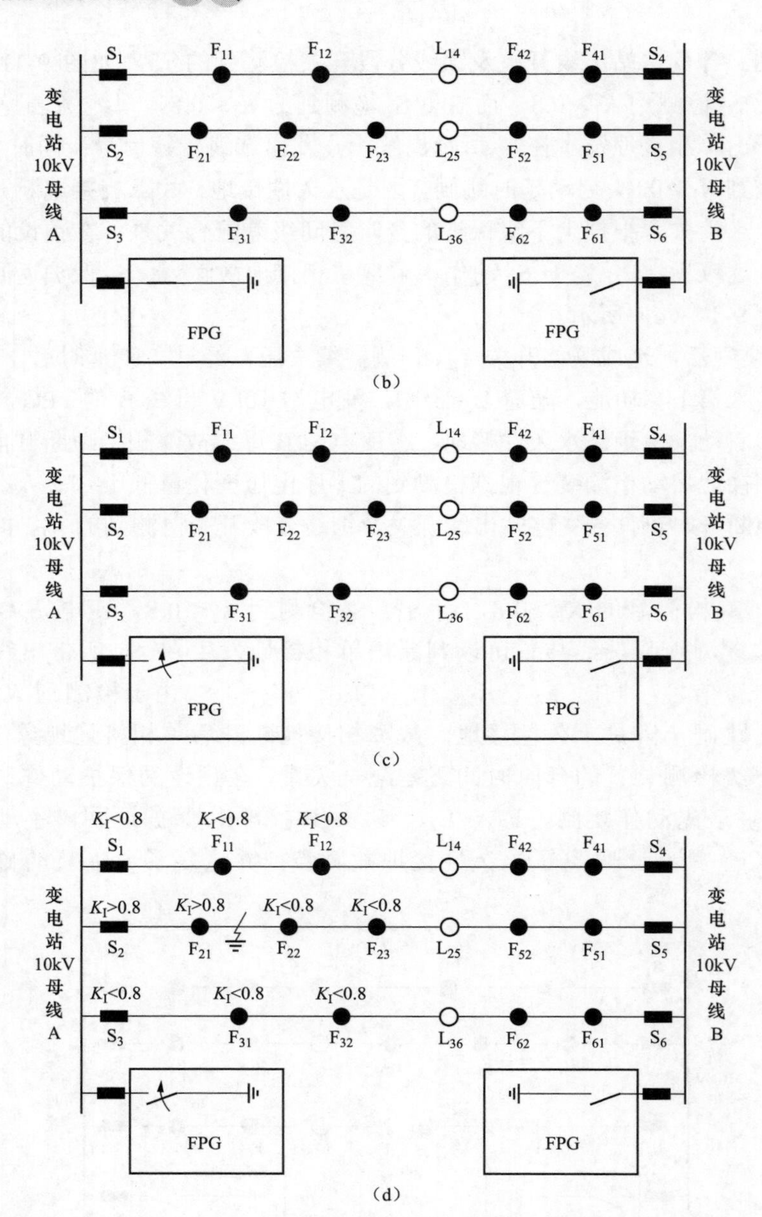


图 9-11　采用 CN+FPG+GFT 与馈线上配置的“故障相接地启动检测装置”配合的单相接地故障处理过程示例（二）

（b）母线 A 配置的 FPG 将故障相接地实现熄弧；

（c）母线 A 配置的 FPG 将故障相接地断开，系统恢复正常运行；

（d）$F_{21}$ 和 $F_{22}$ 之间发生永久性单相接地

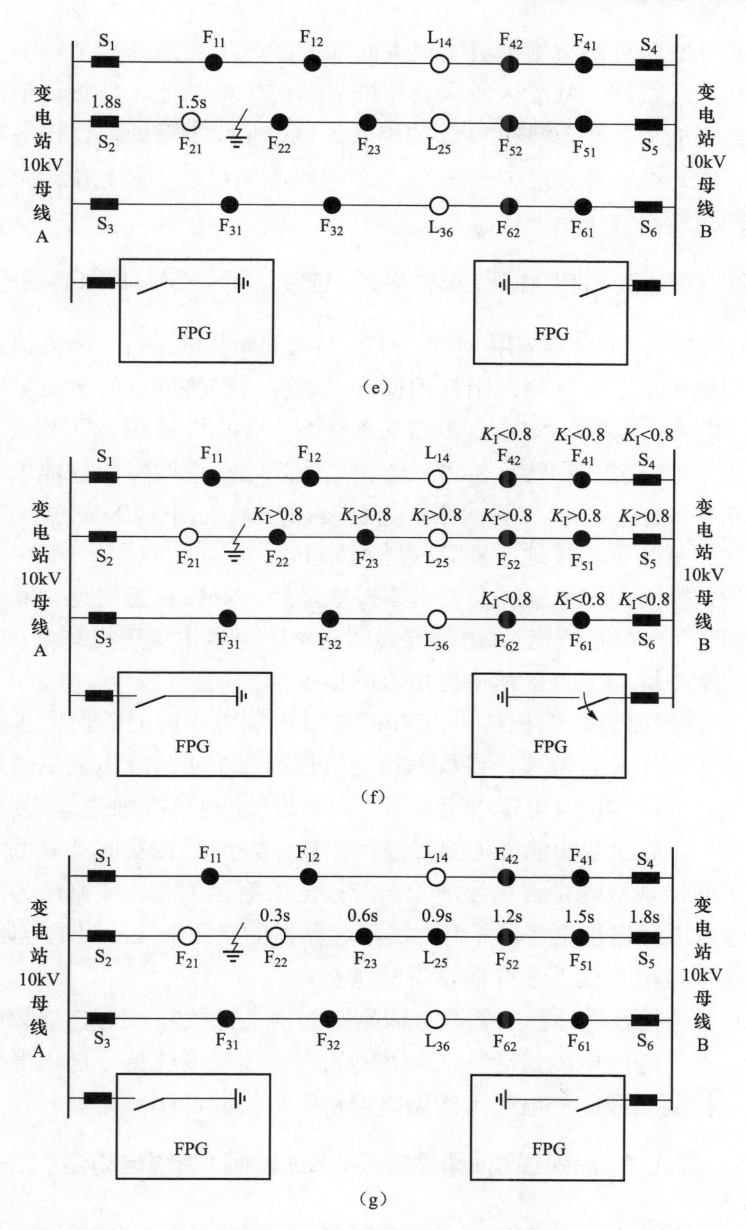


图 9-11 采用 CN+FPG+GFT 与馈线上配置的“故障相接地启动检测装置”配合的单相接地故障处理过程示例（三）

（e）$S_2$ 和 $F_{21}$ 检测到 $K_I>1$；（f）联络开关 $L_{25}$ 一侧失压；

（g）$F_{22}$、$F_{23}$、$L_{25}$、$F_{51}$、$F_{52}$ 和 $S_5$ 检测到 $K_I>1$

由示例的故障处理过程可见，采用 FPG 与“故障相接地启动检测装置”配合的单相接地故障处理方案能够实现瞬时性故障时迅速熄弧且不跳闸，永久性故障选线和选段跳闸，故障区段隔离和恢复下游供电功能，具备单相接地故障的全过程处理能力，不会牺牲FPG的熄弧速度，并且故障处理过程不需要沿线开关增加一次重合功能，相对于FPG与合闸检测型自动化装置配合方式，永久性故障处理速度更快。

### 9.4.3 模式3：消弧线圈+柔性接地+选线跳闸（CN+NFG+GFT）

与FPG类似，在实际应用中，NFG需要与CN共同运行，因为消弧线圈可以有效降低残流水平、提高高阻接地检测灵敏度；在将变电站母线零序电压及各出线零序电流信号接入NFG控制器的条件下，恰当利用NFG工作过程产生的零序电压和零序电流扰动特征也可以方便地实现永久性故障的接地选线跳闸。

结合9.3节的论述，“消弧线圈+柔性接地+选线跳闸（CN+NFG+GFT）”模式下，一次完整的单相接地故障处理过程如下：

第1步：检测到配电系统发生单相接地以后，NFG首先快速切除二次阻容器柜的电阻器（即阻尼电阻），由消弧线圈对接地电容电流进行补偿，并选择投入合适的二次电容器组，抵消电感电流的多余部分。

第2步：根据故障选相结果，NFG通过控制电压源的输出电压幅值和相位，对故障相电压进行调控，将故障相电压控制在小于故障电弧重燃电压的范围内，并维持一段时间（0.5s以上），以确保故障点电弧被强迫熄灭。

第3步：完成第2步的强迫熄弧过程以后，NFG通过实时计算系统的零序导纳，来判断接地故障是否已经消除，若接地故障已消除，即判断为瞬时性故障，控制将电压源退出工作，并将二次阻容器柜的电阻器（即阻尼电阻）投入，二次电容器组退出，配电系统恢复正常状态。

第4步：若接地故障没有消除，即判断为永久性故障，NFG调控电压源幅值和相位，产生零序电流扰动特征，并利用零序电流变化特征选出发生单相接地的线路，控制相应的变电站出线断路器跳闸，切除故障线路。

### 9.4.4 模式4：消弧线圈+柔性接地+选线跳闸+馈线自动化（CN+NFG+GFT+FA）

CN+NFG+GFT模式与FA配合，有3种实现方式：

方式1：CN+NFG+GFT与采用零序有功功率法、相电流突变法、首半波法和参数识别法等传统单相接地检测方法的馈线自动化终端配合方式，和CN+FPG+GFT与这类自动化终端配合模式类似，NFG也需延时一段时间，待馈线上的自动化装置完成单相接地检测、判断和本地处理后，再进行故障相接地，其缺点是牺牲了NFG的熄弧速度。

方式2：CN+NFG+GFT与合闸检测型自动化装置配合模式。和CN+FPG+GFT与这类自动化终端配合模式类似，它不会影响NFG的熄弧速度，但是馈线必须配置合闸检测型自动化装置。

方式3：CN+NFG+GFT与馈线上配置基于NFG扰动特征的单相接地检测装置配合模式，和CN+FPG+GFT与馈线上配置“故障相接地启动检测装置”配合模式类似，只是馈线上配置的是能够基于NFG特定扰动控制产生的零序电压和电流变化特征实现单相接地故障检测装置。这种模式不会影响NFG的熄弧速度。

## 9.5 提升小电阻接地系统单相接地故障处理性能的途径

目前国内针对小电阻接地系统单相接地主要采用定时限零序过电流保护方法，其整定值需躲过各条线路最大对地电容电流，灵敏度低、抗过渡电阻能力差，一般在100Ω左右。

在实际中，超过100Ω的单相接地非常普遍，尽管一些较高过渡电阻的单相接地部位会逐渐碳化演变成较低过渡电阻，从而引起单相接地保护动作，但是一般需要较长的时间，增大了安全风险，而且在一些情况下是不容易逐渐转化为较低过渡电阻的，如导线断线坠地，在这样的场景下，单相接地甚至都不容易被及时察觉。为了提升小电阻接地系统单相接地故障的抗过渡电阻能力，许多学者从不同的角度提出了解决方案，典型的如基于零序电流比较的保护方法、基于零序电压比率制动的保护方法等。

### 9.5.1 高阻接地故障特征

接地故障点形态可能是金属性接地，也可能是非金属性接地，一般非金属性接地包括经树枝、杆塔、水泥建筑物接地或它们的组合。经非金属介质接地常常又被称为高阻接地，主要特点是接地电流数值小，难以检测。

高阻接地故障的主要特点是非金属导电介质呈现高电阻特征，导致接地故障电流小，而且故障呈现电弧性、间断性、瞬时性特点，普通的零序电流保护难以检测。国际上IEEE和电力系统工程研究中心（Power System Engineering and Research Center，PSERC）普遍认可的高阻接地故障是特指在中性点有效接地的配电系统（如北美的四线制系统）中单相对地（不排除相间，但是情况较少）发生经过非金属性导电介质的短路时故障电流低于过流保护阈值，而保护无法启动的配电线路的故障状态。

不论是哪种高阻接地，它们的共同点都是故障电流小，PSERC给出的

12.5kV 中性点接地系统高阻接地电流典型值，如表 9-2 所示。一般情况下，高阻接地故障工频电流有效值小于 20A，低于一般零序过电流保护最小动作值。

表 9-2　12.5kV 中性点接地系统高阻接地电流典型值

| 介　质 | 电流（A） | 介　质 | 电流（A） |
|---|---|---|---|
| 干燥的沥青/混凝土/沙地 | 0 | 潮湿草皮 | 40 |
| 潮湿沙地 | 15 | 潮湿草地 | 50 |
| 干燥草皮 | 20 | 钢筋混凝土 | 75 |
| 干燥草地 | 25 | | |

## 9.5.2　基于零序电流比较的高阻接地故障保护方法

在发生单相接地故障时，一个具有 $n$ 条线路的小电阻接地系统的零序等效电路如图 9-12 所示。图中，$R_N$ 为中性点接地电阻，$R_f$ 为单相接地过渡电阻，$\dot{U}_0$ 为母线零序电压，$\dot{U}_f$ 为故障点的等效零序电压源（幅值为相电压 $U_\varphi$），$C_{0i}(i=1,2,\cdots,n-1)$ 为各条线路对地零序电容，$kC_{0n}$ 和（$1-k$）$C_{0n}$ 分别为故障线路的故障点上游和下游对地电容，$k$ 为故障线路自身对地电容在故障点上游的部分所占的比例（$k$=0～1），$\dot{I}_{0f}$ 为故障线路的零序电流，$\dot{I}_{0i}(i=1,2,\cdots,n-1)$ 为各健全线路的零序电流，$\dot{I}_{0N}$ 为流过中性点接地电阻的零序电流。

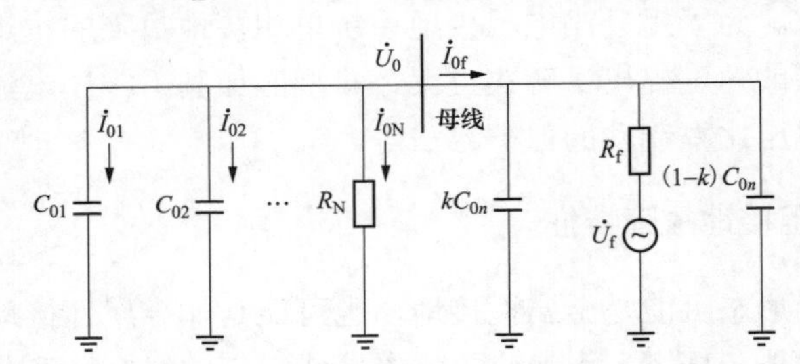


图 9-12　小电阻接地系统的零序等效电路

根据图 9-12，母线的零序电压为：

$$\dot{U}_0=\dot{U}_f\frac{R_N}{R_N+R_f(1+j\omega R_N C_\Sigma)} \tag{9-4}$$

式中：$C_\Sigma=\sum_{i=1}^{n}C_{0i}$ 为系统对地电容之和。

流过故障线路的零序电流为：

$$\dot{I}_{0f}=-\dot{U}_0\left(\frac{1}{R_N}+j\omega\sum_{i=1}^{n-1}C_{0i}+j\omega kC_{0n}\right) \tag{9-5}$$

健全线路 $i$ 的零序电流 $\dot{I}_{0i}$ 为：

$$\dot{I}_{0i} = \mathrm{j}\omega C_{0i}\dot{U}_0 \qquad (i=1,2,\cdots,n-1) \tag{9-6}$$

流过中性点接地电阻的零序电流 $\dot{I}_{0\mathrm{N}}$ 为：

$$\dot{I}_{0\mathrm{N}} = \frac{\dot{U}_\mathrm{f}}{R_\mathrm{N} + R_\mathrm{f}(1+\mathrm{j}\omega R_\mathrm{N} C_\Sigma)} \tag{9-7}$$

故障线路与健全线路 $i$ 的零序电流之比 $\rho_{\mathrm{f},i}$ 为：

$$\rho_{\mathrm{f},i} = \frac{\left|\dot{I}_{0\mathrm{f}}\right|}{\left|\dot{I}_{0i}\right|} \approx \frac{\left|\dfrac{1}{R_\mathrm{N}} + \mathrm{j}\omega\sum_{i=1}^{n-1} C_{0i} + \mathrm{j}\omega k C_{0n}\right|}{\left|\mathrm{j}\omega C_{0i}\right|} = \frac{\sqrt{1+\omega^2 R_\mathrm{N}^2\left(\sum_{i=1}^{n-1} C_{0i} + kC_{0n}\right)^2}}{\omega R_\mathrm{N} C_{0i}} \tag{9-8}$$

由式（9-8）可见，单相接地故障线路与健全线路的零序电流幅值比 $\rho_{\mathrm{f},i}$ 取决于中性点接地电阻、各条线路对地电容的分布和单相接地位置，而与单相接地过渡电阻的大小无关，并且 $\rho_{\mathrm{f},i}$ 始终大于 1。

由式（9-8）还可以看出，$\rho_{\mathrm{f},i}$ 随着 $R_\mathrm{N}$ 的增大而减小，随着健全线路电容电流的增大而减小，当单相接地故障发生在近母线处（$k$=0）时的 $\rho_{\mathrm{f},i}$ 最小，此时有：

$$\rho_\mathrm{min} \approx \frac{\sqrt{1+\omega^2 R_\mathrm{N}^2\left(\sum_{i=1}^{n-1} C_{0i}\right)^2}}{\omega R_\mathrm{N} C_{0i}} \tag{9-9}$$

各种典型情形下的 $\rho_\mathrm{min}$ 如表 9-3 所示。

**表 9-3　　各种典型情形下的 $\rho_\mathrm{min}$**

| $R_\mathrm{N}/\Omega$ | 单条健全线路最大电容电流/健全线路总电容电流（A） | | |
|---|---|---|---|
| | 20/40 | 12/30 | 6/20 |
| 6 | 48.14 | 80.18 | 160.31 |
| 10 | 28.93 | 48.15 | 96.22 |
| 15 | 19.34 | 32.15 | 64.20 |

由表 9-3 可见，单条健全线路最大电容电流与健全线路总电容电流之比越大，则 $\rho_\mathrm{min}$ 越小。

一般在电缆化率较高、电容电流大（若采用谐振接地系统则消弧线圈体积太大）时才选择采用小电阻接地方式，考虑分母对应的健全线路的电流占所有健全线路的总电容电流的一半的极端场景，此时 $C_{0i,\max}=0.5\sum_{i=1}^{n-1}C_{0i}$ ，则式（9-9）成为：

$$\rho_{\min}\approx\sqrt{\frac{1}{\omega^2 R_{\mathrm{N}}^2 C_{0i,\max}^2}+4} \tag{9-10}$$

由式（9-10）可见，$\rho_{\min}$ 对应 $C_{0i,\max}$ 最大的情形。

工程中，以常见的 240mm$^2$ 截面的配电电缆线路为例，其单位长度对地电容为 1.14μF/km[14]，假设该条 10kV 馈线为全电缆构成，并且考虑 30km 的极端长度（对应电容电流 62A），$R_{\mathrm{N}}$ 取较大的选择 15Ω，代入式（9-10）可以得到单相接地故障线路与健全线路的零序电流幅值比的最小值 $\rho_{\min}$=6.52。在各种情况下，单相接地故障线路与健全线路的零序电流幅值比都不会小于 6.52。

但是，在实际中还要考虑量测误差的影响。保守起见，取遥测综合误差±1%，考虑最不利的情形，即分子误差−1%，分母误差+1%，此时处于 $\rho_{\min}$ 临界条件下实际观测到的 $\rho_{\min}$ 下限为：$\rho'_{\min}=(6.52\times0.9)/1.1=5.33$。在各种情况下，考虑量测误差后，单相接地故障线路与健全线路的零序电流幅值比都不会小于 5.33。

根据上述规律，可以构建针对小电阻接地系统的高阻单相接地故障选线判据：在所有出线中，选出零序电流最大的线路 $x$ 和零序电流次大的线路 $y$，并校验这两条线路的零序电流之比 $\rho_{xy}$，若满足 $\rho_{xy}>4$，则可判定零序电流最大的线路 $x$ 发生了单相接地。

考虑到小电阻接地系统在单相接地过渡电阻高于 300Ω 后母线零序电压会低于 $0.05U_{\mathrm{N}}$，因此不能采用零序电压有效值作为高阻接地故障的启动判据，应采用各条线路的零序电流有效值作为启动条件，只要检测到任何一条线路的零序电流有效值超过阈值即启动，比以流过中性点接地电阻的零序电流作为启动条件更灵敏。

实际应用中，即使采用专门零序电流互感器的情况下，电源侧三相电压不对称以及线路上三相对地电容不一致也会在健全线路上引起不平衡电流，零序电流启动阈值需躲过不平衡电流。不平衡电流一般可取线路最大工作电流的 0.2%[15]，对于载流量 600A 的 10kV 线路，不平衡引起的零序电流有效值 $I_{0\mathrm{B}}$ 可按 1.2A 左右考虑。

设自动化装置能够有效检测的最小零序电流有效值为 $I_{0,\min}$，则零序电流启

动阈值 $I_{0,\text{set}}$ 为：

$$I_{0,\text{set}} = \beta \times \max[I_{0\text{B}}, I_{0,\min}] \tag{9-11}$$

式中：$\beta$ 为可靠系数，一般取 1.2～1.3。

工程实际中，基于零序电流比较的高阻接地故障保护功能可以部署在调度自动化系统主站，依托调度自动化系统对各条线路的稳态零序电流信息实现有效采集和监测，可以充分利用现有的资源而不必增加额外的硬件配置。

将 $I_{0,\text{set}}$ 作为 $I_{0,\text{f}}$ 代入式（9-4）和式（9-5）中，可以得到对应的零序电流启动阈值的耐过渡电阻能力 $R_{\text{f},\max}$，即

$$R_{\text{f},\max} = \frac{\sqrt{(U_\varphi + I_{0,\text{set}}R_\text{N})^2 + \omega^2 U_\varphi^2 R_\text{N}^2 \left(\sum_{i=1}^{n-1} C_{0i} + kC_{0n}\right)^2}}{I_{0,\text{set}}\sqrt{1+\omega^2 R_\text{N}^2 C_\Sigma^2}} \tag{9-12}$$

由式（9-12）可见，$k$=0 时 $R_{\text{f},\max}$ 最小，此时有：

$$R_{\text{f},\max} = \frac{\sqrt{(U_\varphi + I_{0,\text{set}}R_\text{N})^2 + \omega^2 U_\varphi^2 R_\text{N}^2 \left(\sum_{i=1}^{n-1} C_{0i}\right)^2}}{I_{0,\text{set}}\sqrt{1+\omega^2 R_\text{N}^2 C_\Sigma^2}} \tag{9-13}$$

对于 10kV 配电网，$U_\varphi \gg I_{0,\text{set}}R_\text{N}$，因此式（9-13）可近似为：

$$R_{\text{f},\max} \approx \frac{U_\varphi\sqrt{1+\omega^2 R_\text{N}^2 \left(\sum_{i=1}^{n-1} C_{0i}\right)^2}}{I_{0,\text{set}}\sqrt{1+\omega^2 R_\text{N}^2 C_\Sigma^2}} \tag{9-14}$$

由式（9-14）可见，在特定的零序电流启动阈值下，基于零序电流比较的高阻接地故障保护的耐过渡电阻性能取决于：中性点小电阻阻值、系统总电容电流以及健全线路总电容电流。

例如，对于 $I_{0,\text{set}}$ =5A，$R_\text{N}$=10Ω，对应的零序电流启动阈值的耐过渡电阻能力 $R_{\text{f},\max}$ 为：

1）系统电容电流 400A（相当于 $C_\Sigma$ =220.6μF），健全线路总电容电流 350A（相当于 $\sum_{i=1}^{n-1} C_{0i}$ =193μF）的极端情形下，$R_{\text{f},\max}$ =1110Ω。

2）系统电容电流 200A（相当于 $C_\Sigma$ =110.3μF），健全线路总电容电流 160A（相当于 $\sum_{i=1}^{n-1} C_{0i}$ =88.24μF）的极端情形下，$R_{\text{f},\max}$ =1132Ω。

### 9.5.3 基于零序电压比率制动的小电阻接地系统高阻接地保护方法

高阻接地时尽管故障线路和健全线路的零序电流都会大幅度减小，但在任何情况下故障线路零序电流仍远远大于健全线路，存在明显的故障特征。分析单相接地故障电气量特征，发现无论区外故障还是区内故障，保护安装处零序电流幅值与零序电压幅值成正比，且均随故障点接地电阻增大而减小。据此，根据具有制动特性的电流继电器的特点，可以在传统零序过电流保护中引入一个能够反映出接地电阻大小的制动量（零序电压$U_0$），实现零序电压比率制动接地故障保护新原理，其核心是根据零序电压大小产生成比例的电流制动量自适应调整零序过电流保护定值[16]。

按比率制动的一般方法，采用电压比率制动的零序过电流保护整定值$I_{set}$可表示为：

$$I_{set}=\begin{cases} I_{set,min} & ,U_0 \leqslant U_{0,g} \\ K(U_0-U_{0,g})+I_{set,min} & ,U_0>U_{0,g} \end{cases} \tag{9-15}$$

式中：$I_{set,min}$为零序电流最小动作整定值；$U_0$为保护安装处检测到的零序电压；$U_{0,g}$为零序电压的拐点值；$K$为制动系数。

区内接地故障判据为：保护安装处检测到的零序电流（$3I_0$）幅值大于等于调整后的零序过电流保护整定值$I_{set}$。

图 9-13 中两折线（$ABC$）即为电压比率制动特性曲线，$BC$反向延长线过原点。$A$点表示零序电流最小动作整定值为$I_{set,min}$，$B$点所对应的$U_{0,g}$为零序电压的拐点值，$BC$直线的斜率即为制动系数$K=\dfrac{I_{set}}{U_0}$。$C$点对应系统所能达到的最大零序电$U_{0,max}$与最大零序电流$I_{0,max}$。

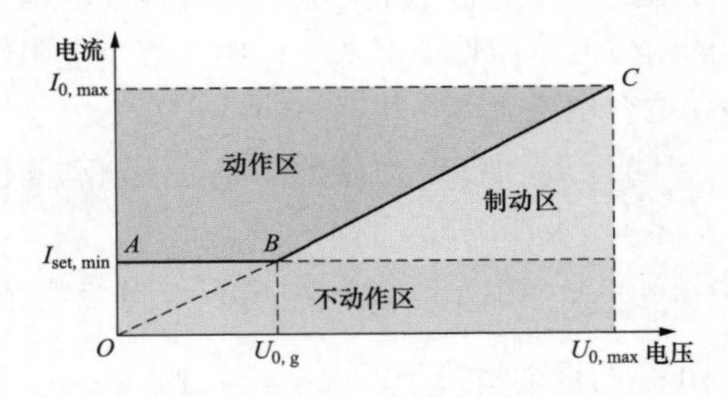


图 9-13　零序电压比例制动特性曲线

在中性点接地电阻 10Ω 左右、单条馈线电容电流不超过 30A 的实际工况下，文献［16］同时给出了耐受过渡电阻能力不少于 1000Ω 时的$I_{set,min}$、$U_{0,g}$和

$K$ 的推荐整定值。

为提高系统耐高阻能力，零序电流最小动作整定值 $I_{set,min}$ 越小越好，但由于需要躲过系统中不对称运行工况的影响，该值又不能过小，当 10kV 系统发生经 1000Ω 过渡电阻接地时，不计线路阻抗和系统对地电容，此时流过故障线路的零序电流为 $I_{00} \approx 6000V/3000\Omega = 2A$。检测装置一般接入 $3I_0$ 信号，为使检测装置能够检测到过渡电阻 1000Ω 左右的接地故障，考虑动作可靠系数 $K_{rel}$ 取 1.5，$I_{set,min}$ 可设定为：$I_{set,min} = \dfrac{3I_{0M}}{K_{rel}} \approx 4A$。

对于制动系数 $K$ 的设定需满足在各种故障情形下：

$$\frac{3I_{0i}}{U_0} < K = \frac{I_{set}}{U_0} < \frac{3I_{00}}{U_0} \tag{9-16}$$

式中：$I_{0i}\ (i=1,2,\cdots,n)$ 为健全线路的零序电流幅值。

对于区内故障而言，设中性点小电阻为 $R_N$，零序电流与零序电压即制动电压关系曲线的斜率为：

$$K_{\Sigma H} = \frac{3I_{00}}{U_0} > \frac{1}{R_N} \tag{9-17}$$

对于区外故障而言，设 $C_{oi}\ (i=1,2,\cdots,n)$ 为出线零序对地电容，零序电流与零序电压即制动电压关系曲线的斜率为：

$$K_H = \frac{3I_{0i}}{U_0} = 3\omega C_{oi} \tag{9-18}$$

由于 $K_{\Sigma H}$ 和 $K_H$ 存在一定变化范围，$K$ 应在 $K_H$ 的上限与 $K_{\Sigma H}$ 的下限之间取值。

取中性点小电阻为 $R_N$ 取为 10Ω，单条健全电缆线路最大零序电流幅值通常不超过 10A，有：

$$K_{\Sigma H,min} = \frac{1}{10} \approx 0.1 \tag{9-19}$$

$$K_{H,max} = 0.005 \tag{9-20}$$

考虑动作可靠系数 $K_{rel}$ 取 1.5，得到 $K$ 的取值范围为：

$$K_{rel}K_{H,max} < K < \frac{K_{\Sigma H,max}}{K_{rel}} \tag{9-21}$$

$K$ 实际是一个与导纳具有相同量纲的值，为兼顾金属性接地和低阻接地故障时保护的灵敏性（金属性接地时灵敏度 $K_m \geqslant 2$）和高阻接地故障时保护的可靠性，$K$ 的典型值可取为 0.03（$0.0075 < K < 0.067$）。

在零序电流最小动作整定值$I_{set,min}$和制动系数 $K$ 两者数值确定的基础上，进一步可以确定零序电压的拐点值$U_{0,g}$为：

$$U_{0,g}=\frac{I_{set,min}}{K}\approx 133\text{V} \tag{9-22}$$

最终确定的整定值表达式为：

$$I_{set}=\begin{cases}4, U_0\leqslant 133\text{V}\\ 0.03(U_0-133)+4,\ U_0>133\text{V}\end{cases} \tag{9-23}$$

电压比率制动法的实质是在零序电流最小动作整定值的基础上增加了一个随零序电压成比例变化的电流值，可以自适应调整零序过流保护整定值，实现对保护的制动，既保证了区内发生高阻接地故障时保护能够可靠动作，同时区外发生任何故障时保护可靠不误动，兼顾了低阻接地故障和金属性接地时保护的灵敏性和高阻接地故障时保护的可靠性。

### 9.5.4 基于中性点电流与零序电流投影量差动的小电阻接地系统保护方法

接地故障发生后，故障线路经过接地点和系统中性点构成基本的零序回路，由于中性点电流呈阻性，故障线路零序电流在中性点电流上的投影与中性点电流的差值较小，而非故障线路零序电流基本呈容性，非故障线路零序电流在中性点上的投影与中性点电流的差值较大，据此引入比值计算的方法可较为灵敏、可靠地检测出高阻接地故障[17]。

理想情况下发生高阻接地故障后健全线路零序电流、故障线路零序电流和中性点零序电流的相量关系如图 9-14 所示。

图 9-14 中，非故障线路零序电流$3\dot{I}_{01}$、$3\dot{I}_{02}$基本呈容性，而中性点电流$\dot{I}_{R0}$基本呈阻性，因此$3\dot{I}_{01}$、$3\dot{I}_{02}$在$\dot{I}_{R0}$上的投影较小；故障线路零序电流$3\dot{I}_{03}$在$\dot{I}_{R0}$上的投影的幅值与$\dot{I}_{R0}$的幅值基本相等，方向相反。据此可以利用投影量与中性点零序电流的差动量构成保护判据，考虑到不平衡电流的影响，利用比值法进一步提高判据的灵敏性和可靠性，得到最终判据为：

$$k=\frac{\left|\dot{I}_{R0}-\dot{I}_{t}\right|}{\left|\dot{I}_{R0}+\dot{I}_{t}\right|}\geqslant k_{set} \tag{9-24}$$

式中：$\dot{I}_t$为线路零序电流在中性点电流上的投影；$k$ 为中性点电流与投影量之差与中性点电流与投影量之和的比值；$k_{set}$为设置的门槛值。当发生高阻接地故障时，对于故障线路而言，$k$ 值在理论上趋于无穷大；对于非故障线路而言，$k$ 值不会很大，理论上接近 1。

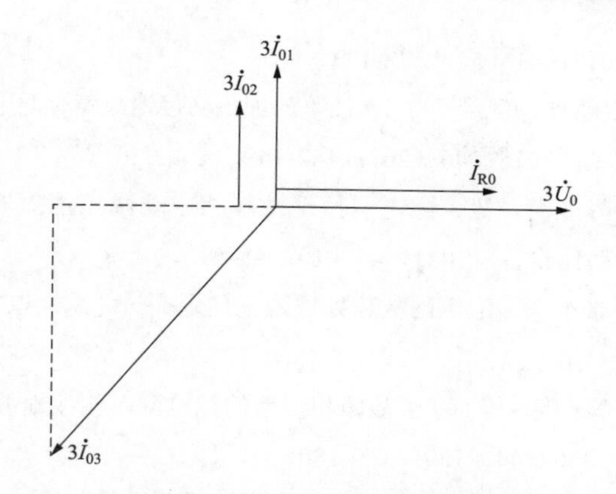


图 9-14 发生高阻接地故障时各电流的相量示意

基于中性点电流与线路零序电流投影量差动保护的实质是利用健全线路零序电流、故障线路零序电流与中性点零序电流间较大的相位差，以投影的形式构建一个新的保护判据，从而具备较高的灵敏性和可靠性。

## 本章参考文献

[1] 刘健，芮骏，张志华，等. 智能接地配电系统［J］. 电力系统保护与控制，2018，46（8）：130-134.

[2] 刘健，王玉庆，芮骏，等. 智能接地配电系统关键参数设计［J］. 电力系统自动化，2018，42（16）：180-186，262-263.

[3] JANSSEN M. Residual current compensation（RCC）for resonant grounded transmission systems using high performance voltage source inverter［C］. Transmission and Distribution Conference and Exposition，2003.

[4] KLAUS M Winter. The RCC Ground Fault Neutralizer-A Novel Scheme for Fast Earth-fault Protection［C］. 18th International Conference on Electricity Distribution，Turin，Italy，2005.

[5] 曲轶龙，董一脉，谭伟璞，等. 基于单相有源滤波技术的新型消弧线圈的研究［J］. 继电器，2007（3）：29-33.

[6] 李原. 主辅式消弧线圈控制系统的研究与软件开发［D］. 北京：华北电力大学，2010.

[7] 李晓波. 柔性零残流消弧线圈的研究［D］. 徐州：中国矿业大学，2010.

[8] 曾祥君，王媛媛，李健，等. 基于配电网柔性接地控制的故障消弧与馈线保护新原理［J］. 中国电机工程学报，2012，32（16）：137-143.

[9] 陈锐，周丰，翁洪杰，等. 基于双闭环控制的配电网单相接地故障有源消弧方法［J］. 电

力系统自动化，2017，41（5）：128-133.

[10] 彭沙沙，曾祥君，喻琨，等. 基于二次注入的配电网接地故障有源电压消弧方法 [J]. 电力系统保护与控制，2018，46（20）：142-149.

[11] 卓超，曾祥君，彭红海，等. 配电网接地故障相主动降压消弧成套装置及其现场试验 [J]. 电力自动化设备，2021，41（1）：48-58.

[12] 刘健，张志华，张小庆. 配电网故障处理若干问题探讨 [J]. 电力系统保护与控制，2017，45（20）：1-6.

[13] 刘健，张志华，李云阁，等. 基于故障相接地的配电网单相接地故障自动处理 [J]. 电力系统自动化，2020，44（12）：169-180.

[14] 水利电力部西北电力设计院. 电力工程电气设计手册电气一次部分 [M]. 中国电力出版社，2018.

[15] 林志超，刘鑫星，王英民，等. 基于零序电流比较的小电阻接地系统接地故障保护[J]. 电力系统保护与控制，2018，46（22）：15-21.

[16] 薛永端，刘珊，王艳松，等. 基于零序电压比率制动的小电阻接地系统接地保护[J]. 电力系统自动化，2016，40（16）：112-117.

[17] 盛亚如，丛伟，卜祥海，等. 基于中性点电流与零序电流投影量差动的小电阻接地系统高阻接地故障判断方法 [J]. 电力自动化设备，2019，39（3）：17-22，29.

# 索　引